复杂构造区非常规天然气勘探开发关键技术与实践丛书

山地浅层页岩气富集成藏特征与高效开发关键技术

梁　兴　单长安　王维旭　焦亚军　李兆丰　等　著

科学出版社

北　京

内 容 简 介

本书通过太阳山地浅层页岩气田构造断裂系统、页岩气烃源岩、页岩储集体、页岩自封闭性与封存箱顶底板、含气性规律的特征分析，创新形成了复杂山地浅层页岩气成藏赋存理论。通过基于地质工程一体化储层模型迭代更新驱动的钻压采工程矿场试验与集成创新实践，形成了浅层页岩气甜点选区评价技术、产能目标导向高效布井技术、国产近钻头地质导向技术、安全高效优快钻井技术、浅层页岩气体积压裂与精细控压排采等高效勘探开发关键技术，创建了太阳山地浅层页岩气开发示范基地，对中国南方复杂构造区海相山地浅层页岩气勘探开发有积极的示范引领和学习借鉴意义。

本书内容翔实，资料丰富，对浅层页岩气勘探开发工作的总结具有全面性、客观性、科学性和实用性，可供从事页岩气勘探开发工作者参考，也可供科研院所、高等院校相关专业师生阅读参考。

图书在版编目(CIP)数据

山地浅层页岩气富集成藏特征与高效开发关键技术 / 梁兴等著. -- 北京：科学出版社，2025.3. -- （复杂构造区非常规天然气勘探开发关键技术与实践丛书）. -- ISBN 978-7-03-081558-3

Ⅰ. P618.13

中国国家版本馆 CIP 数据核字第 2025YJ4834 号

责任编辑：罗　莉 / 责任校对：彭　映
责任印制：罗　科 / 封面设计：义和文创

科 学 出 版 社 出版

北京东黄城根北街16号
邮政编码：100717
http://www.sciencep.com

四川煤田地质制图印务有限责任公司 印刷
科学出版社发行　各地新华书店经销
*
2025 年 3 月第 一 版　　　开本：787×1092 1/16
2025 年 3 月第一次印刷　　印张：16 1/4
字数：385 000
定价：248.00 元
（如有印装质量问题，我社负责调换）

丛书编著委员会

主　任：梁　兴

副主任：王维旭　焦亚军　单长安　张廷山　朱炬辉

　　　　郝有志　张建军　王一博　王熙明　师永民

　　　　范小东　李　晓　李东明　鲜成刚　杜建平

　　　　李守定　于宝石

成　员（以姓氏笔画为序）：

王　松　　王建君　　王高成　　计玉冰　　卢德唐　　叶　熙

史树有　　宁宏晓　　朱　波　　朱斗星　　刘　飞　　刘　帅

刘　臣　　刘　成　　刘　伟　　刘亚龙　　刘存玺　　安树杰

芮　昀　　李　林　　李小刚　　李兆丰　　李庆飞　　李德旗

杨　芳　　何　勇　　余　刚　　邹　辰　　邹清腾　　张　卓

张　朝　　张　磊　　张介辉　　张东涛　　张永强　　张俊成

张涵冰　　武绍江　　罗文山　　罗瑀峰　　赵建章　　胡　丹

饶大骞　　祝海华　　姚秋昌　　袁晓俊　　徐进宾　　徐政语

高浩宏　　唐守勇　　黄小青　　黄元溢　　梅　珏　　梁恩茂

彭丽莎　　蒋　佩　　蒋一欣　　蒋立伟　　舒红林

《山地浅层页岩气富集成藏特征
与高效开发关键技术》
编写小组

组　　长：梁　兴

副组长：单长安　　王维旭　　焦亚军　　李兆丰

成　　员：张介辉　　张永强　　李德旗　　舒红林　　张　磊

　　　　　李　晓　　范小东　　芮　昀　　杜建平　　李守定

　　　　　于宝石　　罗瑀峰　　朱斗星　　史树有　　袁晓俊

　　　　　王高成　　高浩宏　　张　卓　　王建君　　刘　臣

　　　　　邹　辰　　梅　珏　　赵建章　　李东明　　王一博

　　　　　梁恩茂　　朱炬辉　　张建军　　师永民　　蒋立伟

　　　　　刘　成　　邹清腾　　步永伟　　何　勇　　姚秋昌

　　　　　陈兴炳　　鲜成刚　　朱　波　　宁宏晓　　何向东

　　　　　罗文山　　徐政语　　张　朝　　蒋　佩　　时士领

　　　　　费　越　　彭丽莎　　黄小青　　叶　熙　　郑　瑞

　　　　　刘亚龙　　徐进宾　　刘存玺　　蒋一欣　　安树杰

　　　　　胡　丹　　牛卫涛　　黄元溢

丛 书 序

随着北美页岩油气革命的成功推进,全球油气勘探开发已逐步从常规油气领域拓展到非常规油气领域、由克拉通盆地稳定区向盆缘盆外复杂构造区进军,跨入非常规油气时代。正是油气藏地球物理和钻压采工程技术的革命性、跨越性进步,非常规油气资源由传统认识的"不可能、不可行"转变为非常规时代的"实施可行、效益可能"的"新常规"。但随着非常规油气地质和工程条件复杂性的增强,勘探开发关键技术要求也越来越高,常规思维的成本也就居高难下。有效的关键技术创新发展与工业化应用,在提高油气勘探开发成效、工程施工作业效率、单井评估的最终可采储量(estimated ultimate recovery,EUR)和产能产量,降低经营生产成本,保障安全生产、降低环境风险,实现高质量可持续效益发展等方面发挥着越来越重要的作用。

2005 年重组成立的中国石油天然气股份有限公司浙江油田分公司(简称浙江油田公司),自 2007 年就开始了南方海相页岩气地质研究评价与甜点选区探索实践,于 2009 年 7 月率先登记取得国内第一个页岩气勘查探矿权区块(跨越蜀南台拗-滇黔北拗陷的昭通页岩气探区),浙江油田公司由此全面进军以页岩气、煤层气为代表的非常规天然气领域,开创性建成了当前以非常规为特色的油公司,成为中国石油南方非常规油气战略的侦察兵。

本丛书依托国家油气科技重大专项"页岩气勘探开发关键技术"、"昭通页岩气勘探开发示范工程"和"中高煤阶煤层气富集规律与有利区块预测",国家重点研发计划"变革性技术关键科学问题"专项"分布式光纤地震成像与反演的关键技术及应用研究"和"川南页岩气示范区地震激动性风险评估与对策研究"下属昭通应用示范课题的攻关研究,中国石油天然气集团公司重大科技工程项目"页岩气钻采工程技术现场试验""深层页岩气有效开采关键技术攻关与试验""井下光纤智能化监测技术现场试验"和"山地煤层气甜点评价与效益开发关键技术研究""煤层气勘探开发关键技术研究与应用""煤层气新区新层系新领域战略与评价技术研究"等课题,以浙江油田公司昭通、大安、宜昌探区为非常规天然气勘探开发科技持续攻关的支撑平台与工程技术攻关的矿场试验田、科技成果转化的实践基地,创新提出形成了"源内非常规勘探、浅层化改造、山地页岩气/山地煤层气、多场协同多元耦合成藏、浅层页岩自封闭赋存、地质工程一体化、灰质源岩气、深层煤岩气等勘探开发理念和工作方法,创建了非常规天然气"甜点评价、地质工程一体化培植高产井、水平井优快高效钻井和体积压裂 2.0 工艺、微地震/光纤/高频压力监测、精细控压排采"等富有特色内涵的有效关键技术。浙江油田公司始终坚持目标引领、问题导向的"产学研用"科技与生产一体化,历经十五年多的"非常规走在前"发展战略的开拓实践和创新探索,取得了克拉通盆地外"浅层化改造"复杂构造区由浅层、中深层到深层的山地页岩气和山地煤层气勘探评价的重大突破，成功地建成了昭通黄金坝-紫金坝中深层页岩气田和太阳浅层页岩气田、筠连浅层煤层气田、渝西大安深层页岩气、大坝灰质源岩气藏等源内非常规天然气"多地区、多层系、多类型"的商业性开发。

基于持续不懈的非常规天然气理论技术的创新攻关和勘探开发实践融合的科技成果总结，2020年8月12日第一次集中办公进行了丛书统筹谋划与著作编写分工，历经四年多时间的精心组织、稳步推进，丛书编写团队编撰形成了"复杂构造区非常规天然气勘探开发关键技术与实践"丛书，包括《昭通示范区山地页岩气地质理论技术与实践》、《页岩气地质工程一体化建模技术与工业化实践》、《山地浅层页岩气富集成藏特征与高效开发关键技术》、《山地页岩气储层体积压裂改造增产技术与实践》、《页岩气压排采一体化高频压力监测动态评价与创新实践》、《油气藏井下光纤智能动态监测关键技术及应用》、《复杂构造区山地页岩气地震勘探技术与实践》、《复杂山地煤层气勘探开发关键技术及应用》和《昭通示范区山地页岩气储层地质图集》，综合反映了浙江油田公司在非常规天然气勘探开发方面的理论方法与技术创新成果。希望这套丛书能为从事非常规油气勘探开发工作的技术人员和相关科教研究工作的科技人员提供有价值的学习思考和工作参考，助推我国非常规油气勘探开发事业发展和技术进步。

在浙江油田公司非常规天然气勘探开发十五年多的实践和本套丛书四年多的持续总结编撰过程中，始终得到了中国石油天然气集团有限公司和中国石油天然气股份有限公司的关怀指导，得到了中国石油天然气集团公司科技管理部、中国石油天然气股份有限公司油气和新能源分公司的关怀支持，得到了西南油气田分公司、大庆油田有限责任公司、吉林油田分公司等兄弟油田公司的指导帮助，得到了参与非常规气田勘探开发战斗的中国石油集团东方地球物理勘探有限责任公司、川庆钻探工程有限公司、大庆钻探工程有限公司、长城钻探工程有限公司、西部钻探工程有限公司、中国石油测井有限公司等技术服务单位的大力支持帮助，得到了中国石油勘探开发研究院、中国石油集团工程技术研究院、中国石油规划总院、中国石油杭州地质研究院、中国科学院地质与地球物理研究所、中国船舶集团有限公司第七一五研究所、北京大学、中国石油大学(北京)、西南石油大学、西安石油大学、中油奥博(成都)科技有限公司等单位的"产学研用一体化"创新联合科技攻关团队的协同攻关。正是大家的求真务实、共同拼搏、科技创新、砥砺奋战、实践创造、干事创业，才有今天的这套丛书问世。谨此，衷心感谢各级领导的关怀指导、专家学者的支持帮助！感谢在非常规勘探开发实践与科技攻关中挥洒血汗、共同战斗的战友们！诚挚感谢浙江油田公司历届领导的英明决策、坚强领导和支持帮助！感谢油田各部门(单位)无微不至的帮助和积极配合，各位同仁的无私奉献和协同协作！此次丛书编辑出版，还得到了科学出版社的大力支持，得到了罗莉编辑的悉心支持和热情帮助，在此一并表示感谢！

中国石油浙江油田分公司
2024年10月12日于杭州西溪里，适逢金山浓彩天朗气清、西溪火柿灯笼高挂、丹桂雅香满城飘逸的秋收季节

前　言

中国石油浙江油田公司通过精细的山地页岩气勘探评价与开发试验，于 2019 年 9 月在昭通国家级示范区东北部落实了太阳山地浅层页岩气田，至 2021 年 6 月底累计探明 2576 亿 m³ 页岩气地质储量。太阳山地浅层页岩气田作为国内首个商业开发的大型整装浅层页岩气田，首次证实了盆地外强改造复杂构造区浅层页岩气具有资源勘探潜力和效益开发的资源前景，对我国页岩气事业发展具有重要的示范和启迪意义。

本专著所讲的"浅层页岩气"，是指页岩气勘探目的层埋藏深度小于 2000 m 并赋存于页岩储层中的非常规页岩气藏，具有晚期浅层化强烈改造的"构造形迹复杂、有机质过成熟演化、干气型甲烷气、储层非均质强"页岩气地质与气藏特色；"山地页岩气"，是指基于地壳运动强烈改造形成地质构造复杂背景的页岩气储层特征(即"地腹复杂的地质大山")和地势跌宕起伏的山地地表条件(即"地表复杂的地貌大山")叠置融合，从表到里的"山地特性"本质构成"形神复杂"的页岩气赋存区域。

本专著依托于浙江油田公司主持的国家油气重大科技专项"昭通页岩气勘探开发示范工程"和中国石油集团公司工程技术试验"井下光纤智能化监测技术现场试验"等系列科技专项，以昭通国家级页岩气示范区高效勘探开发和钻探工程建设作为科技成果转化的落脚点，以"产学研用"一体化创新联合体攻关方式，开展系统的山地页岩气成藏赋存理论、地质工程甜点评价、钻压采工程、地面工程技术的研发和综合研究。在启动本重大科技攻关之时，海内外普遍认为浅埋藏的浅层页岩是"没有烃类气体保存、没有资源开发希望、不能去做无谓碰唷"的勘探禁区，浙江油田公司时值面临着探矿权区资源禀赋差、生存条件严峻的实际，科技攻关者不甘心于昭通示范区大面积分布浅层页岩明摆在那里而"熟视无睹、无动于衷"。复杂构造区的浅层页岩究竟"能不能真正保存页岩气成藏？有没有页岩气资源勘探潜力？能不能有效开发浅层页岩气？如何才能实现效益开采？"等一连串"严肃的科学问题"的灵魂拷问，整齐地摆在地质勘探专家、工程技术专家和科技攻关者面前。有鉴于此，我们本着"科学务实求真求是的使命、油田务必生存下去的担当、无中生油实干闯路的信念"，积极地创新性探索浅层页岩气成藏赋存评价，创造性综合研究其勘探潜力。

科技攻关研究与实践探索结果表明，昭通复杂构造区浅层页岩气是可以有效成藏保存的，客观存在浅层有页岩气富集甜点，是有资源勘探潜力的，采取地质工程一体化能实现有效开采浅层页岩气。与北部整体封闭保存的四川盆地及盆缘中-深层页岩气相比，浅层页岩气在页岩沉积岩相岩性、矿物岩石学、有机地球化学、储层物性、总含气量等方面具有相似的特征，但在页岩气储层埋深、断层发育与地质结构、构造形变与地应力、储层甜点展布、吸附气含量和游离气占比、保存条件与地层压力系数等方面具有独特的浅层页岩气特色。通过"敢为人先"的创新实践，构建了复杂山地"深水富碳高硅沉积成岩源储一体、页岩自封闭气赋存成藏、构造形变控富气甜点"的浅层页岩气成藏赋存理论，指导勘探发现并探明开发了整装规模的太阳浅层页岩气田，既突破"浅层页岩气勘探禁区"的传统禁锢认识，又创新建立了国内首个浅层页岩气田实现"高效勘探、高效益开发"相应的经济实用型关键技术系列。

基于对四川盆地南缘盆外多期地壳运动叠加改造地质背景的构造分析，通过构造变革场、沉积岩相场、地温热能场、成岩演变场、岩石应力场、流体相态场的"多动能场协同作用"综合研究，系统进行了从扬子准克拉通盆地海相页岩自沉积形成、成岩成储、深埋生烃、富集成藏、浅层化改造、动态调整到气藏封闭赋存下来的现今页岩气系统"多元因素耦合作用"综合评价，提出了"源储元素是山地浅层页岩气富集成藏的基础、改造元素是山地浅层页岩气成藏调整变化的根源、赋存元素是山地浅层页岩气藏得以保留的关键"的"多场协同、多元耦合"富集高产评价认识。通过对太阳浅层页岩气田构造储层地质与成藏地质条件进行深入分析，结合对太阳背斜-海坝背斜区域构造地质"浅层化改造"的页岩气藏地质工程剖析，建立了基于"岩性岩相、储集孔隙、天然裂缝、构造应力、页岩自封闭、封存箱顶底板、晚期浅层化改造泄聚"耦合机制控制的"三维封存体系"下的"源内自生自储为主+深拗区微距运移外源补给"的浅层页岩气复合型富集成藏模式。

深耕乌蒙复杂山地浅层页岩气有效技术的攻关研发、矿区试验与实践应用、创新集成，形成了基于"精准、高效、实用、经济"目标需求的浅层页岩气甜点选区评价技术、产能目标导向高效布井技术、水平井钻井地震地质导向跟踪和控制技术、安全高效优快钻井技术、"适宜段长、多簇密切割和暂堵转向"高排量强改造体积压裂技术、精细控压排采等高效勘探开发关键技术，创建了太阳浅层页岩气开发示范基地。随着太阳浅层页岩气田成功开发，勘探开发实践取得的新成果新理论新技术新认识，不仅对昭通复杂构造区起到了重要的示范与引领作用，而且对受四周造山带强烈改造的整个中国南方强改造残留盆地页岩气勘探具有重要的借鉴启示意义和示范作用。目前在四川盆地东缘南缘地带、中下扬子区和华南褶皱带的残留构造拗陷区发现了较好的浅层页岩气显示和正安、大关、宜昌、柳城等区块的勘探突破，预示着秦岭－大别山－胶东造山带以南的广大南方复杂构造区海相山地浅层页岩气效益开发应有可为，而且大有可为。

全书共分为八章。第一章主要介绍了山地浅层页岩气的内涵、太阳浅层页岩气田地质概况与勘探开发历程；第二章大致概述了构造、地层、沉积与页岩气储层分布与埋深等基本地质条件；第三章论述说明了岩相矿物与测井划分方法、岩相类型及发育特征；第四章着重阐述了浅层页岩微观特征表征技术、整体微观特征和不同岩相微观储集特征控制机理；第五章主要阐明了浅层页岩气藏特征、富有机质页岩储集体特征及含气特征；第六章重点解释说明了太阳背斜区三维构造格架、富集高产规律、成藏赋存模式与储层保存条件评价认识；第七章描述刻画了浅层页岩气高效勘探开发关键技术的内涵与要义，包括甜点选区评价技术、产能目标导向高效布井技术、水平井钻井地震地质导向跟踪和控制技术、安全高效优快钻井技术、适宜长段多簇密切割强改造体积压裂技术、精细控压排水采气等高效勘探开发关键技术；第八章主要展示了浅层页岩气勘探前景、可持续发展勘探方向与技术对策。

唯有奋斗坚韧不拔，创新创造无怨无悔。在中国石油浙江油田公司部署实施太阳页岩气田的六年多勘探开发实践和本专著总结编写过程中，始终得到了中国石油天然气集团有限公司的关怀支持，得到了参与多家单位的大力支持帮助与联合科技攻关，包括东方地球物理勘探有限责任公司、中国石油勘探开发研究院、中国石油杭州地质研究院、中国科学院地质与地球物理研究所、中船集团第七一五研究所、北京大学、中国石油大学(北京)、西南石油大学、西安石油大学和中国石油集团川庆钻探、大庆钻探、中油测井公司等等。谨此，衷心感谢中国石油集团总公司领导、浙江油田公司党委的英明决策！衷心感谢参与太阳浅层页岩气田战斗的各位科技人员、工程服务人员所做出的贡献！由衷感谢浙江油田公司各级领导的支持帮助和指挥组织！诚挚感谢公司各部门各单位的无微不至协作和各位同仁们的协同工作和支持帮助！

事非经过不知难，成如容易却艰辛。太阳山地浅层页岩气砥砺奋进史，波澜壮阔，可歌可泣。回眸峥嵘岁月，依然激情澎湃，既有震耳欲聋的发现春雷、华山论剑的机理弄明、艰苦卓绝的技术突破、单井高产的成功喜悦，也有四面楚歌的跌入低谷、刻骨铭心的挫折痛心、久经考验的成效茫然、激烈碰撞的彻夜无眠，犹如剑舞苍天弄沧海、血染青山攀登巅峰，正应了人间正道是沧桑、风雨洗礼成长时。勤劳创造业绩，创新铸造丰碑，太阳浅层页岩气田勘探开发的成效是有目共睹的，由此开启了浅层页岩气开发的新纪元。风雨多经志弥坚，关山初度路犹长。我们清醒地认识到，浅层页岩气开发当前还面临着低成本高精效工程技术的诸多难题和高质量效益发展的严峻挑战，亟须秉承海纳百川的坚忍奋进心态，一体化持续推进理念突破、技术创新和降本增效，实现可持续的效益开发。谨希望本书能抛砖引玉，愿能与同行和专家进行交流讨论，为中国页岩气勘探开发事业发展提供可借鉴的对策方案与深度思考的参考实例。

鉴于太阳浅层页岩气田的理论认识和工程技术尚处在持续求是创新、改进完善的新征程上，且本书涵盖的学科专业范围广，加之笔者水平有限，书中难免存在不完善之处，敬请各位读者海量并函告指正。

作者
2024 年国庆节，于西溪荆山翠谷

目　　录

第一章 绪 论

第一节 山地浅层页岩气概述

一、浅层页岩气概念

本书所指的浅层页岩气，是指勘探目的层埋藏深度小于 2000 m 并赋存于页岩储层中的非常规页岩气藏，具有页岩气甜点区连续分布、吸附气比例偏高、地层微超压、井口压力和产量低、生产周期长、页岩水平应力差较小易于体积压裂等气藏地质和工程特点。通常浅层页岩气埋深略大于常规的浅层天然气(小于 1500 m)(白旭明等，2018)，但小于目前工业开发意义上的页岩气(甜点埋深大于 2000 m)(朱光有等，2006；马新华和谢军，2018；王鹏万等，2018)。目前，国内埋深小于 2000 m 的浅层页岩气仅在昭通国家级页岩气示范区(简称"昭通示范区")的太阳地区取得了商业开发和整体探明气田，其他地区总体仍处于探索阶段。

无论美国或中国，目前页岩气的勘探开发都主要集中在 2000 m 及以深范围，很自然地形成了"浅层页岩气勘探禁区"的习惯性思维和评价认识。那么在 2000 m 以浅的中国南方复杂山地广袤地域，有没有浅层页岩气？浅层页岩气能否有效成藏？浅层页岩气能不能规模成藏保存？具备不具备有勘探价值的浅层页岩气资源？浅层页岩气资源潜力有多大？复杂山地浅层地震勘探和钻压采工程关键技术行不行？能不能支撑实现浅层页岩气有效开发？这些是摆在地质勘探家、开发专家和工程技术专家面前严肃的科学问题和严峻的变革技术挑战。这些问题已严重制约了页岩气示范区开采技术应用推广以及四川盆地外海相页岩气工业化进程。

二、山地页岩气内涵

多期次造山运动叠置的板内形变作用造就了中国南方海相页岩气的山地特殊性，笔者在 2010 年进行中国石油重大专项立项时率先提出"山地页岩气"的概念。通过近些年对山地页岩气的勘探与开发评价实践，学界对山地页岩气内涵特征有了更加翔实的归纳阐述性总结，认为复杂的山地地质构造特征和深切割的地形地貌条件，即"地表复杂的地貌大山"和"地腹复杂的地质大山"这"两座大山"为南方复杂山地页岩气勘探开发带来了巨大的困难与挑战，山地页岩气效益勘探开发须迈过这"两座大山"。

(一)地表复杂的地貌大山

秦岭-大别造山带以南的中国南方地区,地表条件复杂多变,尤其是西南云贵川交界的乌蒙山区沟壑纵横切割,山地、丘陵、河谷和山间盆地交错;山高谷深,整体区域海拔落差在 300 m 以上,局部地区可达 500~1300 m。山地主体部位陡峭,坡度较大,多为 20°~70°(徐政语等,2016)。高陡山区植被茂密,多为灌木荆棘;坡度较缓的山区多被水稻和玉米等经济农作物覆盖。人口相对集中的山地-丘陵地区,人文环境复杂,经济发展缓慢。

昭通示范区地处四川盆地盆缘-盆外的云贵高原乌蒙山地区,山高谷深,最高海拔超过 2786 m。复杂的地形地貌造成工区,经济条件较为落后,坡陡、弯多、道窄、路差,交通存在诸多不便,车辆设备上山和地面工程施工难度大,而且该地区平坝稀少,人烟密集,寻找落实安全施工的井场难度大,碳酸盐岩裸露山地井场工程量大,通天断层、溶孔、溶洞和暗河发育导致钻探工程风险大,钻前工程和钻井压裂工程成本高(图 1-1)。地上的"地貌大山"给昭通示范区页岩气勘探开发等带来了困难和挑战。

图 1-1　中国南方海相山地页岩气区典型地貌(昭通示范区页岩气 ZA24 井场)

(二)地腹复杂的地质大山

昭通示范区历经多期次叠置的板内造山构造形变活动,晚奥陶世—早志留世前陆盆地广阔陆棚海相沉积的深水富有机质页岩最终表现为"强改造、过成熟、杂应力"盆外山地页岩气特点(马力等,2004;梁兴等,2001、2016、2017b;吴奇等,2015;赵文韬等,2018),甜点控制因素复杂。多期多组构造挤压与走滑滑移叠加作用,致使沉积地层错断、褶皱变形和隆升剥蚀,断层、天然裂缝带发育,地层产状复杂且倾角大,目的层埋藏深度变化大,背斜构造带内页岩储层多数被剥蚀殆尽或埋藏很浅,页岩气储层主要分布于向斜构造带区,并呈现连片面积小、展布分散的保存格局,地表多为溶蚀洞孔缝、暗河发育的海相碳酸盐岩裸露喀斯特地貌区。走滑+压扭叠合形成的构造地应力环境极为复杂，剪切构造应力导致地应力绝对值高、方向变化大，在向斜深埋区带水平应力差超过 20～30 MPa 的现象比比皆是。

复杂的"地质大山"背景，致使地腹构造形变强度、地层产状、埋深、地应力、断层裂缝变化多端，给页岩气开发带来了一系列的工程技术难题。如地震地质激发和接收条件差，优质资料采集难，地震地质解释精度与储层模型深度准确性差；井区水平井主方向微幅度构造发育，靶体落差大，平滑轨迹和箱体钻遇率、优质储层高钻遇率控制困难；天然裂缝带井漏、页岩破碎带坍塌频发，钻井风险大，提速控制挑战大，地质甜点认识存在难度，地质工程动态评价挑战大。

（三）山地浅层页岩气地质特征

昭通示范区海相山地浅层页岩气存在地表地貌和地腹地质"两座大山"的实际情况，完全不同于"构造平稳、一马平川、成熟度适中、含油富气、连续油气藏"的北美页岩气盆地，与四川盆地内"地层平缓、丘坝连绵、有机质过成熟、富气高压、连续型气藏"的页岩气示范区亦有明显差异。通过与四川盆地内页岩气进行对比，本书总结出盆地外复杂构造区的南方山地浅层页岩气具有四个突出的地质特征。

1. 构造改造地层形变强，剪切应力复杂多变

昭通示范区多期次造山活动叠置导致板块构造形变强度大，大型断层、裂缝带发育，背斜构造带页岩层基本剥蚀殆尽，页岩气储层残留在向斜区带，保存条件整体较差（梁兴等，2011、2014、2016；徐政语等，2016；王鹏万等，2018）。昭通示范区内逆冲挤压+走滑构造应力结构复杂，地应力方向多变，岩石力学非均质性强，水平应力差可高达 20～30 MPa，明显高于四川盆地内的长宁（10～13 MPa）、威远（9～15 MPa）及焦石坝（3～6 MPa）区块（郭旭升等，2014a；王玉满等，2018），安全钻井窗口窄，钻探工程地质风险大，技术经济效果要求高。认清构造/储层的地质工程条件尤其重要。

2. 页岩沉积环境岩相变化大，页岩气储层非均质性强

页岩局限于加里东造山运动相关的扬子前陆盆地区域，昭通示范区页岩沉积岩相变化大，自北向南由前陆盆地深水陆棚沉积环境逐渐过渡为浅水陆棚沉积环境（梁兴等，2011、2014、2016；徐政语等，2015；王玉满等，2015；舒兵等，2016；牟传龙等，2016）（直至滇东-黔中隆起非沉积区），页岩微相由强还原环境富有机碳硅质页岩，经中等还原环境有机碳硅泥质页岩过渡到氧化环境贫有机碳泥质页岩，页岩地层也相应地由北向南变薄甚至尖灭，暗色页岩厚度变薄、有机质含量降低。相对于盆地深水陆棚区，优质页岩气储层变薄、硅质含量偏低、黏土矿物含量偏高（舒兵等，2016；牟传龙等，2016）。页岩储层横向变化大，非均质性强，甜点评价靶体优选尤显关键。

3. 古老页岩已处于无供烃的过成熟阶段，晚期保存条件是关键

页岩地层年代古老，主力页岩气产层为古生界奥陶系五峰组和志留系龙马溪组，曾经

历深埋藏改造(最大埋藏深度为 6000～7500 m)，有机质呈过成熟演化的干气阶段(梁兴等，2011)。自晚燕山期以来，发生逆冲挤压与走滑构造的叠置改造，随着印度板块俯冲，导致青藏三江构造区域隆升与地层遭受区域剥蚀，上三叠统—侏罗系区域盖层几乎剥蚀殆尽，三叠系盖层仅在隔槽-隔挡式褶皱带的向斜区保存，加上通天断层发育，原始的整体封闭保存体系被打破(马力等，2004)，烃源岩直接生烃供烃的地质条件业已消失(不排除在喜马拉雅期构造隆升阶段局部区域可能存在水溶气脱气供烃条件)。保存条件成为页岩气封闭赋存和富气高产的关键因素。

4. 落差大、山地地貌复杂，工程实施风险大成本高

昭通示范区海拔及落差变化明显强于四川盆地内的长宁、威远、焦石坝区块(图1-2)。

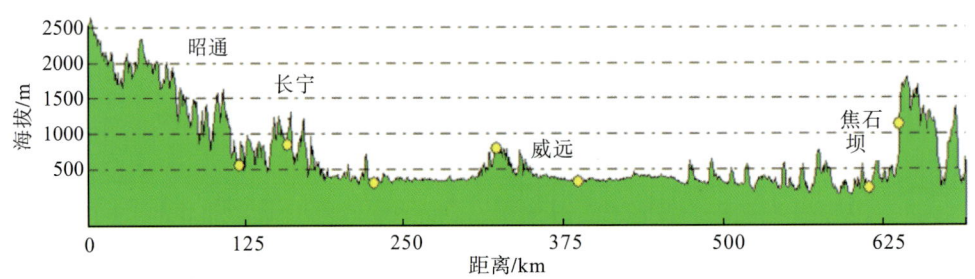

图 1-2　昭通-长宁-威远-焦石坝示范区高原山地地貌地势对比图

第二节　太阳山地浅层页岩气田地质概况

一、自然地理条件

太阳山地浅层页岩气田位于昭通示范区东北部，地理位置属四川省泸州市叙永县、古蔺县境内，气田开发区面积约为 585 km²，西侧紧邻紫金坝 Y115 井区。区内交通条件相对较好，公路、铁路干线贯穿全境。地表以云贵高原山地-丘陵地貌为特征，山高谷深、平坝少。整个地势东高西低、南陡北缓，地面海拔为 400～1650 m，最大相对高差约 1000 m。区内年平均气温为 17.9℃，年平均降水量为 1172 mm。工区内发育永宁河、白杨河、六拐河等河流，其中永宁河是工区内最大的河流，纵贯泸州市叙永县。

二、地质背景

昭通示范区位于乌蒙山区，大地构造上处于上扬子地块的西南部，主体属于四川盆地外复杂的残留构造拗陷区(滇黔北拗陷)，北部跨越四川盆地南部边缘台拗的低陡褶皱带，南部抵滇东黔中隆起，太阳山地浅层页岩气田位于示范区的东北部(图1-3)。太阳山地浅

层页岩气田处于四川盆地南部与滇黔北拗陷过渡复杂构造区,加里东末期太阳气田区整体处于扬子前陆盆地南缘下斜坡区,晚奥陶世—早志留世早期为深水陆棚的滞留静水、缺氧、强还原-还原环境,笔石浮游生物发育,为五峰组-龙马溪组优质页岩沉积提供了充足的有机物质和良好的保存环境。

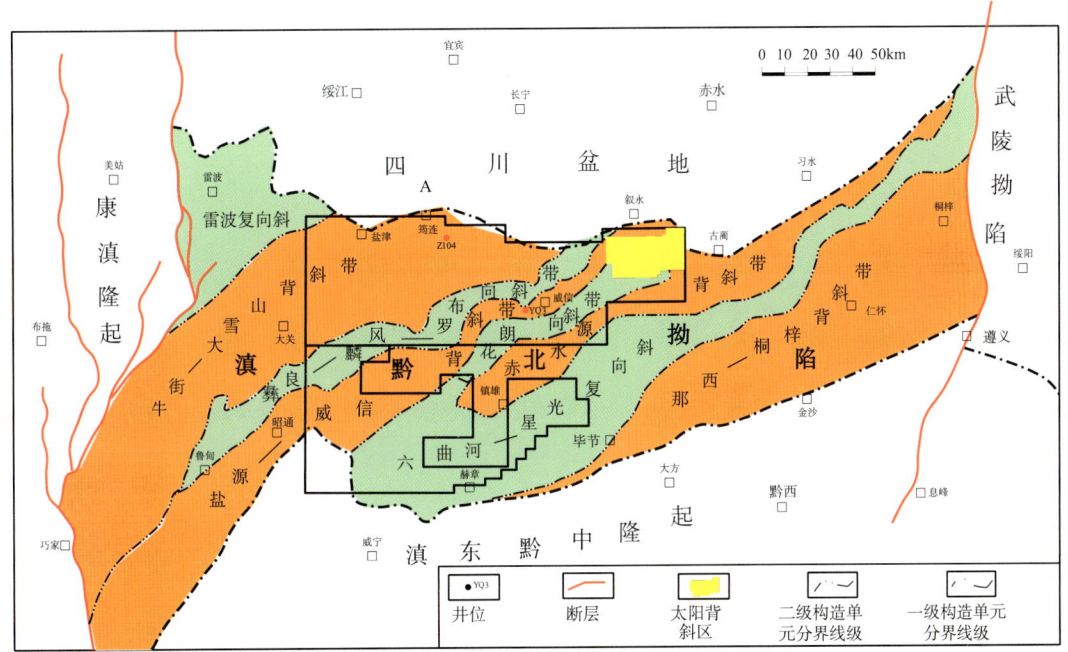

图 1-3 昭通示范区构造划分与太阳山地浅层页岩气田位置图

第三节 太阳山地浅层页岩气田勘探发现历程

一、昭通页岩气勘探开发概况

昭通示范区于 2009 年 7 月取得国家首个页岩气勘查矿权。国家发展改革委、国家能源局 2012 年 3 月批准设立国家级的滇黔北昭通页岩气示范区,勘查矿权总面积达 15150.2 km²(因矿权硬退减,现今面积为 11295.617 km²)。根据中国石油天然气集团有限公司(简称"中石油")部署实施的第四轮油气资源评价,浙江油田公司主导完成的昭通示范区资源评价计算表明,五峰组-龙马溪组页岩气资源量为 $2.487 \times 10^{12} \, \text{m}^3$(梁兴等,2020a),其中埋深小于 2000 m 的浅层页岩气资源量预估为 $1.28 \times 10^{12} \, \text{m}^3$,约占示范区页岩气总资源量的 51%。

浙江油田公司践行"落实资源、评价产能、攻克技术、效益开发"的页岩气工作要求,以地质工程一体化综合评价为主线,有序地推进昭通示范区山地页岩气勘探进程,实现了勘探大突破,建成了昭通山地页岩气生产基地。已优选出筠连-叙永、小草坝-花郎 2 个页岩气勘探有利区,部署实施了黄金坝 Y108 井区、紫金坝 Y112 井区和太阳 TY102 井区 3 个建产区,投产页岩气井 136 口,生产页岩气达 $460×10^4$ m^3/d,2019 年产页岩气 $13.1×10^8$ m^3。昭通示范区正全面推广应用山地页岩气有效开发的地质工程一体化和高产井培植技术,创新实践并总结形成了六大系列 29 项勘探开发主体技术,页岩气单井产量和施工效率不断提高(井均测试产量峰值为 $37×10^4$ m^3/d),探索形成了适用于南方海相山地浅层页岩气条件的产建一体化高效开发模式(梁兴等,2017a),页岩气规模效益开发初见成效。

二、太阳山地浅层页岩气的勘探发现历程

页岩气勘探实践与评价研究已充分表明,页岩气赋存于连通性差的微纳米级孔隙之中,在弱构造形变和地层倾角较平缓的区带,页岩气逸散速度相对缓慢,有利于页岩气保存(梁兴等,2011)。页岩甲烷吸附能力与地层温度具有较明显的负相关性,即随着埋藏深度变浅(地层温度相应地降低),页岩储层对甲烷的吸附能力会增加(龙胜祥等,2017;聂海宽等,2013)。昭通示范区深水陆棚相带沉积了五峰组-龙马溪组一段的优质页岩气储层,而且发育有与页岩气储层连续沉积呈整合接触的封隔性较好的顶底板,压扭应力作用的构造地质背景,形成了封闭性良好的走滑逆冲断层(王鹏万等,2018)。基于上述认识,笔者认为在具有三维封闭保存体系(封存箱)的浅埋藏区带,页岩储层仍可以有效赋存潜力良好的浅层页岩气(梁兴等,2020b)。

基于"封存箱微纳米级孔隙空间内的页岩气即使埋深很浅仍可有效保存"的评价新认识,通过区域封闭保存条件综合评价,确认昭通示范区东北部太阳背斜构造存在页岩气三维封存箱。于是,笔者研究团队于 2017 年初对太阳地区 Y1 和 Y102 两口老井五峰组-龙马溪组页岩气储层开展了复查评价,分别对 Y1 井 976.2～986.0 m 和 Y102 井 768.0～778.8 m 层段进行了射孔压裂测试,最终两口老井均实现了页岩气突破,试气日产量分别为 $0.6×10^4$ m^3/d、$1.1×10^4$ m^3/d。2017 年底,在太阳背斜区新部署了 TY103、TY105 两口评价井。通过钻探与直井压裂试气,获得了新井的产能评价——成功实现工业气流的突破,老井复查与新井钻探的成功共同证实了浅层页岩气具有勘探前景。鉴于此,按"总结提升、水平井产能试验"的开发要求,通过直井钻压采试验成果总结与产能开发部署研究,部署实施了以龙一 $_1$ 亚段为靶体的 TY102H1-1 水平井钻压试验,试采后获得了日产 $5.6×10^4$ m^3 以上的高产气流。至此,以老井为中心基点,通过"东西扩展、向南扩边"的太阳山地浅层页岩气开发拉开了序幕。

随后的 2018 年,矿区建设有序地同步推进"产能评价与工程技术工艺"试验,部署实施了 3 个平台(7 口井)的页岩气开发产能试验,直井、水平井试气产量分别达到了 $0.8×10^4$～$2.3×10^4$ m^3/d 和 $5.8×10^4$～$20.1×10^4$ m^3/d。由此按照"产能目标引领的高效勘探、滚动精细评价探明储量、分步开发产能建设"的原则,拉开了"集中评价落实页岩气资源和目标导向精细高效开发"的大幕。

2018 年 9 月太阳山地浅层页岩气的开发方案编制完成,2019 年 1 月太阳-大寨地区龙马溪组 $8×10^8$ m^3/a 浅层页岩气开发方案获得总部批复。截至 2019 年 6 月已完钻 15 口井,完成试气井 13 口,均获高产工业气流,其中水平井平均产气量为 $6.3×10^4$ m^3/d。2019 年 9

月《太阳页岩气田 TY102、Y118 井区奥陶系五峰组-志留系龙马溪组一段新增页岩气探明储量报告》通过自然资源部审查，提交页岩气探明含气面积为 213.29 km²，页岩气探明地质储量为 1359.50×10⁸ m³，技术可采储量为 271.90×10⁸ m³，经济可采储量为 141.3×10⁸ m³，太阳山地浅层页岩气田正式进入规模开发阶段。通过精细的页岩气勘探评价，2019 年 9 月落实了太阳山地浅层页岩气田探明页岩气储量 1360×10⁸ m³，优选产建区 300 km²。太阳山地浅层页岩气田具富有机质页岩气储层埋藏深度浅、厚度大、区域稳定分布、热演化程度高(过成熟的干气)、岩石脆性好、应力低、水平应力差小、含气量高、吸附气占比大、地层微超压、单井产量与递减率较低等特征(梁兴，2020b)，为非常规的连续型气藏。以丛式平台水平井工厂化钻井及水平井分级体积压裂为主体技术，分两期进行气田开发。2019 年已实施了太阳山地浅层页岩气田第一期开发，目前已完成 8×10⁸ m³ 页岩气产能建设主体工程，已投产采气井 20 余口，水平井的试采产量总体达到预期成效。作为国内首个工业开发的大型整装山地浅层页岩气田，首次证实了盆地外强改造复杂构造区浅层页岩气具有较好的勘探开发潜力，对我国页岩气开发的发展起到了重要的启示意义。

随着太阳山地浅层页岩气勘探评价顺利地向南拓展，位于海坝背斜北坡的 Y137 直井取得高产的重大突破，由此评价优选出了太阳山地浅层页岩气田海坝背斜 Y137 井区为浅层开发先导试验区。2020 年 8 月，Y137 井区浅层页岩气开发先导试验方案获得批复。该试验方案在 Y137 井区部署 5 个平台，设计 21 口水平井，并取得良好的试验效果，证实了太阳山地浅层页岩气田为大型的连续性页岩气藏，并为后续的效益开发奠定了较扎实的技术基础。2020 年底，太阳山地浅层页岩气田太阳-大寨地区 8×10⁸ m³ 产能建设完成。2021 年 5 月 31 日提交太阳山地浅层页岩气田 Y152、Y143 井区新增探明含气面积为 234.93 km²，页岩气探明地质储量为 1216.85×10⁸ m³，技术可采储量为 243.37×10⁸ m³，经济可采储量为 141.41×10⁸ m³。通过短短 4 年一体化的勘探评价与开发建设，在太阳-海坝地区评价落实了连片展布的浅层-超浅层页岩气勘探甜点区，提交获得了 2576.35×10⁸ m³ 页岩气探明储量，建成了国内首个千亿立方米级整装的山地浅层页岩气田，实现了山地浅层页岩气勘探的重大突破与太阳山地浅层页岩气田的重大发现，对推动中国南方强改造区海相页岩气勘探开发进程具有重要意义。

第二章　太阳山地浅层页岩气田基本地质特征

第一节　构　造　特　征

一、构造背景

(一)区域构造特征

　　昭通示范区滇黔北探区位于上扬子地台中部，包含威信凹陷和滇黔古隆起，其中威信凹陷包含了研究区大部分区域，研究区南部占据滇黔古隆起的一部分区域，北部与四川盆地南缘相接。从沉积盆地类型来分析，整个上扬子地台的沉积盖层为多期旋回叠加而成的盆地形式，那么位于上扬子地台中部的滇黔北拗陷也应属于这类多期旋回叠置盆地，从加里东早期便已开始接受沉积作用，如今的滇黔北探区为古上扬子盆地剥蚀后的残留沉积地层(翟光明和何文渊，2002)。除此之外，依据区域地质资料，可将整个滇黔北探区分为威信凹陷、滇黔古隆起和四川盆地 3 个一级构造单元，根据二维地震资料的进一步补充，又可将研究区内的威信凹陷细分为 10 个二级构造单元：毕节向斜带、芒部背斜带、花坭向斜带、盐津背斜带、彝良向斜带、盐源背斜带、庙坝向斜带、牛街背斜带、六曲河向斜带和那西背斜带，这 10 个二级构造单元主要沿东西向和北东南西向展布，指示了研究区发生褶皱变形时所受的应力方向大致可判断为北西南东向。印度板块与亚欧板块碰撞形成青藏高原后印度板块不断向北挤入，使得青藏高原东缘的块体不断挤出。在这种走滑应力作用下，四川盆地西部和云南西部地区形成拉张盆地并普遍发育复杂的走滑断层系统(Molnar and Tapponnier，1975)，作用力的覆盖范围不仅遍及整个西南地区，甚至影响到我国华北部分地区以及西伯利亚地区，本书研究区滇黔北探区正是在这种作用力下发生褶皱变形，使得断裂系统存在共轭现象，不同断层带在不同展布方向下相交，在走滑和挤压双应力作用下，川南地区形成了独特的"扫帚状"构造(陈尚斌等，2011)。

　　不同区域的构造变形程度有显著差异，由图 2-1(a)中贯穿研究区的两条地震测线剖面(A-B 和 C-D)可以看出，研究区呈现东部的变形强度较西部弱、南部的变形强度较北部弱的特点。从区域构造格架图中可以看出，A-B 剖面贯穿了许多地表断层，但在东西向的地震解释剖面中断层发育却很少，这或许是因为研究区内地表出露的多为小规模的盖层断层，难以在当前精度的地震资料上显示出来。芒部背斜构造中部存在一条大规模断层，切穿研究区内基底贯穿至地表，C-D 剖面位于研究区西部，贯穿探区南北界线，从二维地震

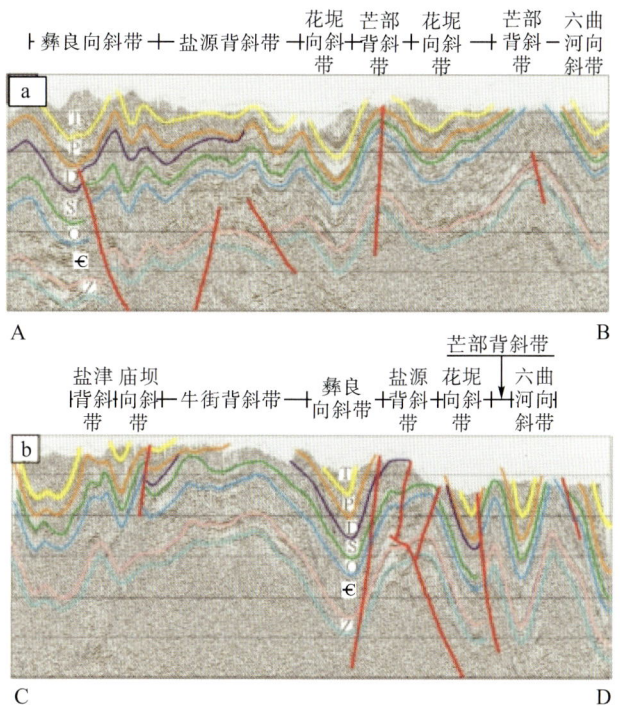

(a)东西向二维地震解释剖面；(b)南北向二维地震解释剖面

图 2-1　滇黔北昭通示范区大地构造位置及区域构造格架

解译剖面中可以看出，东西向的构造样式差距不大，但是南北地层的构造特征差距甚大，南北向的 C-D 剖面中，位于北部的地层区域未见大的断裂系统，地层形变量较小，以褶皱发育为主，发育多个向斜带和背斜带，包括盐津背斜带、庙坝向斜带和牛街背斜带，自彝良向斜带开始，地层构造样式发生了较大变化，开始出现大量的断层，断层大多切穿了深部地层，即彝良向斜带之后，发育的褶皱构造带包括盐源背斜带、花坝向斜带、芒部背斜带和六曲河向斜带，从构造格架总体来看，昭通地区具有南强北弱和西强东弱的特点。

(二)区域构造演化

　　滇黔北探区的构造演化阶段与我国扬子板块的构造演化过程总体相似，近几十年的构造演化研究使得我国学者已基本摸清了我国大地构造的演化进程。本次在梳理我国构造演化进程的基础上，针对滇黔北探区的构造演化史进行了系统总结研究，共划分了 10 个构造期次，分别为：吕梁期、长城-蓟县期、晋宁期、南华期、震旦期、加里东期、海西期、印支期、燕山期和喜马拉雅期，不同时期的盆地演化特征不同。根据这一特征将滇黔北探区划分为 3 个盆地演化阶段，分别为基底构造阶段、海相盆地演化阶段和陆相盆地演化阶段，如图 2-2 所示(Wan，2011)。

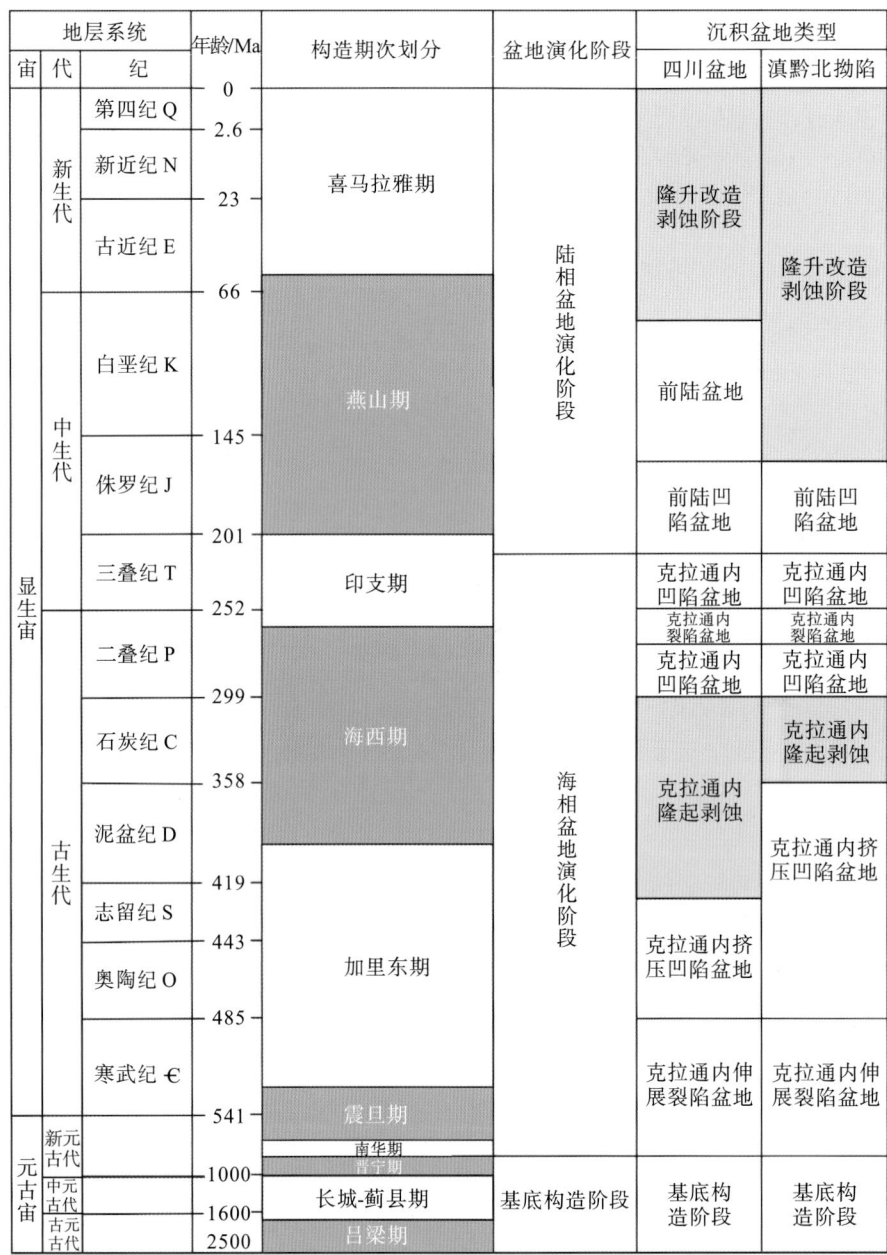

地层系统			年龄/Ma	构造期次划分	盆地演化阶段	沉积盆地类型	
宙	代	纪				四川盆地	滇黔北拗陷
显生宙	新生代	第四纪 Q	0 2.6	喜马拉雅期	陆相盆地演化阶段	隆升改造剥蚀阶段	隆升改造剥蚀阶段
		新近纪 N	23				
		古近纪 E	66				
	中生代	白垩纪 K	145	燕山期		前陆盆地	
		侏罗纪 J	201			前陆凹陷盆地	前陆凹陷盆地
		三叠纪 T	252	印支期	海相盆地演化阶段	克拉通内凹陷盆地	克拉通内凹陷盆地
						克拉通内裂陷盆地	克拉通内裂陷盆地
	古生代	二叠纪 P	299	海西期		克拉通内凹陷盆地	克拉通内凹陷盆地
		石炭纪 C	358			克拉通内隆起剥蚀	克拉通内隆起剥蚀
		泥盆纪 D	419				克拉通内挤压凹陷盆地
		志留纪 S	443	加里东期			
		奥陶纪 O	485			克拉通内挤压凹陷盆地	
		寒武纪 ∈	541			克拉通内伸展裂陷盆地	克拉通内伸展裂陷盆地
元古宙	新元古代		1000	震旦期			
				南华期			
	中元古代		1600	青宁期	基底构造阶段	基底构造阶段	基底构造阶段
				长城-蓟县期			
	古元古代		2500	吕梁期			

图 2-2　滇黔北探区构造演化阶段及盆地类型划分图

1. 吕梁期(2.5～1.8 Ga)

吕梁期为地史演化初期,在此时期主要形成克拉通基底构造,吕梁运动之后才形成了组成中国大陆的 5 个原始板块,分别为华夏原板块、准噶尔原板块、中朝原板块、扬子原板块和哈尔滨原板块。

2. 长城-蓟县期(1800~1000 Ma)

由吕梁期形成的中朝克拉通基底在长城-蓟县期发生基底沉降,形成了原始的沉积盖层,扬子板块在中元古代初期由一整个块体分裂为两个大的块体置于南北两边,之后未发生构造事件,一直到中元古代末期,四堡运动的发生打破了当时块体的稳定,"雪峰碰撞带"便是此时期的产物(四堡群及其老地层成为区域性浅变质岩褶皱构造带)。

3. 晋宁期(1000~800 Ma)

华南板块在此时期的构造活动较频繁,其经历的强烈构造活动对华夏板块以及扬子板块都有一定影响,华夏板块和扬子板块在晋宁期彼此很靠近,局部区域甚至有可能已发生碰撞,但尚未有明确的碰撞证据,晋宁期研究区内的沉积岩和变质岩出现强烈的褶皱现象,这或许能够证实此次碰撞的发生。

4. 南华期(800~680 Ma)

这一时期我国主要大陆板块发生广泛拉张,在晋宁期形成的扬子板块结晶基底之上第一次沉积了一套完整的沉积盖层,在此沉积了一套冰碛岩,正因如此南华期也被称为成冰纪。南华期初期阶段,古隆起的出现使当时的扬子板块整体抬升为陆,即今天的扬子克拉通(准地台),到了该时期晚些阶段,冰碛岩覆盖了大部分扬子板块形成南沱组,可细分为冰川谷、大陆冰架沉积环境,而东部板块为冰海相沉积环境。

5. 震旦期(680~513 Ma)

这一时期的构造活动从震旦纪一直持续到早寒武纪,构造活动并不频繁,大陆板块在此期间构造活动并不活跃,到了寒武纪早期,继承了震旦纪的浅海相沉积环境及构造特征,深海区沉积了复理石建造(末期形成区域性的硅质岩沉积建造)。

6. 加里东期(513~397 Ma)

这一时期处于寒武纪中晚期,南华期的扬子板块抬升致使海平面下降,进入奥陶纪后,区内构造活动趋于稳定,到了赫南特期,此时地球进入冰期(关于此次冰期科学界一直存在较多争议,尤其在驱动机制问题上),冰盖扩张引发了广泛海退事件,后文将会针对这次冰期间冰期转化展开描述。早奥陶世末—早奥陶初在浙赣边界处见到粗粒陆源碎屑岩沉积,晚奥陶末期—早志留世初期在浙西桐庐—淳安一带见底砾岩磨拉石建造,在杭州→临安→於潜→石台→无为形成由山前磨拉石建造→复理石建造→浊积岩建造→砂质泥页岩建造→笔石页岩建造的"山前至盆地的沉积相演变序列",表明华夏板块由东南向西西北碰撞造山形成下扬子前陆盆地,原先的钱塘拗拉槽逆返消亡并在晚志留世成为陆源区,下扬子区缺失上志留统和中泥盆统的沉积记录。滇黔北探区地质结构类似,小草坝背斜宝 1 井、太阳背斜阳 1 井揭示上泥盆统白云岩、二叠系栖霞组灰岩分别直接覆盖在中志留统砂泥岩之上,研究表明该两个背斜是加里东的古隆起。

7. 海西期(397～260 Ma)

受川中、黔中等古隆起影响，泥盆系与下古生界之间存在区域不整合面。华南地块在二叠纪时期由于峨眉山地幔柱的活动而处于拉张的构造环境，并伴随有大规模的火山活动，到了中晚二叠世，开始了峨眉地裂运动，形成了三个古洋盆中的澜沧江洋和金沙江洋。这次构造运动使扬子板块的中上二叠统之上形成了广泛的不整合面，并且随着峨眉山地幔柱的进一步活动，板块继续拉张，最终导致火山喷发事件，岩浆及火山灰的覆盖面积接近300000 km^2，形成的峨眉山玄武岩最大厚度接近 2000 m(陈文一等，2003；张廷山等，2021)。峨眉山地帽柱上升影响了栖霞组"西薄东厚"的沉积格局，大致以眉山—宜宾—芙蓉山—配好信、汉旺—阳高寺—古蔺三道水为界线，分为"西部的浅水开阔台地、中部的浅缓坡、东部的较深-深水碳酸盐岩缓坡"三个沉积区(张廷山等，2021)。

8. 印支期 260～200 Ma

到了二叠纪晚期，扬子板块中部隆起成台地，叙永-古蔺地区形成长兴组泥晶灰岩、颗粒泥晶灰岩、云质灰岩夹凝灰质页岩，边缘凹陷形成以砂岩、黏土岩及硅质岩、燧石结核泥晶灰岩、泥灰岩为主并含煤系的乐平统(大隆组/宣威组/龙潭组)，而板块的西部则以峨眉山玄武岩为主(马力等，2004；张廷山等，2021)。这一时期中国大陆的沉积盖层发生广泛的褶皱和断裂，在碰撞带附近的变形十分强烈。晚二叠世，滇黔北探区总体呈"西高东低、西陆东海"的构造沉积格局，上二叠统呈现向东向西的海侵过程，探区西侧盐津-大关区带全部陆源煤系地层，向东在筠连-嵩坝地区变为海水浪控沼泽型煤系地层，东侧叙永—毕节一带上部为开阔海台地灰岩沉积、下部的煤系层并夹有薄层泥灰岩。

9. 燕山期 200～65Ma

印支期过后，华南板块由原先的特提斯构造转变为滨太平洋构造体系。侏罗纪-早白垩纪早期，整体为干旱炎热的大陆环境，以河流-湖泊相红色碎屑岩沉积为主，局部见石膏层。受印度板块沿北向亚欧大陆俯冲与三江特提斯洋壳逐渐缩小(马力等，2004)，在扬子板块西部引发了强烈的岩浆活动。滇黔北探区内构造运动相对稳定，以板内变形为主，形成一系列北东向和南北向的以隔挡式为主兼有隔槽式褶皱的构造形变带。

10. 喜马拉雅期 65～0 Ma

印度板块继续俯冲到欧亚板块和三江特提斯洋的消亡、海域退出成陆(新近纪海相沉积结束)，导致印度河以南的喜马拉雅逆冲构造带的形成，造就了青藏高原、云贵(次)高原的区域隆升。强烈的构造压缩导致地壳缩短并引发岩浆活动，形成富钾的火山岩和云母花岗岩。随着印度板块继续向北推进，青藏高原东部的区块不断被挤压，由此产生的走滑应力场形成了川西地区的拉伸盆地和红河-右江地区复杂的走滑断层系统向东南方向蠕散(Molnar and Tapponnier，1975；马力等，2004)。滇黔北探区在区域东西挤压和斜向蠕散的背景形成压扭走滑应力场，罗布向斜成为西侧特提斯域与东侧雪峰构造域的前缘带。罗布向斜以东主要为隔槽式褶皱的构造形变带，东西向的大雪山背斜以北为隔挡式褶皱的构造形变带。

二、太阳地区构造精细描述

太阳地区自加里东期以来经历了多期造山构造活动叠置的改造过程，受三江特提斯、滨太平洋两大构造域叠加作用形成了板内构造形变"强改造、过成熟、剪应力"盆外山地页岩气特点。整体构造改造较盆内复杂，以"强叠加褶皱变形，多期断裂改造"为特征。研究区经历了晚燕山—喜马拉雅期挤压走滑的隆升剥蚀阶段，五峰组-龙马溪组埋深总体变浅(徐政语等，2019；梁兴等，2019b)，背斜构造区主体埋深为500～1500 m，浅于2000 m区域约占太阳背斜区总面积的2/3以上。沉积期后的构造改造强度与变形样式、构造隆升与地层剥蚀、岩石卸压与伴生节理应力微裂缝、岩层错断与断裂开启程度等因素，均对页岩气富集赋存产生影响(梁兴等，2016；胡明等，2017；赵文韬等，2018；唐令等，2018；徐政语等，2019)，致使页岩气保存条件影响因素较为复杂。

太阳山地浅层页岩气田位于四川盆地南部边缘外，跨入海相古生界-中三叠统碳酸盐岩裸露的滇黔北坳陷复杂构造区。气田的主体为太阳背斜构造区，为云贵高原盐源-威信背斜构造带向北东倾伏延伸并在叙永县太阳地区形成穹窿高点的背斜构造区，整体呈现"凹中隆"的背斜构造格局，以"继承性叠加褶皱变形、多期次弱断裂改造"为特征。太阳背斜构造呈北东东向横亘，北部为建武-双坝-叙永向斜带，南部为云山坝-柏杨坪向斜带(图2-3)。

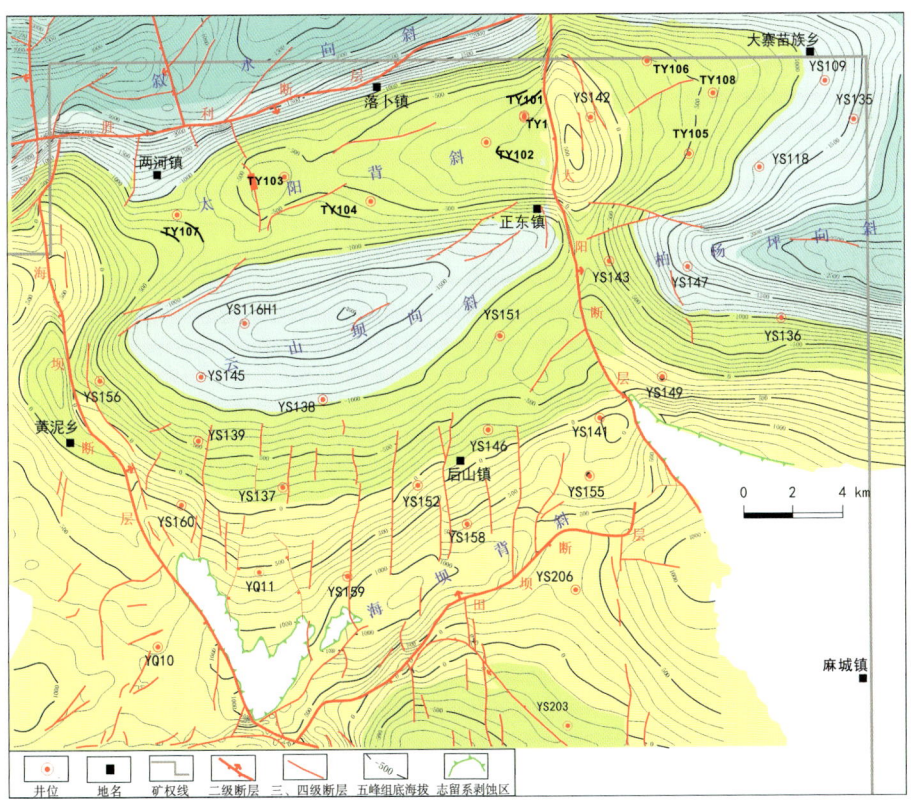

图2-3　太阳浅层页岩气田五峰组底界面构造图

太阳背斜构造雏形形成于广西期、加里东运动末期，太阳出现背斜隆起雏形，整个隆起呈西高东低状。海西运动末期，古隆起隆升剥蚀，形成大的区域不整合面。以下寒武统筇竹寺组和上奥陶统五峰组-下志留统龙马溪组海相泥质烃源岩相继进入生烃门限，并开始排烃，区域性向西运移到太阳古隆起上聚集成油藏。印支期后随着埋藏深度增大和温度升高，太阳地区的液态烃逐渐裂解成天然气并演变为天然气藏。太阳背斜受南北向挤压应力作用影响形成近东西向背斜，并在背斜顶部及两翼形成近东西向逆冲断裂；燕山期后随着南北向持续挤压和喜马拉雅期挤压走滑，复背斜递进变形加剧，近南北向压扭性走滑断层对早期近东西向复背斜进行叠加和改造，将完整的东西向复背斜分割成两块，同时背斜南、北两翼伴生南北向小型断层，但背斜构造形态仍保持完整。

海坝背斜位于黄土坡、三岔湾、白岩沟、河坎上一线，区内长 20 km，循北西向延伸，微向南西弯曲，轴线被北北东向、北东向和近东西向断层错截。核部由下奥陶统湄潭组构成，两翼为中奥陶统-下志留统，北东翼岩层倾角为 12°～25°，南西翼岩层倾角为 15°～35°，属对称短轴背斜。受到多期构造运动影响，海坝背斜呈现出南南东—北北西向的条带状背斜构造形态，背斜核部发育与轴线近平行的逆冲断层；核部出露地层为奥陶系、志留系，翼部由志留系组成。

云山坝向斜为完整的北东东走向的向斜构造，北翼较陡，南翼相对较缓。柏杨坪向斜为北西向展布的向斜构造带，北翼相对较缓，南翼较陡。

太阳背斜、海坝背斜形态整体保存完整，背斜主体部位地层平缓且断层发育较少，产气井普遍位于背斜圈闭内，具有轴部产量高、边缘稍低的特征。海坝背斜隆升较高，背斜最顶部区域志留系已剥蚀殆尽，页岩层埋深明显比北部向斜浅得多，在 210～330 m 页岩中仍见到页岩气。结合测井及地震资料综合分析，研究区地层倾角复杂、变化大，背斜核部地层倾角一般为 0°～10°、南翼为 10°～15°，北翼相对较大，为 15°～40°，总体呈现北陡南缓的不对称背斜形态(图 2-4)。太阳山地浅层页岩气田挤压冲断、压扭走滑断裂发育，两组北北西向压扭性走滑断裂、一组北东东向挤压性断裂使研究区形成明显的"东西分块、南北分带"的构造格局。断层发育表现多方向、多层次叠加，近东西向逆断层和近南北向走滑断层占主导(徐政语等，2016；Xu et al.，2019)。

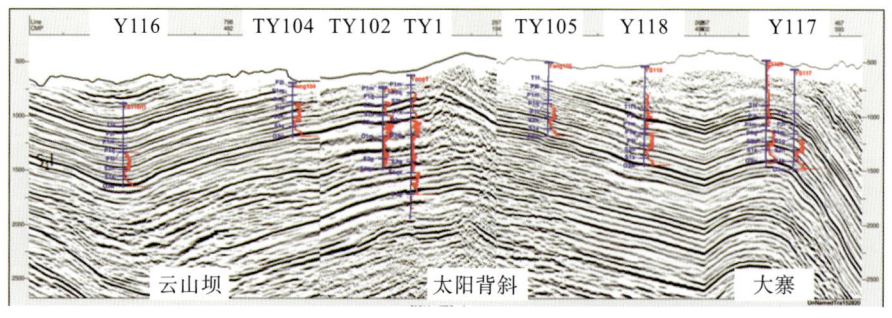

图 2-4　太阳背斜区北东—南西向过井地震剖面图

　　依据三维地震资料精细解释成果，研究区发育断层可划分为Ⅱ、Ⅲ、Ⅳ三个级别，太阳浅层页岩气田内发育4条边界断层（Ⅱ级断层）（图2-5），这些断层均为盖层推覆滑脱断层，受北西向挤压应力作用形成的近东西向逆断层（胜利断层）、近南北向逆断层（海坝断层）、近南北向走滑断层（太阳断层）和受北东向挤压应力作用形成的北北西向逆断层（田坝断层），其断距较大（最大断距达1 km），平面延伸较长，断穿地表；Ⅲ级断层断距为80～300 m，平面延伸较长；Ⅳ级断层断距为20～80 m，平面延伸较短。背斜构造定型于燕山期、抬升于喜马拉雅期，在持续压扭状态下，断层侧向封闭性与封堵性能良好，断层断面与构造等值线基本垂直。这种以隔槽式褶皱带为主体、逆冲与走滑叠加的构造形变样式，使该区页岩气保存条件比北面稳定的四川盆地区整体差，形成具有复杂构造区"强改造、过成熟、浅埋深"的山地页岩气特殊地质条件。

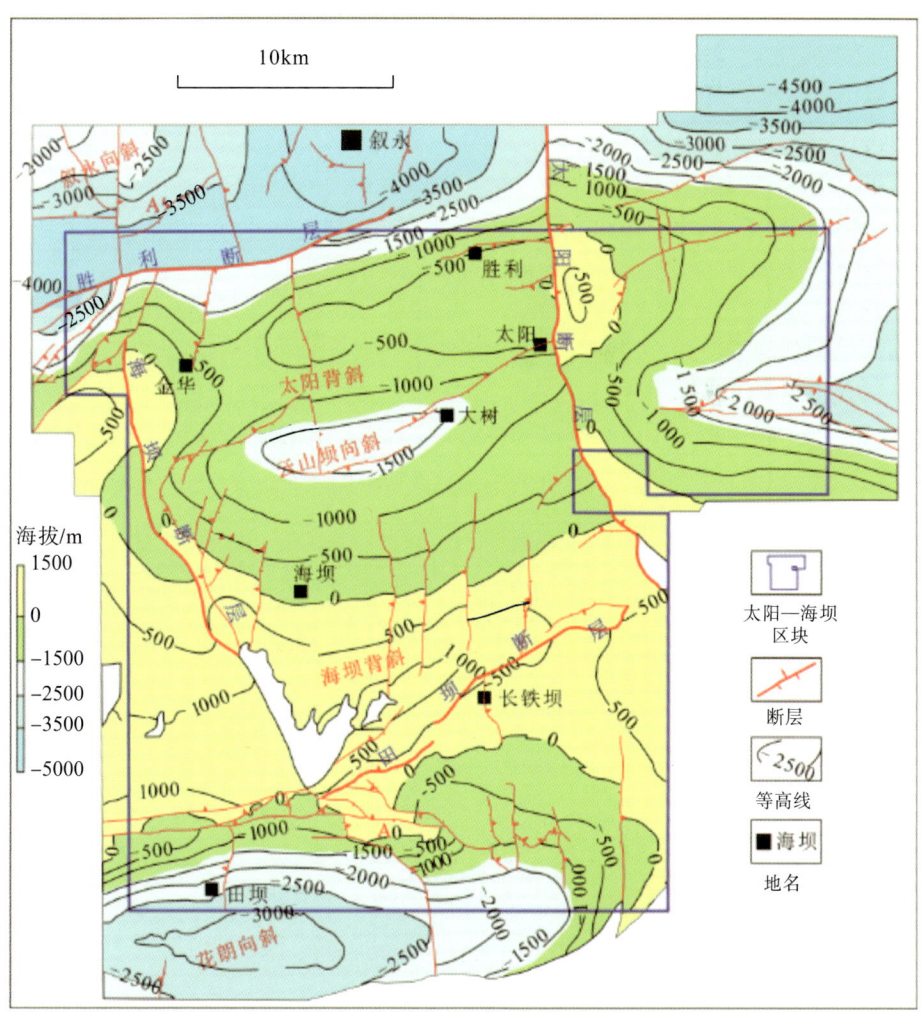

图2-5　太阳浅层页岩气田五峰组-龙马溪组构造特征图

第二节　地层沉积特征

一、地层特征

(一)区域地层特征

太阳地区地表主要出露三叠纪地层,钻井揭示从地表至沉积盖层基底,地层层序依次为新生界第四系;中生界中三叠统雷口坡组,下三叠统嘉陵江组、飞仙关组;古生界上二叠统乐平组,中二叠统茅口组、栖霞组,下二叠统梁山组;中志留统韩家店组,下志留统石牛栏组、龙马溪组;上奥陶统五峰组,中奥陶统宝塔组。整体缺失全部石炭系、泥盆系和志留系上部地层(表2-1)。

表 2-1　太阳页岩气田地层钻遇情况简表

地层时代				代号	岩性	构造旋回
界	系	统	组			
新生界	第四系			Q		
中生界	三叠系	中统	雷口坡组	T_2l	深灰、褐灰色泥-粉晶云岩及灰质云岩,灰、深灰、浅灰色粉晶灰岩,云质泥岩,夹薄层灰白色石膏	印支旋回
		下统	嘉陵江组	T_1j	泥-粉晶云岩及泥-粉晶灰岩、石膏层,夹紫红色泥岩、灰绿色灰质泥岩	
			飞仙关组	T_1f	紫红色泥岩,灰紫色灰质粉砂岩、泥质粉砂岩及薄层浅褐灰色粉晶灰岩,底部泥质灰岩夹页岩及泥岩	
古生界	二叠系	上统	乐平组	P_3l	灰黑色泥岩、碳质泥岩与黑色煤层不等厚互层,局部夹灰色粉砂岩	海西旋回
		中统	茅口组	P_2m	为浅海碳酸盐岩沉积,褐灰、深灰、灰色生物灰岩	
			栖霞组	P_2q	浅灰色及深褐灰色石灰岩、深灰色石灰岩含燧石	
		下统	梁山组	P_1l	灰黑色泥页岩	
	志留系	中统	韩家店组	S_2h	灰色、绿灰色泥岩、灰质泥岩夹泥质粉砂岩及褐灰色灰岩	加里东旋回
		下统	石牛栏组	S_1s	顶部为灰色灰质粉砂岩;上部为深灰色灰质页岩、页岩及灰色灰质泥岩夹灰色灰岩、泥质灰岩;中部为灰色灰岩;下部为灰色泥质灰岩	
			龙马溪组	S_1l	上部为灰色、深灰色页岩,下部为灰黑色、黑色泥页岩	
	奥陶系	上统	五峰组	O_3w	以灰黑色泥页岩为主,顶部见深灰色生物灰岩	
		中统	宝塔组	O_2b	上部为深灰色灰岩、生物灰岩	

(二)地层划分与对比

1. 地层划分标志

根据奥陶纪凯迪期—志留纪特列奇期的标准化石、奥陶系五峰组-志留系龙马溪组岩性、测井曲线、地震反应、地球化学、矿物组分等特征,对奥陶系五峰组-志留系龙马溪组地层界线进行划分,依据如下。

1)古生物特征

晚奥陶世晚期(凯迪期)开始,扬子陆块和华夏陆块汇聚,结束了扬子板块被动大陆边缘的发育历史,开始了晚奥世凯迪期至志留纪克拉迪期内陆源碎屑沉积。五峰组-龙马溪组沉积期,出现了较为丰富的生物种类,其中,尤以笔石类最为繁盛,晚奥陶世赫南特期三叶虫类达尔曼虫(*Dalmanitina*)和腕足类赫南特贝(*Hirnantia*)发育。

上奥陶统五峰组之下宝塔组水体相对较浅,岩性以灰色-深灰色灰岩、生物碎屑灰岩及含泥瘤状灰岩为主,主要发育角石、三叶虫及腕足类等生物。随着凯迪期大规模的海侵,水体加深,凯迪期则出现了大量的浮游生物且常在顶层富集,在五峰组下段页岩中含丰富的笔石化石,但笔石类型单一。华南奥陶纪凯迪期发育两个笔石带,即 *Dicellograptus complexus* 带和 *Paraorthograptus pacificus* 带,赫南特期发育一个笔石带,即 *Metabollgraptus extraodinarius* 带。赫南特期沉积的观音桥段为达尔曼虫-赫南特贝组合带,太阳地区均可见到标志性腕足类化石,岩心上可观察到大量指甲状腕足类化石碎片。

晚奥陶世赫南特期沉积的观音桥段是划分五峰组和龙马溪组的标志层,古生物以达尔曼虫-赫南特贝组合带为标志,其下的 3 个笔石带分布于凯迪期沉积的五峰组泥质岩段。其上奥陶纪赫南特期—志留纪兰多维列期沉积的龙马溪组发育 10 个笔石带,即赫南特阶上部的 1 个笔石带、鲁丹阶的 4 个笔石带、埃朗阶的 4 个笔石带以及特奇阶最底部的 1 个笔石带。最底部 1 个笔石带(*Metabollgraptus persculptus* 带)为奥陶纪赫南特期古生物,因此龙马溪组底部界线穿时。

因此,古生物地层划分依据充分而清晰。以观音桥段为标志层,以 *Metabollgraptus extraodinarius* 带消失和达尔曼虫-赫南特贝组合带首现为五峰组上下段分界;以 *Metabollgraptus persculptus* 带首现和达尔曼虫-赫南特贝组合消失为五峰组和龙马溪组分界线,其下为五峰组观音桥段,其上为龙马溪组。

2)岩性特征

奥陶纪末,太阳地区由碳酸盐台地演变为深水陆棚环境。随着沉积环境的变化,太阳地区晚奥陶世宝塔组到早志留世龙马溪组沉积期沉积了不同的岩石类型。

上奥陶统五峰组之下的宝塔组主要发育台缘斜坡含泥瘤状灰岩,而五峰组下段则沉积了一套 1~15 m 的灰黑色碳质页岩,富含放射虫及笔石。

2. 地层划分

1)宝塔组

奥陶系宝塔组,为深灰色灰岩、生物灰岩。测井曲线上自然伽马以低值为主;侧向电阻率以高值为主，夹指状低值；井径曲线规则。

2) 五峰组-龙马溪组

滇黔北地区五峰组-龙马溪组总厚度为 200～300 m，分布较稳定，总体以发育黑色碳质页岩、黑色粉砂质页岩为主，岩石的颜色和颗粒粒度随埋深增加而变深、变细，发育水平层理、交错层理、结核、示顶底构造和擦痕等，含大量笔石生物化石。岩性的变化不仅影响了所含化石门类的种类及含量，同时在测井曲线上也具有不同的响应特征。根据岩性、生物组合以及测井曲线特征，龙马溪组岩石地层划分为龙马溪组一段(龙一段)和龙马溪组二段(龙二段)，龙一段又划分为龙一$_1$亚段和龙二$_2$亚段。龙一$_1$亚段可进一步分为四个小层(1、2、3、4)(表 2-2)。

表 2-2　五峰组-龙马溪组小层划分参数特征表

组	段	亚段	小层	特征	厚度/m
龙马溪组	龙二段			底部深灰灰质泥岩与下覆龙一段灰黑色泥页岩分界，双侧向电阻率增加，HSGR、AC、CNL 降低	114.3～144.5
	龙一段	龙一$_2$		岩性底部以灰黑色泥页岩与龙一$_1$亚段黑色碳质泥岩分界，HSGR 整体向上平缓减小，双侧向电阻率为最低值，AC 为中高值	54.3～69.7
		龙一$_1$	龙一$_1^4$	岩性为碳质页岩，HSGR 平均值为 176API，AC 减小低值，CNL 向上减小，双侧向电阻率为中等低值	9.3～16.4
			龙一$_1^3$	岩性为碳质页岩，HSGR 向上减小，平均值为 192API，CNL 平稳，AC 为高值，双侧向电阻率为低值	6.1～10.9
			龙一$_1^2$	标志层，HSGR 明显向上减小，平均值为 216API，GR 高值出现底部，CNL、双侧向电阻率为中等高值	5～10.3
			龙一$_1^1$	标志层，黑色碳质页岩，HSGR 为龙马溪组最高(228～357API)平均值为 285API，CNL、双侧向电阻率为高值	1.2～2
五峰组	五二段			观音桥段，介壳泥灰岩，低 HSGR	0.3～0.86
	五一段			黑色碳质页岩，高 HSGR，底与宝塔瘤状灰岩分界	0.8～7.94

HSGR.无铀伽马，API；AC.声波时差 μs/ft；CNL.补偿中子，%；GR.自然伽马，API。

(1) 五峰组。五峰组主要为黑色页岩，顶部为观音桥段灰质泥岩，底部以灰色含介形类和少许笔石的泥岩出现，与下伏宝塔组含三叶虫的瘤状灰岩相区分，顶部以上覆龙马溪组底部黑色页岩的出现为分界标志，其间为一层 0.3～0.86 m 厚的生物碎屑灰岩(观音桥段)。五峰组下部黑色页岩段与上部观音桥介壳灰岩段之间的界线明显。

自然伽马值以高值为主，曲线波动大；双侧向电阻率以低值为主，呈锯齿状；井径曲线规则。五峰组厚度较薄，为 1.1～8.8 m，整体表现为北薄南厚，太阳背斜区 TY104 井最薄，柏杨坪向斜 Y118 井次之，南边花朗向斜 Y207 井最厚，其次为中部海坝背斜 Y206 井、YQ11 井。

(2) 龙一段。龙一段岩性主要为黑色页岩，局部含薄层泥质粉砂岩，以观音桥段介壳灰岩的出现为标志进入五峰组分界。发育厘米级和毫米级的微细纹层，页岩普遍含黄铁矿团块、晶粒，常呈星点状或纹层状。测井曲线均表现为箱形，整体特征为中高伽马低电阻，自然伽马(GR)为 95.9～369.4 API(平均值为 168.7 API)，双侧向电阻率为 12.3～261.1

$\Omega \cdot m$（平均值为 66.9 $\Omega \cdot m$），密度（DEN）值低，为 2.37~2.81 g/cm^3（平均值为 2.63 g/cm^3）。

龙一段为持续海退的进积式反旋回，依照次级旋回和岩性特征将其自上而下分为 2 个亚段，即上部的龙一$_2$亚段和下部的龙一$_1$亚段。龙一$_2$亚段：沉积旋回为高位体系域逐渐海退的过程，出现大段砂泥质互层或夹层岩性组合，为粉砂质泥陆棚相沉积，沉积构造有风暴岩、钙质结核、平行层理等，笔石数量少，底部笔石数量最多，体型也较粗较完整。龙一$_1$亚段：为一套富有机质黑色硅泥质、泥质页岩，发育大量形态各异的笔石群。龙一$_1$亚段顶部以龙一$_2$底部深灰色灰质泥岩为界，底部以下伏奥陶系五峰组观音桥介壳泥灰岩为界。

龙一段厚度为 75.9~109.3 m，整体表现为北厚南薄。太阳背斜区 TY104 井最厚，为 103.5 m，柏杨坪向斜 Y118 井次之，南边花朗向斜 Y207 井最薄，为 84.8 m，其次为中部海坝背斜 YQ11 井。

（3）龙二段。龙二段岩性主要为灰色、灰黑色泥质灰岩、黑色灰质（钙质）页岩、局部夹薄层灰质（钙质）泥岩，以块状灰岩出现为标志进入上覆石牛栏组，与龙一段呈渐变式过渡，泥岩颜色逐渐变浅，灰质含量逐渐升高，泥质含量降低，顶部见薄层灰岩条带及泥质灰岩，下部为黑色页岩，测井曲线均表现为漏斗型。

龙二段地层厚度展布特征为中部海坝背斜薄，南北两侧厚，厚度为 114.3~144.5 m，海坝背斜 YQ11 井为 114.3 m，其次为 Y206 井（117.8 m），南部花朗向斜 Y207 井为 135.9 m，北部太阳背斜 TY104 井为 141.2 m，柏杨坪向斜 Y118 井为 144.5 m。

3. 地层对比

研究区 5 口井（TY104 井、YQ11 井、Y118 井、Y206 井、Y207 井）显示五峰组-龙马溪组地层发育齐全，岩性、电性可对比。五峰组自然伽马（GR）、补偿中子（CNL）曲线表现为高值，密度（DEN）曲线表现为低值。厚度较薄，为 1.1~8.8 m，TY104 井最薄，Y207 井、Y206 井最厚。龙马溪组 GR 和 CNL 曲线底部尖峰高值，向上逐渐降低，DEN 曲线为底部尖峰低值，向上逐渐升高。各层厚度相对稳定，龙马溪组总厚度为 201.8~244.7 m，YQ11 井最薄，TY104 井、Y118 井最厚（表 2-3、图 2-6）。

表 2-3　五峰组-龙马溪组小层划分数据表 （单位：m）

层号	Y207 井		Y206 井		TY104 井		Y118 井		YQ11 井	
	顶深	底深	顶深	底深	底深	层厚	顶深	底深	顶深	底深
龙二段	2783.6	2919.5	661.0	778.8	956.8	1098.0	2019.7	2164.2	251.0	365.3
龙一$_2$	2919.5	2980.0	778.8	848.5	1098.0	1166.8	2164.2	2229.5	365.3	419.6
龙一$_1^4$	2980.0	2989.3	848.5	858.5	1166.8	1183.2	2229.5	2243.7	419.6	429.8
龙一$_1^3$	2989.3	2995.4	858.5	867.8	1183.2	1194	2243.7	2253.9	429.8	440.7
龙一$_1^2$	2995.4	3002.5	867.8	876.4	1194.0	1199.5	2253.9	2258.9	440.7	451.0
龙一$_1^1$	3002.5	3004.3	876.4	877.7	1199.5	1201.5	2258.9	2260.1	451.0	452.8
观音桥	3004.3	3005.2	877.7	878.1	1201.5	1201.8	2260.1	2260.7	452.8	453.3
五峰组	3005.2	3013.1	878.1	886.0	1201.8	1202.6	2260.7	2263.0	453.3	459.9

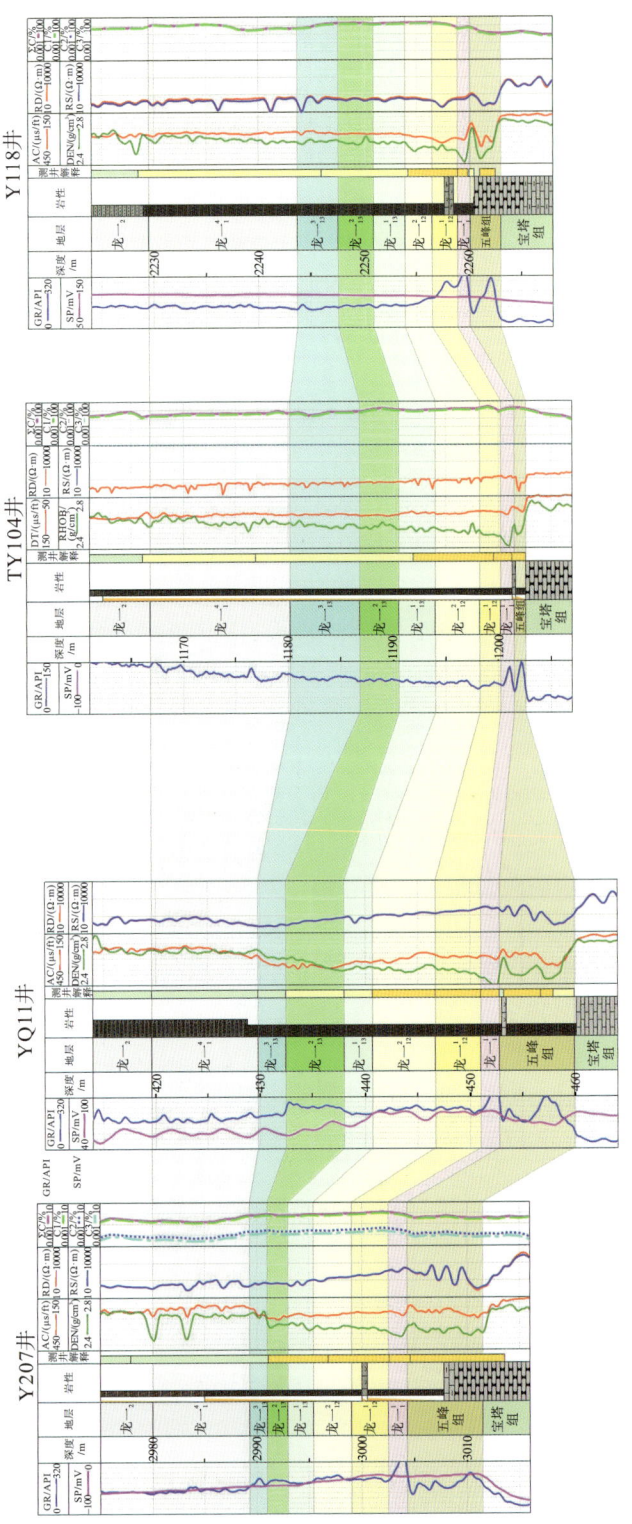

图2-6　Y207井-YQ11井-TY104井-Y118井五峰组-石牛栏组地层对比

GR.自然伽马；SP.自然电位；AC.补偿声波；DEN.补偿密度；RS.浅侧向电阻率；RD.深侧向电阻率；RHOB.体积密度；DT.声波时差

(三)层序地层特征

五峰组-龙马溪组沉积期海平面大体经历了两次上升与两次海退,第一次海侵发生于五峰组早期,中期达最大海泛面,海退发生于五峰组晚期,以及顶部的观音桥沉积期。第二次海侵发生于龙一$_1^1$沉积期,龙一$_1^2$期末达最大海泛面,海退发生于龙一$_1^3$至龙二段沉积期,具有海退期缓慢下降特点,发育厚层高位域沉积。

1. 主要界面的识别

1)层序界面

根据层序界面的识别标志,在五峰组-龙马溪组共识别出 4 个主要的层序界面,各层序界面特征如下。

(1)SB1:上奥陶统五峰组与宝塔组之间的岩相转换面,该界面上、下地层岩性和电性存在明显差异,下伏宝塔组含泥瘤状灰岩段测井曲线呈微齿化低幅度箱形,向上突变为五峰组含笔石碳质页岩高幅度指型(图 2-7),具有区域稳定和易寻找、易标定的特点。

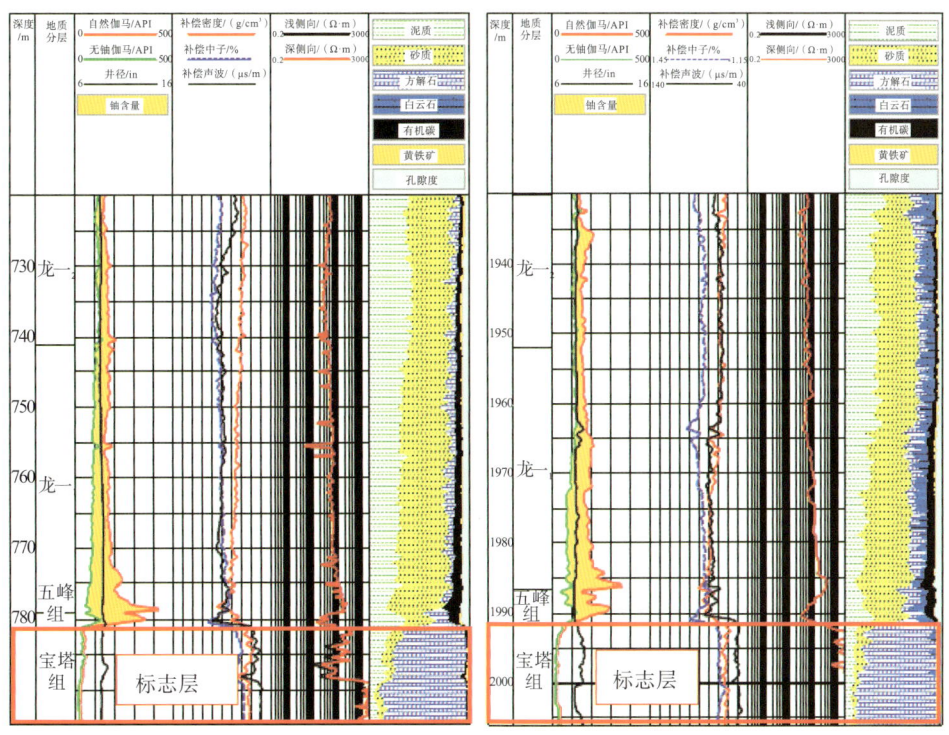

图 2-7　TY102 井与 Y138 井宝塔组灰岩标准层对比图

(注:1in=2.54cm,本书测井曲线图中,深侧向指深侧向电阻率,浅侧向指浅侧向电阻率)

(2)SB2:下志留统龙马溪组与上奥陶统五峰组之间的岩相转换面,在太阳地区同样为Ⅱ型层序界面。该层序界面是上扬子地区晚奥陶世五峰期观音桥末至早志留世龙马溪初期沉积时的海侵事件造成海平面上升而形成的。五峰组观音桥段含生物碎屑灰质泥岩或含泥生物碎屑(主要为腕足类及棘屑等)灰岩与上覆龙马溪组含骨针放射虫笔石页岩之间为连续沉积,整合接触关系,但两者之间的岩性存在明显差异,电测曲线值突变特征也明显。五峰组观音桥段含生物碎屑灰质泥岩或含泥生物碎屑灰岩电测曲线表现为低自然伽马和高电阻率特征,而龙马溪组底部则表现为高自然伽马和偏低的电阻率特征。但由于五峰组观音桥段地层厚度较薄,反映在地震剖面上的振幅和波形特征不突出;观音桥段为中上扬子划分五峰组与龙马溪组标志层。

(3)SB3:下志留统龙一段与龙二段之间的层序界面,该界面为沉积相转换面。该界面对应最小海泛面与最大海泛面转换之间。该界面之下为龙一段顶部的浅水粉砂质泥棚,岩性为灰质粉砂岩与泥岩韵律沉积,界面之上为龙二段底部深水粉砂质泥棚,岩性为黑色、灰黑色页岩夹灰质成分。

(4)SB4:下志留统龙马溪组与石牛栏组之间的岩相转换面,在太阳地区同样为Ⅱ型层序界面。在龙马溪组顶部,区内主要发育了一套呈现加积、进积型的泥质粉砂岩;上覆石牛栏组则主要为泥灰岩与泥岩频繁互层。

2)最大海泛面

太阳页岩气田五峰组-龙马溪组沉积期具有两个长期基准面旋回的最大海泛面。两个最大海泛期分别对应于五峰组下段碳质笔石页岩沉积期和龙一$_1$亚段含骨针放射虫碳质笔石页岩沉积期,以及龙一段顶界灰质泥页岩与龙二段底部深水粉砂质页岩沉积。在测井曲线上表现为低电阻、高伽马、高声波时差的特征,对应于水体最深的沉积序列顶部大套、质纯的段。

2. 层序划分及特征

根据以上对主要界面的识别,太阳页岩气田五峰组-龙马溪组一段可识别 2 个Ⅲ级层序,分别对应于五峰组和龙马溪组地层。根据界面的成因、发育周期和规模等因素,太阳页岩气田五峰组-龙马溪组一段可识别出 3 个中期旋回层序、6 个短期基准面旋回。

1)五峰组-龙马溪组一段Ⅲ级层序 1(SQ1)

SQ1 层序对应于五峰组,由海侵体系域(transgressive systems tract,TST)与高位体系域(high stand systems tract,HST)组成,海侵体系域厚度大于高位体系域厚度,呈现为一个下厚上薄且不对称的海平面升降旋回。层序顶底均为岩性、岩相转换Ⅱ型层序界面。海侵体系域为内陆棚亚相沉积,岩性为含放射虫碳质笔石页岩;高位体系域同为内陆棚亚相,但岩性为碎屑流形成的含碳泥质生物碎屑灰岩或含生物碎屑灰质泥岩。该Ⅲ级层序仅包含一个Ⅳ级层序(图 2-8)。

2)五峰组-龙马溪组一段Ⅲ级层序 2(SQ2)

SQ2 层序对应于龙马溪组,由海侵体系域(TST)与高位体系域(HST)组成,海侵体系域厚度远小于高位体系域厚度,呈现为一个下薄上厚且不对称的海平面升降旋回。层序顶底均为岩性、岩相转换Ⅱ型层序界面。海侵体系域发育内陆棚亚相,岩性为含骨针放射虫碳质笔石页岩;高位体系域发育内陆棚、外陆棚亚相,岩性为含放射虫碳质笔石页岩和含碳质笔石页岩、含粉砂泥岩、含碳粉砂质泥岩夹粉砂岩条带等。

龙马溪组一段为该Ⅲ级层序的一部分,由 SQ2 海侵体系域(TST)与高位体系域(HST)

一部分组成。其中龙一段与龙二段之间的岩相转换面为一个明显的Ⅳ级层序界面，可以有效将龙一段和上覆龙二段及以上地层进行划分(图2-8)。

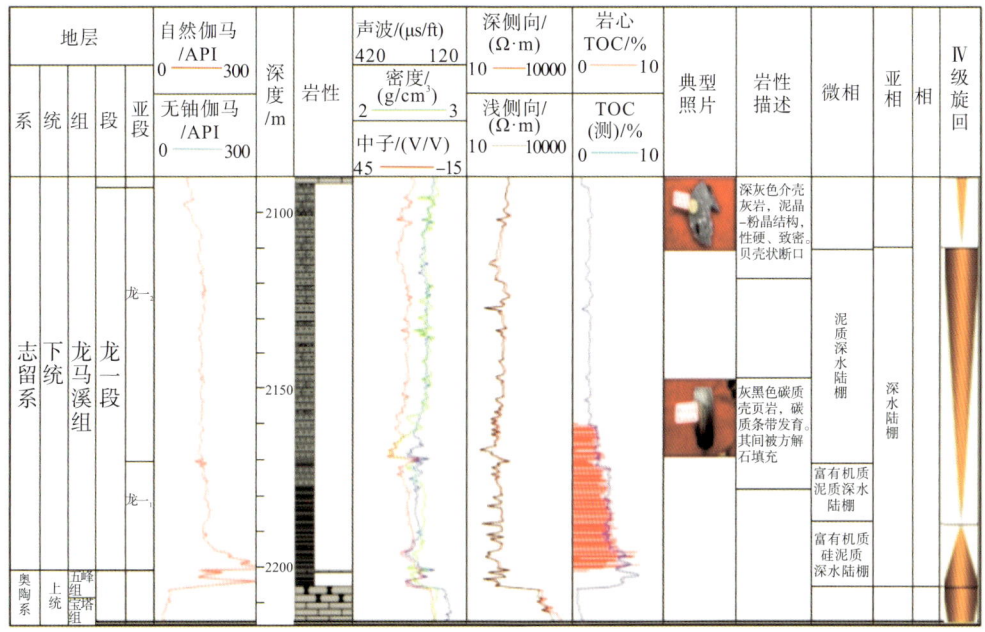

图2-8　太阳页岩气田TY102井五峰组-龙马溪组主要界面特征综合柱状图

该Ⅲ级层序在龙马溪组一段内还可进一步划分为两个Ⅳ层序，分别为Sq2及Sq3。

(1)Ⅳ级层序(Sq2)：对应龙一$_1$亚段和龙一$_2$亚段下部。可进一步划分为3个准层序，其中下部两个准层序对应龙一$_1$亚段，为内陆棚亚相沉积，岩性主要为富有机质碳质页岩以及含骨针放射虫碳质笔石页岩；上部一个准层序对应龙一$_2$亚段，为外陆棚亚相沉积，岩性主要为含碳含粉砂泥页岩。

(2)Ⅳ级层序(Sq3)：对应龙一$_2$亚段上部。可进一步划分为2个准层序，其中下部一个准层序对应龙一段中部，为内陆棚亚相沉积，岩性主要为黑色、黑灰色页岩，泥质粉砂岩；上部一个准层序对应于龙一$_2$亚段中上部，岩性主要为含粉砂泥岩。

3)五峰组-龙马溪组一段层序地层格架

本次充分利用现有的实钻资料，建立了五峰组-龙一段的层序地层格架。

SQ1仅包含一个Ⅳ级层序Sq1，对应五峰组，横向上对比性好，岩性相似，厚度基本相当。高位体系域则都为观音桥段含碳泥质生物碎屑灰岩或含生物碎屑碳灰质泥岩。

SQ2在龙一段包含两个Ⅳ级层序Sq2、Sq3，Sq2对应龙一$_1$亚段和龙一$_2$亚段下部，横向上对比性好，岩性相似，都主要为含骨针放射虫碳质笔石页岩和含碳含粉砂泥页岩。Sq3对应龙一$_2$亚段上部，横向上同样对比性好，下部岩性主要为含碳质笔石页岩，上部为含粉砂泥岩，厚度相当。

二、沉积特征

(一)区域沉积背景

晚奥陶世至早志留世是扬子沉积-构造演化的转折期,太阳地区表现为海平面上升的效应,成为南侧江南-雪峰造山带控制的扬子前陆盆地滞留式海盆,既淹没了晚震旦世至中奥陶世扬子克拉通(小型)碳酸盐台地,又为上奥陶统五峰组黑色页岩和下志留统底部龙马溪组黑色页岩的沉积提供了条件。因此,随着西侧康滇古陆、乐山-龙女寺古隆起及南边黔中隆起的扩大,早志留世龙马溪期在四川东部的陆表海成为半封闭的滞留海盆,海盆主体处于非补偿沉积环境。在该时期,四川盆地沉积环境安宁,在下部地层沉积了一套暗色的含笔石页岩,分布稳定,代表还原条件下的产物,随着古陆的抬升,区域上岩性分异现象明显,如川东南地区小河坝组以细砂岩为主,向西向南变为罗惹坪组的粉砂岩和石灰岩,或石牛栏组的生物灰岩、泥灰岩夹页岩。中志留统韩家店组主要为灰绿、灰色砂质页岩、砂岩,底部常有紫红色页岩,反映了海盆面貌总的趋势是处于海退阶段,直到最终全面出露水面,地层广遭剥蚀(图2-9)。

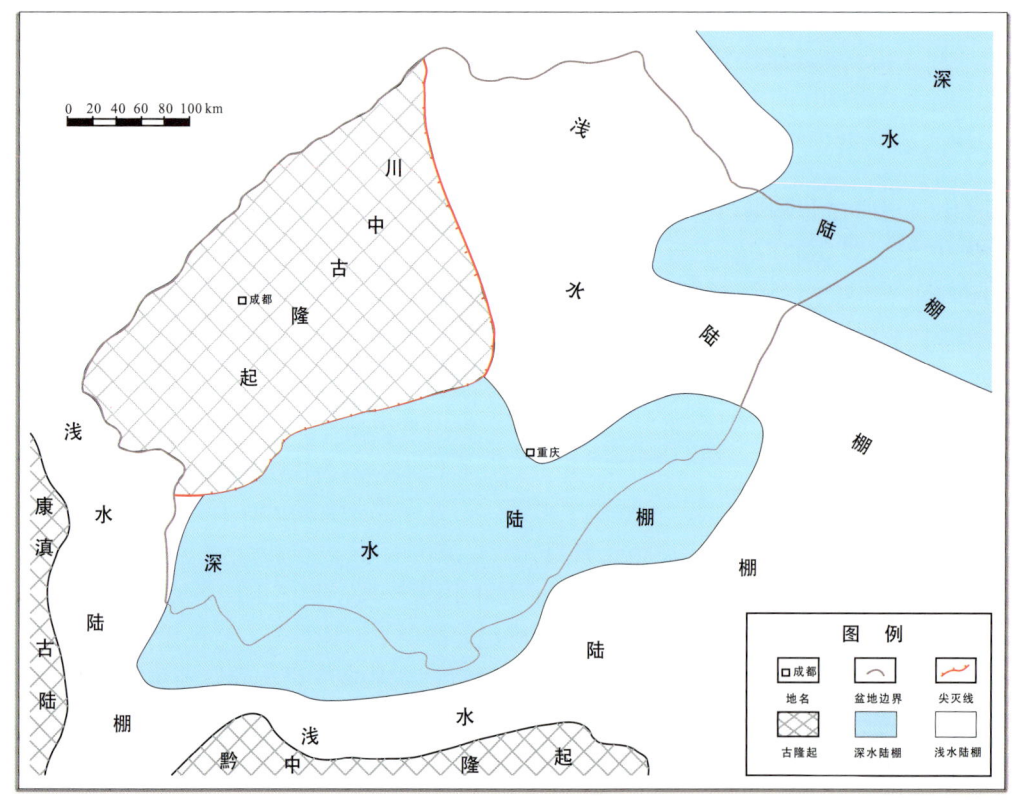

图2-9　四川盆地五峰组-龙马溪组沉积相平面图

根据单井沉积相及海平面升降变化的分析,并结合区域地质资料研究,太阳页岩气田在龙马溪期海平面相对上升,水体变深,在三级海平面旋回变化的基础上,出现多次次级海平面的周期旋回变化。早志留世龙马溪期大致经历了两次海平面的升降变化,且每次海平面变化从快速海侵开始到缓慢海退结束,早志留世龙马溪期主要沉积一套陆源碎屑沉积体系,为内陆棚相分布区,物源主要来自周边古陆。

五峰组-龙马溪组一段:第一次次级相对海平面变化旋回,海水由川东方向入侵,蜀南地区水体逐渐加深,沉积了一套厚度在 50 m 左右的深水碳质硅质页岩,沉积构造以水平层理、块状层理和韵律层理为主,见定向砂纹层理和冲刷侵蚀面构造,结核状和浸染状黄铁矿较发育,笔石化石含量丰富,见海绵骨针、介形虫和棘屑等生物碎片。

龙马溪组二段:在海退期,海平面下降、水体变浅,物源区沉积物发生一定的变化,沉积物相对粗粒,以灰色块状(页片状)灰色泥质粉砂岩、灰色块状灰岩为主,局部夹薄层深灰色粉砂质泥岩相和灰色风暴岩相,沉积构造以水平层理、块状层理为主,见定向砂纹层理和冲刷侵蚀面构造,结核状和浸染状黄铁矿较发育,笔石化石含量相对较小,沉积构造以水平层理、块状层理和韵律层理为主。

(二)沉积相类型及特征

1. 沉积相类型

太阳页岩气田五峰组-龙马溪组主要发育陆棚相沉积单元,五峰组-龙马溪组沉积早期处于陆棚静水、缺氧、还原环境。依据其水动力条件、岩石类型及其组合关系、岩石颜色、沉积构造、沉积环境、古生物组合、指相矿物等特征,又将太阳页岩气田五峰组-龙马溪组一段陆棚相划分为浅水陆棚和深水陆棚两种亚相沉积环境(陈科洛等,2018)。两类亚相进一步划分为 5 种沉积微相,分别为:泥灰质浅水陆棚、灰泥质浅水陆棚、泥质深水陆棚、富有机质泥质深水陆棚和富有机质硅泥质深水陆棚(表 2-4)。

表 2-4 太阳页岩气田五峰组-龙马溪组一段沉积相划分简表

沉积相	亚相	微相	分布层位
陆棚	浅水陆棚	泥灰质浅水陆棚	龙二
		灰泥质浅水陆棚	龙二、龙一$_2$
	深水陆棚	泥质深水陆棚	龙一$_2$
		富有机质泥质深水陆棚	龙一$_1$上部
		富有机质硅泥质深水陆棚	龙一$_1$下部、五峰组

2. 沉积相特征

1)浅水陆棚亚相

浅水陆棚位于过渡带外侧至风暴浪基面之上的浅海陆棚区,水体较浅,沉积物以暗色细粒的陆缘碎屑物质为主,见清水沉积的碳酸盐岩薄层或透镜体。因间歇性地受到其他水流(风暴流、潮流和密度流等)影响和改造,使沉积体发生分异,形成了相对高能的陆源碎屑砂或碳酸盐颗粒沉积物组成的风暴层、低能的以泥页岩为主的灰泥质陆棚以及泥灰质陆棚等沉积体。暗色页岩常具细纹状水平层理、水平微波状层理的沉积构造；生物化石以笔石为主，见少量的腕足、珊瑚、三叶虫、棘皮类、双壳类等化石。可分为灰泥质浅水陆棚和泥灰质浅水陆棚。

(1)灰泥质浅水陆棚微相。灰泥质浅水陆棚微相在太阳页岩气田极发育，一般处于内陆棚底部，其沉积水体相对泥灰质浅水陆棚微相更深，泥质含量更高。该类微相在龙一段至龙二段发育，典型井段为TY103井龙一段，其沉积特征如图2-10所示。

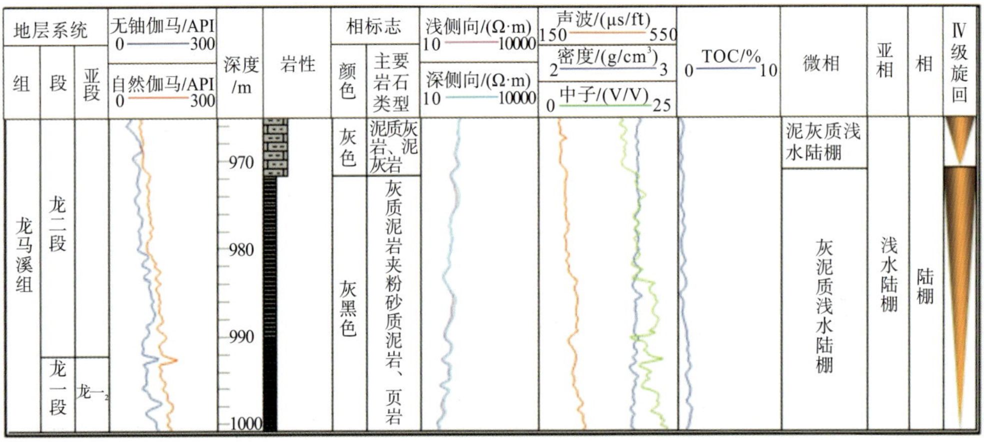

图2-10　太阳页岩气田TY103井龙一段灰泥质深水陆棚沉积微相简图

(2)泥灰质浅水陆棚微相。研究层段的泥灰质浅水陆棚主要特点是沉积物颜色浅，主要由灰绿色、黄绿色(含)粉砂质泥岩、泥灰岩组成，局部夹薄层粉砂岩；有机质含量较低，一般小于1%，显示生烃潜力弱；块状层理、水平层理及韵律层理发育，见冲刷面、小型砂纹层理及少量结核状黄铁矿。偶见生物扰动构造，少量笔石化石及硅质骨针等动物组合表明沉积时水动力条件比较弱，水深相对浅，呈弱还原-氧化环境。由于泥质含量较高，测井显示，自然伽马值不低，为110～160 API，陆源石英、长石含量稳定(通过X射线衍射测得含量为30%～40%)，但粒度多细小；U含量为3.5×10^{-6}～4×10^{-6}，反映微相处于海相弱氧化环境。在页岩气开发勘探过程中，可能成为页岩气盖层。

2)深水陆棚亚相

深水陆棚处于浅海陆棚靠大陆斜坡一侧、风暴浪基面以下的浅海区，一般来说，环境能量较低，水体安静，沉积物主要由灰黑色、黑色泥岩、页岩、含粉砂页岩夹纹层状碳酸盐岩、粉砂岩薄层组成，黑色页岩常呈薄层状，具毫米级纹层状或片状页理构造，黄铁矿常呈星散状或纹层状分布，水平纹层发育。生物化石个体多，门类单调，几乎全为漂浮生活的笔石，局部地区见少量的放射虫和硅质海绵骨针，反映了安静贫氧的滞留水体沉积环境。依据沉积物的不同，又可将深水陆棚进一步划分为富有机质硅泥质深水陆棚、富有机质泥质深水陆棚和泥质深水陆棚等微相。

(1)富有机质硅泥质深水陆棚微相。富有机质硅泥质深水陆棚微相处于外陆棚水体能量最低的海域，水动力条件最弱，基本不受海流和风暴流的影响，研究区内该类微相稳定发育。

该微相沉积产物以黑色碳质页岩为主，局部夹暗色块状粉砂质泥岩。沉积构造以水平层、块状层理为主，结核状和浸染状黄铁矿较发育，扫描电镜下可以见到大量的同生-准同生莓球状黄铁矿存在。富含笔石化石，常见硅质海绵骨针和放射虫，底栖生物化石较少，多不同程度硅化。以上特征反映了该沉积环境沉积作用极不活跃，指示了低能、还原以及低速欠补偿的深水沉积特征，适合丰富的有机质堆积保存，在适宜条件下向油气转化（图 2-11）。

(a) TY103井，1086.96～1087.12 m，黑色　　(b) Y118井，2259.87～2239.97 m，页理发育
碳质页岩，水平层理

(c) TY103井，1085.40～1085.61 m，黑色　　(d) Y116井，30-2.JPG，碳质发育
碳质页岩，水平层理

图 2-11　太阳页岩气田龙一段页岩水平层理（页理）

研究区龙马溪组富有机质硅泥质陆棚在沉积过程中虽然长期稳定沉降，但沉积不厚，一般为 3～18 m，其重要特点就是有机质含量极其丰富，有机碳含量高，研究区 TOC 平均值大于 4%，生烃潜力极大；主要发育黑色碳质页岩，富含笔石化石，硅化生物含量高，常见硅质海绵骨针，局部层段见放射虫。显微镜下粉粒陆源石英、长石极少，含量低于 10%，X 射线衍射成果显示硅质含量较高，一般大于 40%，脆性指数较高；测井形态显示，漏斗形-箱型-齿形组合的 GR、TOC、铀、钍、钾元素曲线形态，钍钾比（Th/K）为低幅箱型，铀钾比（U/K）为钟形。测井值显示，总 GR 高，为 180～250 API，反映微相处于海相强还原环境，生烃潜力大（图 2-12）。在页岩气勘探中，该微相是最有利的生油和储集相带。

（2）富有机质泥质深水陆棚微相。与泥质深水陆棚微相比较，富有机质泥质深水陆棚微相沉积于水体能量更低的海域，水动力条件较弱，基本不受海流和风暴流的影响，为还原性更强的环境。区内该类微相稳定发育，典型井段为 Y118 井龙一段（图 2-13）。

与泥质深水陆棚微相比较，富有机质泥质深水陆棚微相有机质含量明显增加，环境还原性更强，笔石化石含量明显增加。其中，实测 TOC 平均值为 1.6%～2.9%，生烃潜力强；X 射线衍射成果显示陆源石英、长石平均含量为 46.33%，脆性指数较高；测井显示，GR 值较高，平均值为 150～180 API，反映微相处于海相还原环境；测井 TOC 平均值大于 1.5%，生烃潜力强，是良好的生油相带(图2-14)。在页岩气勘探中，该微相是有利的生油和储集相带。

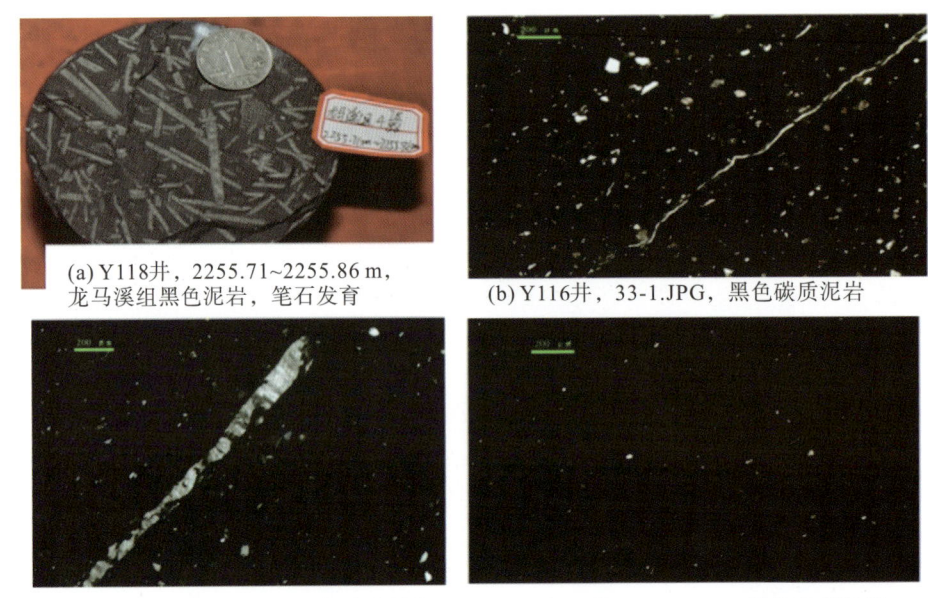

(a) Y118井，2255.71~2255.86 m，
龙马溪组黑色泥岩，笔石发育

(b) Y116井，33-1.JPG，黑色碳质泥岩

(c) Y138井，19-4.JPG，黑色碳质泥岩

(d) Y136井，34-1.JPG，黑色碳质泥岩

图 2-12 太阳页岩气田龙马溪组龙一段沉积相标志特征图

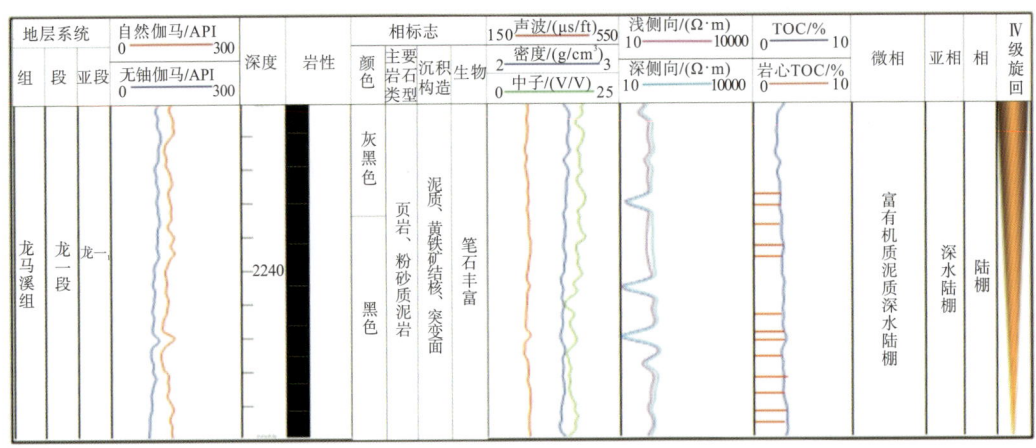

图 2-13 太阳页岩气田 Y118 井龙一段富有机质泥质深水陆棚沉积微相简图

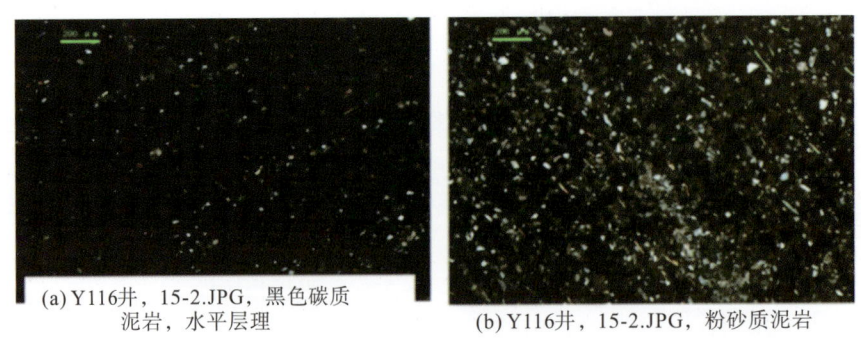

(a) Y116井，15-2.JPG，黑色碳质
泥岩，水平层理

(b) Y116井，15-2.JPG，粉砂质泥岩

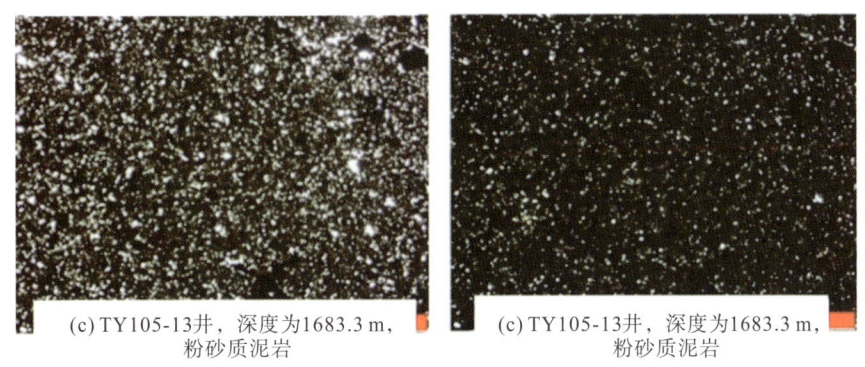

(c)TY105-13井，深度为1683.3 m，粉砂质泥岩	(c)TY105-13井，深度为1683.3 m，粉砂质泥岩

图 2-14　太阳页岩气田龙马溪组龙一段沉积构造和相标志特征图

（3）泥质深水陆棚微相。泥质深水棚微相与灰泥质浅水陆棚微相相比，其沉积水体相对更深，水体能量较低的海域，水动力条件较弱，为还原性更强的环境。该类微相在研究区内稳定发育（图 2-15）。

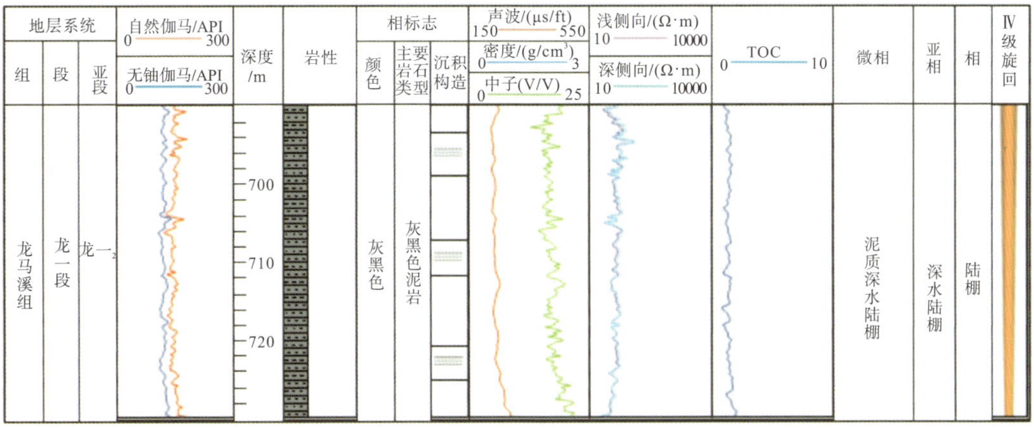

图 2-15　太阳页岩气田 TY102 井龙一段泥质深水陆棚沉积微相简图

区内研究层段该微相沉积物中陆源的石英、长石含量都较高，顶部钙质增加，沉积产物以深灰色粉砂质泥岩为主，泥质深水陆棚微相的沉积水体比富有机质硅泥质深水陆棚浅，还原性更弱。沉积构造以块状层理、韵律层理和水平层理发育为主，见结核状黄铁矿，少见冲刷侵蚀面。在龙马溪组的岩心断面上见一定量的笔石化石，如锯笔石等生活在 60 m 水深以下水域，底栖生物化石较少，见少量的生物碎屑，这些都反映了低能、贫氧以及低速欠补偿的较深水的沉积环境。

泥质深水棚微相与灰泥质浅水陆棚微相相比，最大的特点是，有机质含量明显增加，TOC 平均值为 1%～1.5%，生烃潜力增强；沉积物为粉砂质泥岩，粉砂含量相差不多，笔石化石和硅化生物含量微增，仍可见到少量灰质生物碎屑；测井显示，GR 值稍升高,平均含量为 140~170 API,U 含量一般为 2.5×10^{-6}~7.5×10^{-6},Th/U 为 3.5~6,反映微相处于海相极弱还原环境,在页岩气勘探中,该微相是相对较差的生油和储集相带。

(三)典型钻井沉积特征

Y109 井目的层为志留系龙马溪组,完钻层位为宝塔组。据岩心观察和岩屑录井资料分析,龙马溪组顶部主要为大段灰色灰岩夹灰色灰质泥岩,而上覆石牛栏组主要为灰色灰岩。

Y109 井龙马溪组钻井取心段为 2160.00~2209.23 m,处于五峰组-龙一段。根据岩心描述和薄片观察,特别根据颜色、矿物组成、岩石类型、沉积构造、古生物及测井相标志和海平面的升降,结合区域地质分析,认为该段为陆棚相,顶部为浅水陆棚亚相,主要为灰泥质浅水陆棚微相。中下部为深水陆棚亚相,分为泥质深水陆棚、富有机质泥质深水陆棚和富有机质硅泥质深水陆棚微相(图 2-16)。

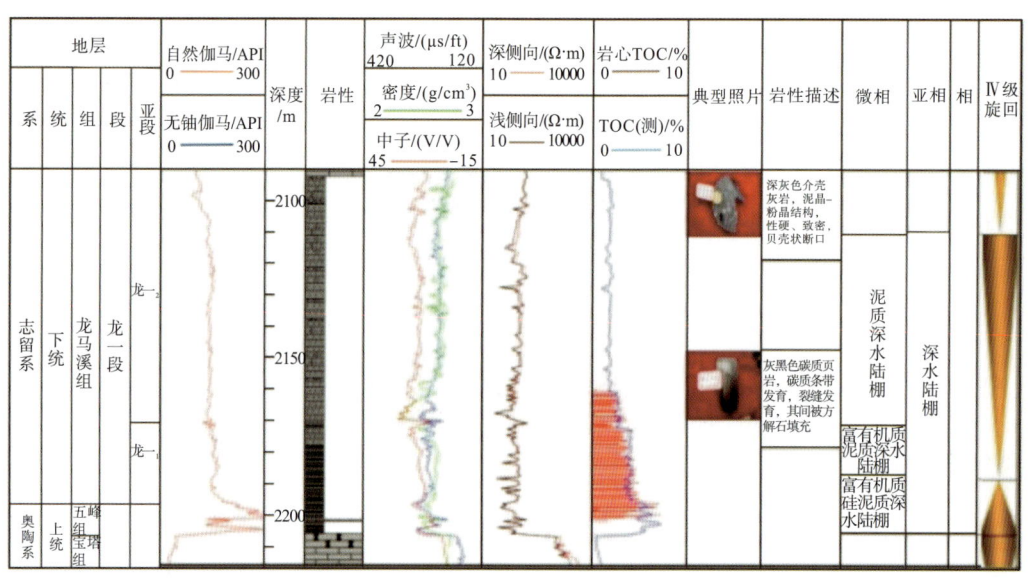

图 2-16　太阳页岩气田 Y109 井五峰组-龙一段富有机质硅泥质深水陆棚沉积微相简图

富有机质硅泥质深水陆棚微相,井段 2187.2~2205.6 m,地层以中-薄层状黑色页岩为主,富有机质,含钙质,顶部少量粉砂质泥岩。笔石丰富,以雕笔石为主,偶见硅质海绵骨针及硅质球形生物。水平层理、千层饼构造发育,见结核状和浸染状黄铁矿。据自然伽马能谱测井参数分析可知,GR 值高,最高达 367 API,TOC 均大于 2.5%,反映该微相为海相强还原环境,生油能力强,为有利的生油层。结合 X 射线衍射分析,该段黏土矿物含量平均值为 17%,石英和长石总含量平均值为 58%,钙质含量平均值为 28%,脆性矿物含量高,利于储层水力压裂改造。因此,综合考虑该微相为有利页岩气储集段。

中部为富有机质泥质深水陆棚微相,井段 2171.00~2187.20 m,颜色稍变浅,以灰黑色粉砂质泥页岩为主，富有机质含粉砂泥岩夹泥页岩，向上有机质含量减少，粉砂质含量增加。岩心断面笔石较丰富，以双笔石为主，其他生物很难见到。水平层理、块状层理以及韵律层理较发育，单晶、结核状和浸染状黄铁矿发育。据自然伽马能谱测井参数分析可知，GR 值较高，最高达 198 API，TOC 一般大于 2%反映该微相为海相还原环境，具有较强的生油能力，为有利的生油层。结合 X 射线衍射分析可知，该段脆性矿物石英和长石总含量较高，平均为 54.9%，钙质含量较低，利于储层水力压裂改造，综合考虑该微相为较有利页岩气储集段。

上部为泥质深水陆棚微相，井段 2110.50～2171.00 m，颜色稍变浅，以灰黑色粉砂质泥页岩为主，富有机质含粉砂泥岩夹泥页岩，向上有机质含量减低，粉砂质含量增加。见水平层理、块状层理以及韵律层理较发育，单晶、结核状和浸染状黄铁矿发育。据自然伽马能谱测井参数分析可知，GR 值较高，最高达 148 API，TOC 一般大于 1%，反映该微相为海相还原环境，具有较强的生油能力，为有利的生油层。结合 X 射线衍射分析可知，该段脆性矿物石英和长石总含量较高。

（四）沉积相展布与模式

上奥陶统五峰组与下志留统龙马溪组页岩沉积记录了一个以全球冰川作用、海平面波动、大规模生物灭绝和广泛缺氧为标志的地球关键转折期。研究表明，该页岩的沉积环境和充填过程并不是始终在低能水动力条件下以悬浮的形式沉积，还存在大量生物沉积、风暴沉积和底流沉积等过程。沉积过程受到碎屑供给、气候变化、水体化学作用及区域海平面变化等多重因素控制，不同的水体环境控制不同的页岩岩相。

五峰组下段为低能、滞留、局限厌氧环境，水体深，少陆源碎屑供给，发育内源型深水陆棚环境。下部黏土质页岩向上部过渡为生物硅质页岩，间夹钙质页岩。由于赫南特冰期全球海平面下降，观音桥组发育台地相，大量以钙质为主的介壳灰岩发育，形成顶部有机质含量相对较低的观音桥组介壳灰岩段(钙质页岩岩相)。五峰组发育生物硅质页岩微相及部分黏土质页岩微相，对应笔石发育层段，指示该时期为强还原环境。在强还原条件下，洋流上涌是主要的沉积机制，其能将大量营养元素如铁、镁、钠、钾、磷、硫、硅等从深海带到地表水，促进藻类的暴发。硅藻、钙藻和放射虫等生物勃发死亡后以"海洋雪"的形式沉积在海底，在深水陆棚静水条件下得以保存，形成了富有机质含量的生物硅质页岩层。

龙马溪组沉积的早期经历了晚赫南特到早鲁丹阶的大规模冰川消退和海侵，龙马溪组下段开始进入第二个沉积旋回，从生物硅质页岩到黏土质页岩，再到顶部的钙质页岩整体发育序列。龙马溪组页岩底部高丰度的有机质、生物硅和黄铁矿含量与低水平的陆源碎屑输入，以及广泛发育的生物碎屑如笔石、海绵针状体和放射虫，均记录了一个强厌氧、低能量、欠补偿的深水硅质陆棚沉积环境。在硅质页岩上部常发育富有机质黏土质页岩，其暗色的细粒水平状纹层以及较高丰度的有机质和黄铁矿含量均指示了一个相对静态和还原的水体环境。随着区域构造隆升和海平面下降，沉积水体中陆源碎屑颗粒和碳酸盐矿物含量逐渐增加，有机质丰度逐渐降低。其中，富有机质黏土质页岩上部常出现钙质页岩夹层，指示了早期高位沉积体系。随着海平面持续下降，古有机生产力逐渐降低，而陆源碎屑输入和沉积水体氧化强度显著增加，因此顶部的钙质页岩沉积时期不利于有机质的聚集和保存，其有机质丰度整体较低。综上，五峰组-龙马溪组页岩岩相的纵向变化规律反映了海平面逐步下降，沉积环境从内源深水陆棚到外源深水陆棚再到浅水陆棚的演变过程，有机质含量呈富—高—中—低以及陆源碎屑矿物呈由低—高的变化趋势。

华南地区的沉积构造研究表明，中-晚奥陶世，华夏地块与扬子地块发生硬碰撞，在雪峰-江南地区一带形成造山带并不断地向北西方向逆冲推进。受西部康滇古隆起、西北部川中隆起、东南部黔中古隆起影响，在川渝南部地区、黔北地区、湘鄂西部地区形成了以发育滞留深水、还原环境、富火山灰、浮游生物为特色的晚奥陶世—早志留世扬子前陆盆地，即"三隆控滞盆"的古地理格局(郭旭升，2014b)。太阳页岩气田在五峰组-龙马溪组沉积早期处于加里东运动末期扬子江前陆盆地南部的沉积构造背景，沉积环境整体处于前陆盆地南缘下斜坡区深水陆棚的静水、缺氧、还原环境(图 2-17)，笔石浮游生物发育，有利于生物有机质的保存和转化，页岩中有机质含量高。五峰组-龙一₁整体为深水陆棚亚相沉积，其下部为富有机质硅泥质深水陆棚微相，岩心观察可见水平层理，黄铁矿富集，

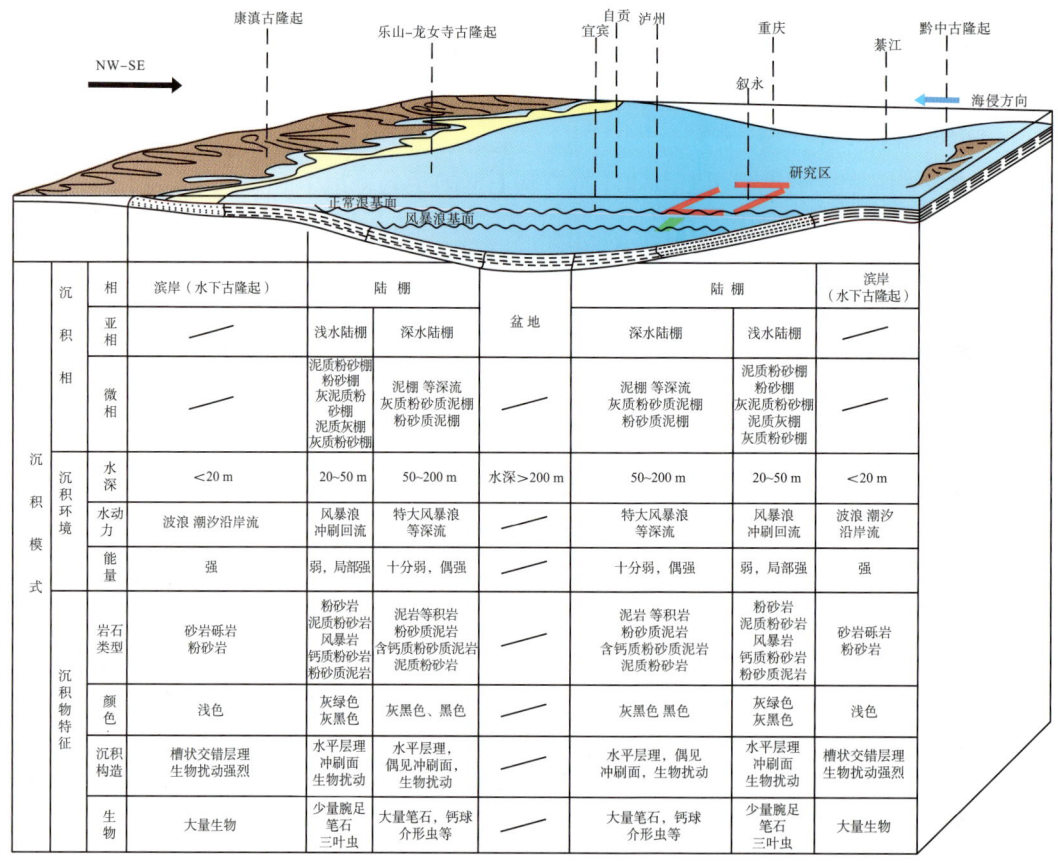

图 2-17　太阳页岩气田晚奥陶世五峰期至早志留世龙马溪期沉积微相模式

偶见粒状和团块状黄铁矿；上部为富有机质泥质深水陆棚微相，有机质含量高。龙一₂段的中-下部以泥质深水陆棚沉积为主，上部发育灰泥质浅水陆棚沉积，在纵向上分布连续且稳定(梁兴等，2021)。陆棚亚相水深较浅水陆棚较浅，为弱还原-还原环境，其内存在含炭含粉砂泥岩及含粉砂泥岩等两种微相沉积。浅水陆棚亚相环境位于风暴浪基面以下，其沉积水体较深，偶有特大风暴浪影响，是静水、缺氧且有利于有机质形成的还原环境，该亚相沉积的有机碳含量高，为优质页岩发育的有利相带。

第三节　页岩厚度及埋深特征

一、页岩厚度分布

太阳山地浅层页岩气田主要目的层五峰组-龙一₁，其岩性为一套富有机质黑色碳质页岩，发育大量形态各异的笔石化石群，页理发育，富含黄铁矿结核以及被黄铁矿充填的水平缝。整体厚度为30～45 m，地层的厚度中心位于海坝工区北部，东西方向发育稳定，南北方向有变化，厚度整体呈现由北向南减薄趋势。五峰组由黑色笔石页岩、泥质介壳灰岩组成，厚度较薄，一般为2.0～6.0 m；龙一₁以黑色硅质页岩与碳质页岩为主，富含黄铁矿和笔石化石，厚20.0～40.0 m。龙一₁¹页岩富硅富碳，厚2.0～3.0 m；龙一₁²页岩高硅高碳，厚4.0～7.0 m；龙一₁³页岩高硅中碳，厚9.0～11.0 m；龙一₁⁴页岩中硅中碳，厚12.0～16.0 m，各小层厚度变化趋势与地层基本一致，由西北向东南方向减薄(王超等，2018；吴靖等，2018；吴蓝宇，2018；王玉满等，2019)。南部海坝工区的五峰组、龙一₁¹和龙一₁²的厚度比北部太阳-大寨工区稍大，而龙一₁³和龙一₁⁴的厚度比北部太阳-大寨工区略薄。

区域地层对比分析发现，示范区五峰组西部厚5 m(Y108井)～10.8 m(Y128井)，东部厚1.8 m(Y107井)～4.59 m(Y109井)，南部厚10.0 m(Y203井)～26.33 m(YQ8井)，北部厚1.8 m(Y107井)～4.59 m(Y109井)，以太阳背斜区最薄。主要目的层段龙一₁页岩厚度相对稳定，总体变化不大，但研究区相对稍厚(30～40 m，图2-18)。上覆龙马溪组龙一₂西部厚95.46 m(Y112井)～143.33 m(Y111井)，东部厚68.13 m(Y102井)～78.4 m(Y105井)，北部厚68.13 m(Y102井)～78.4 m(Y105井)，南部厚41.99 m(双桥)～55.55 m(Y203井)，以太阳背斜区最薄；龙二段与龙一₂特征类似。中二叠统栖霞组与茅口组、下三叠统飞仙关组与嘉陵江组厚度均呈现向太阳背斜区减薄趋势，其中下三叠统嘉陵江组下部铜街子组(段)以泥质岩类为主，向东部太阳背斜区相变为泥质灰岩，与嘉陵江组组成一套岩性，上二叠统峨眉山玄武岩由西向东尖灭，减薄地层中以下志留统韩家店组最明显。由此可见，太阳背斜区龙一₁页岩埋深不大，多数区域处于埋深2000 m以浅范围内。

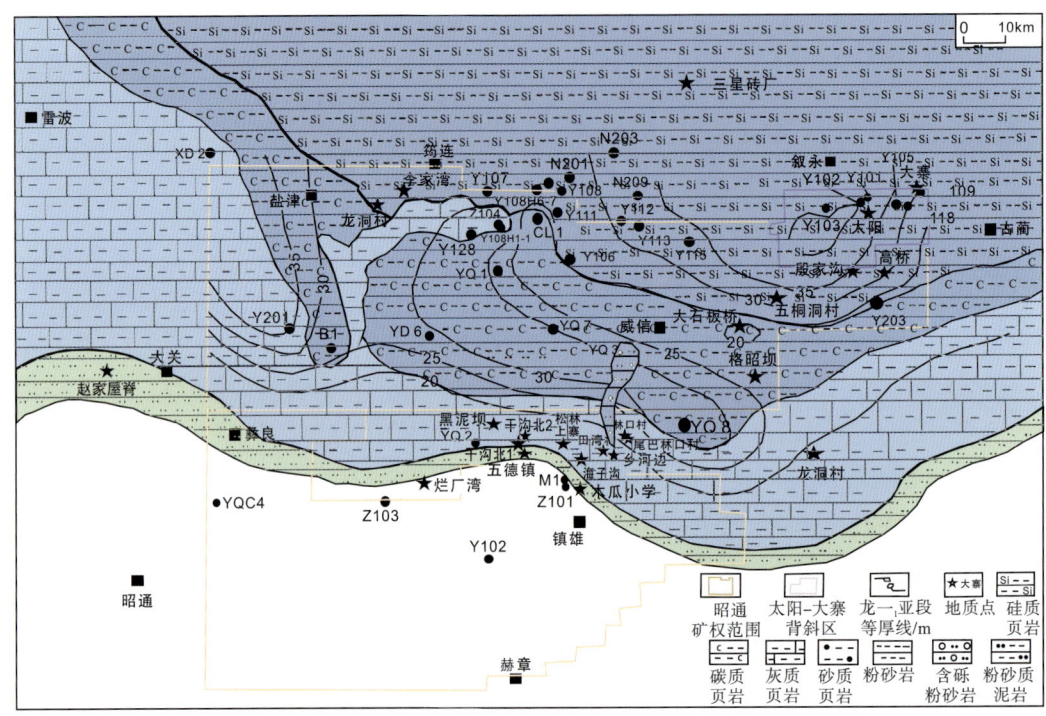

图 2-18　昭通示范区龙马溪组龙一$_1$页岩厚度及岩相古地理简图(梁兴等，2020b)

二、页岩埋藏深度

太阳地区经历了燕山晚期-喜马拉雅期挤压-走滑构造作用下的隆升-剥蚀阶段，五峰组-龙马溪组上覆地层较其周缘明显减少、厚度明显减薄，浅层化改造使埋深总体变浅(徐政语等，2019)，主体埋深为 500～1500 m，埋深浅于 2000 m 的区域约占太阳地区总面积的 2/3 以上。南部海坝背斜区相对于北部太阳背斜区的埋深更浅(表 2-5)，其背斜核部剥露严重并成为五峰组-龙马溪组被剥蚀殆尽的裸露区，此外，五峰组-龙马溪组埋深在 2000 m 以浅的区域，其面积超过 400 km^2，占比近 90%。

表 2-5　太阳背斜与海坝背斜断裂特征对比

构造名称	背斜形态	构造走向	埋深/m	断裂性质	断裂发育程度
太阳背斜	顶部宽平，北翼陡、南翼缓	NEE	500～1500	逆断层为主，顶部发育压扭型走滑断层	较少
海坝背斜	顶部弧状，两翼宽缓对称	NEE	0～1000	逆断层，密集分布断裂状走滑断层	较多

第三章　太阳山地浅层页岩岩相划分及其特征

岩相是沉积相的重要组成内容，代表一定沉积环境下形成的岩石及岩石组合，并且页岩岩相对页岩储层有着重要的影响，一定程度上控制着页岩的生烃能力、储集和压裂性能，不同类型岩相具有不同的沉积成因及矿物组成(陆扬博，2020；徐传正等，2021；李明隆等，2021；廖崇杰等，2022)。太阳页岩气田五峰组-龙马溪组主要为呈薄层或块状产出的暗色或黑色细粒沉积岩，它们在矿物组成、古生物、结构和沉积构造上丰富多样。在富有机质深水陆棚环境中，岩相以灰黑色、黑色硅质页岩为主，局部夹暗色块状粉砂质泥岩。沉积构造以水平层理为主[图3-1(a)]，局部发育块状层理、韵律层理，结核状和浸染状黄铁矿较发育，可以见到大量的同生-准同生莓球状黄铁矿存在。富含笔石化石[图3-1(b)]，硅化生物含量高，常见硅质海绵骨针化石[图3-1(c)]，局部层段见放射虫化石[图3-1(d)]，有机质含量高，TOC平均值大于4%，生烃潜力大。粉粒陆源石英、长石含量极低(低于10%)，有机成因为主的硅质含量较高(一般大于40%)，黏土矿物含量较低(一般小于23%)，可见页岩脆性指数较高，真正体现了"富碳、高硅、低黏、高脆"的特征。

(a) 水平层理，1086.69~1087.12 m，
龙一段，Y103井

(b) 笔石发育，2252.39 m，龙一段，
Y118井

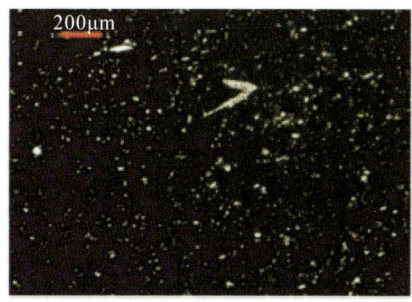

(c) 龙马溪组海绵骨针，1624.28~
1624.55 m，龙一段，Y108井

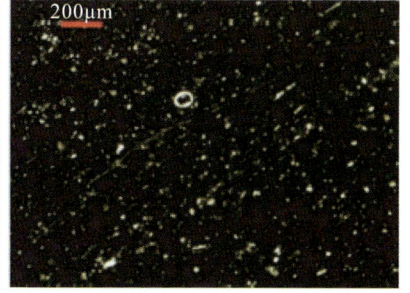

(d) 海绵骨针，1610.86~1611.13 m，
龙一段，Y108井

图3-1　太阳页岩气田优质储层岩相特征图

目前国内对于沉积岩相的划分方法，多采用以岩石矿物组分、含量等作为页岩岩相分类指标的分类方案，岩石的基本物质单元就是各类矿物，而矿物的种类以及含量反映出页岩的基本类型与特征(李思睿，2021)。

但随着页岩气勘探开发精细程度的不断提高，研究方法逐渐暴露出一些不足，如对页岩岩相的识别多依靠岩心等实验资料(赵建华等，2016b；朱逸青等，2016；冉波等，2016；蒋裕强等，2016)，该方法虽然精确，但存在取心资料不全、成本高、纵向不连续、横向展布不清楚的缺点，而且实际钻井过程中，取心数量极为有限，且岩矿实验在取样过程中受岩心完整程度和经济条件等诸多限制，单井纵向上的取样精度也可能过于离散，满足不了页岩储层精细评价的需求；再比如划分页岩岩相时，单一强调不同岩相之间矿物组分含量上的差异，导致岩相名称相同但有机碳含量和含气量等关于页岩品质评价的关键参数差异较大的现象发生(赵建华等，2016b；吴蓝宇等，2016；王玉满等，2016a)，这是因为在岩相分类过程中未考虑矿物组分的来源问题；除此之外，利用岩心资料进行岩相识别及划分，虽然结果真实可靠，但费用较高、资料获取时间较长，不利于推广及应用。

而测井资料具有纵向连续、资料较为普遍、成本相对较低且能反映地层的物性和电性信息等优点，学者们曾针对该地区研究过 TOC、孔隙度与测井曲线的响应关系，均找到了很好的对应关系(王健等，2016；徐壮等，2017；严伟等，2019；赵万金等，2020；蒋德鑫等，2019)。

因此为确定具体岩相，本书利用矿物分析法和测井法共同对岩相进行了精细识别，并结合岩心微相分析进行校核标定。在精细划分页岩岩相基础上，从镜下和有机特征两个方面，分析不同页岩岩相的具体特征，为太阳气田下一步的精细勘探和高效开发提供参考。

第一节　矿物分析法

一、矿物特征

岩石矿物的组成受沉积时期物源供给、沉积环境以及成岩作用等多种因素的影响(田兴旺等，2018)，页岩矿物特征的分析研究有利于了解页岩沉积过程及沉积环境的变化(王开亮等，2018)，通常富有机质泥页岩中的矿物组构情况是控制页岩空隙及微构造发育和吸附特征的重要因素(高原等，2018)，对页岩的含气性和储集物性具有重要作用(陈吉和肖贤明，2013)，因此对页岩岩石矿物组分的分析是进一步研究页岩储集条件的基础。现基于对太阳气田富有机质页岩沉积背景及发育特征的了解，结合页岩样品进行 X 射线衍射分析，开展其矿物组构特征的分析与讨论。

(一)脆性矿物

页岩储层低孔隙度、低渗透率的特性致使页岩气在自然条件下很难有大规模产出，因此需要对含气层段进行压裂改造来提高页岩气产率，而压裂改造的难易程度取决于岩石脆性特征(秦晓艳等，2016)。脆性矿物高含量的页岩储层更容易发育天然裂缝，有利于压裂改造过程中人工裂缝的有效延伸，有利于页岩气渗流，因此进行页岩脆性矿物特征分析是页岩气储层评价的重要内容(曹东升等，2021；张晨晨等，2019)。页岩中的脆性矿物一般指石英、长石等碎屑岩矿物，方解石、白云石等碳酸盐类矿物，以及黄铁矿等，通常用其含量反映页岩气储层的可压裂性，高产稳产的页岩气藏一般是脆性高的页岩层(陈吉和肖贤明，2013；陈洋等，2022)。

　　以 Y118 井为例，脆性矿物含量为 55.5%～80.1%，平均值为 66.2%；碳酸盐矿物和硅质矿物相当，平均值分别为 25.2% 和 34.6%，其他成分含量都小 5%。脆性矿物和硅质矿物含量总体都具有自上而下逐渐增高的特点，其中五峰组-龙一₁页岩层段中脆性矿物含量较高(图 3-2)。

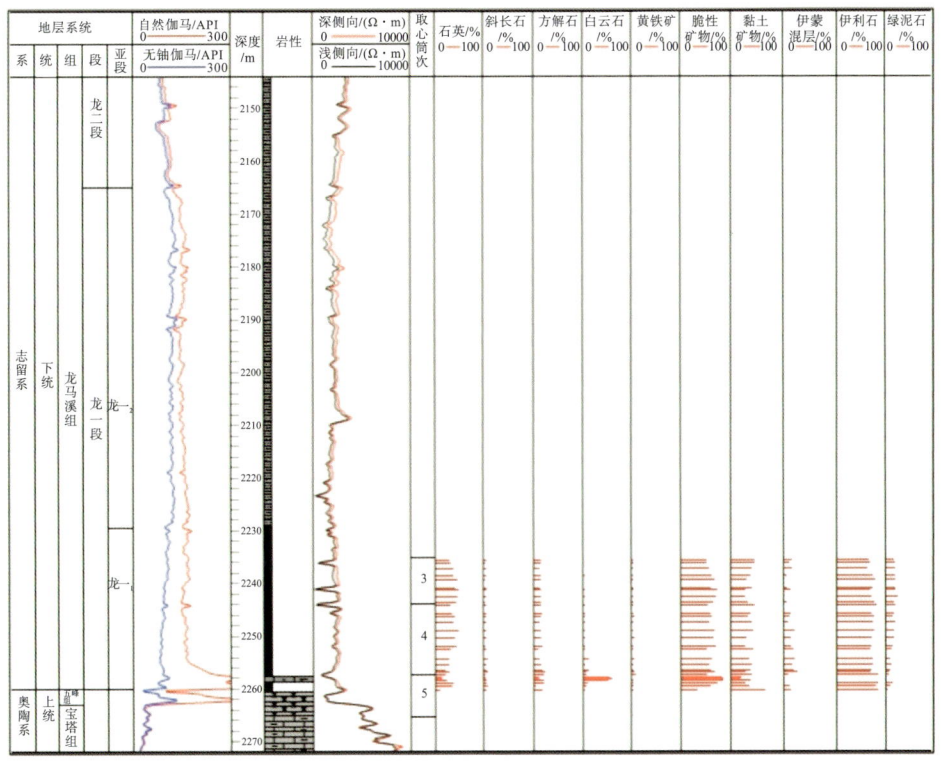

图 3-2　Y118 井五峰组-龙一段矿物成分综合评价图

　　太阳页岩气田五峰组-龙一₁的脆性矿物(石英＋方解石＋长石＋白云石)含量总体较高，为 50.82%～84.64%，平均值为 66.07%。脆性矿物含量的纵向变化依次为龙一₁¹(72.03%)＞龙一₁²(69.10%)＞五峰组(68.48%)＞龙一₁³(60.67%)＞龙一₁⁴(60.05%)[图 3-3(a)]。海坝工区的脆性矿物含量与北部太阳-大寨工区相当，为 50.82%～84.64%，平均值为 66.07%，整体自东向西呈增大的趋势[图 3-3(b)]。

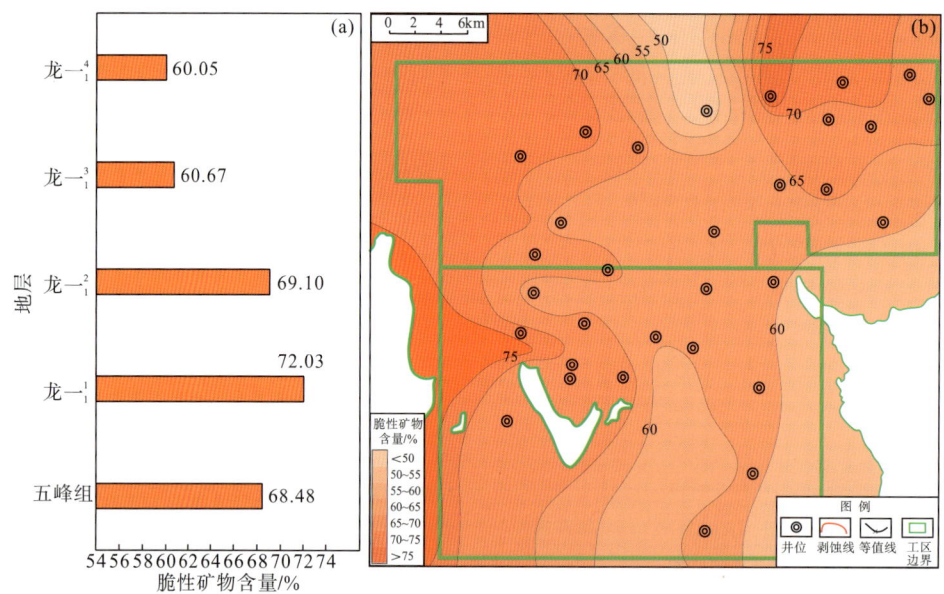

图 3-3　太阳页岩气田五峰组-龙一₁脆性矿物含量的纵向与平面分布特征

（二）黏土矿物

黏土矿物因具有催化活性而有利于生烃，同时增加页岩储层中对页岩气吸附贡献程度较大的比表面积，为页岩气吸附和赋存的重要储集空间（王鹏万等，2017a）。同时页岩气在储层中的储存状态之一为吸附状态（李可等，2016），吸附于页岩的表面之上需要页岩中含一定含量的黏土矿物；并且具有商业开发价值的龙马溪组小层必须有一定水平的黏土矿物含量，但黏土矿物含量不能过高，所以对黏土矿物的分析也不可缺少。太阳地区黏土矿物含量总体较低，以伊蒙混层和伊利石为主，其在纵向上的变化特征与脆性矿物含量有"镜像"的特征，具有从上至下逐渐减少的特点。

通过对区块 5 口井 75 个样品进行统计，黏土矿物含量为 9.6%～64.3%，平均值为30.89%；黏土矿物均以伊利石（15%～84%，平均值 50.81%）和伊蒙混层（1%～71%，平均值 33.12%）为主，次为绿泥石（4%～30%，平均值 15.79%）和高岭石（1%～9%，平均值4.14%）。五峰组-龙一₁黏土矿物含量同样具有自上而下逐渐减少的特点，黏土矿物为9.6%～44%，平均值为 29.8%；龙一₂黏土矿物含量主要为 27%～42.1%，平均值达36.16%（表 3-1，图 3-4）。

表 3-1　太阳页岩气田五峰组-龙一段黏土矿物含量占比数据表

地层	亚段	井数/口	样品数/份	伊利石/%	高岭石/%	绿泥石/%	伊蒙混层/%
龙一段	龙一₂	3	11	21/79/47.64	2/5/3.33	9/24/15.64	8/65/34.91
	龙一₁	5	61	15/84/51.52	1/9/4.54	4/30/16.25	1/63/32.32
五峰组		2	3	20/83/48.00	2/6/4.00	4/10/7.00	13/71/42.33

注：各矿物含量占比数据分别为最小值/最大值/平均值。

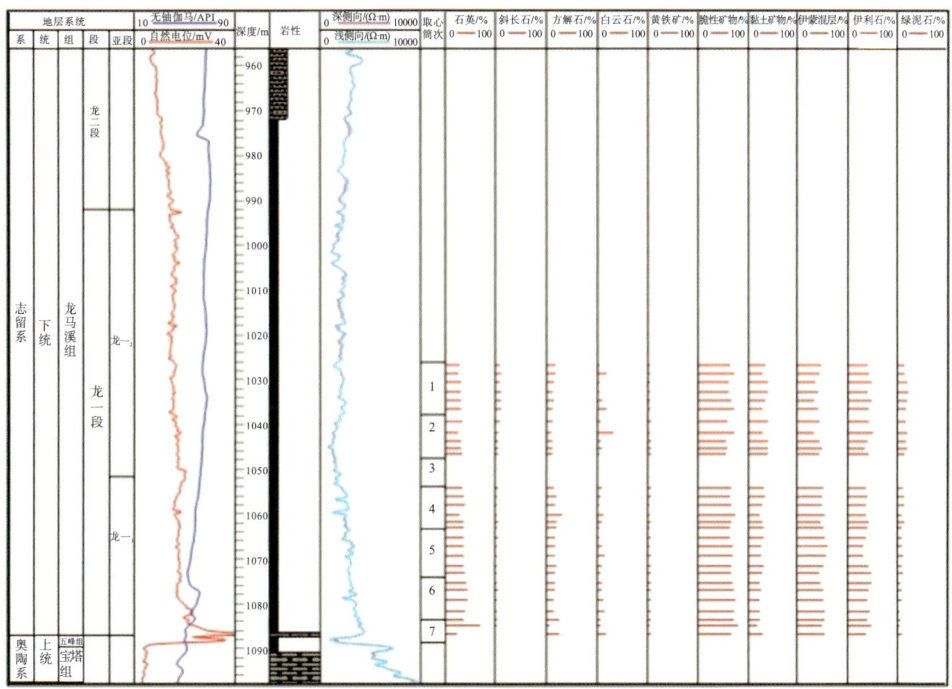

图 3-4　TY103 井五峰组-龙一段矿物成分综合评价图

(三)矿物组分计算法

1. 黏土含量计算方法

由于海相页岩含有大量的放射性铀元素，总伽马不能真实地反映地层黏土含量，因此一般采用无铀伽马曲线计算页岩储层的黏土总量，同样与常规储层计算黏土含量也可以采用 Th 和 K 的含量来计算一样，应用这些能谱曲线也能解决页岩储层黏土含量问题。

尽管元素俘获测井资料能够直观地反映出页岩层段的黏土、石英、碳酸盐矿物和黄铁矿等岩石成分的相对含量，但因地区差异，其处理出的矿物成分只能代表一种趋势，而不是真实的矿物含量；由于其氧闭合技术所用的模型需要岩心刻度，因此具有一定的区域局限性。为此，一方面为提高黏土含量计算精度，另一方面考虑到将来减少地层元素测井后黏土含量计算的需要，建立了利用常规测井计算太阳页岩气田五峰组-龙马溪组黏土含量的模型。

1)敏感测井曲线的多元线性回归模型

利用太阳页岩气田五峰组-龙马溪组 X 射线衍射全岩矿物分析样品与常规测井曲线进行相关性分析，黏土含量与电阻率、无铀伽马等曲线均具有较好的相关性。为此建立了太阳页岩气田五峰组-龙马溪组黏土含量计算模型，计算公式如下：

$$V_{CALY}=0.004669\times KTh^{0.7147}+0.8119\times Rt^{-0.272}-0.03661 \tag{3-1}$$

式中，V_{CALY} 为黏土含量，%；KTh 为无铀伽马测井值，API；Rt 为深电阻率测井值，$\Omega \cdot m$。

2) 传统黏土含量计算模型

一般情况下，页岩地层在测井曲线上表现为高自然伽马、高视孔隙度和相对较高电阻率，因此，可以用这些曲线指示黏土的存在，但孔隙度测井系列和电阻率曲线受地层孔隙度、地层水矿化度(流体性质)等因素的影响较大，所以一般不选择它们计算黏土含量。而自然伽马(或钍、铀、钾)曲线反映地层的自然放射性，主要与沉积环境有关，当地层富含有机质时，地层将吸附含铀矿物，从而使自然伽马测井值升高，因此在计算黏土含量时，首选无铀伽马，对未进行自然伽马能谱测井的井，采用自然伽马代替无铀伽马计算黏土含量。

首先，用自然伽马相对值(DGR)的变化计算出黏土含量指数(CALY)：

$$CALY=DGR=(GR-GR_{min})/(GR_{max}-GR_{min}) \tag{3-2}$$

然后，将 CALY 转化为黏土含量(V_{CALY})：

$$V_{CALY}=(2^{GCUR \times CLAY}-1)/(2^{GCUR}-1) \tag{3-3}$$

式中，CALY 为黏土含量指数；GR_{max} 为纯泥岩层的自然伽马测井值，API；GR_{min} 为纯砂岩层的自然伽马测井值，API；V_{CALY} 为黏土含量，%；GCUR 为地层常数，一般老地层取 2。

2. 脆性矿物含量计算模型

矿物组分及含量变化是页岩储层重要的评价指标，其中脆性矿物(硅质矿物、碳酸盐矿物)和黏土矿物成分含量是影响后期储层射孔压裂改造的重要因素之一。

1) 敏感测井曲线的多元线性回归模型

利用太阳页岩气田五峰组-龙马溪组 X 射线衍射全岩矿物分析样品与常规测井曲线进行相关性分析，硅质含量、钙质含量与电阻率、补偿中子、无铀伽马等曲线均具有较好的相关性。因此，可利用常规测井曲线建立多元回归模型，计算公式如下：

$$V_{Si}=0.03017 \times CNL^{-0.814}+0.04473 \times Rt^{0.1787}+2.0454 \times KTh^{-0.516}+0.049 \tag{3-4}$$

$$V_{CAR}=4.1683 \times KTh^{-0.815}+0.01915 \times CNL^{-1.296}-0.02918 \tag{3-5}$$

式中，V_{Si} 为硅质矿物总量，%；V_{CAR} 为碳酸盐矿物总量，%；CNL 为中子测井值，量纲一；KTh 为无铀伽马测井值，API；Rt 为深电阻率测井值，$\Omega \cdot m$。

2) 传统复杂岩性分析模型计算矿物成分

根据五峰组-龙马溪组页岩储层测井解释体积模型，可以利用复杂岩性分析程序(CRA)计算硅质矿物、碳酸盐矿物和储层的孔隙度。根据四川盆地测井解释经验，一般采用岩性密度与补偿中子交会法进行计算，当密度测井受井眼不规则影响较大时，采用补偿声波与补偿中子交会法。

3) 元素俘获测井计算矿物含量

对元素俘获测井经过剥谱得到地层中硅(Si)、钙(Ca)、铁(Fe)、硫(S)、钛(Ti)、钆(Gd)等元素的相对含量，应用氧化物闭合模型将元素的相对含量转换成元素绝对含量，最后根据元素含量将其转化为矿物含量。

3．最优化分析模型计算矿物成分

最优化分析模型是根据地球物理学广义反演理论，以环境影响校正后较为真实地反映地层特征的实际测井值为基础，根据适当的矿物模型和测井参数解释方程，按非线性加权最小二乘法原理建立目标函数，通过合理选择的储层参数初始值，使用最优化技术不断调整未知储层参数值，通过不断地"反演"到"正演"，最终使计算出的曲线与原始曲线间的误差达到最小(满足误差要求)，此时"反演"计算的地层组分含量即为常规测井解释计算的地层各组分的含量。本次储量计算，采用最优化分析模型计算矿物成分。

4．矿物组分评价及验证

利用岩心薄片、X 射线衍射分析、岩性扫描测井等资料，建立太阳页岩气田五峰组-龙马溪组多矿物岩石物理体积模型，最优化处理解释矿物剖面如图 3-5 所示，测井解释黏土含量、石英含量、碳酸盐含量与全岩矿物含量对应性较好。

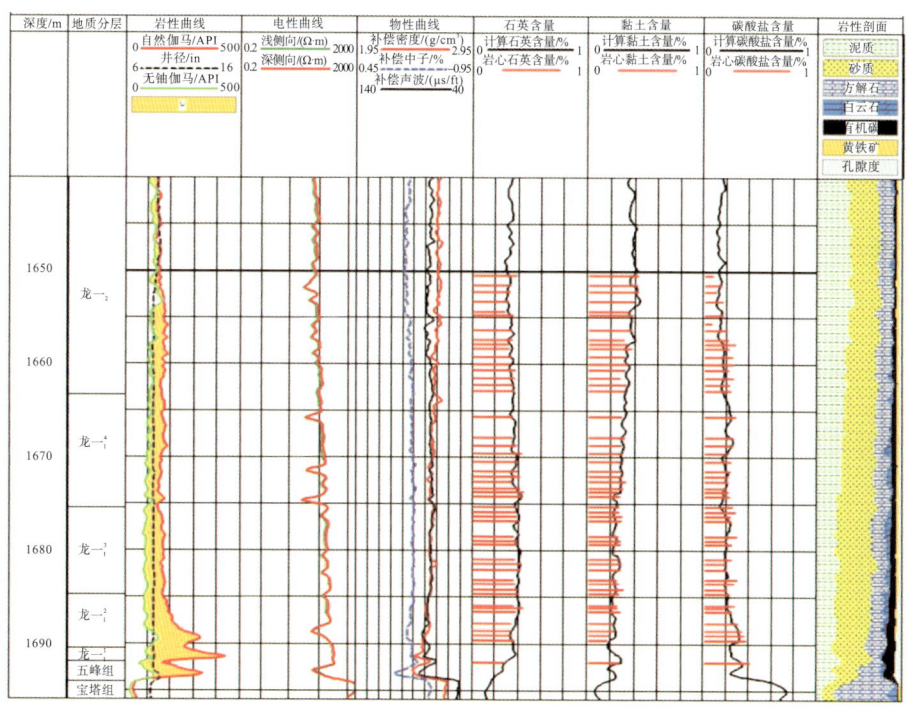

图 3-5　TY105 井测井计算矿物成分含量与岩心全岩矿物对比图

注：1in=25.4 mm。

(四)整体矿物特征变化趋势

通过以上矿物分析，结合相关的成果图件，从单井分析、多井纵向对比分析、各层段多井横向对比分析这三个角度对研究区的矿物组成和变化趋势进行整体分析。

对单井矿物含量进行分析，从 TY104 井龙二段至五峰组矿物含量柱形图和定量统计直方图(图 3-6)可以看出，主矿物为石英、黏土(主要是伊利石)和方解石；从龙二段至五峰组，矿物含量变化呈硅质增加、钙质减少、黏土先增加后减少的趋势；龙二段为高方解石、中黏土、低石英特征；龙一$_2$为高黏土、中石英、低方解石特征；龙一$_1$为高石英、中黏土、低方解石特征；观音桥-五峰各矿物含量均比较适中(TY104 井五峰组岩心较少)。

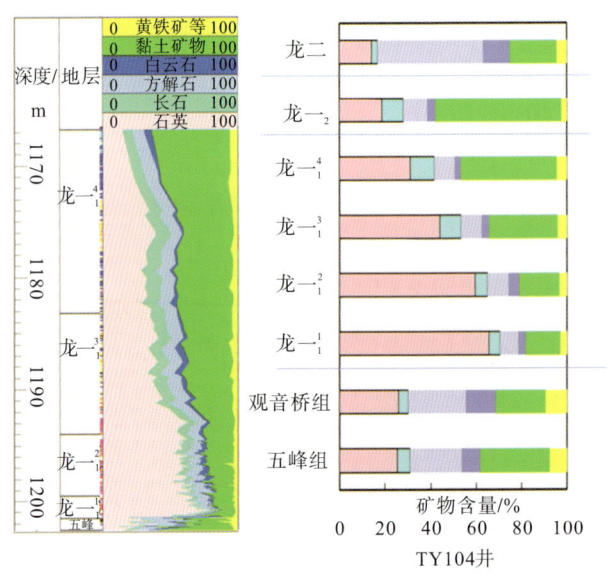

图 3-6　TY104 井矿物含量柱形图和定量统计直方图(龙二段至五峰组)

对多井矿物含量进行纵向层段对比分析，从太阳页岩气田不同井矿物含量连井柱形图(图 3-7)和统计分析直方图(图 3-8)可以看出，主矿物为石英、黏土(主要是伊利石)和方解石。从龙二段至五峰组，矿物含量变化整体趋势为硅质增加、钙质减少、黏土先增加后减少；龙二段为高方解石、中黏土、低石英特征；龙一$_2$为高黏土、中石英、低方解石特征；龙一$_1$为高石英、中黏土、低方解石特征；观音桥-五峰各矿物含量均比较适中。

对各层段多井横向矿物变化进行对比分析，从太阳页岩气田不同井龙二段和龙一$_2$矿物含量连井图和直方图(图 3-9)可以看出，从北部 TY104 井区到南部 YQ11 井区，龙二和龙一$_2$矿物组成基本无变化。从龙一$_1^4$和龙一$_1^3$矿物含量连井图和直方图(图 3-10)可以看出，龙一$_1^4$矿物组成基本无变化，硅质含量为 40%；而龙一$_1^3$，东北井区 TY118 井硅质含量为 50%，北部井区 TY104 井硅质含量为 55%，南部井区 Y206 井因岩心缺失而没有做硅质含量分析，从 YQ11 井到 Y207 井，硅质含量为 45%~35%，随深度增加硅质含量有降低趋势，深井 Y207 井硅质含量最低。从龙一$_1^2$和龙一$_1^1$矿物含量连井图和直方图(图 3-11)进行分析，对龙一$_1^2$，东北井区 Y118 井硅质含量为 45%，北部井区 TY104 井硅质含量为 63%，南部井区 YQ11 井、Y206 井、Y207 井，硅质含量分别为 63%、61%、55%，随深度增加硅质含量有降低趋势，深井 Y207 井硅质含量最低。对龙一$_1^1$，东北井区 Y118 井硅质含量为 45%，北部井区 TY104 井硅质含量为 72%，南部井区 YQ11 井、Y206 井、Y207 井，硅质含量分别为 77%、74%、65%，随深度增加硅质有降低趋势，深井 Y207 井硅质含量最低。从观音桥组和五峰组矿物含量连井图和直方图(图 3-12)可以看出，五峰组矿物组成基本无变化，硅质含量为 45%左右，东北井区 Y118 井硅质含量为 48%，北部井区 TY104 井硅质含量为 35%(岩心缺失多且厚度仅有 0.8 m)，南部井区 YQ11 井、Y206 井、Y207 井，硅质含量分别为 45%、52%、45%，硅质含量相对比较稳定，不随深度变化。

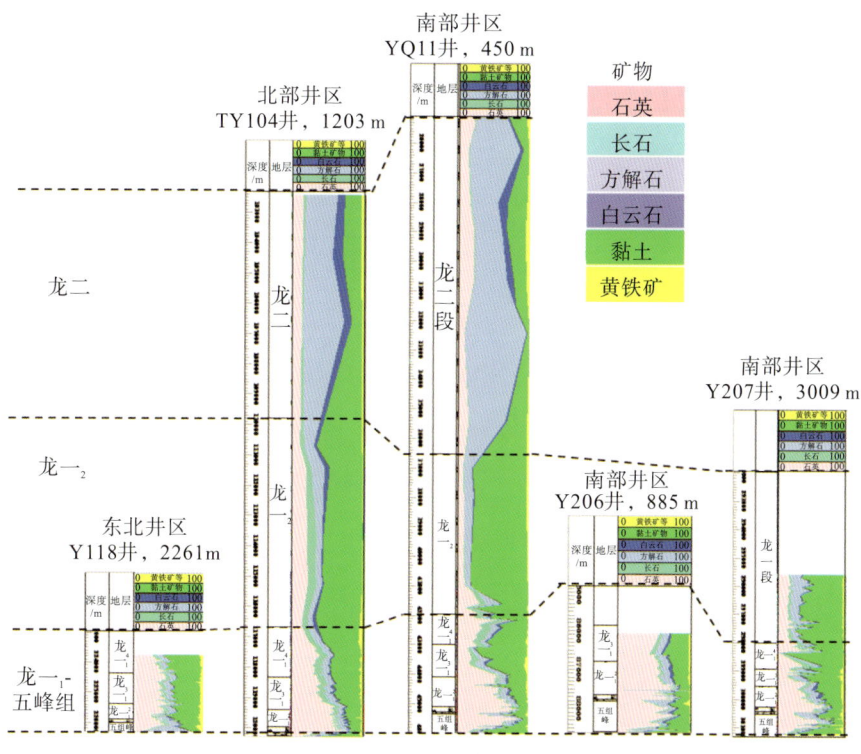

图 3-7 太阳页岩气田矿物含量连井柱状图(龙二段至五峰组)

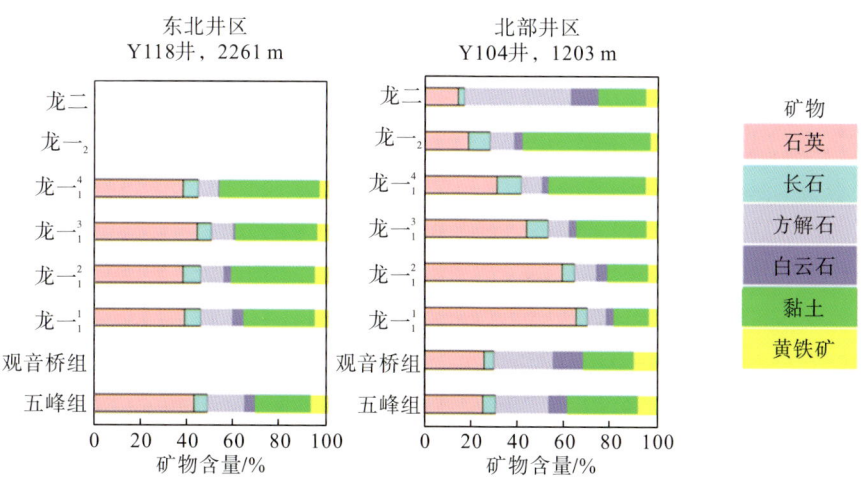

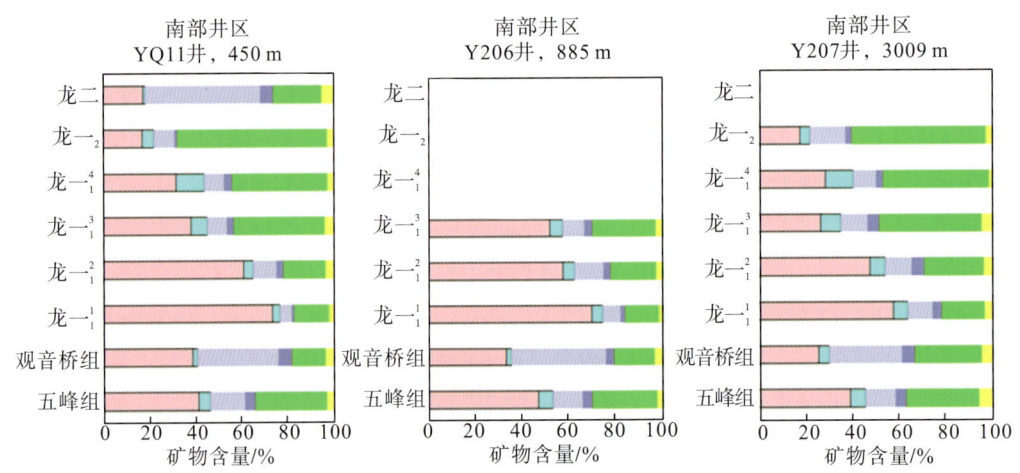

图 3-8　太阳页岩气田矿物含量统计直方图(龙二段至五峰组)

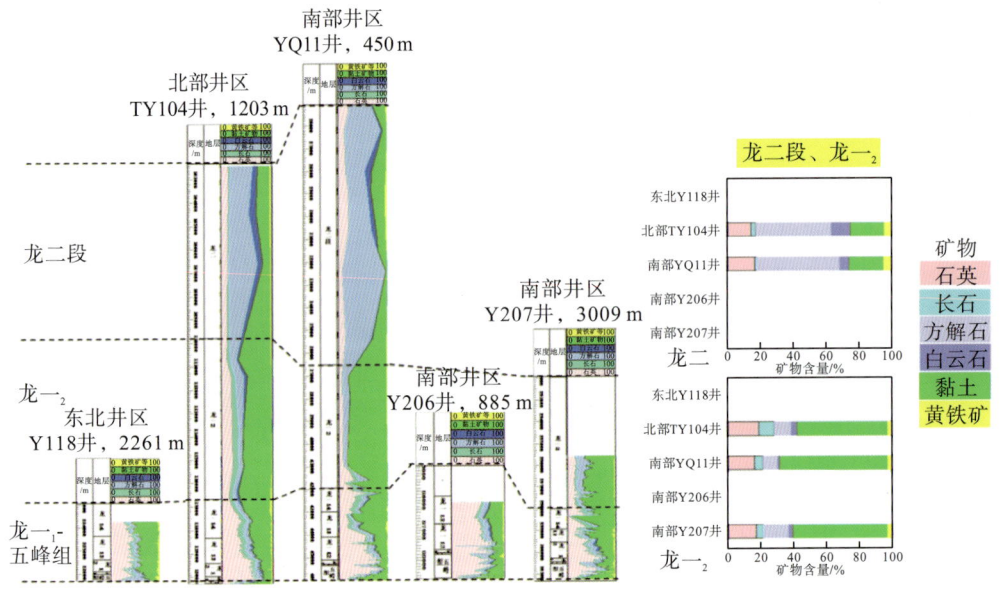

图 3-9　太阳页岩气田矿物含量连井柱状图和直方图(龙二段、龙一₂)

　　总体上太阳地区主矿物为石英、伊利石和方解石;从龙二段、龙一段到五峰组,矿物含量整体趋势为硅质增加、钙质减少、黏土先增后减,龙一$_1^1$和龙一$_1^2$硅质含量最高;多井横向对比,龙二段、龙一₂、龙一$_1^4$和五峰组矿物组成基本无变化,沉积稳定;龙一$_1^3$、龙一$_1^2$和龙一$_1^1$,北部 TY104 井硅质含量最高,南部从 YQ11 井到 Y207 井,硅质含量随深度增加有降低趋势。

　　通过矿物含量分析,五峰组-龙一段通常含有硅质、长石、方解石、白云石、黄铁矿和黏土等矿物(图 3-13)。横向上,五峰组-龙一₁页岩的矿物成分以石英(含量为 30%～61%,平均值 40%)和黏土矿物(含量为 23%～47%,平均值 27%)为主,其次为方解石(含量为14%～27%,平均值为20%),长石、白云石含量较低。纵向上,龙一$_1^1$中黏土矿物含量最低,平均值为20%～30%,黏土矿物以伊利石为主,其次为伊/蒙混层[图3-14(a)]。与川南长宁地区、威远地区相比,研究区的硅质矿物含量降低,黏土矿物含量增加,陆源注入增多[图3-14(b)]。

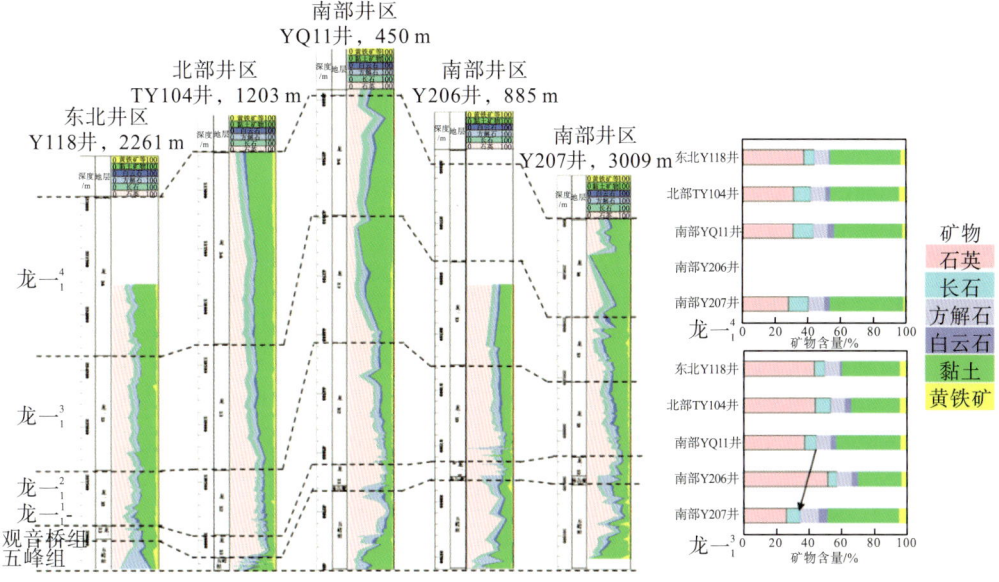

图3-10　太阳页岩气田矿物含量连井柱状图和直方图(龙一$_1^4$、龙一$_1^3$)

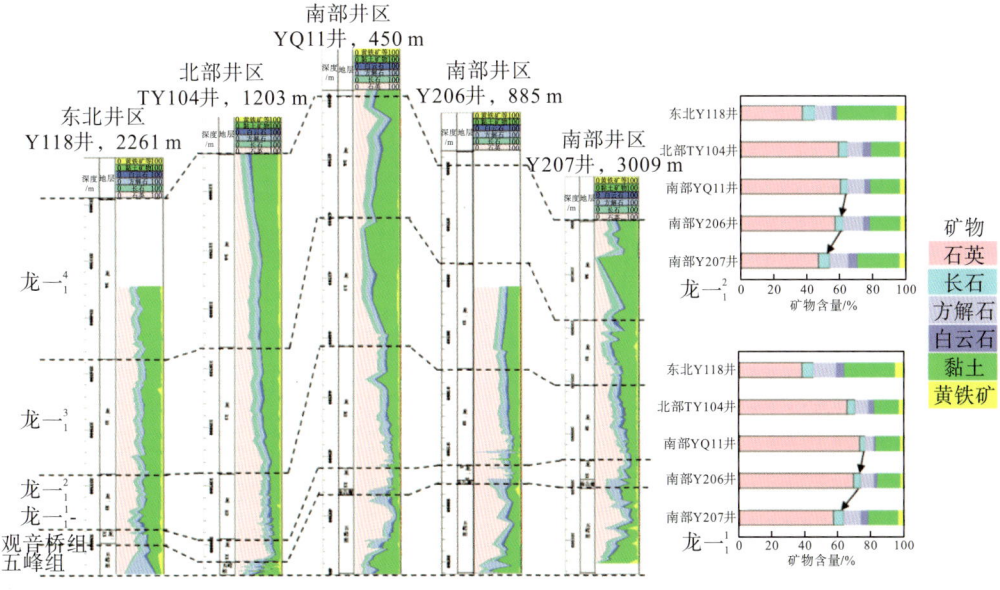

图3-11　太阳页岩气田矿物含量连井柱状图和直方图(龙一$_1^2$、龙一$_1^1$)

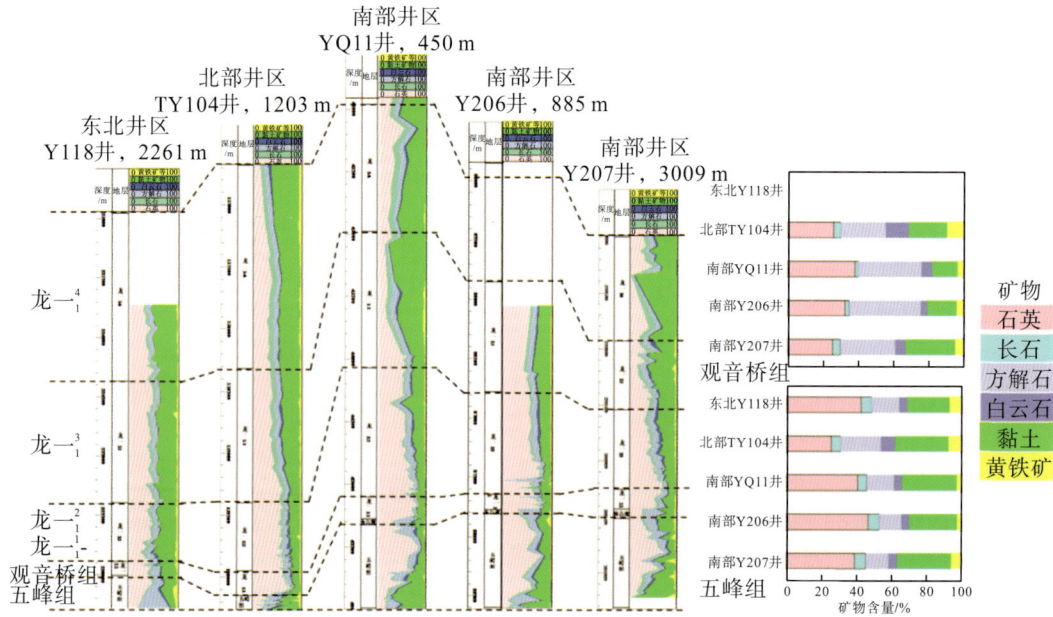

图 3-12   太阳页岩气田矿物含量连井柱状图和直方图(观音桥组、五峰组)

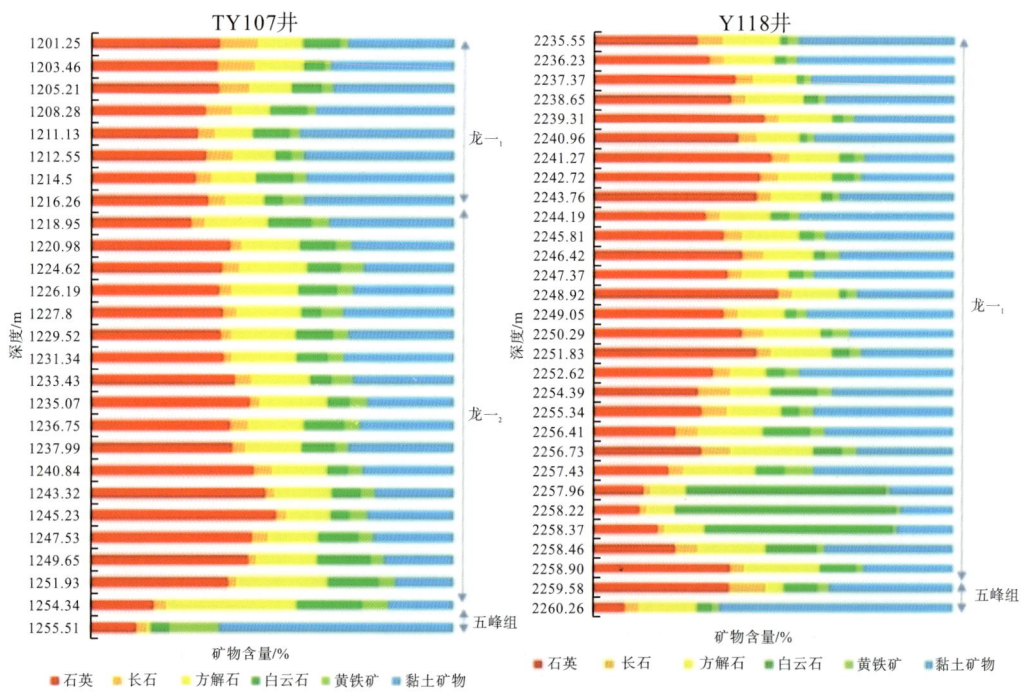

图 3-13   TY107、Y118 井五峰组-龙马溪组矿物成分纵向对比图

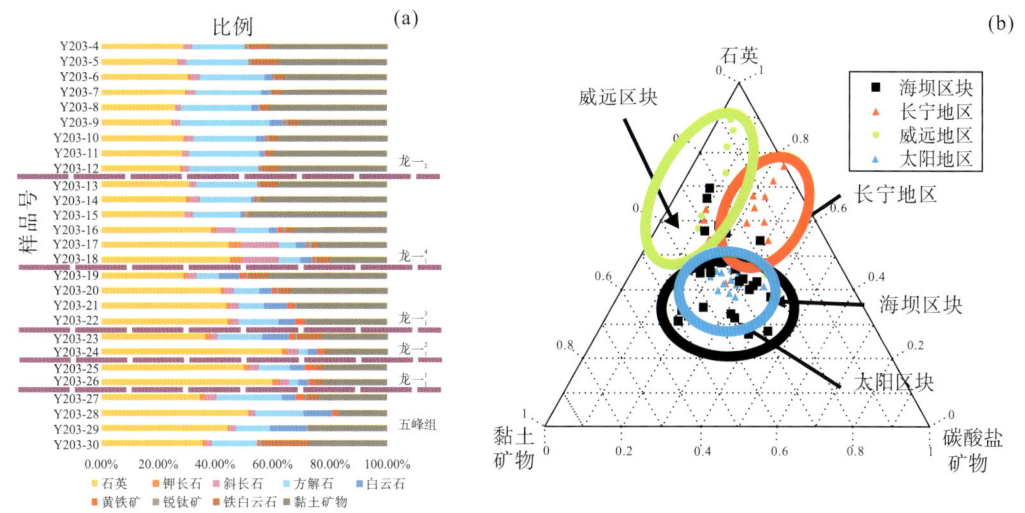

图 3-14 太阳页岩气田五峰组-龙一₁矿物组分分布特征

二、矿物法岩相识别

不同岩相的矿物组成和含量不同(田明智等，2023)，矿物组分不仅是造成岩石类型多样的根本因素，还指示岩石的发育环境(王秀平等，2015)。因此，根据全岩衍射分析对研究区五峰组-龙一₁采用三端元方案进行岩相划分(表 3-2、图 3-15)。以硅质含量(石英+长石)、黏土矿物含量、碳酸盐矿物含量作为三端元，将页岩划分成 4 种岩相。

表 3-2 岩相命名方案矿物含量表

命名	代码	亚相	黏土矿物/%	硅质/%	碳酸盐矿物/%
硅质页岩	S	硅质页岩相	0～25	>75	0～25
	S-1	富钙硅质页岩相	0～25	50～75	12.5～50
	S-2	富黏土硅质页岩相	12.5～50	50～75	0～25
混合质页岩	M-1	富钙/硅混合质页岩相	0～25	25～50	25～50
	M-2	富硅/黏混合质页岩相	25～50	25～50	0～25
	M-3	混合质页岩相	25～50	25～50	25～50
	M-4	富钙/黏混合质页岩相	25～50	0～25	25～50
黏土质页岩	CM	黏土质页岩相	>75	0～25	0～25
	CM-1	富硅黏土质页岩相	50～75	12.5～50	0～25
	CM-2	富钙黏土质页岩相	50～75	0～25	12.5～50
钙质页岩	C	钙质页岩相	0～25	0～25	>75
	C-1	富硅钙质页岩相	0～25	12.5～50	50～75
	C-2	富黏土钙质页岩相	12.5～50	0～25	50～75

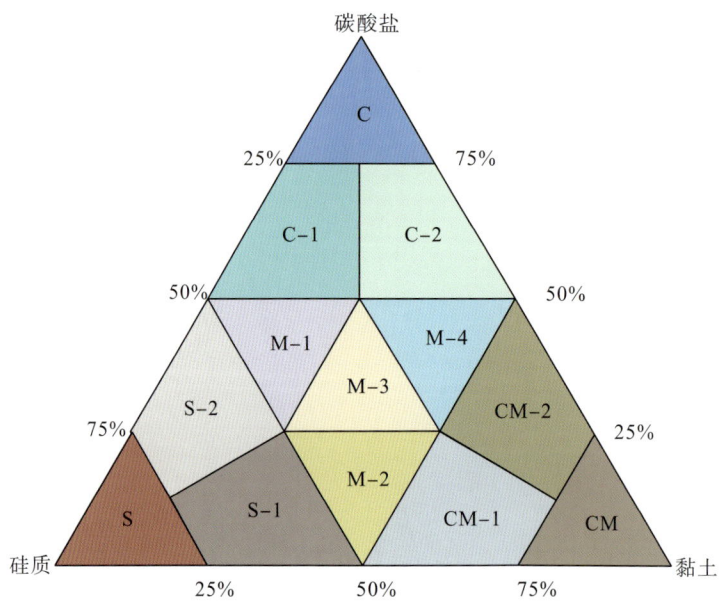

图 3-15　矿物岩相命名方案三角图

以硅质、碳酸盐、黏土含量为 50% 为界，分别划出硅质岩相、钙质岩相、黏土质岩相三大类，3 类矿物组分均未超过 50% 的，划分为混合岩相大类；在硅质页岩相大类中，若硅质含量超过 75%，则划分为硅质页岩相，同理可划分出黏土质页岩相和钙质页岩相；在硅质岩相大类中，若硅质含量介于 50%～75%，黏土矿物或碳酸盐矿物含量大于 25% 时，则分别为富黏土硅质页岩相和富钙硅质页岩相。同理，钙质岩相和黏土质岩相大类可做进一步划分。根据该方案，分别发育 4 类岩相：硅质页岩、混合质页岩、黏土质页岩和钙质页岩。

龙一$_1^1$和龙一$_1^2$地层矿物主要为硅质页岩，属于盆地内源生物硅质沉积，为主力产层，龙一$_1^3$部分为硅质页岩，部分为黏土质页岩，少部分为含黏土质硅质页岩；龙一$_1^4$主要为黏土质硅质页岩，次要为黏土质页岩，少量为硅质页岩；五峰组的五一段部分为硅质页岩，少部分为混合类页岩，极少部分为黏土质页岩；五二段主要为混合质页岩，少部分钙质页岩；而龙二段基本为钙质页岩，龙一$_2$主要为黏土质页岩，二者都为非储层。

第二节　测井分析法

一、常规测井曲线识别

不同页岩岩相之间的差异主要是由有机质含量和矿物成分之间的差异造成的，而常规测井资料所反映的便是岩石构造和矿物成分信息，因此不同页岩岩相的常规测井响应特征之间也会存在一定的差异 (张晋言，2012)。在岩相识别的过程中，如果应用不同岩相典型测井曲线特征及其响应值范围来识别岩相，对于沉积稳定、岩性变化不大、规律性明显的储层，能够快速、简单、直观地识别岩相，效果也比较明显，是比较常用的方法（王正国等，2015）。

　　以对 5 口井的矿物成分分析数据确定的岩性（4 类）为刻度标准，建立测井曲线与岩相的对应关系。图 3-16 为 Y108H6-7 井的页岩岩性测井识别图，最右道为自动识别的岩相剖面，包括硅质页岩、黏土质页岩、钙质页岩和灰岩四类。

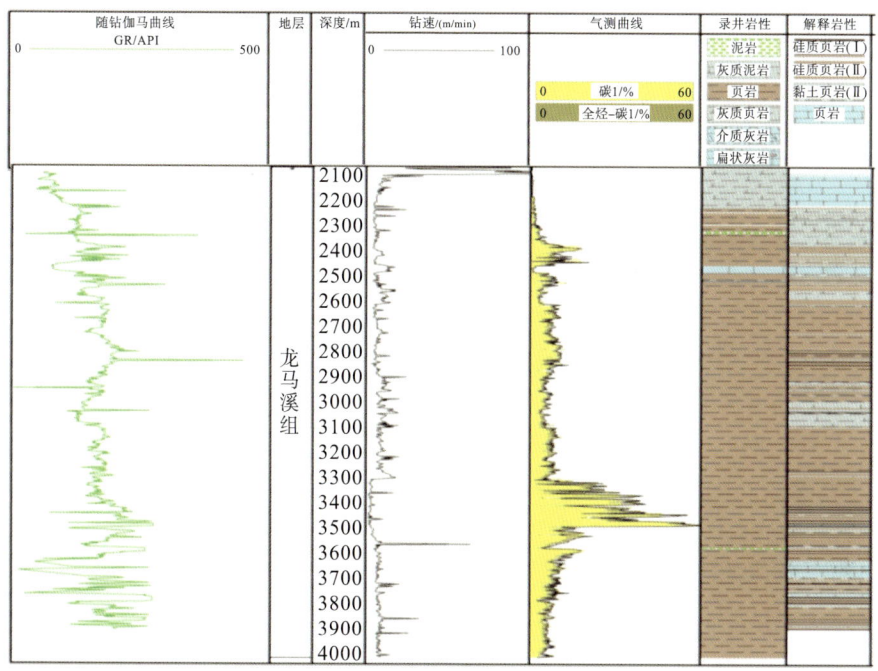

图 3-16　Y108H6-7 井测井岩性识别图

　　图 3-17（a）～（d）分别为铀（U）-电阻率交会图、钾（K）-钍（Th）交会图、自然伽马-声波时差交会图与中子测井值-密度交会图，进而建立岩性解释模型和识别标准（表 3-3），实现利用测井曲线快速解释岩性的目的。

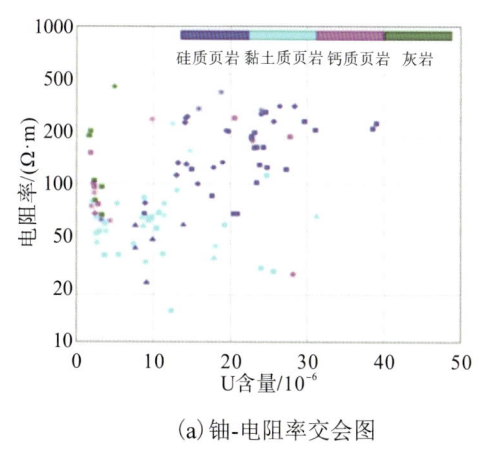

（a）铀-电阻率交会图

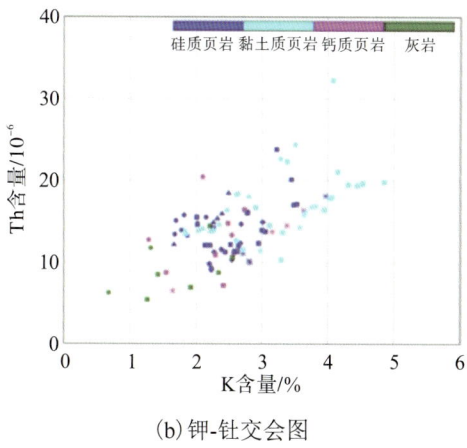

（b）钾-钍交会图

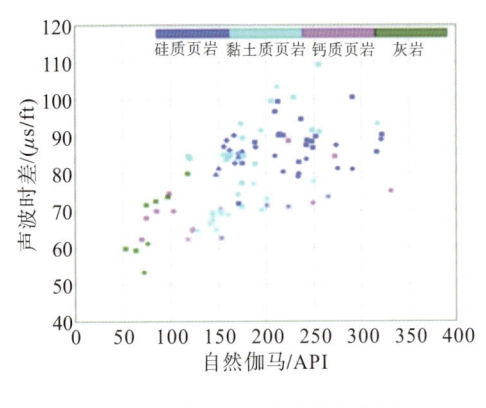 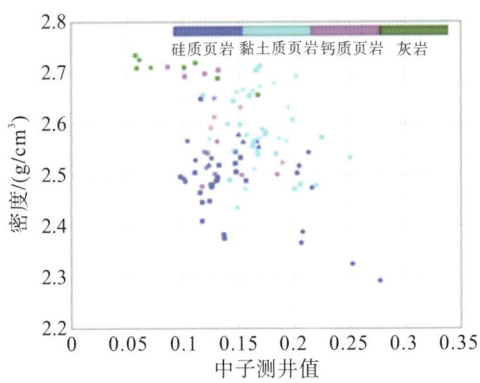

(c) 自然伽马-声波时差交会图   (d) 中子测井值-密度交会图

图 3-17   测井曲线关系图

表 3-3   不同页岩测井响应特征

岩性分类	自然伽马/API	铀/10^{-6}	电阻率/($\Omega \cdot m$)	密度/(g/cm^3)	声波时差/(μs/ft)
硅质页岩	>150	>15	>80	<2.57	>80
黏土质页岩	120~200	4~20	30~80	2.55~2.65	65~100
钙质页岩	60~150	3~5	60~250	2.62~2.7	62~75
灰岩	<100	<4	100~500	>2.7	<72

二、元素俘获测井识别

元素俘获测井被广泛应用于页岩油气测井评价，斯伦贝谢、贝克休斯及哈里伯顿等国外技术服务公司各自推出了具有不同特点的元素俘获测井设备。本书采用斯伦贝谢公司的元素俘获测井技术，测量记录非弹性散射与俘获时产生的瞬发伽马射线，利用剥谱分析得到硅、钙、铁、硫、钛、钆等地层元素的含量。通过氧化物闭合模型、聚类因子分析和能谱岩性解释可定量计算得到石英、斜长石、正长石、方解石、白云石、黏土等地层的矿物质量分数，从而准确识别页岩岩相。

元素测井具体原理如下：在测井过程中，通过中子源发射一定能量的快中子，快中子先被靶核吸收形成复核，而后放出一个能量较低的中子，靶核仍处于激发态且常常以发射伽马射线的方式释放出激发能而回到基态，由此产生的伽马射线称为非弹性散射伽马射线。不同原子核发生非弹性散射的反应截面和放出的伽马射线能量不同，地层中与快中子发生非弹性散射的主要有 C、O、Si、Ca、Fe 等元素的原子核。快中子经过一系列的非弹性和弹性散射，能量逐渐降低，减速形成热中子，热中子被俘获产生元素的特征俘获伽马射线，元素通过释放伽马射线回到初始状态。用锗酸铋 (BGO) 晶体探测器可以探测并记录这些非弹性散射伽马能谱和俘获伽马能谱。利用探测器探测到的非弹性伽马能谱，经过解谱处理得到 C、O、Si、Ca、Fe 等元素的含量；而其中主要的俘获伽马能谱经解谱可以得到 Si、Ca、S、Fe、Ti 和 Gd 等元素的含量，应用特定的氧化物闭合模型技术，可得到地层中矿物的含量(刘绪钢等，2002)。

如黏土的质量分数可以由下式获得(莫修文等，2011)：

$$w_{clay} = 1.91(1-2.139w_{Si}-2.497w_{Ca}-1.99w_{Fe}) \tag{3-6}$$

式中，w_{clay}、w_{Si}、w_{Ca}、w_{Fe}分别为地层中黏土、硅元素、钙元素、铁元素的质量分数。

图 3-18 是 TY104 井页岩段元素俘获谱(ECS)测井资料和处理解释剖面。处理结果显示，页岩段主要岩性为硅质页岩、黏土质页岩和钙质页岩，与岩心分析数据对比，有较好的一致性。

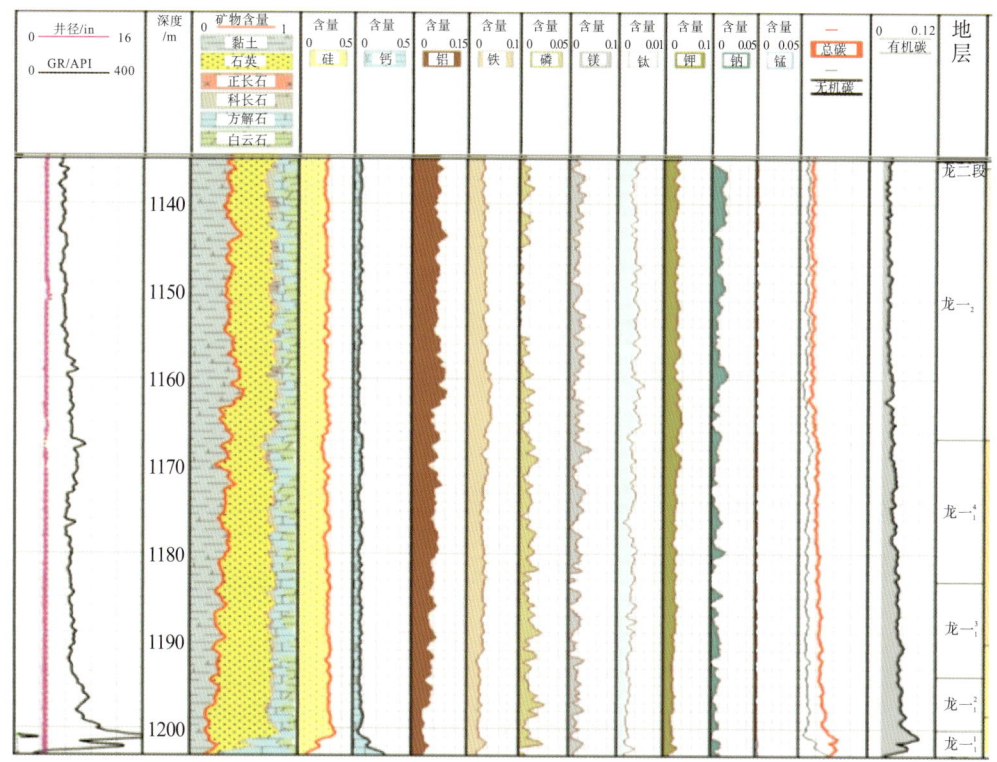

图 3-18　TY104 井岩性扫描成像测井图(龙马溪组底部)

三、双能指数法识别

全直径岩心双能电子计算机断层扫描(computed tomography，CT)扫描分析技术得到的双能指数(dual energy index，DEI)能够准确地识别岩相，因此，以岩心 DEI 指数为标准刻度，建立 DEI 指数与不同测井曲线的计算模型，从而计算连续的 DEI 指数曲线，以此为标准自动识别页岩储层岩相。

图 3-19 为 TY104 井的 DEI 指数自动识别页岩气储层岩性图，第 7 道岩性图，包括四大类 17 小类岩性：

(1) Ⅰ硅质页岩(细分为Ⅰ-1、Ⅰ-2、Ⅰ-3)；

(2) Ⅱ黏土质页岩(细分为Ⅱ-1、Ⅱ-2、Ⅱ-3、Ⅱ-4、Ⅱ-5)；

（3）Ⅲ钙质页岩（细分为Ⅲ-1、Ⅲ-2、Ⅲ-3、Ⅲ-4）；

（4）Ⅳ灰岩等（细分为Ⅳ-1、Ⅳ-2、Ⅳ-3、Ⅳ-4、Ⅳ-5）。

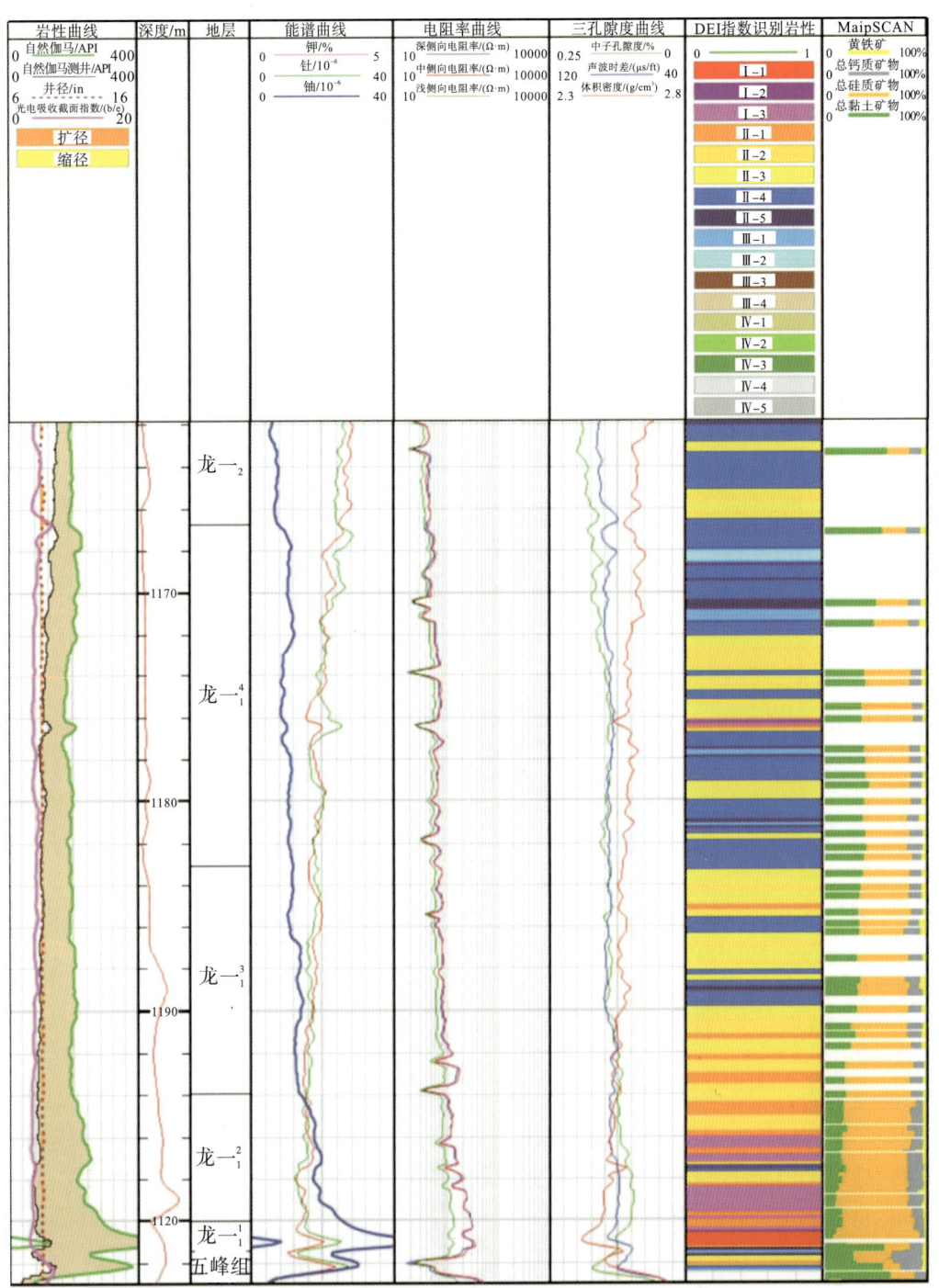

图 3-19　TY104 井测井岩性识别图（龙马溪组-五峰组）

注：1b=10^{-28}m^2。

可以看出，硅质页岩主要集中底部的龙一$_1^1$、龙一$_1^2$和五峰组，龙一段自下而上黏土矿物含量逐步增加、硅质矿物含量逐渐减少。

综上所述，基于获得的矿物信息对岩相进行划分，太阳地区浅层页岩气主要发育 4 种岩相：硅质页岩、黏土质页岩、钙质页岩和灰岩。硅质页岩主要分布在龙一$_1^1$、龙一$_1^2$、五峰组、龙一$_1^3$底部（少量），黏土质页岩主要分布在龙一$_1^3$、龙一$_1^4$、龙一$_2$，钙质页岩主要分布在龙二、龙一$_2$顶部、观音桥组，灰岩分布在宝塔组、观音桥组、龙二；硅质页岩的发育厚度浅井大于深井。其中，硅质页岩、黏土质页岩和钙质页岩是太阳地区五峰组-龙马溪组主要的岩相类型。

第三节　页岩岩相特征

基于以上岩相识别方法，太阳地区共发育 4 种岩相，其中以生物硅质页岩、黏土质页岩和钙质页岩为主要发育岩相。

一、生物硅质页岩

生物硅质页岩一般形成于陆棚外侧靠近大陆坡的深水区（水深＞100 m），以及受火山活动而形成的陆棚型盆地凹槽区，主要发育于太阳地区龙一$_1^1$、龙一$_1^2$、五峰组，其次发育于龙一$_1^3$。

（一）镜下/露头特征

主体呈暗色，由硅质页岩（暗纹层）与生物纹层（亮纹层）组成，富含有机质和笔石化石，顺层裂隙发育（图 3-20）。

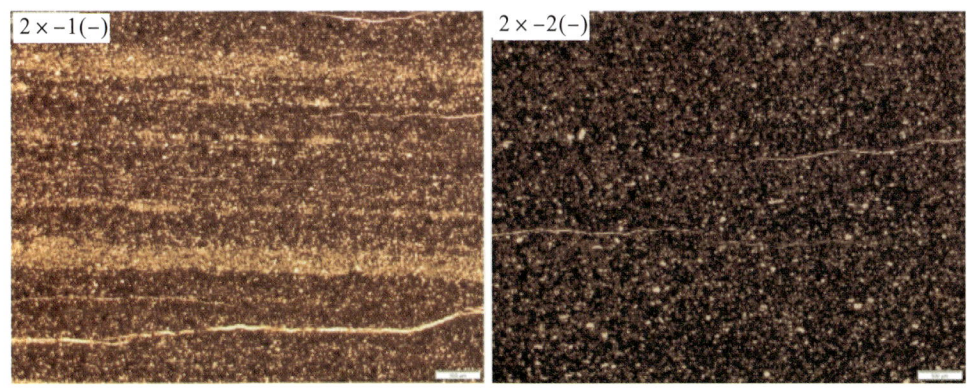

图 3-20　生物硅质页岩薄片裂缝特征（TY104 井 1195.62 m）

生物纹层（亮纹层）主要为生物蓬勃发育造成，和陆源物供给变化无关，属于内碎屑，是硅藻、钙藻和放射虫集中发育段，一般为0.1~0.3 mm。矿物组分主要为放射虫、钙藻和笔石生物在成岩过程中形成的颗粒较大的自生石英、方解石和白云石。其中石英碎屑含量为40%，方解石钙藻含量为15%，白云石含量为10%，斜长石为5%，黏土基质含量为25%（图3-21）。方解石（红褐色）（图3-22）呈球粒状和圆环状，为钙藻类个体形态，含量多，粒径为20~70 μm；白云石主要呈他形，少量为菱形晶体，极少量呈球粒和圆环状，粒径为15~80 μm；石英主要呈碎屑状，少量呈港湾状，以棱角-次棱角为主，石英碎屑呈分散态，粒径为10~70 μm；斜长石呈板状，含量较低，以棱角-次棱角为主。

图3-21　Y118井龙一$_1^2$生物硅质页岩取心薄片特征（2256.3 m）

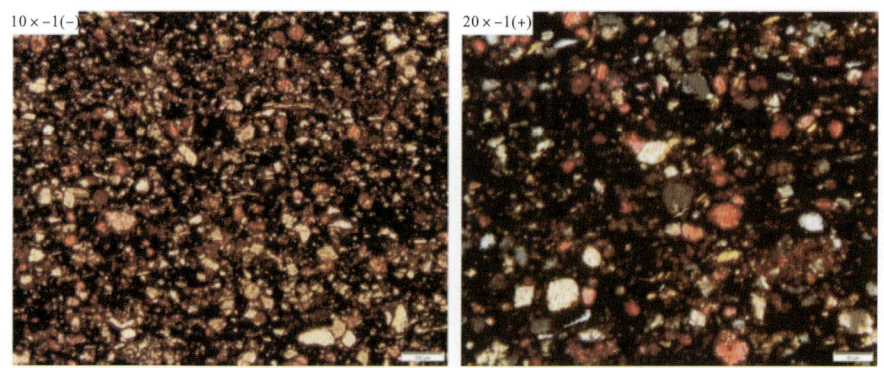

图3-22　TY104井五峰组生物硅质页岩薄片特征（1202.13 m）

硅质页岩（暗纹层）以黑色平行纹层为主，呈薄层状，反映沉积环境能量较低，水体安静，为硅藻、钙藻和放射虫相对不发育层段（图 3-23、图 3-24）。矿物组分主要为石英矿物，其次为伊利石黏土矿物；其中黏土含量为 85%，长英质等碎屑含量为 15%。镜下薄片观察显示石英呈不规则碎屑分散态，以棱角-次棱角为主，粒径为 10～30 μm，属漂浮状态（自生）的内源生物成因（图 3-25）。黏土矿物呈隐晶状、鳞片状，局部混杂黑色沥青呈浸染态赋存在矿物和黏土间。

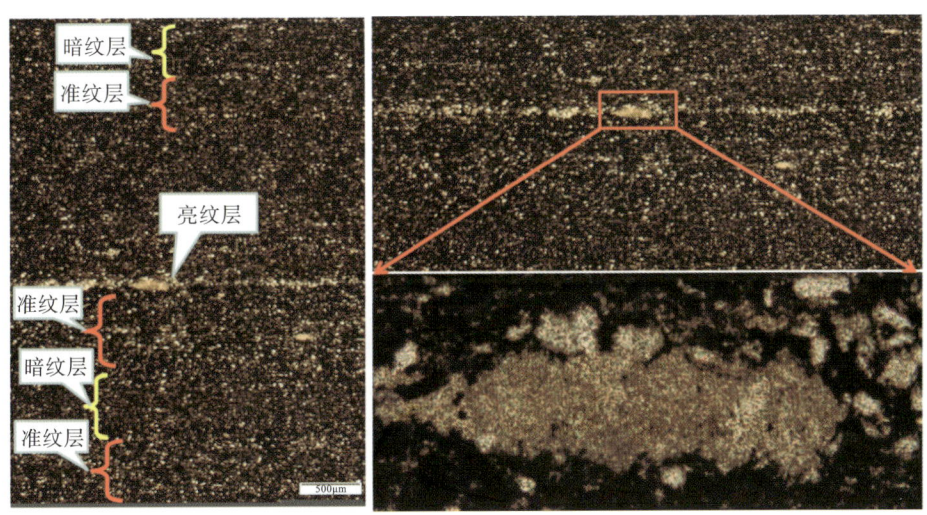

图 3-23　大安 2 井 4098.86 m 薄片特征

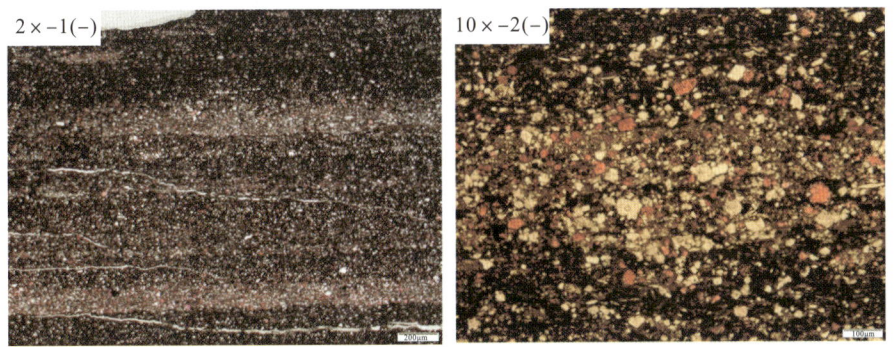

图 3-24　TY104 井龙一$_1^2$生物硅质页岩薄片特征（1195.62 m）

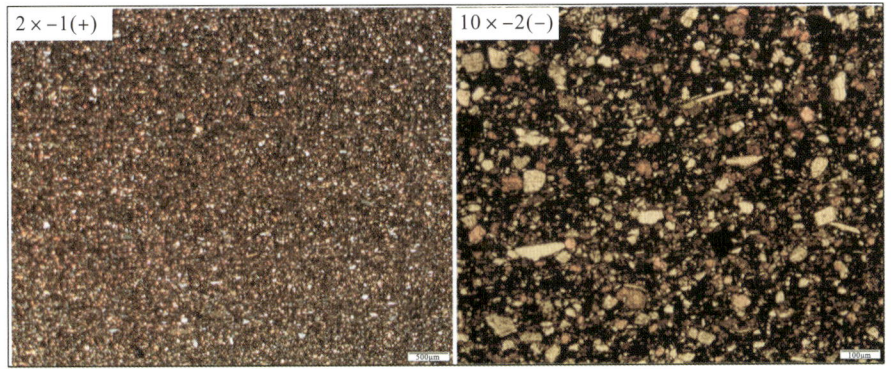

图 3-25　TY104 井五峰组生物硅质页岩暗纹层特征（1202.13 m）

(二)有机质及矿物组分定量特征

该类岩相矿物颗粒主要为石英、方解石(白云石),少量火山灰级长石。石英结晶良好,颗粒矿物以"悬浮"状态为主,其中生物成因石英与有机质富集密切相关,往往控制着页岩气的富集和高产。扫描电镜图上(图3-26)可见连续的硅藻、钙藻和放射虫"勃发"的微层。有机质丰富,含量大于3%,呈基质结构赋存于石英颗粒之间,相互连通。

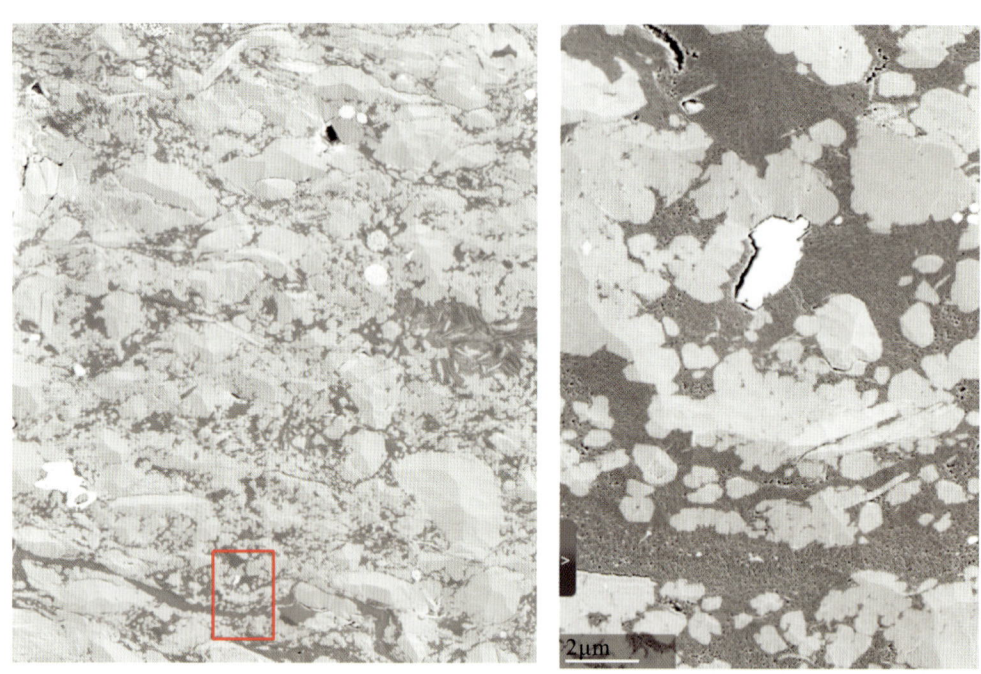

图3-26　TY104井龙一$_1^1$扫描电子显微镜(scanning electron microscope,SEM)图(1201.18 m)

二、黏土质页岩

黏土质页岩一般形成于陆棚相,因沉积水体较浅,间歇性受到其他水流(风暴流、潮流和密度流等)的影响和改造,沉积体发生分异而形成。以黏土矿物为主,主要发育于太阳地区龙一$_1^3$,其次为龙一$_1^4$和五峰组,龙一$_1^2$和龙一$_2$发育较少。

(一)镜下/露头特征

主体呈暗色,水平层理或块状层理,发育细颗粒的纹层,单个纹层厚度为 50～300 μm。矿物主要为伊利石(含量在50%以上),其次为石英和方解石,呈悬浮状态分布在黏土基质中。石英分选较好,其来源有两种,一种为陆源碎屑石英,另一种为黏土矿物转化石英。

（二）有机质及矿物组分定量特征

该类岩相整体以黏土基质为主，伊利石占 80%（图 3-27），颗粒悬浮于黏土矿物的基质中，局部可见被方解石交代的结构清晰的钙藻。有机质丰度高，可见草莓状黄铁矿（图 3-28），TOC 含量大于 2%，呈斑点状分布在黏土矿物之间。

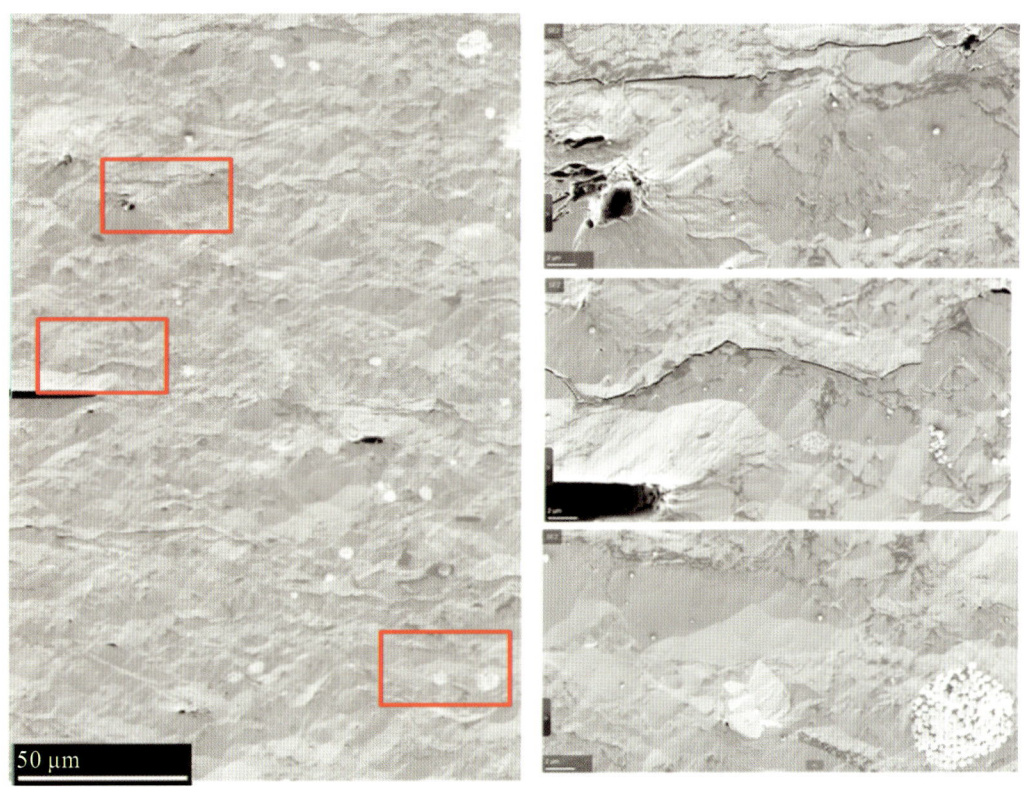

图 3-27 黏土质页岩 SEM 图（Y207 井龙一$_1^3$ 2992.16 m）

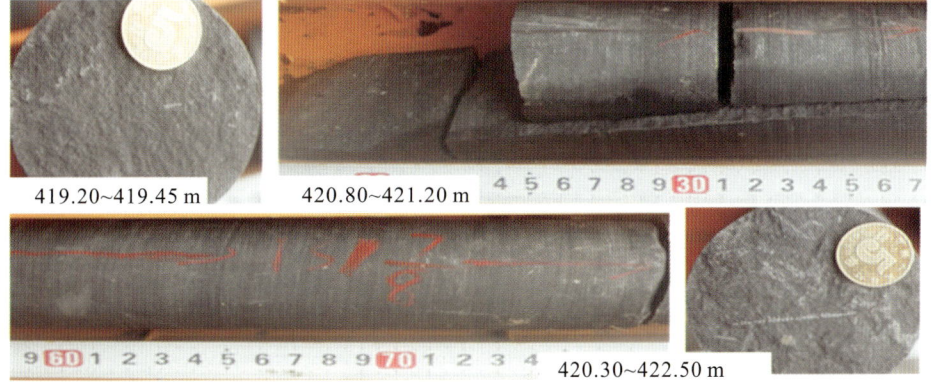

419.20～419.45 m 420.80～421.20 m

420.30～422.50 m

图 3-28　YQ11 井龙一$_1^4$薄片特征与取心照片特征(421 m)

三、钙质页岩

钙质页岩是五峰组晚期和龙马溪组晚期由于水体变浅，灰质、泥灰质增加而形成的，集中发育于五峰组顶部的观音桥段和龙一$_2$、龙二段。

(一)镜下/露头特征

主体呈黑色或黑灰色，致密坚硬、钙质胶结、滴酸起泡，顺层裂隙发育。矿物主要为粉晶-细晶方解石、细晶白云石、黏土矿物、有机质和少量石英以及长石。黏土矿物中伊利石含量占 70%，方解石分选中等，磨圆次棱角-次圆，悬浮于黏土矿物和有机质之间。富含生物化石，以钙藻类化石为主，呈球状和圆环状，疑似藻类孢子体，钙化的藻类化石主要为方解石质，少量白云石质，岩石中含量较高，呈层状分布(图 3-29)。

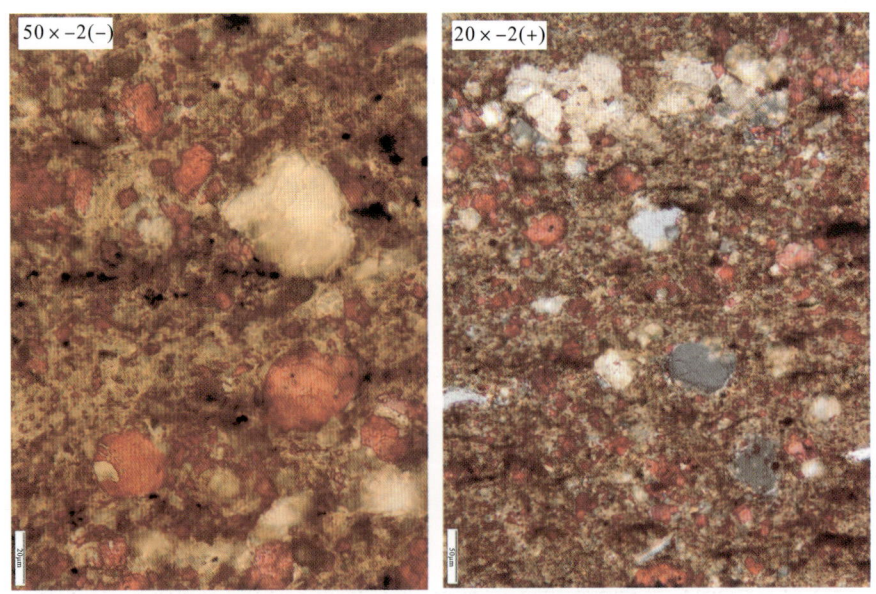

图 3-29　Y207 井龙一$_2$方解石球形颗粒薄片特征(2969.64 m)

镜下见纹层构造,主要由亮晶质灰岩和隐晶质钙质页岩组成。亮晶质纹层一般厚50～800 μm,主要由方解石、白云石、石英、长石等颗粒组成。其中,方解石主要为钙藻类,大小有变化,多数呈球形颗粒,少量呈圆环形态。方解石、白云石颗粒悬浮于云泥基质中,白云石颗粒主要为无机矿物(他形晶为主),少量为藻类;石英、长石呈分散态,尖锐棱角状。暗纹层厚度一般为50～600 μm,主要由泥晶白云石、沥青、无结构丝质体组成,沥青呈斑状、细条带状分布,丝质体呈碎屑状分布,含量低。

(二)有机质及矿物组分定量特征

该类岩相矿物组分以钙质矿物为主,石英含量低、长石含量低、黏土含量低(表3-4)。其中,泥晶白云石含量为68%,方解石含量为15%,白云石(颗粒)含量为6%,石英含量为5%,长石含量为1%,黄铁矿含量为2%,白云母含量为1%(图3-30)。泥晶白云石作为基质,在亮暗纹层皆有分布,但以暗纹层为主,正交偏光下呈现丝绢光泽,高级白干涉色,泥晶粒级,致密,透光性差;方解石主要呈球粒状,粒径为15～72 μm,高倍镜下能观察到球粒状、圆环状,应为钙藻类个体形态,含量很高,主要分布在亮纹层内,但内部结构不清晰;白云石主要呈他形,少量为菱形晶体,极少量呈球粒和圆环状,粒径为20～60 μm,含量较低,主要富集在亮纹层内;石英主要呈碎屑状,少量呈港湾状,棱角-次棱角为主,石英碎屑呈分散态,粒径为10～70 μm;斜长石呈板状,含量较低,棱角-次棱角;白云母呈板状晶体,顺层分布,鲜艳干涉色;黄铁矿多呈草莓状集合体形态,无规则分布,粒径为15～20 μm。钙质页岩沥青(图3-31)主要呈黑色细带状顺层分布,与泥晶白云石共生,含量为2%,反射光下可观察到呈白色无定形、无结构的有机质显微组分,为无结构丝质体,应为镜质体丝碳化产物,分布状态以碎屑状为主,分散在岩石内,少量丝质体呈条带状顺层分布,含量极低,为0.1%。黄铁矿呈颗粒状零星分布。

表3-4　钙质页岩样品矿物含量表

井号	深度/m	总硅质类/%	长石/%	黏土矿物/%	总钙质类/%	黄铁矿等/%
TY104	1024.2	18.5	3.24	22.79	53.99	4.72
TY104	1066.05	15.11	1.89	13.5	67.28	4.11
Y207	2972.62	30.07	5.69	29.2	36.78	3.95
YQ11	253.1	22.75	0.91	21.76	49.75	5.74
YQ11	324.1	8.7	0.25	3.4	86.8	1.1
TY104	1201.4	18.69	2.07	8.61	68.41	4.29
Y206	877.7	30.65	2.17	17.28	49.04	3.03
Y206	878.2	38.87	5.96	15.24	41.63	4.26

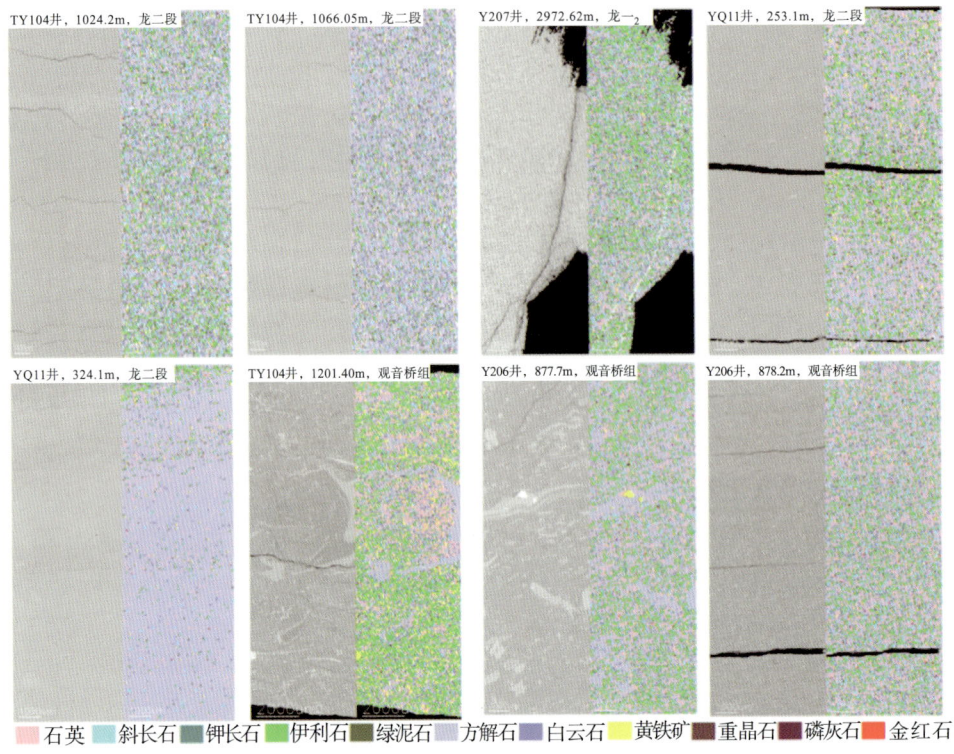

图 3-30   钙质页岩样品矿物扫描特征

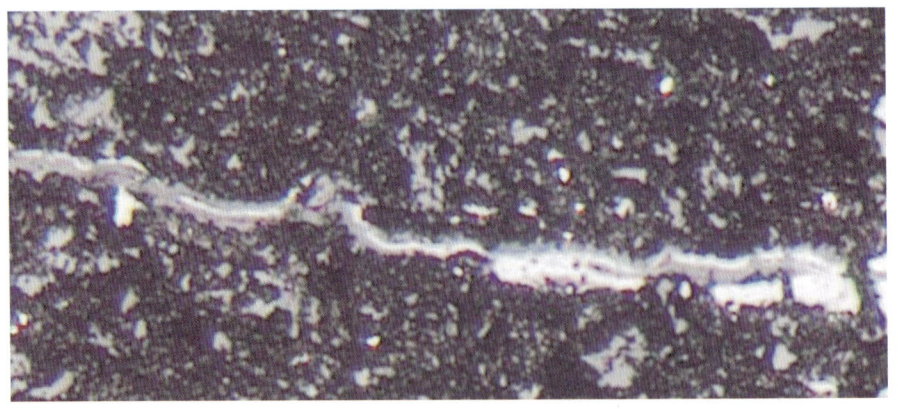

图 3-31   Y207 井钙质页岩内有机质薄片特征（2969.64 m）

第四章 太阳山地浅层页岩微观特征

页岩之所以能够成为天然气的储层,就是因为页岩内部大量微纳尺度孔隙、裂缝的存在(张金川等,2008),这一点已经得到了国内外页岩气勘探开发实践的证明。页岩为双重介质结构,包含基质孔隙系统和裂缝系统。在页岩中,裂缝从微米级到毫米级变化,基质孔隙则为纳米级(张磊等,2014)。基质孔隙+裂缝是页岩气的储集空间,这些成果和认识对开展太阳页岩气储层评价和甜点层选择具有重要意义(王玉满等,2016b)。因此,研究页岩的微观孔缝结构,能够了解页岩的含气能力并揭示页岩气的富集规律,从而指导页岩气的勘探开发(王宇涵等,2019)。本书通过微观孔缝表征技术,对太阳地区的孔缝特征进行了具体描述,并展开了不同岩相控制下的微观孔缝特点,揭示了页岩气的储层空间类型。

第一节 多尺度微观表征技术简介

目前针对页岩孔缝形貌表征的技术方法很多,其中微观分析技术可以获得高分辨率微观参数,利用多尺度数字岩心技术(图4-1)可以较好地解决微观样品代表性的问题,将不同测试尺度的多种技术进行联合应用,实现层层降尺度选取代表性样品。具体来说,采用双能 CT 技术 0.8 mm 的轴向分辨率对米尺度级连续岩心进行扫描分析,选取代表性样品进行大量样次的 MaipSCAN(Mineralogy by Artificial intellgence powered Scanning Electron Microscopy)1 μm 分辨率厘米级尺寸分析,然后再依据 MaipSCAN 结果选取少量具有代表性的样品进行微观 4 nm 分辨率的 SEM 分析,根据 SEM 分析的结果,选取具有代表性的有机质进行 1 nm 分辨率的有机孔的分析。这种多尺度层层选取代表性样品的方法可以大大降低测试数据量,具有客观代表性,可以真实反映客观的页岩微观孔缝和微观结构特征。

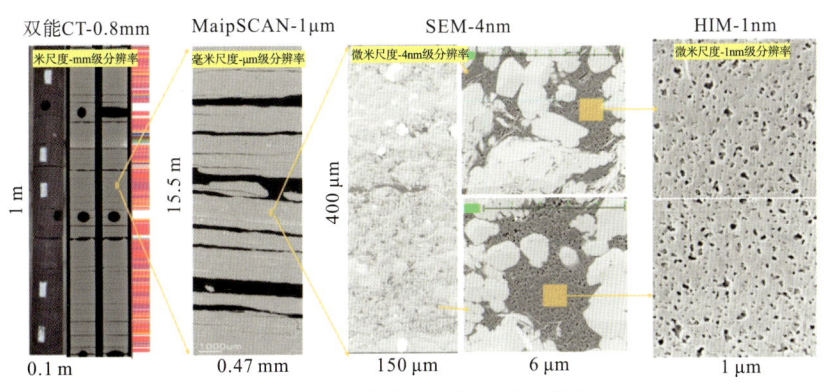

图 4-1 多尺度微观表征技术示意图

选取太阳浅层页岩五口井共 64 样次进行微观特征分析。其中，TY104 井 18 样次，YQ11 井 17 样次、Y207 井 17 样次、Y206 井 6 样次、Y118 井 6 样次。微观表征技术包括 4 nm 的大面积 SEM 技术，分析范围为 400 μm×150 μm，1 nm 的氦离子显微镜（helium ion microscope，HIM）技术，分析范围为 1μm×1μm（多张照片）。采用专利技术，将 4 nm 分辨率的 SEM 与 1 nm 分辨率的 HIM 进行联合表征分析，实现了 1～5000 nm 或更大孔缝的全孔径段的综合分析，克服了传统技术只能在特定孔径范围内分析的局限性。在 64 样次微观数据的支撑下，从定性和定量两个方面对微观特征进行分析。从定性角度厘清页岩微观世界的整体特征和页岩微观孔隙空间类型；从定量角度对有机质含量、有机质孔隙转化率、孔隙度和有机孔占比进行准确定量分析，并与上述获得的不同岩相结合，以岩相为代表性单元进行分析。

一、CT 技术

CT 技术是一种专门用来进行无损检测和探伤的高新技术，涉及学科领域广、综合性强，被国内外广泛应用于生物医学、材料科学、药物开发和制造业、合成工业、医学研究、地质学、动植物学、建筑材料、造纸业等研究领域，已经形成了一个相对独立的技术领域。随着计算机工业的发展，CT 技术性能不断提高，在石油工业许多领域得到了广泛的应用。理论证明，CT 技术在石油地质方面的应用主要有测定岩性、孔隙度、储层岩心饱和度分布及用来计算岩心的裂缝参数等（张敏和孙明霞，2002）。CT 扫描系统在岩石不被破坏的状态下进行岩石物理参数的测量与描述（李玉彬等，1999；孙卫等，2006；鞠杨等，2008），测量裂缝和孔洞的宽度，观察基质与裂缝之间的流动过程和测量基质内饱和度随时间的变化，测量不同驱替条件下的相对渗透率曲线与毛管压力曲线，在油藏条件下研究三次采油开采机理（王家禄等，2009）。

随着技术进步，CT 图像质量有了质的飞跃，空间分辨率已经达到几微米（李玉彬等，2000）。近年来，随着石油勘探和生产中低孔、低渗油田比例不断增加，对低渗透岩石的微观孔隙结构研究的任务越发紧迫。恒速压汞实验结果表明，储集层渗流能力不能仅依靠气测渗透率来表征，主流喉道半径是表征储集层渗流能力的重要参数（熊伟等，2009）。马文国和刘傲雄（2011）利用微焦点 X 射线计算机层析，对岩石样品进行无损扫描，空间分辨率达到 1 μm 以下，直观地对岩石孔隙结构变化进行定量分析。

CT 技术测量基本原理：运用 CT 技术测定岩石和流体特性时，它所测定的只有一种特性—线性衰减系数（μ）。线性衰减系数是对穿过研究对象的那一部分 X 射线的度量，可以用比尔定律来定义：

$$\mu = \rho(a + bZ^{3.8} / E^{3.2}) \tag{4-1}$$

式中，ρ 为被测物体体积密度；a、b 为常数；Z 为有效原子序数；E 为 X 射线能量。

在低能量时，μ 主要作为 Z 的一个函数；在高能量时，μ 主要作为 ρ 的一个函数。X 射线信号源绕着样品旋转，对一个固定的横剖面在不同角度测量穿过样品的 X 射线的强度。这就使 CT 能在单个横剖面上对 μ 进行空间成像。根据强度资料重新构建样品的二维横剖面，把一系列横剖面叠加在一起就形成样品的三维图像（王忠和程折，1997）。

CT 扫描岩心研究孔隙度变化特征的实验步骤为：选取油田地层岩心，对岩心进行洗油，岩心清洗干净后放入烘箱进行烘干，对烘干后的岩心测量孔隙度和渗透率；将干岩心固定在 CT 扫描床上，对干岩心进行 CT 扫描，得到岩心不同截面上的 CT 分布；将岩心抽真空，饱和对岩心敏感少的地层水，将饱和水的湿岩心固定在 CT 扫描床上，对湿岩心进行 CT 扫描，扫描参数和扫描位置与扫描干岩心相同，得到湿岩心不同截面上的 CT 分布；岩心扫描全部完成后，求得岩心不同截面上的孔隙度分布；应用三维图像分析软件，重建不同截面上的孔隙度三维分布(王家禄等，2009)。目前为止，中国科学院地质与地球物理研究所已经开发出更先进的双能 CT 技术和微纳米 CT 技术。

双能 CT 扫描是指对同一岩心、同一切片进行高能和低能 2 次扫描，获取 2 组不同能量的 CT 图像，高能一般选择电压高于 100 kV，低能一般选择电压低于 100kV。双能 CT 的优势之一便是高分辨率，比测井分辨率高 150 倍以上。此外，双能 CT 可以获得二维和三维图像信息，给地质学家直观的判断提供依据，双能 CT 与传统 CT 测试比可以获得全直径岩心的数据，测试数据量非常大，岩心连续性非常好。

微纳米 CT，即 Xradia 520 Versa 3D X 射线显微镜(图 4-2)，提供全面的灵活性和无损三维 X 射线前所未有的成像分辨率。这款 3D X 射线显微镜采用 2 级放大，第一级采用几何放大(类似传统 CT)，第二级采用光学放大(类似同步辐射光源 X 射线 CT)，2 级放大减少了对几何放大的依赖，它把同步辐射光源成像能力搬到了实验室，可以实现样品在远离射线源的情况下也能得到高分辨图像。

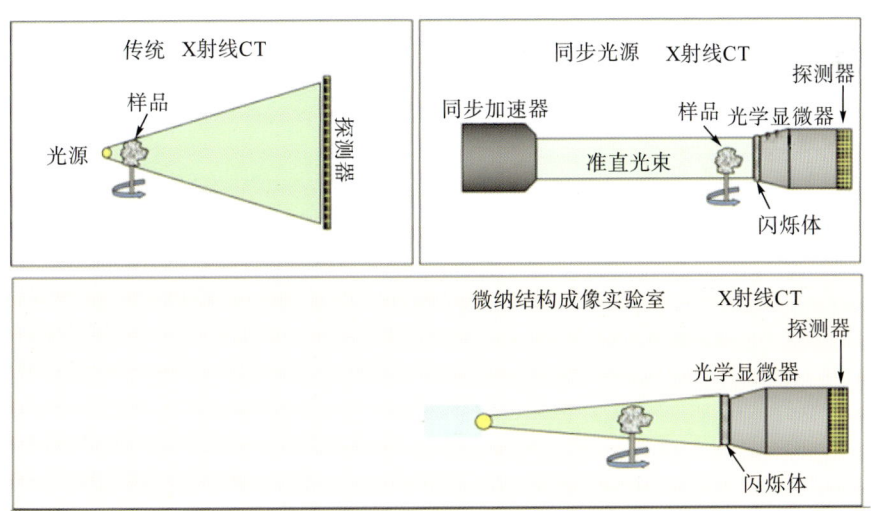

图 4-2　微纳米 CT 扫描探测原理图

二、MaipSCAN 技术

MaipSCAN 人工智能驱动矿物分析电镜是新一代自动矿物学分析系统，是集矿物、元素、图像、岩性、物性、脆性、弹性、甜点等多个关键岩石评价参数为同一平台的系统

（图 4-3）。MaipSCAN 是由杨继进教授带领中科锐晨科技有限公司联合中国科学院自主研发的全新一代数字智能矿物分析系统，由高分辨扫描电子显微镜、高灵敏电子信号探测器、X 射线探测器和多功能高级测试分析软件组成。

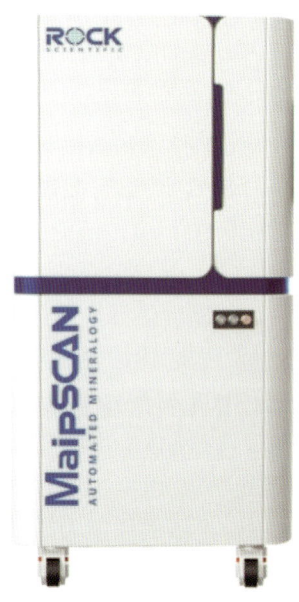

图 4-3   MaipSCAN 仪器设备图（外形）

MaipSCAN 的应用场景多样，既可以应用于实验室，也可以应用于钻井现场、岩心库等复杂环境，它能够实现对岩心、岩屑、薄片等多种岩石样品的测试分析，尤其是能够将碎小的岩屑样品"变废为宝"充分利用起来，取样成本大大降低。它通过电子激发岩石原子内电子引起特征 X 射线，实现快速、准确、自动识别矿物类型、定量分析矿物成分和背散射图像；基于矿物和图像，还可实现提供孔径参数、总孔隙度、脆性指数、弹性参数、破裂压力、甜点识别、岩性识别、岩相划分等功能，提升油气储层勘探评价和开发方案制定水平，推进提质降本增效（表 4-1）。

MaipSCAN 的应用范围广泛：在地质应用方面，依靠 MaipSCAN 提供的高分辨率图像可以实现地层准确检测；依靠定量的矿物和元素数据能够确定岩性，划分地层；精细划分岩相；评价物性特征；识别地质甜点；依靠岩性、矿物、元素来对比地层；对物源、沉积环境进行分析等。在地球物理应用方面，MaipSCAN 提供的参数可以用于标定常规电缆测井、校正岩石物理模型、生成高质量的弹性曲线。在工程应用方面，MaipSCAN 可以实现钻测深度归位，准确卡层，进行井壁稳定性分析，辅助水平井地质导向，完成工程甜点预测，评价岩石脆性，优化水平井压裂选段等。

总之，MaipSCAN 应用先进的图谱算法，矿物成分准确度较上几代自动矿物学电镜大大提高；允许用户自己检查测得的矿物能谱图，核对软件给出的矿物种类，使矿物识别从以前的黑盒子变成白盒子，可信度大大提高。MaipSCAN 以其强大的软件和硬件系统，实现了储层岩石特征的快速测试，为目前以及未来的油气勘探开发工作提供了简便、精准、智能化的解决方案。

表 4-1　MaipSCAN 主要功能表

提供参数	优点/特点
高分辨率电镜图像	图像分辨率：10 nm～1 mm（实验室标准）
矿物分布图	矿物识别精度：1～100 μm
元素含量	可识别 100 多种元素，克服了 XRF 不能对元素 C、O、Na 测量的局限性，可以识别微量元素
矿物含量	精确分析各类矿物（包括黏土）类型，解决了上一代产品把未能识别的矿物都简单归为混合黏土的问题，也克服了 XRF/XRD 识别矿物时对操作人员专业水平的依赖性
物性参数	孔隙度、孔径分布、裂缝评价相参数
岩石类型	结合矿物及结构综合分析岩性、页岩智能岩性识别
脆性指数	基于矿物学的脆性指数
弹性曲线	横波速度、纵波速度、杨氏模量、剪切模量、体积模量等
破裂压力	基于矿物及结构的破裂压力预测

三、场发射扫描电镜技术

场发射扫描电子显微镜（field emission scanning electron microscopy，FESEM）是一种用于高分辨率微区形貌分析的大型精密仪器（陈丽华等，1986；马原辉等，2011；吴立新和陈方玉，2005），具有景深大、分辨率高、成像直观、立体感强、放大倍数范围宽以及待测样品可在三维空间内进行旋转和倾斜等特点。另外具有可测样品种类丰富，几乎不损伤和污染原始样品，以及可同时获得形貌、结构、成分和结晶学信息等优点。目前，扫描电子显微镜已被广泛应用于生命科学、物理学、化学、司法、地球科学、材料学以及工业生产等领域的微观研究（郭素枝，2006），仅在地球科学方面就包括了结晶学、矿物学、矿床学、沉积学、地球化学、宝石学、微体古生物学、天文地质学、油气地质学、工程地质学和构造地质学等（于丽芳等，2008；程涌等，2017）。

它是利用电子束扫描样品表面从而获得样品信息的电子显微镜（张盼盼等，2014；陈欢庆等，2013），主要采用逐点成像方法，把样品表面不同的特征按顺序、成比例地转换为视频信号，形成一帧图像，从而可以在荧光屏上观察到样品表面的各种特征图像（彭攀等，2014）。其基本原理为：场发射扫描电子显微镜电子枪发射出的电子束经过聚焦后汇聚成点光源；点光源在加速电压下形成高能电子束；高能电子束经由两个电磁透镜被聚焦成直径微小的光点，在透过最后一级带有扫描线圈的电磁透镜后，电子束以光栅状扫描的方式逐点轰击到样品表面，同时激发出不同深度的电子信号。此时，电子信号会被样品上方不同信号接收器的探头接收，通过放大器同步传送到电脑显示屏，形成实时成像记录图[4-4(a)]。由入射电子轰击样品表面激发出来的电子信号有：俄歇电子(Auger electron，AE)、二次电子(secondary electron，SE)、背散射电子(back scattered electron，BSE)、X射线(特征X射线、连续X射线)、阴极发光(cathode luminscence，CL)、吸收电子(absorption electrons，AE)和透射电子(郭素枝，2006)[图4-4(b)]。每种电子信号的用途因作用深度而异。

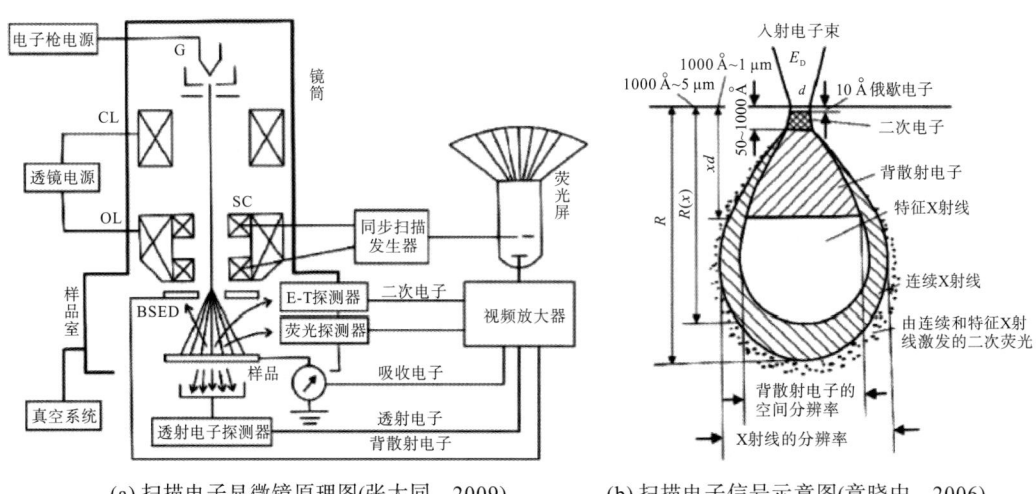

(a) 扫描电子显微镜原理图(张大同，2009)　　　　(b) 扫描电子信号示意图(章晓中，2006)

图4-4　场发射扫描电子显微镜显微图

G.电子枪；CL.聚光镜；OL.物镜；SC.扫描线圈；BSED.背散射电子探测器

四、聚焦离子束-氦离子显微镜技术

聚焦离子束-氦离子显微镜(focused ion beam - helium ion microscope，FIB-HIM)技术为最新应用于非常规油气研究领域的能够有效识别页岩微纳米孔隙的先进技术方法，主要用来观察页岩样品中的有机质孔隙发育特征。FIB-HIM分辨率极高(表4-2)，能够达到0.5 nm左右，具有亚纳米级尺度的分辨能力，远远超过目前常用非常规油气储层微观结构探测的聚焦离子束扫描电子显微镜的分辨率(王香增等，2018)。FIB-HIM使用氦离子束进行成像，且氦离子束具有低能量和聚焦集中的特点，能在高放大倍数下稳定成像，使图像分辨率更高、更清晰，能获得比电子显微镜高5倍的景深，因此FIB-HIM的二维数字照片具有三维立体的特征。有机质会在氦离子束的轰击下显示深灰色，方解石、白云石及黄铁矿等矿物会显示浅灰色，石英、长石等矿物会显示黑色，而孔隙则会显示黑色。根据页岩中不同基质在氦离子束轰击下的颜色衬度，可轻易识别出有机质及其内部发育的孔隙，因此FIB-HIM对有机质孔隙具有极强的分辨能力(王朋飞等，2018)。

表 4-2 氦离子显微镜特点

功能	参数特点

a）二维超高分辨二次电子图像
b）亚 10 nm 有机孔隙高分辨成像
c）大面积（平方毫米至平方厘米级）二维超高分辨二次电子图像
d）三维空间结构、矿物组成及分布
e）三维空间有机质分布及 TOC
f）三维孔隙分布、连通性、孔径及孔隙度
g）薄片厚度小到 3 nm
h）透射电镜样品制备
	A.聚焦离子束
	  a）分辨率：＜3 m（统计方法）
	  b）可用离子束流：1 pA~100 nA
	  c）加速电压：1~30 kV
	  d）最薄切片厚度：3 nm
	B.氖离子束
	  a）分辨率：1.9 nm
	  b）加速电压：10~30 kV
	  c）束流：0.1~50 pA
	C.氦离子显微镜
	  a）分辨率：0.5 nm
	  b）加速电压：10~40 kV
	  c）束流：0.1~100 pA
	D.配备 ET 样品室二次电子探测器
	E.配备超大面积高分辨成像软件
	F.配备 3D 自动切片-成像软件

目前，FIB-HIM 是识别有机质孔隙最为有效的一种技术手段，不仅氦离子束的背散射功能较强，仅依靠颜色衬度分析就可以轻松辨别有机质和页岩基质矿物，而且成图清晰，景深大，分辨精度高。FIB-HIM 针对 1~10 nm 有机质孔隙识别精度高（王朋飞等，2018），不仅能有效识别焦沥青中较大直径有机质孔隙中嵌套发育的较小直径孔隙（赵建华等，2016a），而且能有效识别分布在固体干酪根及焦沥青表面的微孔隙（直径在 0~2 nm）。

第二节 页岩微观整体特征

在富有机质页岩层系中，纳米级有机孔在页岩孔隙系统中具有重要意义。互相连通的有机孔网络是油气储存空间与储层渗透性能的重要控制因素（仰云峰等，2020），也是页岩储层区别于常规油气储层的主要判别指标和主要储集空间类型，大量研究证实其对页岩气的富集和产出具有重要的控制作用（邹才能等，2010；金之钧等，2016）

国内外学者通过扫描电镜、CT 扫描、核磁共振、氮吸附和热模拟等多种手段对有机孔进行研究（霍建峰等，2020；王亮等，2016），认识到有机孔形成于生烃过程中，其发育受多种因素影响，包括有机质丰度、成熟度、类型、矿物组成、有机质赋存形式、压实作用和孔隙流体及压力等（丁江辉等，2019；仰云峰等，2020），成熟度较高的有机质中有机孔更发育，且腐泥型干酪根更有利于产生有机孔。

借助中国科学院地质与地球物理研究所李晓团队研发的 4 nm 分辨率场发射扫描电子显微镜图像法对太阳气田浅层页岩的微观孔隙特征进行整体定性的认识。5 口井（Y118 井、TY104 井、YQ11 井、Y206 井、Y207 井）的 4 nm 分辨率 400 μm×150 μm 视域的部分典型原始图像如图 4-5~图 4-9 所示。从高清图像可以看出，有机质（图像上显示为黑色）充填于基质矿物支撑的间隙中，即粒间或粒内间隙中。从龙一、龙一$_2^4$、龙一$_2^3$、龙一$_2^2$、龙一$_1^1$ 到五峰组，观察到有机质含量明显增加，尤其是龙一$_2^2$、龙一$_1^1$ 到五峰组有机质大量发育，清晰可见。无论是有机质含量较高的龙一$_1^1$，还是有机质含量较少的龙一$_1^4$，将有机质放大后均可清晰地看到大量有机孔(图 4-10～图 4-14)。从地质角度解释，在整个沉积环境和成岩过程中，由于储层段厚度较小，有机质的类型和演化过程可以被看作是大同小异的，有机孔发育与层段无关。

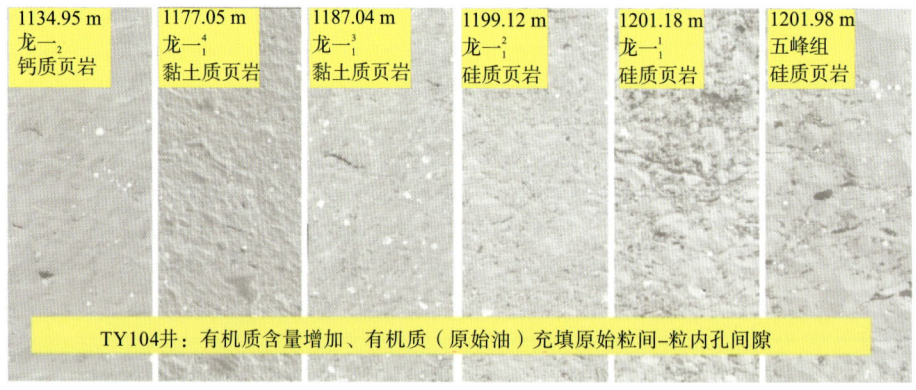

图 4-5 TY104 井不同层段 4 nm 分辨率微观电子图像(原始图像)

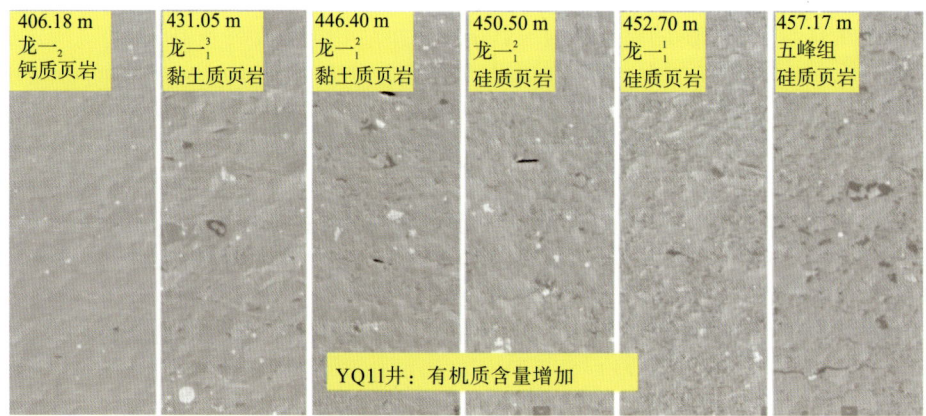

图 4-6 YQ11 井不同层段 4 nm 分辨率微观电子图像(原始图像)

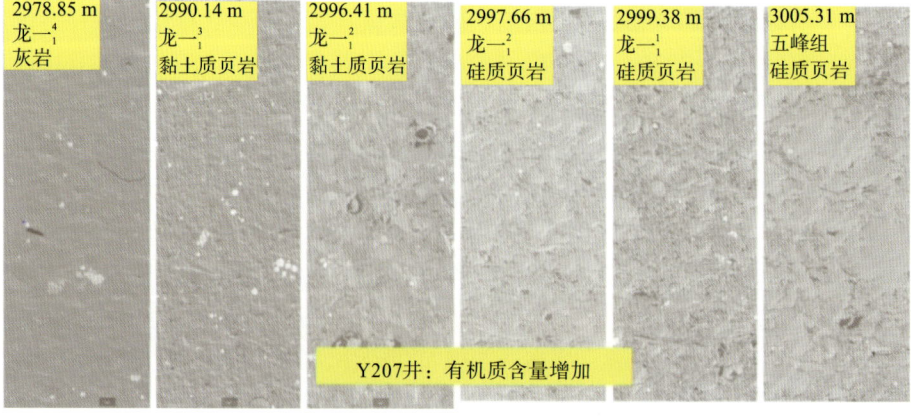

图 4-7 Y207 井不同层段 4 nm 分辨率微观电子图像(原始图像)

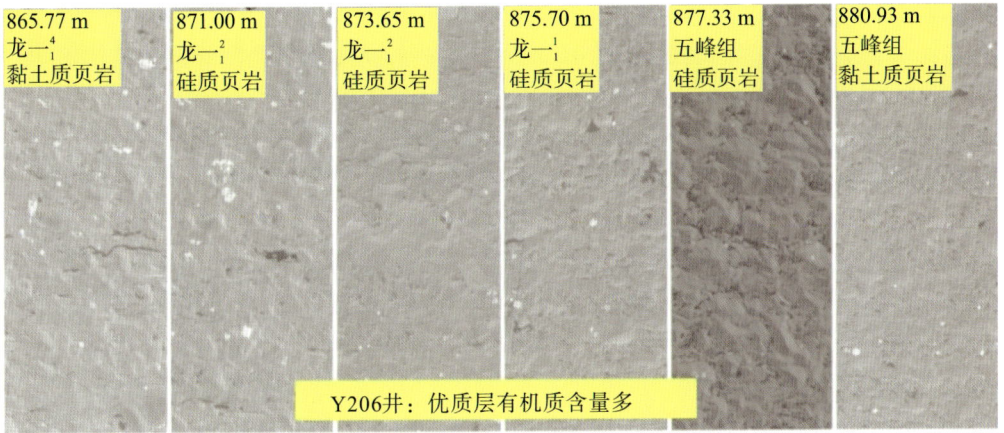

图 4-8 Y206 井不同层段 4 nm 分辨率微观电子图像(原始图像)

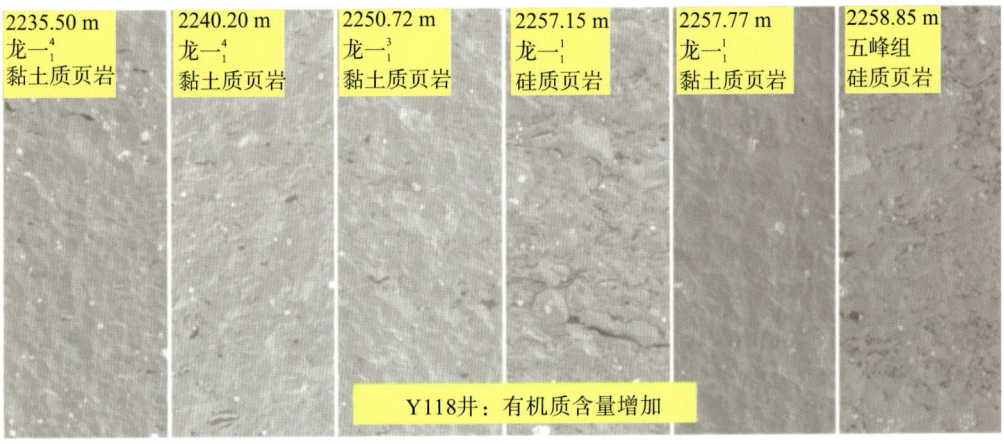

图 4-9 Y118 井不同层段 4 nm 分辨率微观电子图像(原始图像)

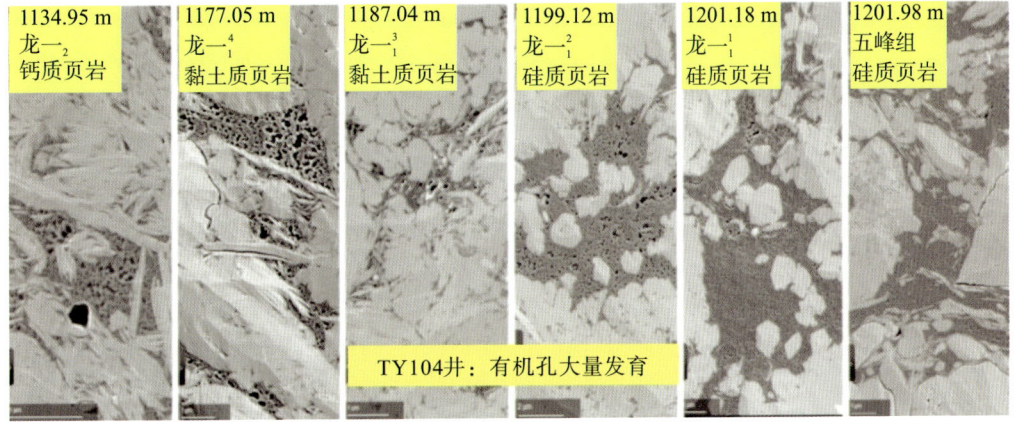

图 4-10 TY104 井不同层段 4 nm 分辨率微观电子图像(放大图像)

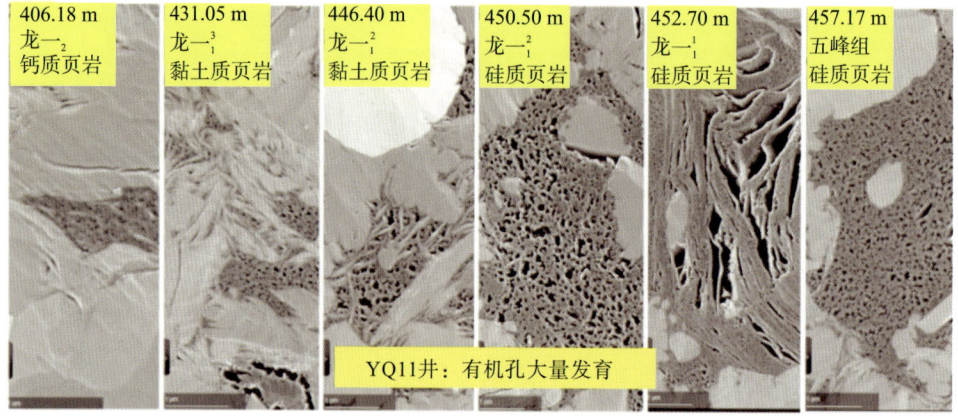

图 4-11　YQ11 井不同层段 4 nm 分辨率微观电子图像(放大图像)

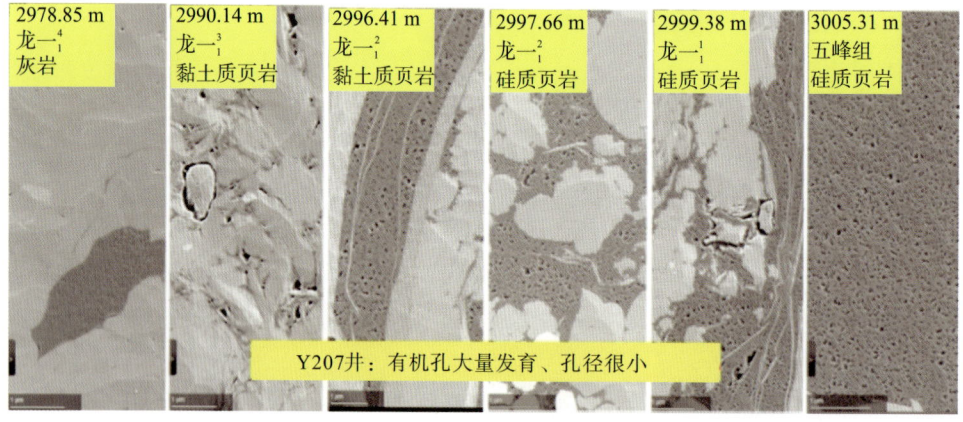

图 4-12　Y207 井不同层段 4 nm 分辨率微观电子图像(放大图像)

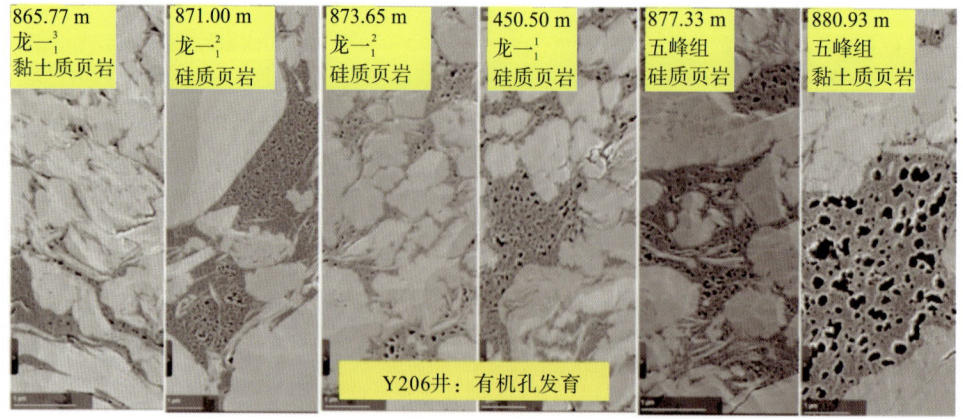

图 4-13　Y206 井不同层段 4 nm 分辨率微观电子图像(放大图像)

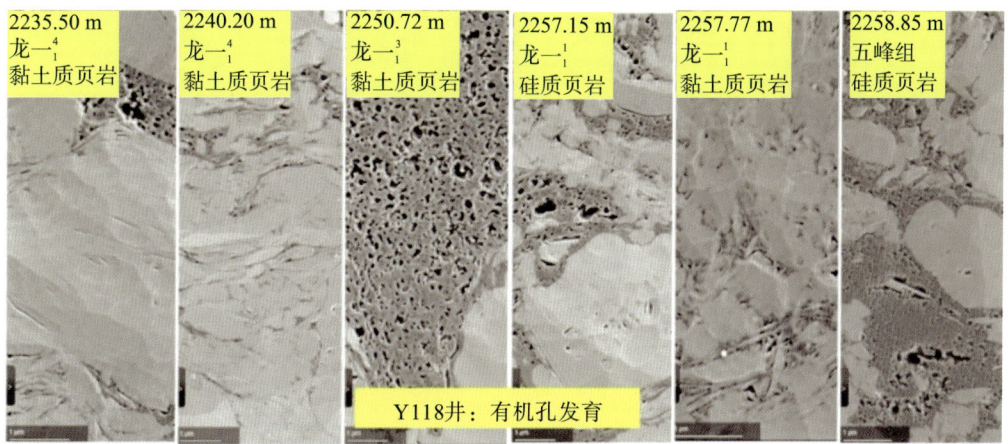

图 4-14　Y118 井不同层段 4 nm 分辨率微观电子图像(放大图像)

　　页岩气有机质(沥青质)产状与油层压汞结构一致,页岩中沥青质体积就是页岩原始页岩孔隙度。可以这么认为:页岩原始孔隙度被沥青(有机质)充填,即硅质页岩丰富的有机质相当于"基质",因此剩余粒间孔发育有限或很不发育。从 SEM 扫描结果看,页岩气中沥青质的孔隙很发育(图 4-15)。

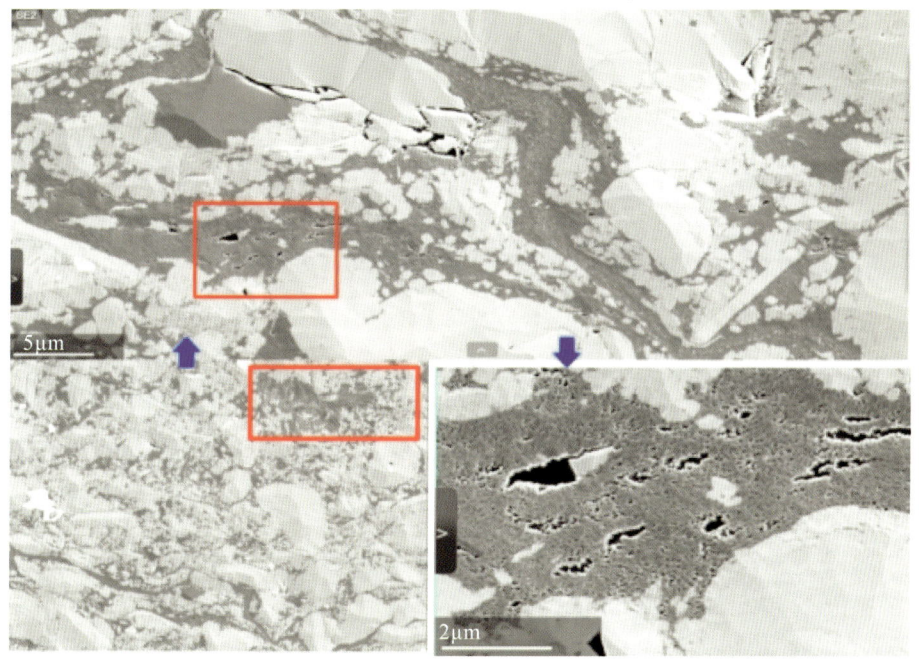

图 4-15　TY104 井 1201.18 m SEM 图示有机孔

　　同样,从 HIM 扫描结果看,页岩气中沥青质的孔隙很发育(图 4-16)。

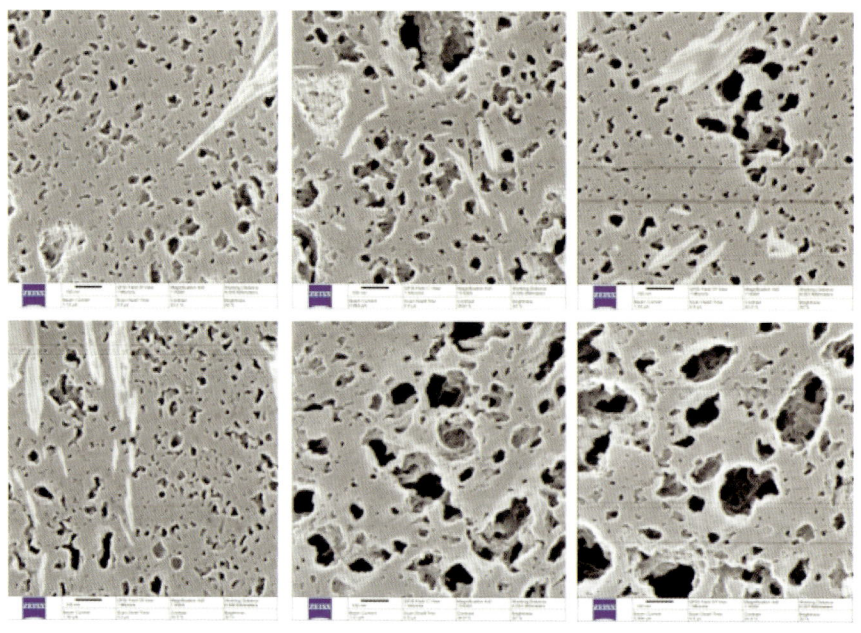

图 4-16　TY104 井 1198.62 m HIM 图示有机孔

　　综上，对页岩微观世界进行整体定性认识认为，页岩微观世界是以有机质-有机孔为主导的微观孔隙体系，无机孔发育较少，有机孔占绝对优势。

第三节　微观孔缝发育特征

　　依据太阳浅层页岩气田五峰组-龙一段含气页岩扫描电镜及岩心观察，已知微观空间主要划分为基质孔隙和裂缝两大类，前者发育与岩石基质有关，后者与岩石基质关系不密切。按其成因将基质孔隙进一步划分为残余原生粒间孔[图 4-17(a)]、晶间孔[图 4-17(b)]、晶体铸模孔、次生溶蚀孔(粒内溶孔)[图 4-17(c)]、黏土矿物间微孔[图 4-17(d)]以及有机质孔[图 4-17(e)]。根据裂缝的成因，将裂缝划分为层间页理缝[图 4-17(f)]、构造裂缝[张裂缝，图 4-17(g)和剪裂缝]、层面滑移缝、成岩收缩缝[图 4-17(h)]和有机质演化异常压力缝[图 4-17(i)]。

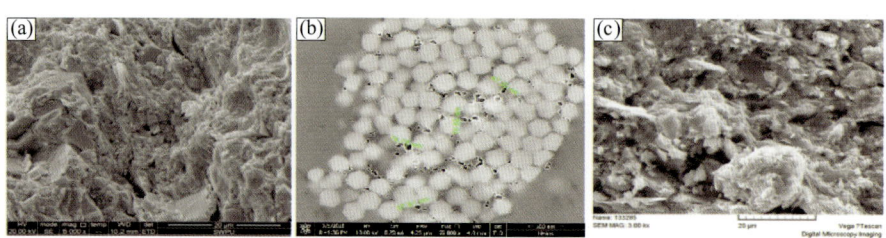

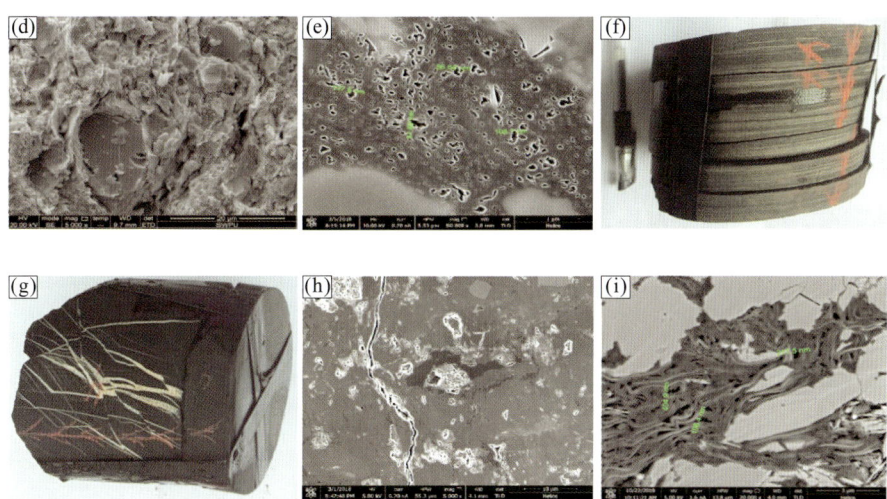

图 4-17　太阳浅层页岩气田五峰组-龙一段微观孔隙及裂缝成因类型

(a) 残余原生粒间孔，2202.39 m，Y109 井；(b) 晶间孔，1685.95 m，Y105 井；(c) 次生溶蚀孔，771 m，Y102 井；

(d) 黏土矿物间微孔，2199.52 m，Y109 井；(e) 有机质孔，1685.95 m，Y105 井；(f) 层间页理缝，2297.70～2297.79 m，

Y117；(g) 张裂缝，2320.86～2320.94 m，Y117 井；(h) 成岩收缩缝，1685.95 m，Y105 井；(i) 有机质演化异常压力缝，

1080.55 m，Y103 井

一、孔隙类型及特征

基质孔隙是泥页岩的基质块体单元中未被固态物质充填的空间。泥页岩中基质孔隙非常发育，本书按照孔隙大小、孔隙成因及孔隙产状等参数来进行分类。

目前大多数对页岩孔隙尺度进行研究使用的是国际理论与应用化学联合会的分类标准，即孔隙直径小于 2 nm 称为微孔隙，2～50 nm 为中孔隙，大于 50 nm 为宏孔隙。按其成因可将基质孔隙区分为：残余原生粒间孔、晶间孔、晶体铸模孔、次生溶蚀孔、黏土矿物间微孔及有机孔。有机孔以纳米级孔隙占主导，孔径小于 20 nm 的孔隙占比为 44.12%，20～50 nm 的孔隙占比为 32.33%，50～100 nm 的孔隙占比为 6.66%，孔径大于 100 nm 占比为 16.92%，表明研究区孔径小于 50 nm 的孔隙体积贡献最大，占比为 76.45%。

(1) 残余原生粒间孔。残余原生粒间孔是原生粒间孔经过成岩作用中的压紧、失水改造后残留的粒间孔隙空间。这种孔隙与常规储层的残余原生粒间孔相似，通常随埋藏深度的增加而缩小(图 4-18～图 4-20)。

(2) 晶间孔。晶间孔是环境稳定和介质条件适当情况下，矿物结晶形成的晶间微孔隙，其孔径多分布在 10～500 nm。Y118 井龙马溪组-五峰组泥页岩中最常见的晶间孔为水体较深、缺氧还原环境下形成的草莓状黄铁矿晶粒间的孔隙(图 4-18～图 4-20)。

(3) 晶体铸模孔。泥页岩形成初期，其混杂的矿物晶体(如黄铁矿)在成岩阶段压实作用下，因晶体坚固，其几何形态不易发生形变，但在一定水动力或酸性流体介质条件下，矿物晶体遭受这些流体的冲击或溶蚀而发生脱落，留下了大量与晶形大体相仿的印坑，扫描电镜下观察到的晶体铸模孔孔径多为 100～500 nm(图 4-18～图 4-20)。

TY102井，井深771.34~743.67 m，微裂缝及泥晶晶间孔

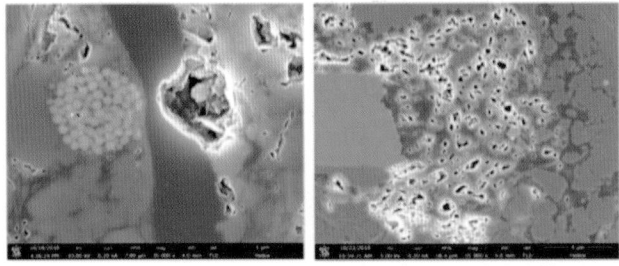

TY103井，Pa-1-3，黄铁矿晶间孔、溶蚀孔及有机孔等

图 4-18　TY102 井和 TY103 井主要储集空间类型图

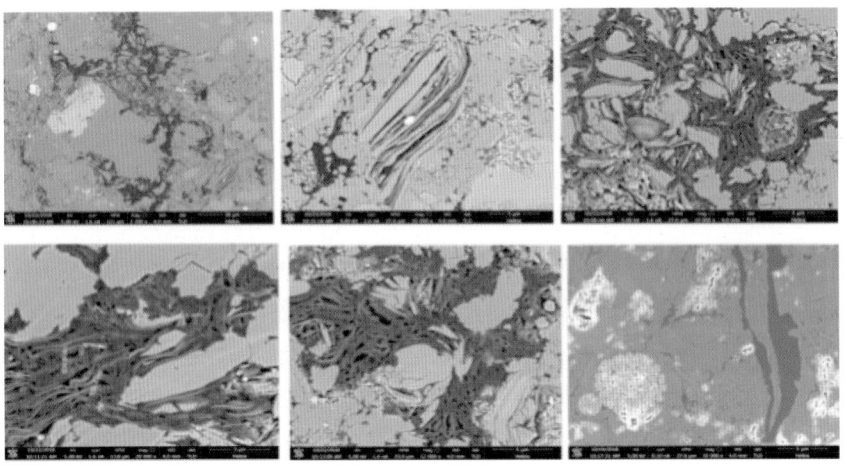

图 4-19　TY103 井黏土矿物(水云母伊利石)层间孔缝、晶间孔、有机孔等

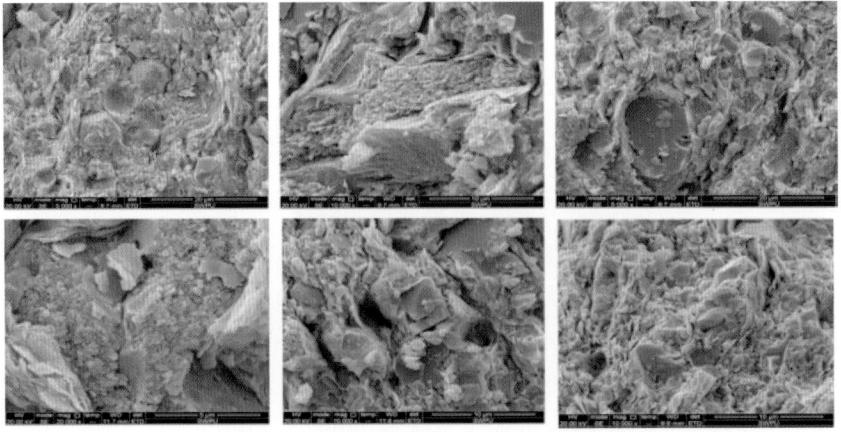

图 4-20　晶体(黄铁矿)铸模孔、溶孔、晶间孔、有机孔(TY109 井，井深：2204.9 m)

　　(4)次生溶蚀孔。泥页岩中常含有长石及碳酸盐等易溶矿物，在空气、地下水或有机质脱羧后产生的酸性水作用下溶蚀而产生的次生孔隙，这类孔隙又可分为粒内溶孔和粒间溶孔。粒内溶孔孔径相对较小，主要分布在 0.05～2 μm；粒间溶孔孔径相对较大，主要分布在 1～20 μm（图 4-18～图 4-20）。

　　(5)黏土矿物间微孔。页岩中保留的开放的或部分崩塌的絮状物，可以彼此连通形成渗透通道。这种孔隙孔径相对较小，主要分布在 0.02～2 μm（图 4-18～图 4-20）。

　　(6)有机孔。有机孔是 Loucks 等(2009)对巴尼特页岩储层孔隙结构研究中识别出来的，也是最早报道页岩中存在有机孔，在北美其他页岩气产区都发现了该类孔隙。邹才能等(2010)相继报道在四川盆地下志留统龙马溪组页岩中存在有机孔。有机孔主要是在有机质热演化过程中形成的，董大忠等(2012)认为是高-过成熟阶段，干酪根向油气的热降解产生富含碳的残余物及次生微孔、微裂隙。有机质内孔隙呈蜂窝状结构，属干酪根内部的孔隙，孔径介于 5～200 nm，主体为 150 nm 左右，呈规则-较规则的凹坑状、密集网状或圆形-椭圆形赋存于有机质与矿物颗粒边界(邹才能等，2012a)。页岩储层中大量发育此类型的孔隙，其中微孔和小孔所占比例较大，对泥页岩的比表面积和孔体积贡献较大，是吸附态赋存的页岩气主要储集空间，是页岩气重要储集场所。

　　通过扫描电镜观察证实，有机质在区内龙马溪组页岩内主要呈分散状分布，其内部普遍发育蜂窝状微孔，孔径一般为 0.002～1 μm。

　　通过观察大量 4 nm 分辨率的 SEM 图像(图 4-21)，有机孔可以细分为：①纯有机质有机孔，有机质充填于干净石英颗粒支撑的粒间孔隙中，有机质内没有或有很少量的条带状黏土矿物，整体有机质比较干净，发育的孔隙以圆形有机孔为主；②有机质-少量黏土矿物混杂有机孔，有机质充填于基质颗粒间隙中，有机质内包含一些条带状黏土矿物，有机孔与黏土矿物相关的表现为长条状或缝隙状有机孔，与黏土矿物无关的表现为圆形有机孔；③大量黏土间隙有机孔，有机质充填于长条形的黏土矿物簇形成的夹缝状的间隙中，有机质内再发育大量有机孔，有机质-有机孔-黏土矿物混在一起，孔隙形态也非常复杂多变；④黄铁矿晶间有机孔，有机质充填于黄铁矿晶间间隙中，如草莓状黄铁矿晶间间隙中，有机质内发育大量有机孔，有机孔表现为圆形；⑤笔石-矿物边界有机缝，在生物笔石有机质与无机矿物接触的边界处，往往发育很多微裂缝或有机缝，可能为笔石有机质收缩缝，而笔石有机质内部基本不发育有机孔，或发育孔径非常小的少量有机孔，笔石有机质是较好的环境指标，并不是主要的有机孔发育载体。

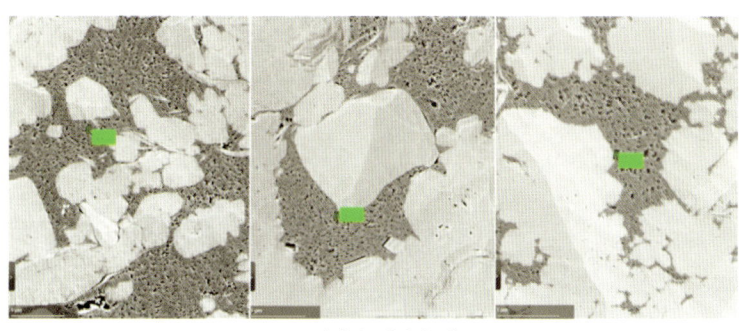

(a)纯有机质有机孔

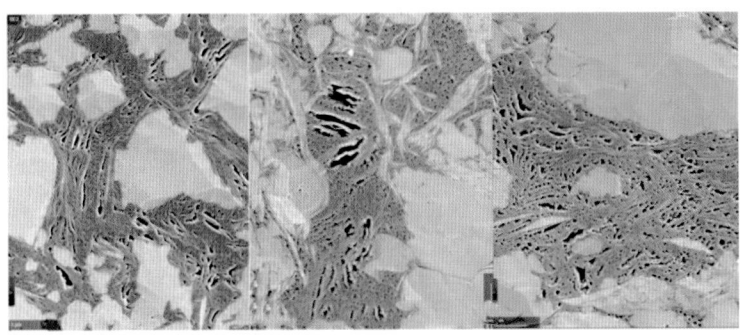

(b) 有机质-少量黏土矿物混杂有机孔

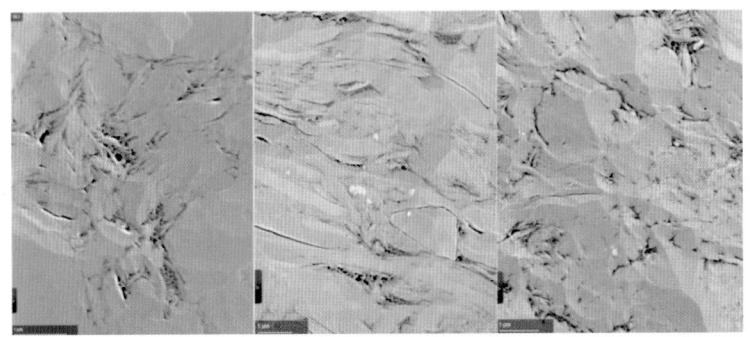

(c) 大量黏土间隙有机孔（一）

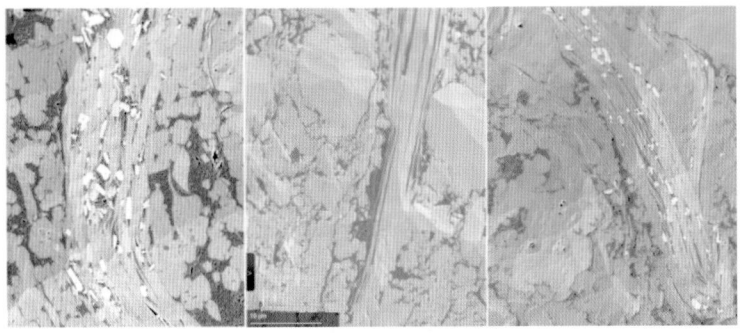

(d) 大量黏土间隙有机孔（二）

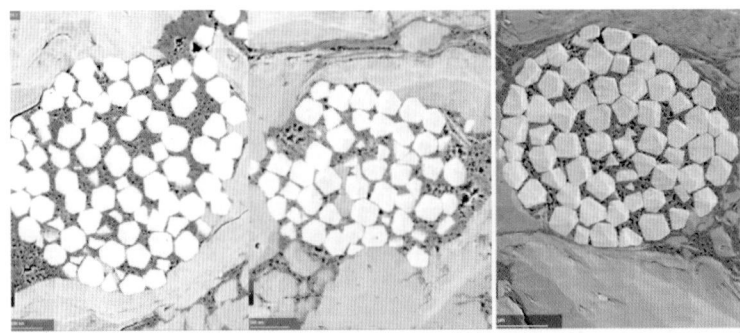

(e) 黄铁矿晶间有机孔

(f) 笔石-矿物边界有机缝

图 4-21　有机孔类型图

太阳气田微观孔隙整体以有机质-有机孔为主导，有机质(或原始油)充填在无机矿物颗粒支撑的粒间/粒内间隙中，有机质内发育有大量有机孔。有机孔发育于有机质内并成为页岩气的主要聚集空间，镜下观察其面孔率高达 10%～15%；根据岩心低温氮气(N_2)吸附实验分析，五峰组-龙一$_1$页岩的微观孔隙以中孔为主，尤其以孔径为 2～4 nm、10～20 nm 和 40～60 nm 的孔隙最为发育。微观孔隙的比表面积和孔体积较大，比表面积为 24～41 m^2/g，孔体积为 0.0315～0.042 cm^3/g，这有利于页岩气的吸附赋存。在海坝工区，五峰组-龙一$_1$各小层的平均孔隙度介于 1.83%～7.27%，平均值为 4.10%，略高于太阳-大寨工区相应地层的孔隙度(平均值为 3.83%)。页岩孔隙度整体自西向东呈逐渐减小的趋势，在剥蚀区附近出现高值区(图 4-22)。

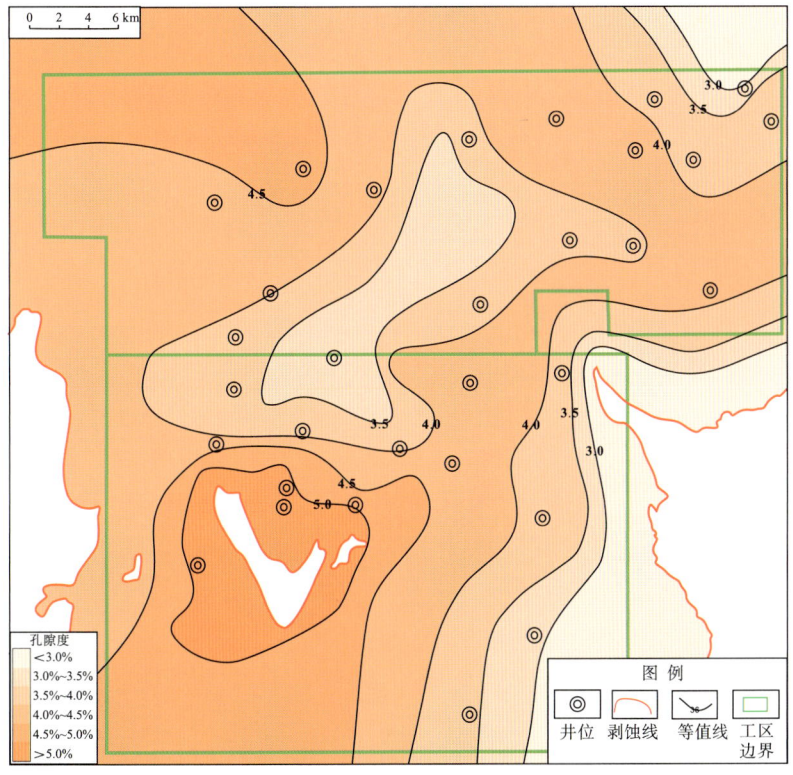

图 4-22　太阳页岩气田五峰组-龙一$_1$孔隙度的平面分布

二、裂缝类型与发育程度

　　裂缝可为页岩气提供一定储集空间，也可为页岩气提供运移通道，更能有效提高页岩气产量(邹才能等，2012b)。在不发育裂缝的情况下，页岩的渗透能力极低。裂缝的形成主要与岩石脆性、有机质生烃、地层孔隙压力、差异水平压力、断裂和褶皱等因素相关。其中，石英、长石、碳酸盐等脆性矿物含量高并具较高脆度，是泥页岩裂缝形成的内因，其他因素则是裂缝发育的外因。根据裂缝的成因，可将裂缝分为：构造缝(张裂缝和剪裂缝)、层间页理缝、层面滑移缝、成岩收缩缝和有机质演化异常压力缝(表 4-3)。

表 4-3　泥页岩主要裂缝成因类型综合分析

裂缝类型	主控地质因素	发育特点	储集性与渗透性	压裂响应
构造缝(张裂缝、剪裂缝)	构造作用	产状变化大，破裂面不平整，多数被完全充填或部分充填	主要的储集空间和渗流通道	小型微缝压裂可恢复活力，但大型的开启缝压裂时将发生局部穿层，产生不利影响
层间页理缝	沉积成岩、构造作用	多数被完全充填，一端与高角度张性缝连通	部分储集空间，具有较高渗透率	一般压裂可恢复活力，响应效果较好
层面滑移缝	构造、沉积成岩作用	平整、光滑或具有划痕、阶步的面，且在地下不易闭合	良好的储集空间，具有较高渗透率	一般压裂可恢复活力，响应效果较好
成岩收缩缝	成岩作用	连通性较好，开度变化较大，部分被充填	部分储集空间和渗流通道	闭合微缝和小型封闭微裂缝压裂可恢复活力，响应效果明显
有机质演化异常压力缝	有机质演化局部异常压力作用	缝面不规则，不成组系，多充填有机质	主要的储集空间和部分渗流通道	小部分压裂可恢复活力，但响应效果不明显

　　1. 构造裂缝

　　构造裂缝是泥页岩经一次或多次构造应力破坏而形成的，是裂缝中最主要的类型，可出现在泥页岩层的任何部位(图 4-23、图 4-24)。构造裂缝常成组出现，方向性明显，边缘裂隙面比较平直，延伸较远，具有穿层性，有时受到多期次构造应力的破坏，相互交叉且互相贯通，有的裂隙较宽，常有次生矿物充填。根据力学性质的不同，又可分为张裂缝和剪裂缝。

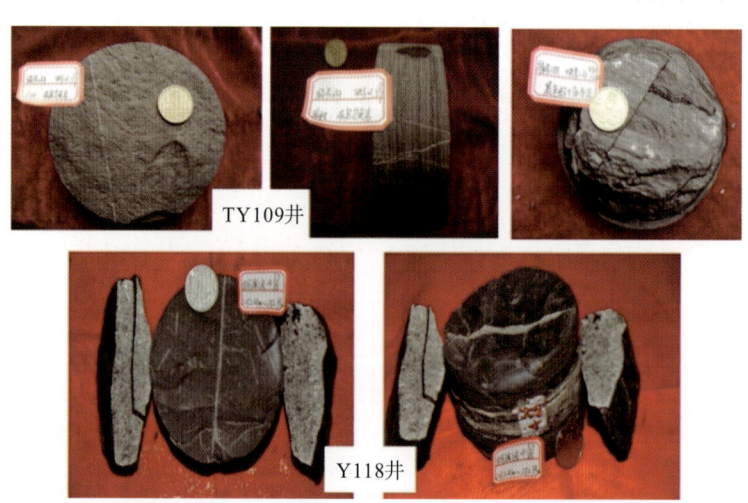

图 4-23　TY109 井和 Y118 井区五峰组-龙马溪组页岩构造裂缝发育特征

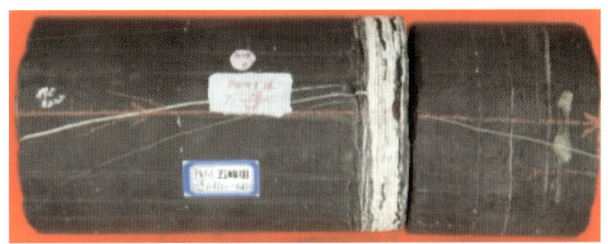

图 4-24 TY103 井五峰组页岩构造裂缝发育特征

张裂缝是在张应力作用下产生的构造裂缝。在岩心上观察到的宏观张裂缝通常裂缝面粗糙不平，多数已被矿物半充填或完全充填，且多为高角度缝，缝宽和长度变化较大。在扫描电镜下最常观察到的微观张裂缝近于垂直于层面，切穿顺层裂缝，未被矿物充填的裂缝，对顺层裂缝起到良好的连通作用，被矿物半充填或完全充填的裂缝则连通性较差。

剪裂缝是在剪切应力作用下产生的构造裂缝。在岩心上观察到的宏观剪裂缝较张裂缝少，其产状变化也较大，但多为低角度缝。其裂缝面通常平直光滑，在裂缝面上具有擦痕、阶步或微错动现象。在扫描电镜下微观剪裂缝不常见，多与层面呈低角度斜交。

2. 层间页理缝

层间页理缝(图 4-25)对页岩气储集能力及产能可能都极为重要，主要是指页岩中页理间平行于页理纹层面间的孔缝，为沉积作用甚至是构造活动过程中的产物。沉积作用页理缝，通常形成于强水动力条件，由一系列薄层页岩组成，构造页理缝大多是页理滑脱面、滑动面；因而，层间页理缝通常为页岩间力学性质较薄弱的界面，常易于剥离。层间页理缝在区内泥页岩中极为常见，其张开度一般较小，有时被其他矿物半充填或完全充填。

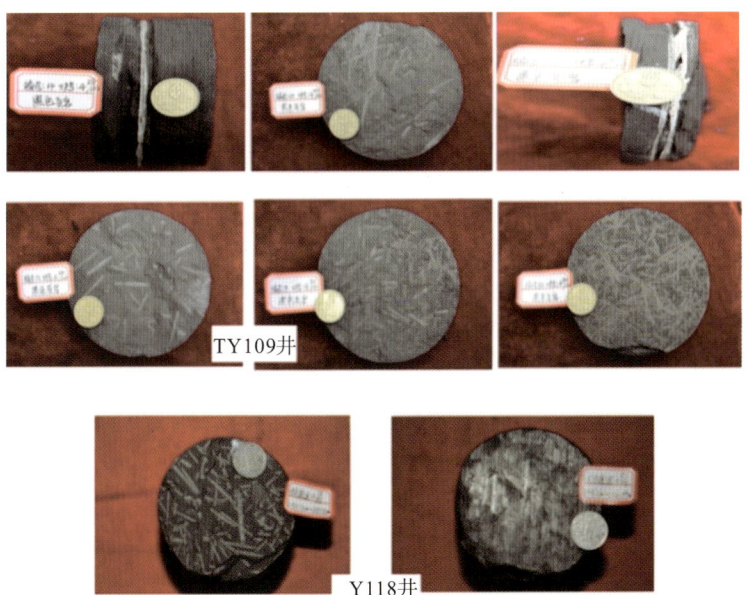

图 4-25 TY109 井和 Y118 井五峰组-龙马溪组页岩层间页理缝发育特征

3. 成岩收缩缝

成岩收缩缝为成岩过程中在上覆地层压力下泥页岩岩层失水、均匀收缩、干裂以及重结晶等作用产生内应力形成的裂缝，其形成与构造作用无关。成岩收缩缝在泥岩层的扫描电镜下常见，其连通性较好，开度变化较大，部分被次生矿物充填。

第四节　不同岩相对微观储集特征的控制

除了从定性角度来分析页岩微观孔缝类型特征，还可以借助前期积累的专利技术，对 4 nm 分辨率的高清 SEM 图像和 1 nm 分辨率的 HIM 图像进行分析。岩相是反映页岩非均质性的重要因素，与有机质丰度、有机质孔隙转化率、孔隙度等都有非常紧密的关系(宁诗坦等，2021)。本节通过不同岩相的参数，对微观特征展开定量分析。

一、有机质分析

岩相的划分在很大程度上考虑了岩石的结构、层理构造等沉积特征，其对原始有机质的性质有重要影响(桑隆康和马昌前，2012；李君文等，2004)。因此，关注不同岩相有机质特征或多样性的差异是极其必要的。在开展页岩的矿物成分和岩相划分的基础上，本书探讨了不同岩相的有机质含量。

图 4-26 为不同岩相有机质含量散点图，5 口井按照不同颜色进行区分，可以看出，硅质页岩相(一类层)的有机质含量(TOC)为 2.51%～6.69%，平均值为 4.26%，有机质含量

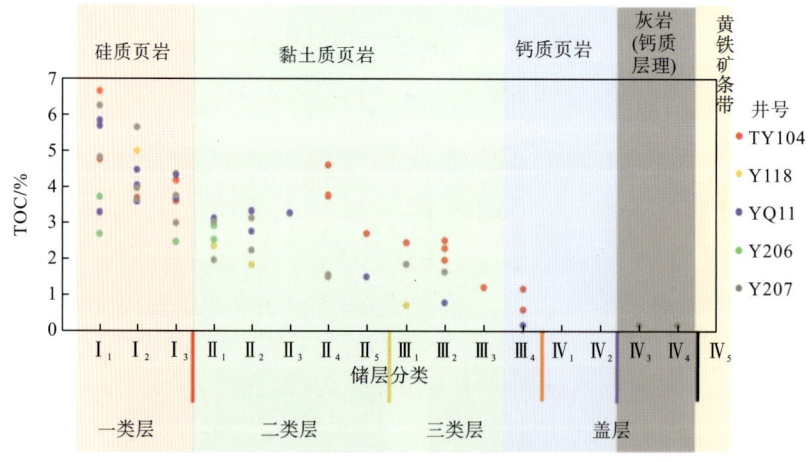

图 4-26　不同岩相有机质含量散点图

整体较高；黏土质页岩(二类层)的有机质含量为 1.53%～4.63%，平均值为 2.72%；黏土质页岩(三类层)的有机质含量为 0.73%～2.53%，平均值为 1.74%；钙质页岩有机质含量较低，为 0.19%～1.20%，平均值为 0.67%；灰岩(钙质层理)基本不含有机质。

　　硅质页岩相(一类层)的有机质含量最高，将硅质页岩相的 5 口井的有机质含量单独进行对比分析，图 4-27 为硅质页岩相多井有机质含量散点图，可以看出这 5 口井的有机质含量差别不大，基本一致，Y206 井因为岩心太破碎可不参考，说明硅质页岩(一类层)无论是在东北部、北部还是南部，有机质含量均较高，有机质发育稳定；从地质角度也可以很好解释，硅质页岩相(一类层)都属于相同的地层，5 口井大的沉积环境和成岩演化是基本一致的，后期的构造形成了深度的差异性，对原始有机质的富集和发育是没有影响的，所以获得的结论是合理的。

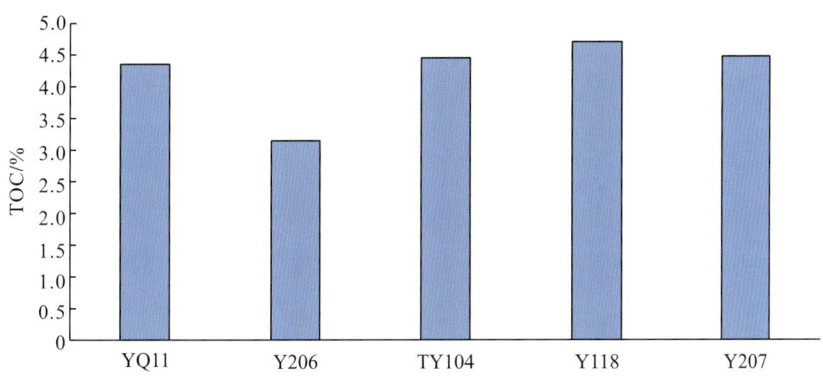

图 4-27　硅质页岩相从浅井到深井有机质含量散点图

二、有机质孔隙转化率分析

　　有机孔形成归因于富有机质页岩成烃过程中有机质类型、成熟度和分解协同作用下烃类生成与原地滞留。腐泥型干酪根和沥青是有机孔的主要贡献者。热成熟是有机孔发育的热力学基本条件，随着有机质成熟度(R_o)的增加，有机质内部孔隙增多或孔容增加(腾格尔等，2021)。因为不同岩相的有机质存在差异，所以其有机质孔隙转化率也不尽相同。

　　图 4-28 为不同岩相有机质孔隙转化率散点图，5 口井按照不同颜色进行区分，可以看出，硅质页岩相(一类层)的有机质孔隙转化率为 13.34%～35.69%，平均值为 24.19%；黏土质页岩(二类层)的有机质孔隙转化率为 15.02%～34.30%，平均值为 25.07%；黏土质页岩(三类层)的有机质孔隙转化率为 19.20%～31.33%，平均值为 25.90%；钙质页岩有机质孔隙转化率平均值为 31.65%；灰岩(钙质层理)有机质孔隙转化率平均值为 21.03%。因为钙质页岩和灰岩的有机质本身很少，有机质孔隙转化率数据可不作为参考。整体上，有机质孔隙转化率在不同岩相基本是一致的，5 口井的有机质孔隙转化率平均值约为 25%，说明整体转化率还是比较高。

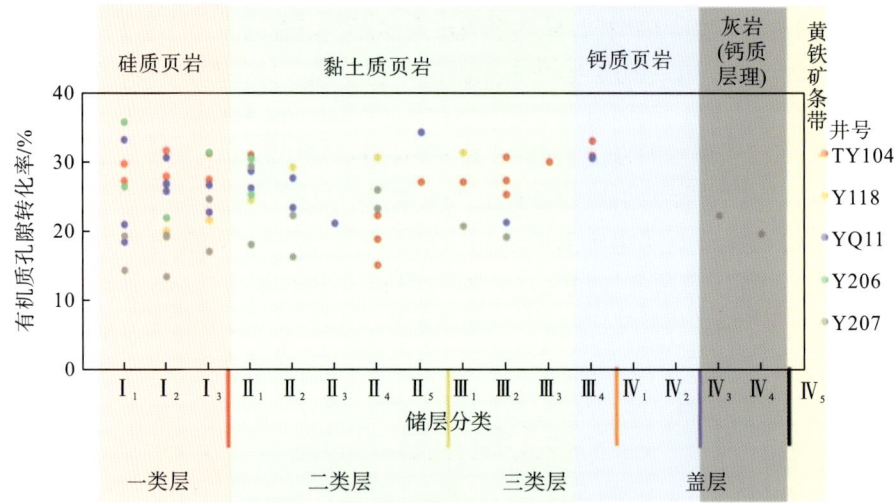

图 4-28　不同岩相有机质孔隙转化率散点图

　　为了具体分析 5 口井的有机质孔隙转化率的差异性,对硅质页岩相(一类层)的 5 口井转化率进行单独统计分析。如图 4-29 所示,5 口井的有机质孔隙转化率是存在差异性的。YQ11 井、Y206 井、TY104 井的差异性很小,整体有机质孔隙转化率较高,Y118 和 Y207 的孔隙转化率较低,尤其是深度到 3000 m 左右时 Y207 井的有机质孔隙转化率不到 20%,TY104 井的有机质孔隙转化率最优,此认识与之前双能 CT 精细储层划分和 MaipSCAN 矿物获得的规律基本一致,不同方法都获得相同的结论,起到相互佐证的作用。从双能 CT、MaipSCAN 和微观高清图像,都有表明较深井(如 Y207 井)的孔隙度有变小的趋势,但 Y207 井的地层压力较大,含气性不一定低。

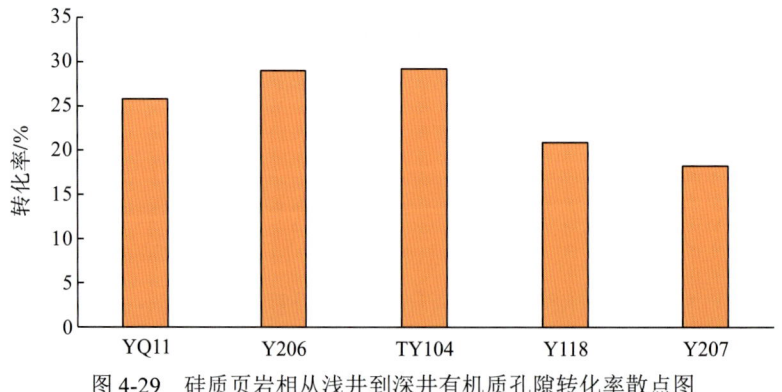

图 4-29　硅质页岩相从浅井到深井有机质孔隙转化率散点图

三、孔隙度分析

　　孔隙度是页岩气藏勘探、评价的关键参数,快速、准确测定页岩孔隙度对储量计算至关重要(翁剑桥等,2022)。沉积物初始的矿物成分和组构差异决定其经历成岩作用类型和强度各异的成岩变化过程,并且对这些不同的成岩过程具有不同的成分和组构变化响应,从而经历不同的孔隙度演化路径，最终形成现今储层孔隙度的差异。因此，对不同岩相储层的孔隙度进行分析，将为储层物性主控因素分析及优质储层预测提供重要的理论依据（张创等，2014）。

图 4-30 为不同岩相孔隙度散点图，5 口井按照不同颜色进行区分，可以看出，硅质页岩相（一类层）的孔隙度为 1.60%~5.88%，平均值为 2.86%；黏土质页岩（二类层）的孔隙度为 1.23%~3.21%，平均值为 1.99%；黏土质页岩（三类层）的孔隙度为 0.87%~2.15%，平均值为 1.55%；钙质页岩孔隙度为 0.86%~1.21%，平均值为 1.04%；灰岩（钙质层理）孔隙度平均值为 0.28%。

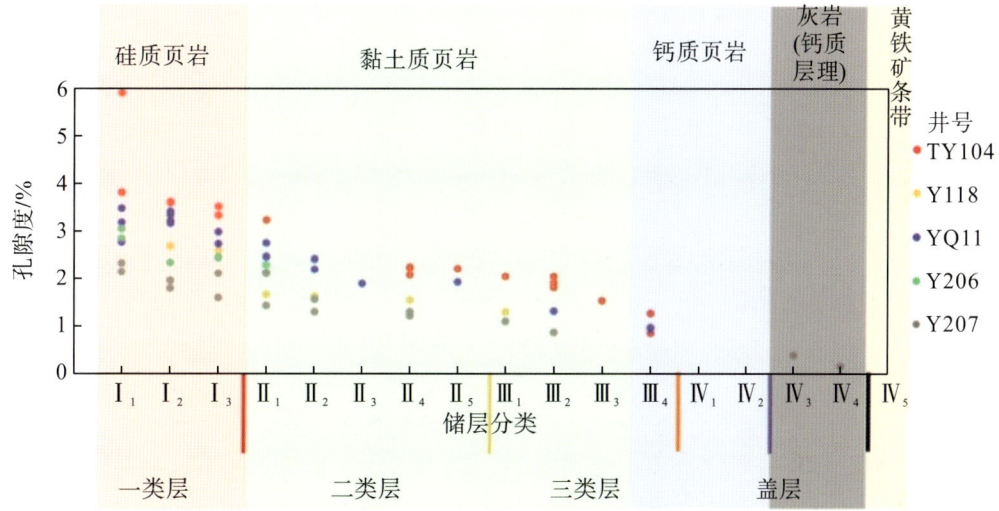

图 4-30　不同岩相孔隙度散点图

硅质页岩相（一类层）的孔隙度最高，将硅质页岩相的 5 口井的孔隙度单独进行对比分析，图 4-31 为硅质页岩相孔隙度散点图，可以看出这 5 口的孔隙度具有一定差异性，主要表现为北部井区 TY104 井的孔隙度最高，南部井区深度最大的 Y207 井（约 3000 m）的孔隙度最低，由上述有机质含量和有机质孔隙转化率可以看出，有机质基本一致，南部井区深井的有机质孔隙转化率较小是孔隙度较低的根本原因。

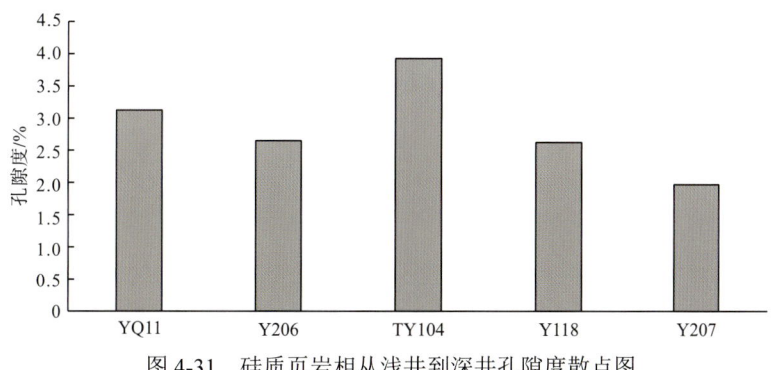

图 4-31　硅质页岩相从浅井到深井孔隙度散点图

四、有机孔占比分析

有研究人员发现，有机孔在成烃生物和沥青中均可发育(何治亮等，2016)，但在不同类型的页岩中存在差异。页岩气既以自由态存在于孔隙或天然裂缝中，又以吸附态存在于不溶性有机质或无机矿物表面。页岩的孔隙结构主要受成熟度、TOC、矿物组成等多种因素综合控制(侯佳凯等，2023)，有机质和无机矿物的变化导致其孔隙结构具有较高的非均质性，进而使得孔缝系统存在差异。因此，对不同岩相页岩的孔隙结构进行系统评价至关重要(陈世悦等，2016；李卓等，2017)。

图 4-32 为不同岩相有机孔占比散点图，5 口井按照不同颜色进行区分，可以看出，硅质页岩相(一类层)的有机孔占比均为 94.40%；黏土质页岩(二类层)的有机孔占比均为 88.47%；黏土质页岩(三类层)的有机孔占比均为 77.43%；钙质页岩有机孔占比均为 57.55%；灰岩(钙质层理)有机孔占比均为 46.40%。可见，储层类型变差，有机孔占比也降低，最优质的硅质页岩一类层的孔隙贡献主要来自有机孔，有机孔占有绝对优势。

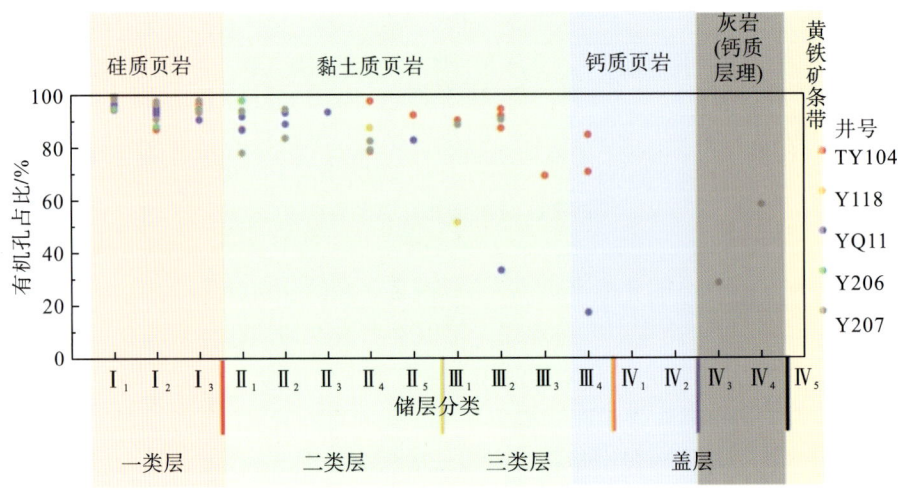

图 4-32　不同岩相有机孔占比散点图

五、孔隙结构分析

随着非常规油气勘探开发的深入，页岩孔隙结构特征的研究受到了广泛的关注(钟太贤，2012；何陈诚等，2018；曹涛涛等，2018；蔡振家等，2020)。孔隙度与孔径分布特征研究不仅对于页岩气资源评价具有重要的意义，而且也是页岩储层评价的重要内容(崔景伟等，2012)。不同页岩岩相中页岩气含气量存在明显差异，因此对比分析不同岩相间的孔隙结构对勘探开发具有指导作用(王超等，2018)。

页岩储集空间类型可划分为有机孔和无机孔，页岩微观孔隙是以有机质-有机孔为主导，有机质(或原始油)充填在无机矿物颗粒支撑的粒间/粒内间隙中，有机质内发育有大量有机孔。

图 4-33 为有机孔孔径分布图，从图中可以看出相同井不同岩相的有机孔孔径分布规律是基本一致的，虽然岩相不同，但是相同井或井区的有机质经过了几乎一样的沉积环境和成岩演化，有机质转化为有机孔的程度可以看作是一致的；并且有机孔孔径以 0~100 nm 为主，中值为 20~40 nm，峰值均在 30 nm 左右，小孔比较发育。以 TY104 井为例，有机质含量最高的样品编号为 Z3(13.38%)、Z4(9.58%)，其孔隙度对应最大值，分别为 5.88%、3.79%，从有机孔隙度分布曲线看，Z3、Z4 对应有机孔隙度最大值，分别为 0.43%、0.27%。

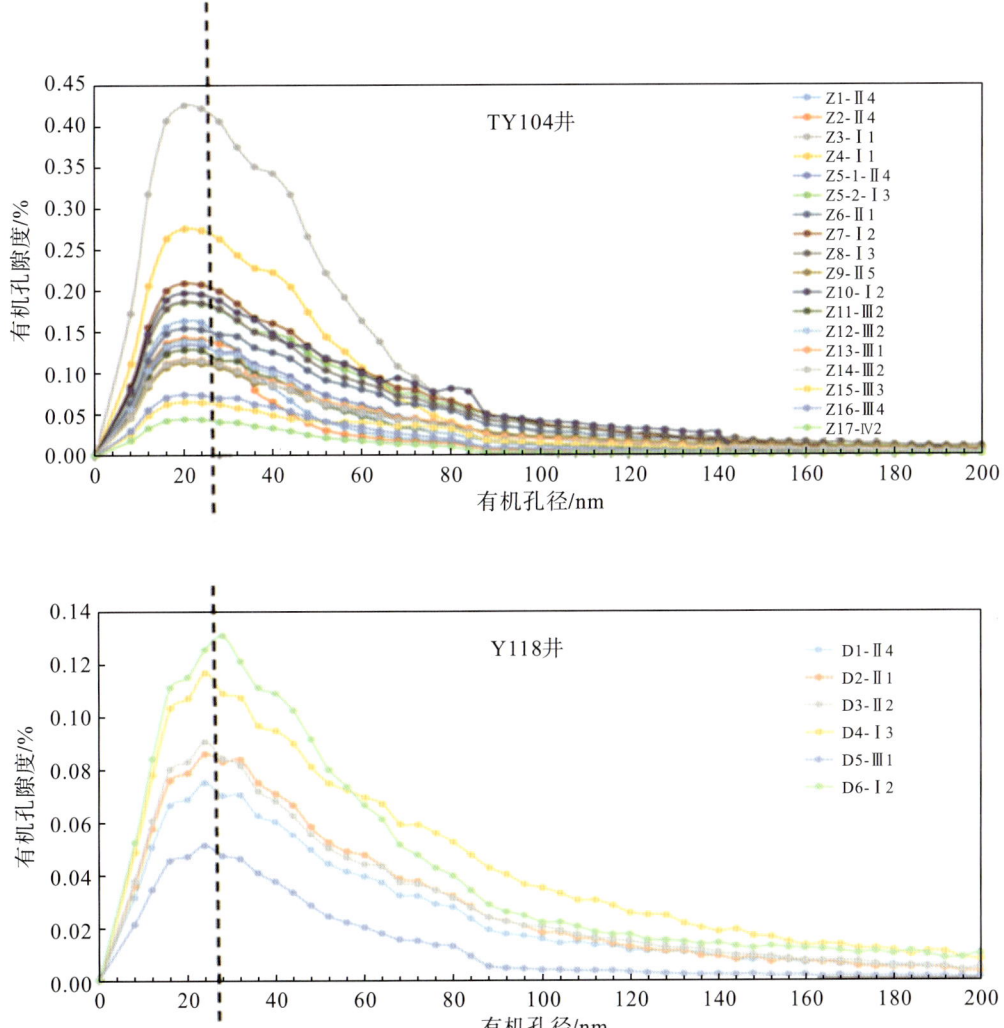

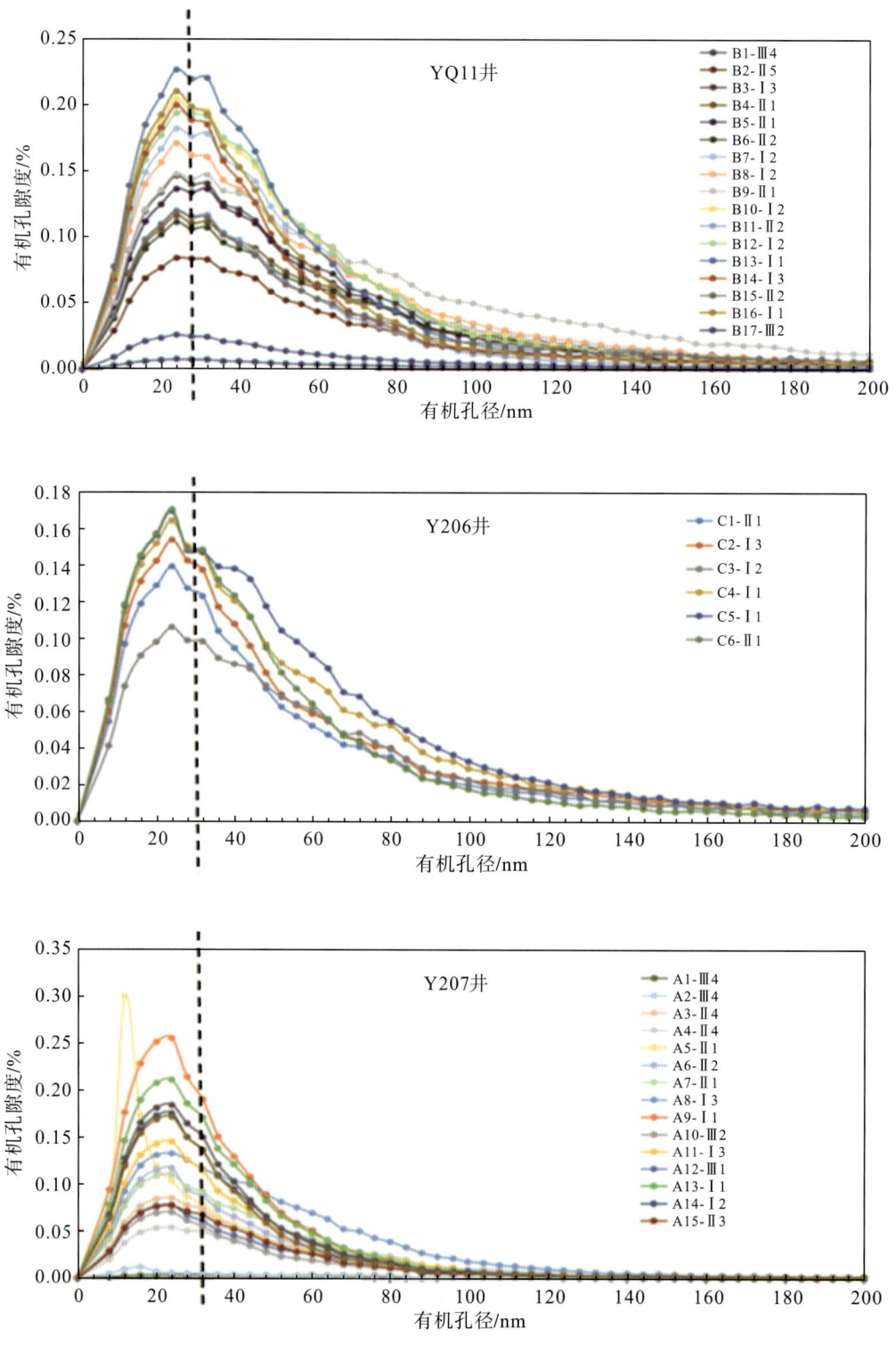

图 4-33　有机孔孔径分布图

同时发现南部井区 YQ11 井、Y206 井、Y207 井随着深度增加有机孔孔径减小，北部 TY104 井、东北部 Y118 井、南部 YQ11 井有机孔孔径分布规律基本一致。

六、多井对比分析

单井观测固然重要，但是只能体现出局部的特征，不具有代表性，而多井对比分析可以全面地从整体分析区块的特征，更能体现出一个地区的变化趋势，所以接下来分析微观性质(孔隙度、TOC 和有机孔转化率)多井的变化规律。图 4-34 为硅质页岩相孔隙度、TOC 和有机质孔隙转化率随测井深度变化图，图 4-35 为硅质页岩相孔隙度、TOC 和有机孔转化率统计直方图。

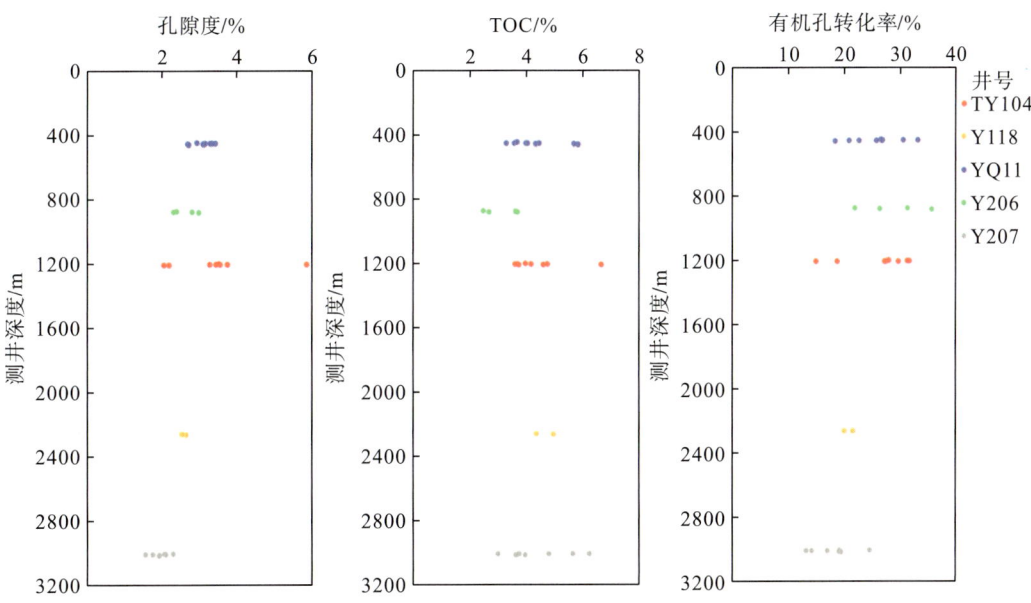

图 4-34　硅质页岩相不同井孔隙度、TOC 和有机孔转化率随深度变化图

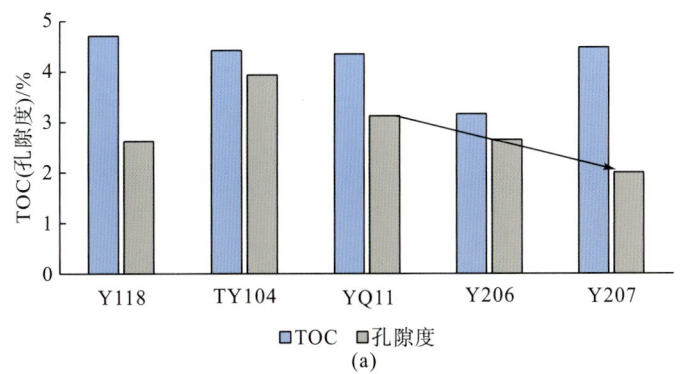

(a)

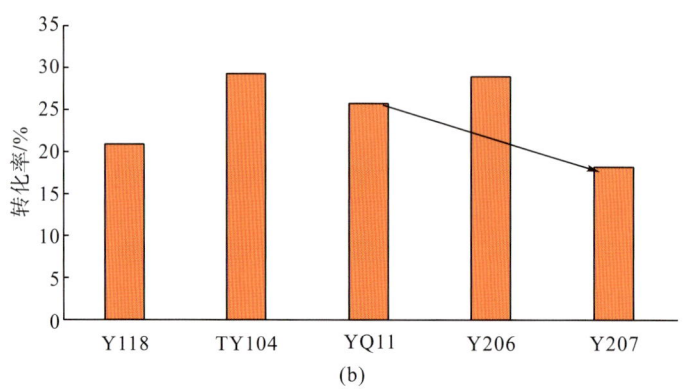

图 4-35　硅质页岩相不同井孔隙度、TOC 和有机孔转化率统计直方图

(1)硅质页岩南部井区 YQ11 井、Y206 井、Y207 井随着深度增加孔隙度减小,转化率变低是主要原因。从上述孔隙分布也可知,Y207 井的孔隙非常小,因此,南部地区随着深度增加,特别是到 3000 m 左右,储层的储集空间有变差的趋势,有机孔转化率较低和孔隙较小是根本原因。

(2)北部井区 TY104 井的有机质含量、有机孔转化率和孔隙度均较好,表现出的储层的储集空间品质非常好;Y118 井处于工区的东北方向,有机孔转化率和孔隙度均处于中间水平,Y118 井区的较低有机孔转化率是储层储集空间一般的根本原因。按照同样的思路对黏土质页岩(二类层)和黏土质页岩(三类层)各微观性质指标进行多井对比分析,所获得的结论认识与硅质页岩基本一致(图 4-36、图 4-37)。

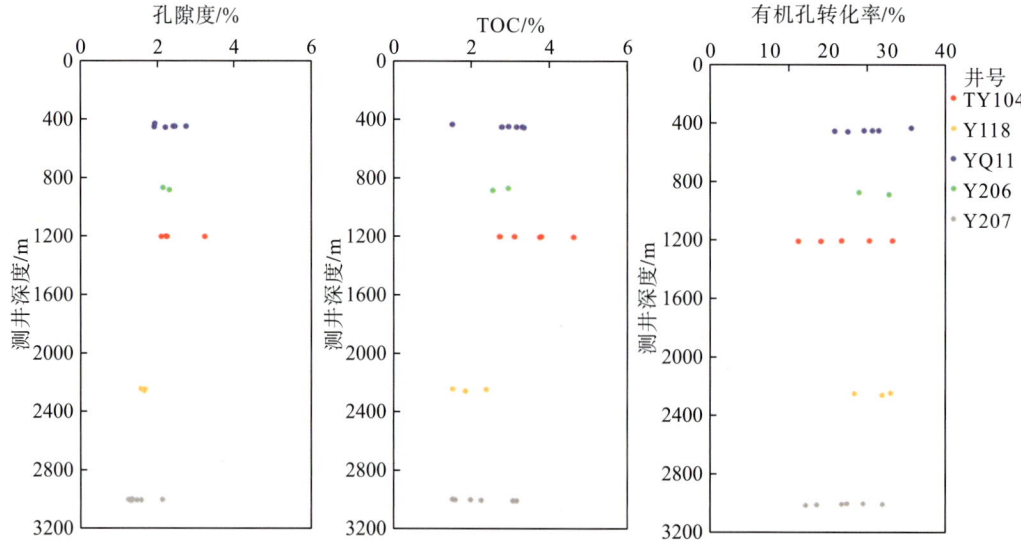

图 4-36　黏土页岩相(二类层)不同井孔隙度、TOC 和有机孔转化率随深度变化图

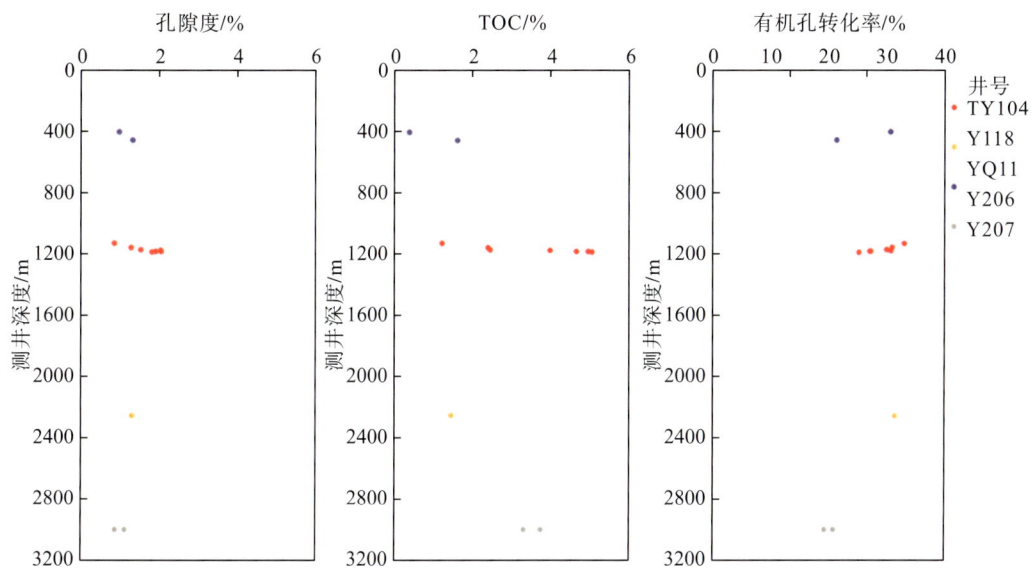

图 4-37　黏土页岩相(三类层)不同井孔隙度、TOC 和有机孔转化率随深度变化图

综上所述，对不同岩相的有机质、有机孔转化率、总孔隙度、有机孔占比、孔隙结构及上述参数多井变化规律进行分析，经过系统研究获得相关结论认识如下。硅质页岩有机质为 2.51%～6.69%，平均值为 4.26%，有机孔转化率为 13.34%～35.69%，平均值为 24.19%，总孔隙度为 1.60%～5.88%，平均值为 2.86%，有机孔占比平均值为 94.40%；有机孔孔径以 0～100 nm 为主，中值为 20～40 nm，无机孔孔径以 80～500 nm 为主，中值为 100～200 nm；南部井区 YQ11 井、Y206 井、Y207 井随着深度增加有机孔孔径减小，北部 TY104 井、东北 Y118 井、南部 YQ11 井有机孔孔径分布规律基本一致；南部井区 YQ11 井、Y206 井、Y207 井随着深度增加孔隙度减少，转化率变低和孔径变小是主要原因，北部井区 TY104 井孔隙度较高，东北部井区 Y118 井孔隙度一般，低转化率是主要原因。

第五章　太阳山地浅层页岩气藏与储集体特征

第一节　山地浅层页岩气藏特征

一、气藏形成

（一）天然气成因与来源

1. 气源分析

利用天然气组分和碳同位素组成可确定其地球化学特征及成因，对 Y118 井、TY103 井、TY105 井、Y109 井和 TY102 井五峰组-龙马溪组一段共 66 个样品的现场解吸气样组分和甲烷碳同位素进行分析，认为太阳页岩气田五峰组-龙马溪组页岩气应来源于自身层系烃源岩，属于热成因裂解气，同时混有少量无机成因气。

1) 页岩气组分特征

页岩气组分中以甲烷占绝对优势，含量为 98.71%～98.98%；含少量乙烷，含量为 0.13%～1.31%，平均含量为 0.52%。天然气的干燥系数 C_1/C_{1-5} 为 0.9866～0.9986，平均值为 0.9939，属于典型的干气。页岩气含少量非烃类 N_2 和 CO_2，指示页岩气形成、聚集或实验的过程中，可能混入少量无机成因气。

2) 甲烷碳同位素特征

甲烷碳同位素组成特征，主要受控于成气母质的同位素组成，以及在地质历史过程中生物、化学、物理作用所造成的同位素分馏作用，蕴藏着丰富的母质来源成烃演化、成藏过程和次生变化等方面的重要信息，是进行天然气成因判识和气源追踪的主要手段。Y118 井、TY103 井和 TY105 井页岩气 $\delta^{13}C_1$ 主要分布在-35.02‰～-16.45‰，平均值为-28.77‰。根据干酪根碳同位素区分烃源岩类型标准并结合干酪根镜检结果判断其热演化程度，认为研究区五峰组-龙马溪组页岩气主体来源于自身层系烃源岩的热裂解成因气。

2. 页岩成烃演化

四川盆地下志留统龙马溪组页岩经历的最大古地温达到 190～210℃，有利于干酪根及早期原油裂解作用，晚白垩世构造抬升，地层温度降低。太阳页岩气田龙马溪组页岩一般在早二叠世开始处于快速埋深阶段，在早三叠世 R_o 为 0.7%～1.3%，龙马溪组进入生烃门限，直到中侏罗世龙马溪组生成大量液态烃。晚侏罗世早期，随着龙马溪组埋深继续加大，R_o 为 1.3%～2.0%，有机质演化至高成熟阶段，生成大量的湿气及原油裂解气。至早白垩世中期，R_o 大都超过 2.0%，热演化程度至过成熟早期，龙马溪组烃源岩生成大量干气，液态烃开始裂解为干气。自晚白垩世初期开始，R_o 大都超过 2.5%，热演化程度进入过成熟晚期，液态烃已全部裂解为干气(图 5-1)。

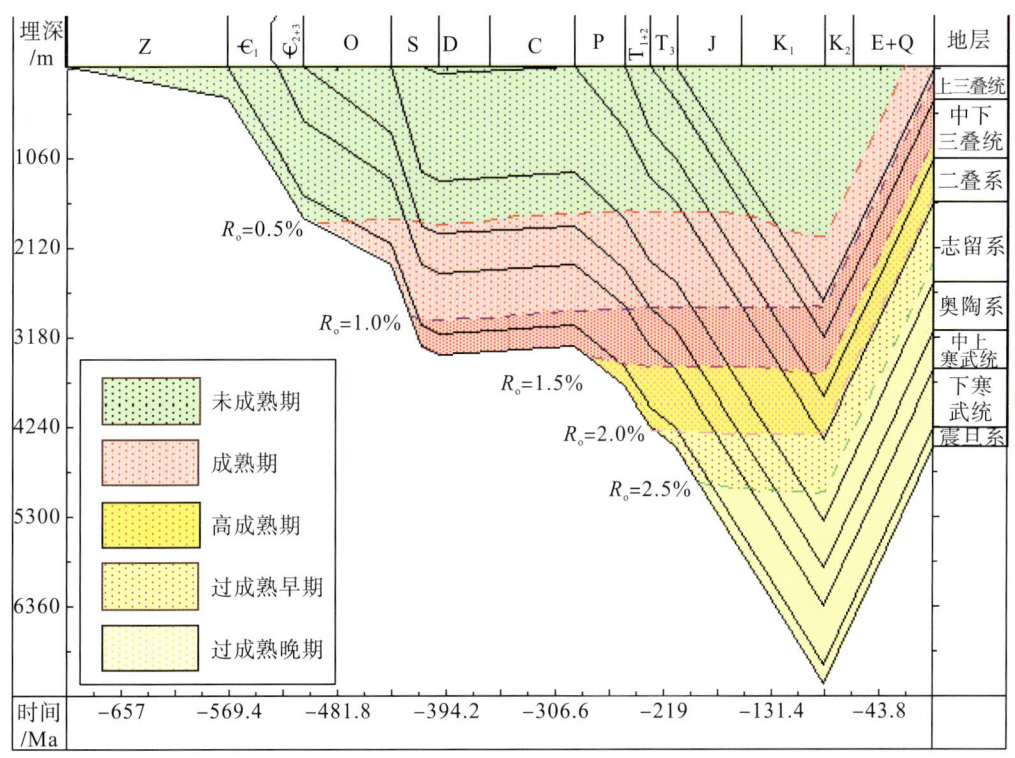

图 5-1　太阳背斜区埋藏史、热演化史图

燕山晚期，研究区五峰组-龙马溪组处于构造抬升阶段，地层深度由 5000 m 左右抬升至现今 2000 m 左右，此阶段由于地层的抬升，生烃作用停止。

根据以上成烃演化史，研究区五峰组-龙马溪组页岩在持续深埋过程中已经生成大量的天然气，这些烃类被有机质和黏土矿物等大量吸附。页岩中大量的纳米级微孔，形成了烃类运移的阻力，这种阻力很难被完全克服，同时龙马溪组厚度大(达到 300 m 左右)，导致生成的烃类有较大部分滞留在烃源岩内部，从而形成自生自储的原生页岩气藏。

(二)气藏形成和调整过程

太阳地区五峰组-龙一段页岩气藏为自生自储式原生气藏，成藏机理具有明显的"原位成藏"特征，按其成藏过程大致可分为 3 个阶段。

第一阶段：在印支期到燕山早期，有机质进入成熟期，生成大量液态烃类，页岩发育的大量无机孔隙受压实作用的影响，明显减少，有机孔隙提供储集空间增大，生成的液态烃类储集在无机孔隙和有机孔隙内。

第二阶段：在燕山中期至燕山晚期，五峰组-龙马溪组页岩埋深继续增大，有机质热演化程度明显升高，页岩相继经历了中高成熟度的湿气高峰和过成熟度的干气高峰。该阶段由于烃类气体大量生成，一方面有机质孔隙发育程度继续增加；另一方面，在成烃增压的作用下，流体压力显著增大，使页岩中内生裂隙不断形成。此阶段的页岩生烃量要远高于页岩气排烃量，同时页岩气层的储集能力也迅速提高，页岩气层的含气性处于过饱和状态。

第三阶段：在喜马拉雅期，"挤压+走滑"构造形变和隆升的浅层化改造，埋藏深度快速变浅地层温度降低，源岩生烃基本停止。强烈的板内造山构造形变与地层剥蚀泄压作用，使背斜构造部分上覆地层遭受严重剥蚀甚至殆尽，区域盖层封盖保存条件变差，页岩气发生了部分散失，随地层压力降低吸附气发生脱吸而不断向游离气转化，达到新的动态平衡。研究区所在区域以页岩自封闭作用构建较好的整体保存条件，背斜构造部位的页岩气藏仍保持了高的含气量。

以上 3 个阶段可以概括为：早期液态烃类生成阶段；中期深埋地腹，原油裂解气快速成藏阶段；晚期强烈改造与快速隆升剥蚀浅层化，页岩气调整成藏阶段。

(三)浅层页岩气的浅层化特色

太阳浅层页岩气田，是"早期深埋过成熟生烃富集成藏、晚期浅层化构造改造"的干气型非常规页岩地层连续性气藏。复杂山地的浅层页岩气，最显著的特色是构造形变改造与隆升剥蚀"浅层化"和浅埋藏保存的"含气性变差、非均质增强、地层压力系数降低"等本质特征。

新生代以来的喜马拉雅期区域挤压+走滑构造运动叠置的板内造山作用，强烈构造形变自东南形成隔槽式褶皱向隔挡式褶皱的构造带转变，同时区域整体抬升形成气势磅礴的云贵高原(乌蒙山地)，使得已成藏的页岩气发生明显的浅层化根本性调整，严重剥区和通天断层发育区气藏遭破坏，有封盖保存的地区得以成藏调整赋存下来，但总含气量、游离气占比和地层压力等参数相比原生气藏有明显的降低，页岩气甜点分异明显。浅层化问题体现如下的变化和特点。

一是喜马拉雅期构造运动使地处昭通示范区东北部的太阳地区五峰组-龙马溪组页岩发生整体褶皱回返和差异性构造改造，背斜构造上剥蚀程度大。太阳背斜揭露志留系，海坝背斜核部已剥露奥陶系(向西南的威信背斜核心已出露震旦系灯影组)；向斜构造核部抬升地层剥蚀量相对少，云山坝向斜区域保留下三叠统嘉陵江组灰岩，页岩气体散失少，有效地保护了页岩气赋存(最高含气量在 5 m^3/t 以上，地层压力系数大于 1.3)。

二是"多期次、多力源、多方向、多方式"构造运动叠置改造使得浅层化过程中形成复杂断裂和微裂缝。页岩页理化作用明显，剪切作用增强使得层间错动及各种产状天然裂缝发育，沿纹层纹理等微结构面发育潜在层理缝。页岩储层被强烈的地壳运动构造应力改造，层间纹层滑动形成层理缝和地层微错动形成的微裂缝，改善了页岩的纵横向渗透性，使储集在页岩微纳米级孔隙空间的页岩甲烷气发生微距离运移和聚集。

三是浅层化过程中发生成岩后生演化作用：构造形变运动导致地层产状变化、埋藏深度变浅，破坏了原始海相沉积水文地质平衡环境；在此过程中，存储在地层中的多期次热液呈现出充填交代和溶蚀作用，同时沿不整合面和断裂、微裂缝带淋滤作用增强，最终后生成岩作用使页岩储层非均质性显著增强。

四是浅层化过程中页岩气藏不断进行动态调整：构造抬升浅层化阶段构造活动强烈，页岩地层割理及裂隙开启，渗透率增大，断层裂隙沟通地表，造成页岩气大量散失，大部分游离气散失，吸附气部分脱气，含气饱和度和地层孔隙压力整体降低，吸附气不断解吸和表层水的深入，占据了较多的微纳米空间，现存气以纳米孔隙吸附形式为主（达到 60%～70%），在向斜区变形较弱的封闭保存好的区域含气性、地层压力系数相对较高。

二、气藏类型

《页岩气资源/储量计算与评价技术规范》(DZ/T 0254—2014)将页岩气定义为赋存于富有机质的页岩层段中，以吸附气、游离气和溶解气状态储藏的天然气，主体上是自生自储成藏的连续性气藏，属于非常规天然气，可通过体积压裂改造获得商业气流。研究表明，太阳地区五峰组-龙一段天然气符合页岩气的定义，属于自生自储成藏的连续性气藏（表5-1），具体特征表现如下：

(1)页岩气层为连续沉积的富有机质页岩,研究区龙马溪组具有深水陆棚相沉积特征,可分为龙一段和龙二段两段。其中，龙一段自下而上又可分为 2 个亚段，龙一$_1$主要为富有机质陆源硅质泥棚相和富有机质生物硅质泥棚相沉积，岩性主要为黑色、灰黑色页岩，页岩中水平层理非常发育，见黄铁矿；龙一$_2$岩性为深灰色灰岩及泥质灰岩，水平层理发育，常见黄铁矿沉积。龙二段主要为泥质粉砂质陆棚沉积，岩性主要为灰质粉砂质泥岩和灰泥质粉砂岩，水体较龙一段浅。龙马溪组地层自下而上，泥质含量减少，灰质含量增加，反映水体由深变浅的沉积过程。底部页岩灰质含量高，纵向上连续，无隔层，页岩 TOC 大于 2%，为优质页岩。

(2)气源来自暗色富有机质页岩，为烃源岩的源内自生自储。气源对比显示，太阳地区五峰组-龙一段页岩气来源于自身页岩层系烃源岩，具有储源一体的特征。

(3)页岩储层发育大量纳米级孔隙，储层孔隙度较高，横向展布稳定。研究区五峰组-龙一段页岩储集空间以孔径为 1.5～50 nm 的纳米级孔隙为主，裂缝较为发育，储层物性较好，纳米级孔隙中有机质孔发育，有利于天然气的赋存，页岩孔隙度平均值为 5.9%。

(4)气藏储层具有大面积层状分布、整体含气的特点：①钻井揭示，各井页岩气层岩性以及电性等对比性强；②页岩气层横向展布稳定，纵向上连续，中间无隔层；③研究区五峰组-龙一段页岩气层的分布明显受有利沉积相带富有机质页岩展布的控制。

表5-1　太阳页岩气田试气成果统计

井型	序号	井号	测试阶段							试采阶段									测试+试采			
			测试开始日期(年/月/日)	测试结束日期(年/月/日)	测试周期/d	测试产量/10⁴m³	关井压力(井口)/MPa	测试累产水/m³	测试累产气/10⁴m³	试采起算时间(年/月/日)	试采终止时间(年/月/日)	试气试采时间(扣除非正常时间)/d	初期配产/(10⁴m³/d)	开井压力/MPa	前6个月平均日产气/10⁴m³	试采平均日产气/10⁴m³	试采累产气/10⁴m³	试采累产水/m³	试气试采累产气/10⁴m³	试气试采累产水/m³	期末返排率/%	备注
直井	1	Y109	2014/1/21	2014/3/2	40	1.2	2.4	142	4.7	—	—	—	—	—	—	—	—	—	—	—	—	
	2	Y137	2019/6/29	2019/7/16	34	4.3	—		11.5	2019/7/17	2019/8/2	16	2	—	2.6	2.6	43	—	55	867	30.9	
	3	TY1	2017/7/24	2017/8/9	16	0.4	1.2	1207	3.8	2017/9/18	2018/2/28	132	0.4	9.2	0.4	0.4	53	0	56	1207	51.7	
	4	TY102	2017/5/23	2017/6/12	20	1.1	2.9	1620	13.6	2017/6/20	2019/8/12	312	0.5	3.5	0.5	0.4	128	2117	142	3737	165.0	
	5	TY103	2018/3/30	2018/5/11	42	0.6	0.4	441	9.4	2018/6/9	2018/12/30	200	0.3	42	0.3	0.3	66	368	76	809	41.5	
	6	TY105	2018/2/16	2018/3/7	19	2.1	6.6	176	14.1	2018/4/18	2019/7/29	433	1	13.9	0.7	0.5	235	1557	249	1733	85.1	
水平井	7	TY102H7-1	2019/5/5	2019/6/26	51	20.7	4.6	16519	59.4	—	—	—	—	—	—	—	—	—	—	—	59.0	精诚采
	8	TY102H7-3	2019/5/7	2019/7/2	56	18.3	7.2	2776	38.9	—	—	—	—	—	—	—	—	—	—	—	9.2	焖采
	9	Y135H1-1	2019/6/22	2019/8/12	51	5.9	—	5769	36.8	—	—	—	—	—	—	—	—	—	—	—	11.1	剖试中
	10	Y138H1-3	2019/1/29	2019/5/8	99	3.0	—	4833	3.0	2019/5/9	2019/8/11	94	3	—	3.2	3.2	288	9788	291	14621	35.9	
	11	Y136H1-1	2019/2/1	2019/5/3	91	4.0	—	4735	122.8	2019/5/4	2019/8/12	100	2.65	/	2.2	2.2	23	189	146	4924	8.8	
	12	TY102H1-1	2017/12/26	2018/1/24	29	6.3	4.2	2947	36.4	2018/2/2	2019/8/12	498	2.5	7.5	2.2	2.0	985	23209	1021	26156	131.0	
	13	TY102H1-4	2018/11/3	2018/11/26	23	9.3	5.5	1235	36.6	2018/11/26	2019/8/12	212	3.5	5.5	3.4	3.4	747	6537	784	7772	36.0	
	14	TY102H1-5	2018/10/28	2018/11/21	24	14.3	2.9	2116	26.0	2018/11/21	2019/8/12	238	2.5	5.2	2.5	2.2	531	12536	557	14652	86.0	
	15	TY104H1-4	2019/2/17	2019/3/9	20	14.1	5.5	2350	3.3	2019/6/19	2019/8/12	41	4.5	12.3	3.9	3.9	160	848	163	3198	13.0	
	16	TY107H1-2	2019/2/21	2019/4/1	39	11.4	5.4	5516	33.8	2019/6/15	2019/8/12	54	7.2	2.38	2.4	2.4	129	918	163	6434	33.0	
	17	TY105H1-2	2018/11/15	2018/12/29	44	5.3	8.1	3430	40.1	2018/12/29	2019/8/12	236	4	3	3.1	3.1	726	3591	766	7021	20.0	
	18	TY108H1-1	2018/12/20	2019/1/5	16	6.9	3.0	2331	27.0	2019/3/4	2019/8/12	161	2.5	16.4	2.5	2.5	406	3219	433	5550	16.2	
	19	Y116H1-1	2018/10/14	2018/12/12	59	5.2	3.4	4096	50.8	2019/5/31	2019/8/6	67	2.5	5	2.1	2.1	150	1415	201	5511	14.0	
	20	Y118H1-1	2017/4/15	2017/5/18	33	10.1	2.7	—	79.8	2017/6/3	2019/8/12	800	35	18	3.0	4.9	2840	5958	2920	5958	11.3	

注：表中数据有四舍五入。

三、气藏要素

(一)气藏埋藏深度

太阳地区五峰组-龙一段气藏埋深浅，平均埋深为 500~2000 m，五峰组-龙马溪组的页岩气层埋深在 500~2000 m 的面积占太阳页岩气田总面积的 65%，为中浅层的气藏单元。

(二)驱动类型

太阳地区内试气试采井均未见水，未进行测试的井在录井、测井解释中未见水层。根据目前的地质研究及试气试采特点，气藏表现为大面积连续稳定分布的无边底水弹性气驱页岩气藏的特征(表 5-2)。

表 5-2　太阳页岩气田五峰组-龙一段气藏参数表

气藏名称	气藏类型	驱动类型	高点海拔/m	低点海拔/m	中部海拔/m	中部埋深/m
五峰组-龙一段气藏	页岩气藏	弹性气驱	500	−1600	−1050	1150

(三)气藏压力与温度

太阳页岩气田 TY106 井原始地层压力为 20.18 MPa，地层压力系数为 1.38，平均地层温度为 63.40℃，TY107 井原始地层压力为 16.63 MPa，地层压力系数为 1.36，平均地层温度为 54.18℃，Y136 井原始地层压力为 31.29 MPa，地层压力系数为 1.59，平均地层温度为 76.63℃，Y138 井原始地层压力为 36.24 MPa，地层压力系数为 1.86，平均地层温度为 75.51℃。综合研究区内各井的地层压力系数及地层埋深与地层压力、地层温度换算关系的经验公式，认为太阳页岩气田五峰组-龙一段为中浅层低温高压气藏(图 5-2、表 5-3)。

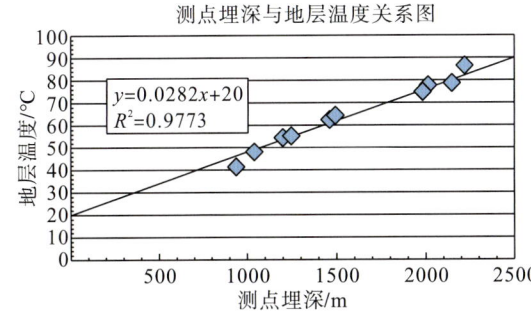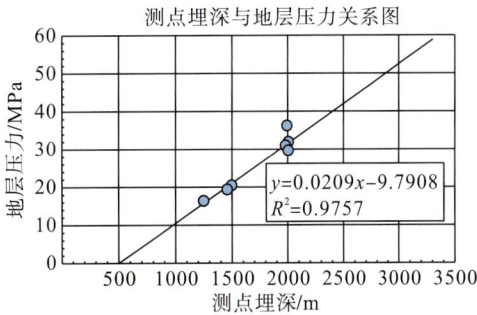

图 5-2　太阳页岩气田埋深与温度、压力关系图

表 5-3　太阳页岩气田五峰组-龙一段气藏压力、温度统计表

井号	测点埋深/m	地层压力/MPa	地层温度/℃	压力系数
TY106	1467.00	19.44	62.60	1.35
	1489.99	20.42	63.95	1.40
	1496.01	20.24	63.93	1.38
	1497.19	20.39	63.69	1.39
	1499.02	20.43	62.82	1.39
TY107	1236.99	16.37	54.47	1.35
	1248.01	16.65	53.27	1.36
	1255.47	16.86	54.79	1.37
Y136	1980.99	31.44	74.74	1.62
	2013.12	29.76	76.92	1.51
	2013.18	31.99	77.23	1.62
	2013.19	31.98	77.64	1.62
Y138	1988.02	36.45	75.92	1.87
	1991.02	36.03	75.1	1.85

(四)气藏流体性质

根据 TY103 井、TY105 井、Y109 井、Y118 井气体组分分析数据,页岩气组分中以甲烷占绝对优势,重烃含量低。甲烷含量大于 98%,乙烷含量很低(TY102 井含量为 0.57%,TY103 井含量为 0.70%,TY105 井含量为 0.59 %,Y109 井含量为 0.26%,Y118 井含量为 0.53%)。综合分析认为,研究区五峰组-龙一段页岩气为早期高温高压深埋藏过成熟的晚期浅层化改造干气型甲烷类烃气。

第二节　富有机质页岩储集体特征

太阳背斜区除了在纵向和横向上具有良好的封存构造构架条件外,在页岩封闭系统空间中还发育着优质的烃源岩储集体,其富含有机质既能够生成大量烃类气体(烃源层),又能发育密集蜂窝状的微纳米级有机孔+无机孔整合分布的微观储集空间,构建成良好的源储一体页岩气层。

一、火山活动促进作用

地面地质调查与钻井取心发现,在五峰期-龙马溪组沉积初期,研究区及其周缘加里

东造山运动导致规模性火山活动频繁发生(熊国庆等，2019；梁兴等，2020①，2021)。在爆发性的火山运动中，火山喷发出来的固体石块和熔浆被分解成细微的碎石与矿物质粒子，最终形成粒径小于 2 mm 的火山灰。这些火山灰不同于普通的烟灰，其富含海洋生物所需的某些关键营养物质。火山灰降落在海面水域后，随即缓慢下沉到海底并沉淀，通过沉积成岩作用形成纹层状、条带状、薄层状斑脱岩或凝灰岩(图 5-3)，其沉积产状受火山活动的强度、频度、期次、规模、古地貌等因素控制。斑脱岩层在五峰组-龙一段页岩沉积层中频繁出现(图 5-3)。全井段取心的 Y10、Y11 井岩心观察清晰展示：①五峰组下段(厚4.9~7.8 m)，既是深灰、灰黑色高硅富含笔石有机质的页岩层发育段，也是纹层+薄层状斑脱岩密集发育段(共计有 12~15 层)，斑脱岩大部分为水平纹层状产出(厚 3~9 mm)，沉积层间距为 20~50 cm，少部分为薄层状产出(厚 2~7 cm)，分布密集。②五峰组上段(观音桥段)至龙一$_1$(厚 30.3~31.1 m)，既是灰黑色含硅高碳富有机质、笔石化石带富集的页岩层发育段，也是水平纹层状斑脱岩密集发育段(共计有 8~14 个纹层)，单层厚 2~6 mm，间距大。

(a) 不等厚薄层状褐灰色斑脱岩，井深262.1~262.4 m，五峰组，Y10井

(b) 绿灰色斑脱岩，井深411.8~413.0 m，龙一段，Y11井

(c) 薄层状褐灰色斑脱岩，井深458.9~459.1 m，五峰组，Y11井

---

① 同一作者同一年有多篇文献，正文引用未区分的表明引用这一年的全部文献。

(d) 褐灰色斑脱岩，井深459.45~459.6 m，五峰组，Y11井

图 5-3   Y10 井/Y11 井五峰组-龙一段黑色页岩与绿灰色斑脱岩发育特征图

五峰组-龙一段的斑脱岩沉积纹层，作为火山喷发的火山灰沉积记录地质事件，具有特殊的油气地质与资源勘探意义(王玉满等，2018，2019；邱振等，2019)。前陆盆地深水陆棚"水体滞留+火山灰沉降"双因素叠加构建的"海洋漂浮生物繁盛+缺氧强还原"沉积环境，对有机质的富集保存与页岩储集空间改善有很大作用(梁兴等，2020，2021)：①火山爆发产生的火山灰降落沉淀到海域，给海水带来丰富的营养矿物质(如铁、钙、镁、钠、钾、磷、硫、硅和其他微量元素)，丰富肥沃的矿物质组合可以作为海洋生物生长的催化剂，给滞留前陆盆地的笔石等浮游生物发育奠定一个良好的富营养的生态环境，增加了海水初级生产力，促使海洋生物繁盛和有机质富集(邱振等，2019)；②火山灰沉降促使海洋充氧减弱与最低含氧带上升，有利于海域底层缺氧形成贫氧-缺氧、强还原-还原沉积环境，海洋生物死亡后得以有效保存，促进有机物能安稳地沉淀到海底页岩沉积层，最终使得页岩富有机质，具备形成丰富页岩气的物质基础；③火山灰有利于有机生物硅的形成，优质页岩储层陆源矿物(Al_2O_3 和 TiO_2)低、微量元素锆与石英含量呈负相关关系也指示生物硅的存在。正由于生物硅的存在，构建了页岩石英支撑岩石骨架，增强了页岩的岩石强度，控制了岩石的动静态弹性性质，提高了页岩脆性及可压性；④页岩沉积中火山碎屑物含较多的易溶组分，页岩成岩热演化与有机质干酪根生烃过程产生大量的有机酸，因此这些易溶组分会发生溶蚀、脱玻化而形成普遍的溶蚀孔隙，次生溶蚀孔隙、有机孔的形成进一步改善了页岩的储集空间，为页岩气富集创造了良好的储集条件。

二、储集体识别方法

页岩气是储存在泥岩、页岩或者粉砂质较重的细粒沉积岩中的天然气，主要是赋存于泥页岩地层中的吸附气和游离气，其中吸附气含量占 20%~85%(张金川等，2008)。页岩气一般在天然裂缝及有效的大孔隙中以游离状态存在，在有机质或矿物固体颗粒表面以吸附状态存在(王立军等，2003)。页岩气具有自生自储或短距离运移的特点，其气源岩的发育位置直接指示了该类气藏的空间发育(潘仁芳等，2010)。

作为页岩气勘探开发中的重要技术手段,地球物理测井能快速捕获多种地层信息,再结合相应的解释技术,可以有效识别储层并对地层进行评价。相较于复杂且昂贵的钻井取心与岩心实验室分析,测井技术具有快速高效的优势。

国外在页岩气测井领域开展工作较早,斯伦贝谢公司在北美页岩气田的勘探实践基础上,建立了包括自然伽马、电阻率、声波时差、中子、密度、电阻率成像(formation microScanner image,FMI)和元素俘获能谱(elemental capture spectroscopy,ECS)等在内的页岩气测井技术,其中,元素俘获能谱测井、电阻率成像测井和声波时差测井被认为是页岩气测井的关键技术(吴庆红等,2011)。

为了更好地利用测井技术识别页岩气储层,以下总结了不同的测井识别方法,包括常规测井曲线组合法、测井曲线叠合法、交会图法、$\Delta \log R$ 法、介电常数识别法和总有机碳含量识别法,这些方法在识别页岩气储层方面能取得较好效果。

1. 常规测井曲线组合法

利用常规测井曲线组合可以区分储层与非储层。常用的测井曲线有密度、声波时差、补偿中子、自然伽马和电阻率测井等(刘璐等,2017)。

常规测井曲线上,页岩气储层总体表现为“三高两低一扩”的基本特征(郝建飞等,2012),即高自然伽马值,高声波时差值、电阻率局部高值、低密度值、低岩性密度值和扩径特征。利用自然伽马、电阻率、中子孔隙度、声波时差和感应测井的测井组合,可以识别出龙马溪组页岩气储层,与实际开采情况一致性较好(吴庆红等,2011)。

四川盆地页岩气示范区证实,五峰组-龙一$_1$是页岩气优质储层集中发育段。Ⅰ-Ⅱ类储层为优质储层,其中五峰组以Ⅱ-Ⅲ类储层为主,龙一$_1^{1-3}$ 以Ⅰ类和Ⅱ类储层为主,龙一$_1^4$ 以Ⅱ-Ⅲ类储层为主,部分地区发育Ⅰ类储层,龙一$_2$整体为Ⅳ类储层。五峰组-龙一$_1$富有机质页岩层段含气量高,一般大于 2.0 m³/t。五峰组-龙一$_1$页岩气储层分 4 个含气段(武恒志等,2019;孟靖丰,2018),其中五峰组为低密度、低中子电性特征,龙一$_1^1$ -龙一$_1^2$ 为中-高密度、中-高中子电性特征,龙一$_1^3$ 为高密度、高中子电性特征,龙一$_1^4$ 为高密度、高中子电性特征。作为主要优质储层段分布层位的龙一$_1^1$ -龙一$_1^2$ 在高压力区具有高含气量、高TOC、高脆性矿物含量、高孔隙度和高含气饱和度等“五高”的特征,其含气饱和度可达60%~80%。

该方法应用相对简单,可快速直观地划分储层与非储层,但其划分层段的顶底界深度可能不够精确。

2. 测井曲线叠合法

测井曲线叠合法不仅可通过原始测井曲线或计算参数曲线的曲线幅度差来评价地层岩性、含油气性等性质(刘向君等,2005),而且能够识别页岩储层,更具直观性。但该方法首先要选择对页岩敏感的常规测井曲线进行叠合,准确选取基准岩性以确定基准段,而基准段的选择关系到刻度的调节,从而影响曲线偏差的大小甚至存在与否;其次,对正负偏差所代表的岩性定义也是一项关键技术;最后,不同曲线重叠所得的储层深度和厚度也可能会有差异,如何取舍,有待进一步验证。

孔隙度测井曲线叠合法相比常规测井曲线叠合法更可靠、精确且无须选取基准段也不需要定义岩性，但需要预知地层岩性并进行曲线校正。当地层黏土含量高时，该方法不能较好地识别Ⅱ类非富有机质页岩层(刘向君等，2005)。

自然伽马曲线指示地层的泥质含量，能较好地区分含气页岩与灰岩等其他岩性，因此可以考虑将自然伽马曲线定为基线，利用对含气页岩较为敏感的密度、中子等曲线与之叠合，选取龙一$_2$中部(825～830 m)为基准。如图 5-4 所示，调整曲线刻度，使叠合的曲线在此重合。图中第 4～7 道分别为自然伽马-电阻率、自然伽马-密度，自然伽马-中子曲线、自然伽马-声波曲线叠合道，在井深 834.5 m 以上段，曲线基本重合，说明基本不含气；834.5～849 m 叠合面积较少，说明含气量低，849～886.5 m(龙一$_1$到五峰组)叠合面积大，为主要含气层段，849 m 以下自然伽马与电阻率、密度、中子、声波等明显分开而无叠合区域，是典型的灰岩特征。

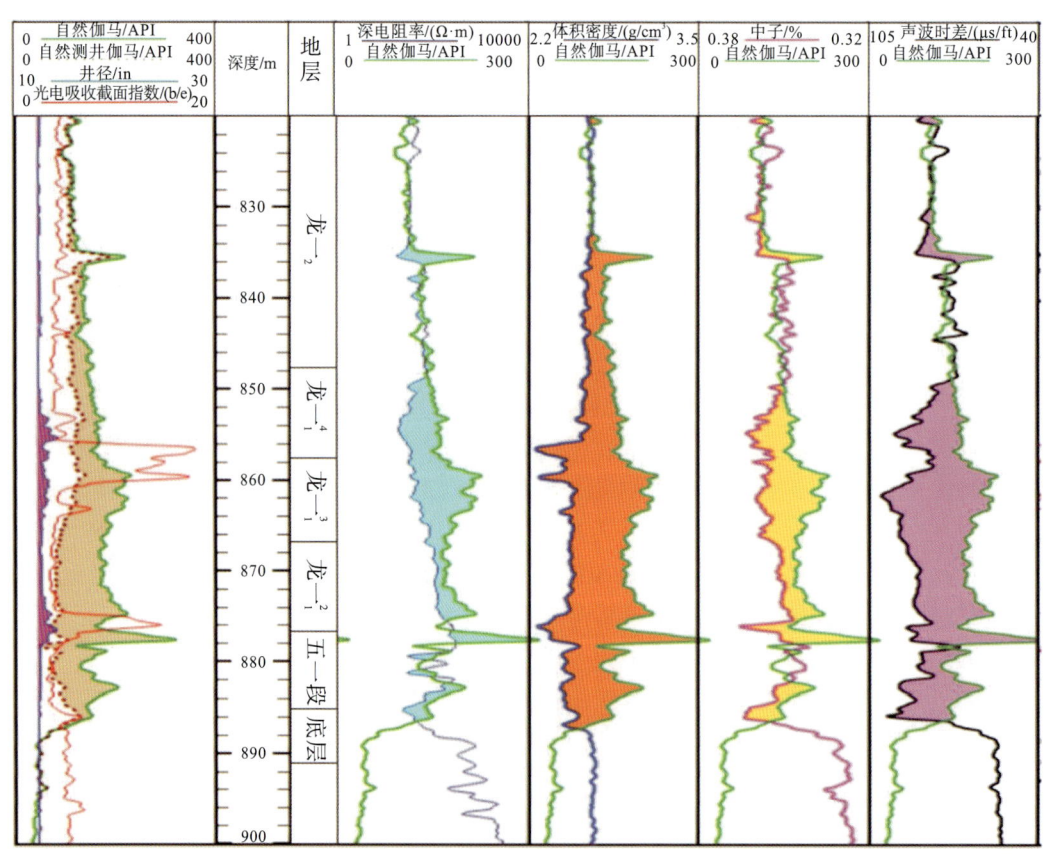

图 5-4　Y206 井页岩储层测井识别图

3. 交会图法

交会图方法实际上是多维空间数据集到低维空间的一种简单映射，是一种带有选择性的降维过程。这种图单纯地选择数据集的一个特征进行分析，方法直观简单，被测井工作者广泛用于岩性识别等一些数据分析工作中，是一种强有力的测井分析工具(宋秋强，2013)。

当地层含有多种矿物时，可以通过交会图技术来识别岩性。交会图分为二维平面交会图和三维立体交会图，一般常用二维交会图来识别岩性。岩性-孔隙度交会图被广泛用于确定地层岩性和孔隙度，目前这类图主要有中子密度、声波密度、中子声波、光电吸收截面指数等。

图 5-5 为 TY104 井的双能 CT 得到的密度(DEN)与光电吸收载面指数(PE)的交会图，根据储层特点，参考上面的密度分层标准，可分为 4 类储层。

Ⅰ类储层：DEN 小于 2.57 g/cm^3，PE 为 2.9～3.8 b/e，分布于龙一$_1^1$、龙一$_1^2$及五峰组；

Ⅱ类储层：DEN 为 2.57～2.62 g/cm^3、PE 为 3.2～4.1 b/e，分布于龙一$_1^2$、龙一$_1^3$及五峰组；

Ⅲ类储层：DEN 为 2.62～2.70 g/cm^3，PE 为 3.5～4.5 b/e，分布于龙一$_1^4$及龙一$_2$；

非储层：DEN 大于 2.70 g/cm^3，PE 为 5～6.0 b/e，分布于龙二段、龙一 $_2$、龙一$_1^4$。

图 5-6 为 TY104 井的双能 CT 密度、PE 与 U 曲线的三维交会图，可以直观地看到每个层段三个参数的分布情况，快速判断每个层段的页岩含气情况。

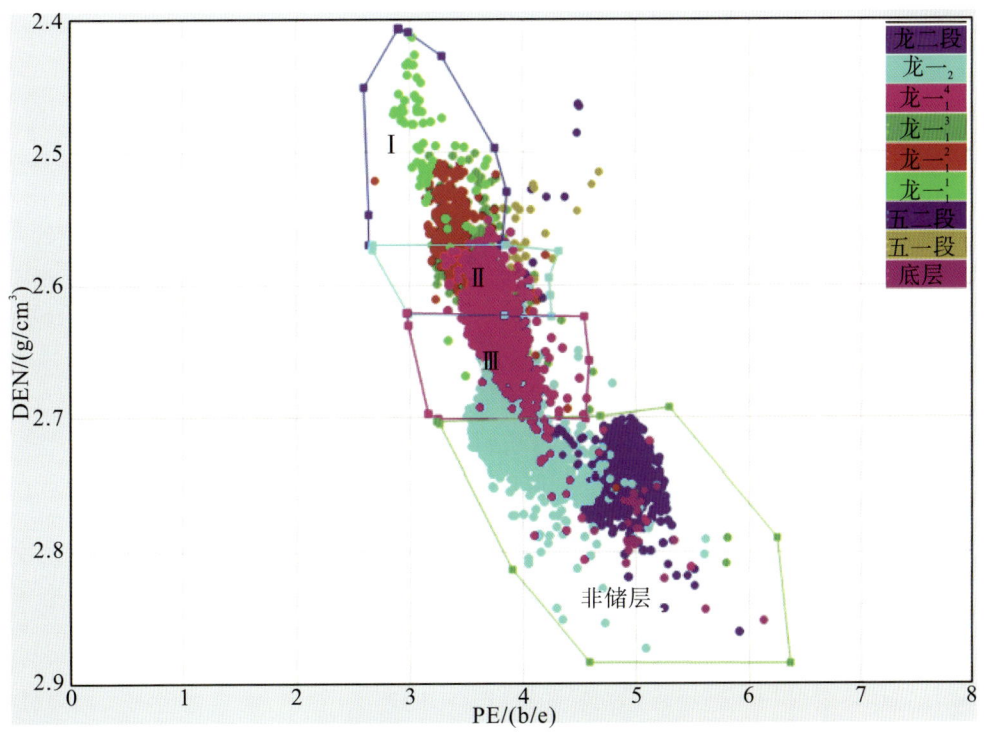

图 5-5　双能 CT 岩心光电指数-密度交会图(TY104 井)

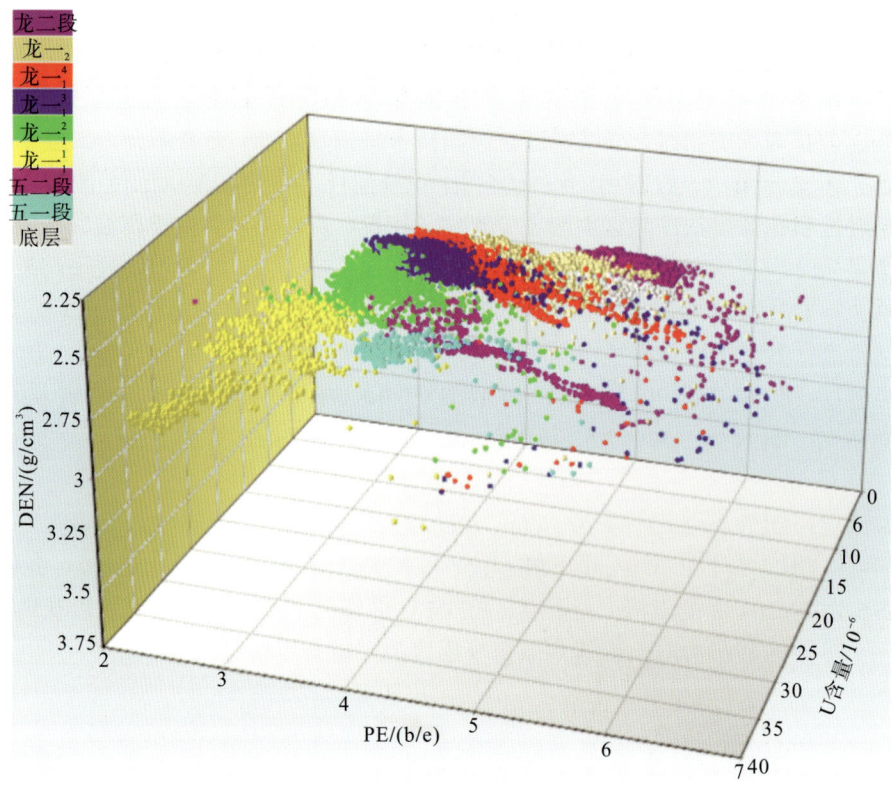

图 5-6　TY104 井三维交会图（双能 CT 密度、PE 与 U 含量曲线）

4. ΔlogR 识别法

国内外利用测井资料评价烃源岩最常用的方法是埃克森(Exxon)和埃索(Esso)公司研究的 ΔlogR 方法。这种方法把刻度合适的孔隙度曲线(通常是声波时差曲线)叠加在电阻率曲线(最好是来自深探测器)上，调整声波时差曲线刻度，使两曲线有部分重合并视为基线。由于两种曲线均反映地层孔隙度的变化，因此可将基线定义为饱含水但缺乏有机质的地层，ΔlogR 幅度差反映了富含有机质烃源岩地层、含烃的储集层段和岩性差异情况(魏斌等，2004)。利用自然伽马曲线、补偿中子孔隙度曲线或自然电位曲线可以辨别和排除储集层段。在富含有机质的泥岩段，2 条曲线的分离由 2 个因素导致：孔隙度曲线产生的差异是低密度和低速度(高声波时差)干酪根的响应，在未成熟的富含有机质的岩石中还没有油气生成，观测到的 2 条曲线之间的差异仅仅是由孔隙度曲线响应造成的；在成熟的烃源岩中，除了孔隙度曲线响应之外，因为有烃类的存在，电阻率增加，使 2 条曲线产生更大的差异(或称间距)。

该法是国内外利用测井资料识别烃源岩最常用的方法，对砂、泥岩地层识别效果最好，但使用该方法识别页岩气储层时，必须明确基线岩性。

5. 介电常数识别法

研究表明，含碳氢化合物页岩层的介电常数表现为高值，而不含碳氢化合物页岩层的介电常数表现为低值,可以将这一响应特征作为识别页岩气储层的标志(莫修文等,2011)。这一研究发现在美国俄克拉何马和得克萨斯某些页岩层中都得到了证实。感应测井测得的原始数据中出现很大的负 *X* 分量信号,而在邻近的砂岩和页岩中则没有这种情况,分析发现这些大的负 *X* 分量对应着非常高的介电常数。

图 5-7(Anderson et al.,2006)是对已知是烃源岩的伍德福德(Woodford)页岩层的感应测井数据进行模拟和反演的结果。从图 5-7 可以看出,不含碳氢化合物页岩的感应测井曲线反演结果为介电常数极其微小,而含碳氢化合物页岩层的感应测井曲线反演结果为介电常数非常大,从而较好地识别了含气储层。

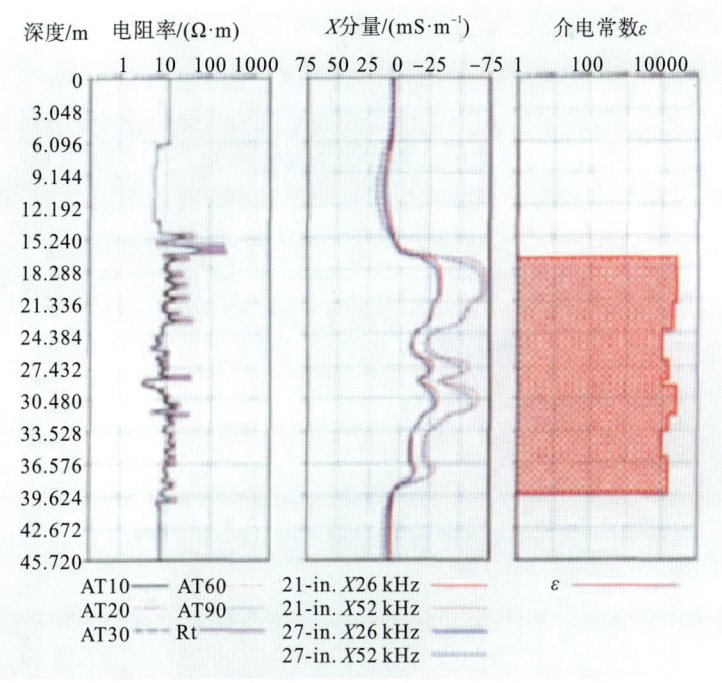

图 5-7　感应测井 X 分量异常及其反演结果

6. 总有机碳含量识别法

总有机碳含量(TOC)是含油气盆地生烃研究中至关重要的参数,该值越大则地层有机质丰度越高,该方法不仅能识别页岩气储层,还可用于判别储集层优劣。页岩总有机碳含量的计算已有着较丰富的研究成果,主要评价方法包括自然伽马法、体积密度法、Δlog *R* 法或通过录井和岩心实验获得等(黄仁春等,2014;郭秀英等,2015;李昂等,2015)。

干酪根密度较低,当页岩中有机质含量增加时页岩密度会降低,有机质增加时会引起储层孔隙度增大,孔隙度增大会引起密度降低。图 5-8 信息为岩心有机碳含量与测井密度交会图,图 5-8 中 181 个样点为 TY104 井、YQ11 井、Y118 井与 Y207 井的实验分析数据,根据密度曲线数值能够较直观地识别出页岩气储层(总有机碳含量大于 2%条件下,一般密度大于 2.62 g/cm³)。

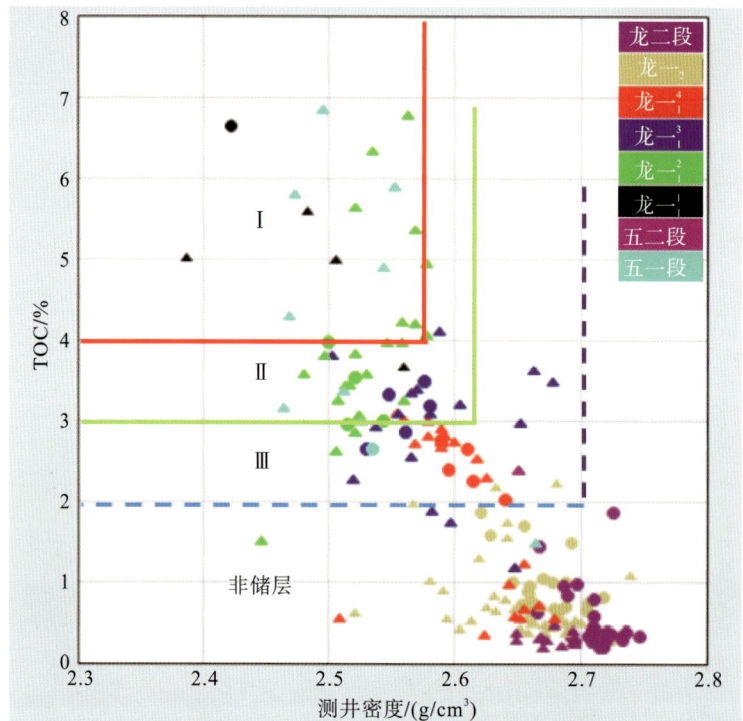

图 5-8 岩心总有机碳含量-测井密度值交会图

依据区域有机碳含量划分页岩气储层的标准，将储层划分为 4 类。

Ⅰ类储层：密度小于 2.57 g/cm³、有机碳含量大于 4%，分布于龙一$_1^1$、龙一$_1^2$及五峰组；

Ⅱ类储层：密度为 2.57~2.62 g/cm³，有机碳含量为 3%~4%，分布于龙一$_1^2$、龙一$_1^3$及五峰组；

Ⅲ类储层：密度为 2.62~2.70 g/cm³，有机碳含量为 2%~3%，分布于龙一$_1^3$、龙一$_1^4$及五峰组；

非储层：密度大于 2.70 g/cm³，有机碳含量小于 2%，分布于龙二段、龙一$_2$、龙一$_1^4$。

三、优质储集体展布特征

采用 TOC 含量、孔隙度、含气量和脆性指数 4 个参数作为储层分类依据，将页岩气储层分为Ⅰ类、Ⅱ类和Ⅲ类(表 5-4)。

表 5-4 四川盆地五峰组-龙马溪组页岩储层的分类标准

评价参数分类	TOC/%	孔隙度/%		含气量/(m³/t)	脆性指数/%
		孔隙型储层	裂缝型储层		
Ⅰ	>3	>4	>3	>3	>55
Ⅱ	2~3	3~4	2~3	2~3	35~55
Ⅲ	<2	<3	<2	<2	<35

在太阳页岩气田，五峰组-龙一$_1^3$以Ⅰ、Ⅱ类储层为主，分布较稳定。五峰组发育Ⅰ、Ⅱ类储层，以Ⅱ类储层为主；龙一$_1^1$以发育Ⅰ类储层为主，横向分布稳定；龙一$_1^2$发育Ⅰ、Ⅱ类储层，以Ⅱ类储层为主；龙一$_1^3$发育Ⅰ、Ⅱ类储层，以Ⅱ类储层为主，局部地区发育Ⅲ类储层；龙一$_1^4$以发育Ⅱ、Ⅲ类储层为主。五峰组-龙一$_1$Ⅰ+Ⅱ类储层整体较厚，分布在16.61~38.54 m，平均厚度为30.10 m，在SE方向储层略薄(图5-9)。

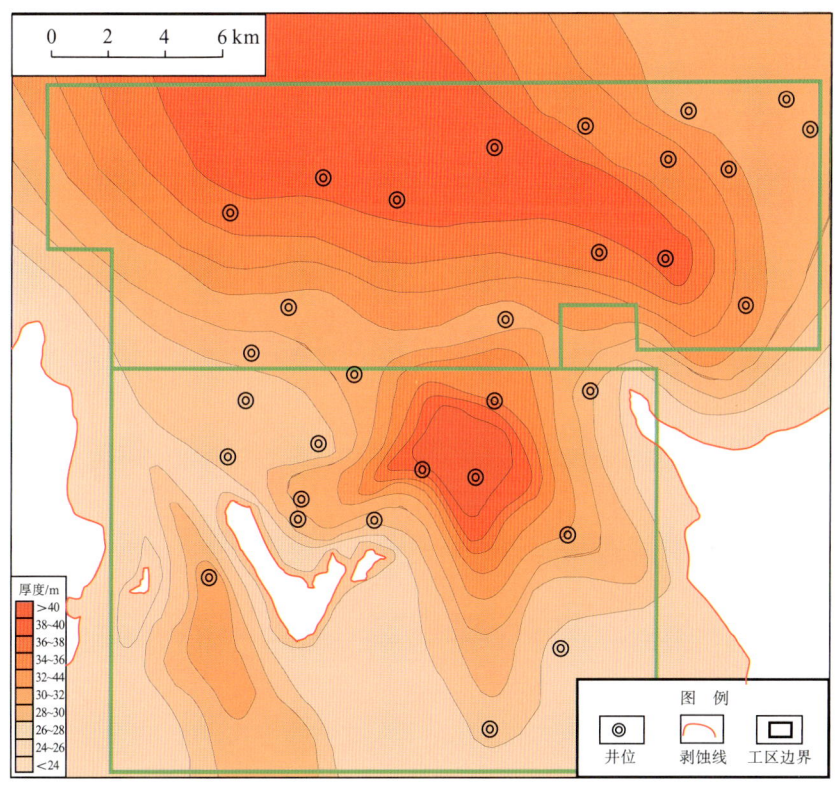

图5-9 太阳页岩气田五峰组-龙一$_1$Ⅰ+Ⅱ类储层的厚度分布

在落实优质页岩储层分布基础上，按照中国石油天然气集团有限公司的有利区优选标准(TOC>2%、优质页岩厚度>30 m、含气量>2 m³/t、脆性指数>4.5%)，对太阳页岩气田的勘探有利区进行了优选及储量计算，其中，有利区优选工作针对北部太阳背斜工区和南部海坝背斜工区分两期开展，共计落实有利区面积超过550 km²，计算页岩气的储量丰度在(3.1~3.8)×10⁸ m³/km²，明确页岩气的地质储量超过2500×10⁸ m³。

总体上，五峰组-龙一段优质页岩储层纵向发育程度好，中间无页岩气隔层，纵向含气分布连续，纵向Ⅰ类优质页岩储层连续分布厚度大于15 m是气井获得高产的资源基础。页岩气储层在平面上无断缺，即横向区域稳定，气层连续展布。页岩气以吸附态和游离态连续分布，而且含气性不受构造形态/圈闭的控制，呈现为典型的浅层连续型页岩气藏(邹才能等，2009；赵靖舟等，2016)。

四、储集体参数计算

(一)孔隙度计算

1. 岩心计算法

太阳页岩气田五峰组-龙一段页岩岩心样品 220 个孔隙度测试数据表明,岩心样品具有较好的孔隙度特征,孔隙度分布在 2.04%～10.06%,平均值为 5.77%;其中孔隙度为 2%～5% 的样品数量占样品总数量的 44.93%,孔隙度为 5%～10% 占样品总数量的 24.64%,孔隙度总体表现为中低孔的特点(表 5-5、图 5-10)。

表 5-5　太阳页岩气田五峰组-龙一段页岩岩心孔隙度统计表

井号	深度/m	样品数/个	孔隙度/% 最小～最大/平均
Y135	2660.55～2706.1	30	2.04～8.04/5.58
Y136	1964.76～1988.5	24	2.21～7.24/4.84
Y138	1964.76～1988.5	24	2.5～9.5/4.3
TY103	1026.19～1087.17	55	4～10.06/6.5
TY105	1651.01～1691.2	43	3.3～9.9/6.0
TY106	1472.27～1497.27	22	5.31～9.66/6.87
TY108	1608.61～1632.43	22	4.1～7.3/5.3

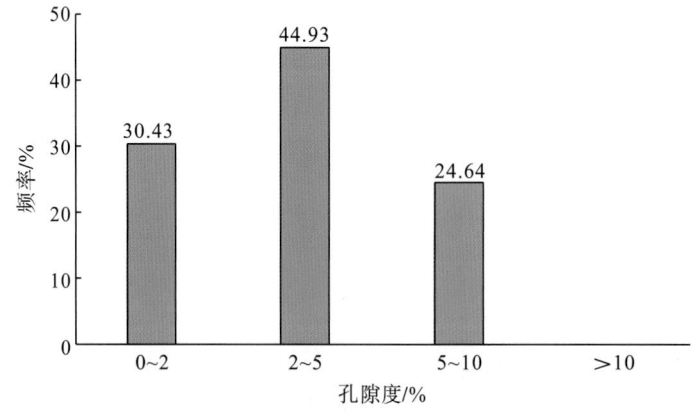

图 5-10　太阳页岩气田 TY102 井、Y118 井区五峰组-龙一段岩心孔隙度分布直方图

2. 测井计算法

1) 多矿物最优化算法

页岩气储层孔隙度低，一般无自由可动水，故所求得的含水饱和度为束缚水饱和度。本书研究中，根据资料情况采用了斯伦贝谢的多矿物模型，其原理是将各种测井响应方程联立求解，利用优化技术，通过调节各种输入参数，如矿物测井响应参数、输入曲线权值等，使方程矩阵的非相关性达到最小，从而计算出各种矿物和流体的体积。它可同时求解多个模型，按照一定的组合概率，组合得到最终模型，即地层岩石(或矿物)、流体体积，并计算得到储层参数。其测井响应方程分别为

$$\Delta T = \Phi \cdot \left[A \cdot \left(1 - S_{xo} \right) \cdot \Delta T_{hr} + S_{xo} \cdot \Delta T_{mf} \right] + V_{sh} \cdot \Delta T_{sh} + \sum_{i=1}^{n} V_{mai} \cdot \Delta T_{mai} \tag{5-1}$$

$$\Phi_{n} = \Phi \cdot \left[A \cdot \left(1 - S_{xo} \right) \cdot \Phi_{Nhr} + S_{xo} \cdot \Phi_{Nmb} \right] + V_{sh} \cdot \Phi_{Nsh} + \sum_{i=1}^{n} V_{mai} \cdot \Phi_{Nmai} \tag{5-2}$$

$$\rho_{b} = \Phi \cdot \left[A \cdot \left(1 - S_{xo} \right) \cdot \rho_{hr} + S_{xo} \cdot \rho_{mf} \right] + V_{sh} \cdot \rho_{sh} + \sum_{i=1}^{n} V_{mai} \cdot \rho_{mai} \tag{5-3}$$

$$\Phi + V_{sh} + \sum_{i=1}^{n} V_{mai} = 1 \tag{5-4}$$

式中，ΔT_{hr}、ΔT_{mf}、ΔT_{sh}、ΔT_{ma}、ΔT 分别为残余天然气声波时差、混合流体声波时差、黏土声波时差、岩石骨架声波时差、声波时差曲线，$\mu s/ft$；Φ_{Nhr}、Φ_{Nmf}、Φ_{Nsh}、Φ_{Nma}、Φ_{N} 分别为残余天然气中子值、混合流体中子值、黏土中子值、岩石骨架中子值、中子曲线，%；ρ_{hr}、ρ_{mf}、ρ_{sh}、ρ_{ma}、ρ_{b} 分别为残余天然气密度、混合流体密度、黏土密度、岩石骨架密度、密度曲线，g/cm^{3}；Φ 为有效孔隙度，%；S_{xo} 为冲洗带残余气饱和度，%；V_{mai} 为矿物体积含量，%。

单条密度曲线的平方误差方程为

$$\varepsilon_{\rho_{0}}^{2} = \left[\frac{\rho_{b} - f_{\rho_{0}}(V_{i})}{U_{\rho_{0}}} \right]^{2} \tag{5-5}$$

式中，$\varepsilon_{\rho_{0}}$ 为密度实测值与预测值的误差；ρ_{b} 为密度测量值；$f_{\rho_{0}}(V_{i})$ 为密度预测值，是要求解地层体积的函数；$U_{\rho_{0}}$ 为密度的不确定性值。

通过每个响应方程的平方误差之和可以得到所有方程的误差最小平方和表达式，即

$$\Delta^{2} = \sum_{k=1}^{n} \varepsilon_{k}^{2} \tag{5-6}$$

该表达式为求方程最优解的目标函数，也叫非相关函数，计算测量的值和岩石物理模型预测值之间的相关性或一致性，当方程矩阵的非相关性达到最小时，就得到了地层岩石矿物体积及孔隙度。

2) 密度关系法

对于太阳页岩气田 TY102 井、Y118 井区页岩气储层，本书利用密度与岩心分析的孔隙度关系进行了分析，发现 TY102 井、Y118 井区五峰组-龙马溪组密度曲线与岩心分析的孔隙度(POR)存在良好的线性关系(图 5-11)：

$$POR=-19.907\times DEN+57.353 \qquad (5-7)$$

式中，DEN 为岩石密度，g/cm^3。

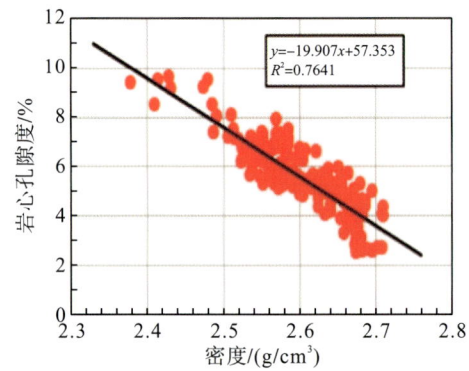

图 5-11　太阳页岩气田五峰组-龙马溪组岩心孔隙度与密度相关性图

3) 声波关系法

对于太阳地区浅层页岩气储层，本书利用声波与岩心分析的孔隙度关系进行了分析，发现五峰组-龙马溪组声波曲线与岩心分析的孔隙度(POR)存在良好的线性关系(图 5-12)。

$$POR=0.181\times AC-8.7053 \qquad (5-8)$$

式中，AC 为岩石骨架测井声波时差，$\mu s/ft$。

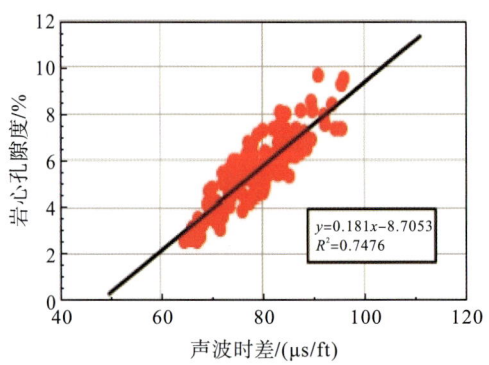

图 5-12　太阳页岩气田五峰组-龙马溪组岩心孔隙度与声波时差相关性图

4) 经验关系法

利用岩心孔隙度直接刻度测井曲线，建立孔隙度测井计算模型。依据太阳页岩气田深度归位后的岩心孔隙度与测井曲线进行相关性分析(图 5-11～图 5-14)，可知密度、声波时差、铀含量与岩心孔隙度相关性较好，相关系数 R^2 分别为 0.7641、0.7476、0.6528，中子与岩心孔隙度相关性相对较差。

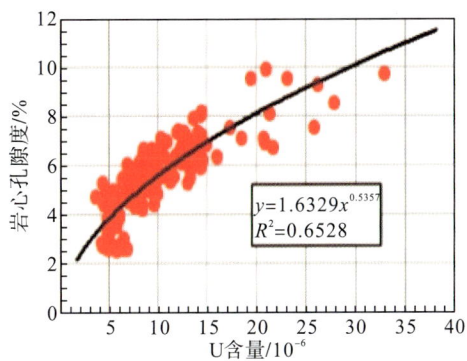

图 5-13 太阳页岩气田五峰组-龙马溪组岩心孔隙度与 U 含量相关性图

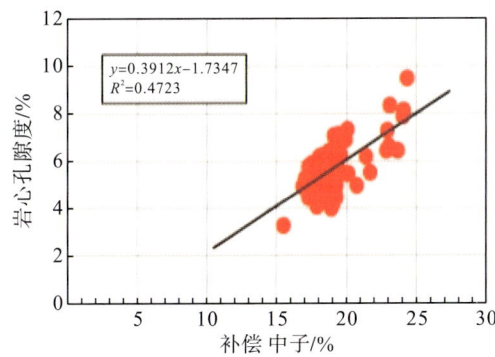

图 5-14 太阳页岩气田五峰组-龙马溪组岩心孔隙度与补偿中子相关性图

因此，利用岩心孔隙度与密度、声波时差、U 含量测井曲线进行多元回归，建立该区多曲线孔隙度计算模型：

$$POR = -8.001 \times DEN + 0.1034 \times AC + 0.07295 \times URAN + 17.487 \qquad (5-9)$$

式中，AC 为岩石骨架测井声波时差，μs/ft；DEN 为岩石密度，g/cm³；URAN 为 U 含量，×10⁻⁶。

根据对比分析，采用经验关系法计算太阳页岩气田五峰组-龙马溪组页岩地层孔隙度最为可靠。

3. 孔隙度计算及验证

在孔隙度计算精度检验中，采用取心段较长，连续性较好、归位正确的岩心分析孔隙度与测井孔隙度进行对比分析，选出可对比层段进行孔隙度分析。从太阳页岩气田五峰组-龙马溪组岩心孔隙度与测井孔隙度对比图（图 5-15～图 5-17）可见，测井孔隙度（红色实线）与岩心孔隙度（黑色杆状）吻合较好。

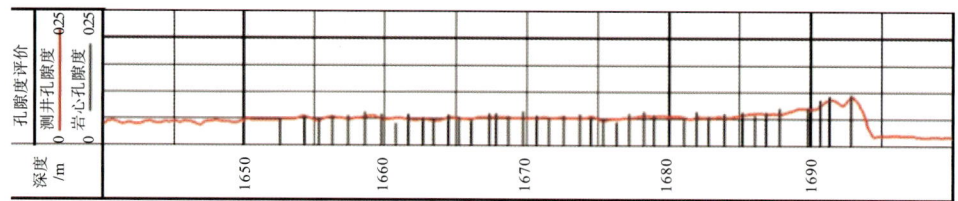

图 5-15　TY105 井五峰组-龙马溪组岩心孔隙度与测井孔隙度对比图

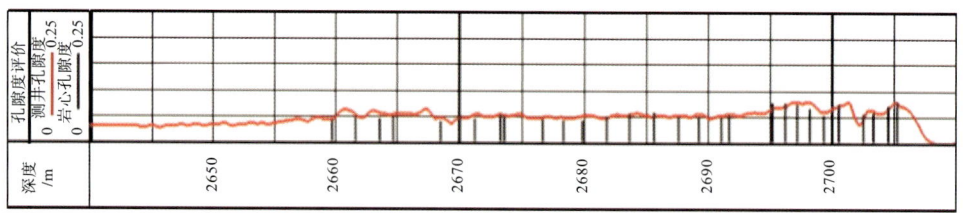

图 5-16　Y135 井五峰组-龙马溪组岩心孔隙度与测井孔隙度对比图

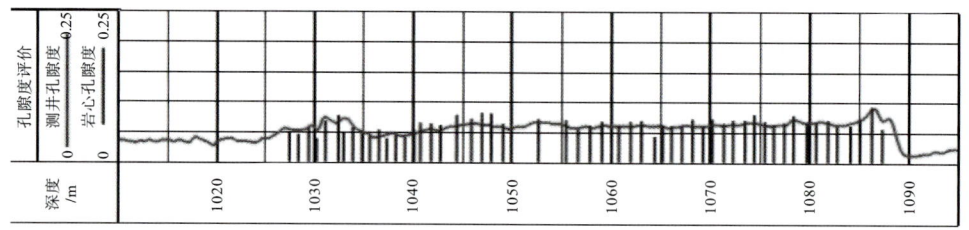

图 5-17　TY103 井五峰组-龙马溪组岩心孔隙度与测井孔隙度对比图

对比太阳页岩气田页岩气井五峰组-龙马溪组岩心孔隙度与测井孔隙度(图 5-18),测井孔隙度与岩心孔隙度均分布在 45°线附近。

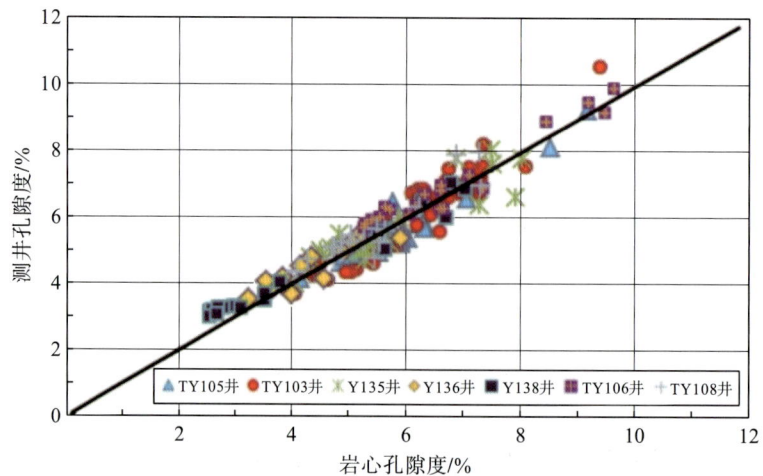

图 5-18　太阳页岩气田测井孔隙度与岩心孔隙度对比图

综合分析认为，太阳页岩气田五峰组-龙马溪组储层测井孔隙度与岩心孔隙度吻合程度较高，平均相对误差控制在 2.34%～5.92%（表 5-6），符合《石油天然气储量计算规范》（DZ/T 0217—2005）中"测井解释孔隙度与岩心分析孔隙度的相对误差不超过±8%"要求，满足储量计算的要求。

表 5-6　太阳页岩气田五峰组-龙马溪组测井孔隙度与岩心孔隙度误差分析表

井号	深度段/m		孔隙度/%			
	顶深	底深	岩心分析	模型计算	绝对误差	相对误差
TY105	1651	1691.2	5.81	5.6	0.21	3.61
TY103	1026	1085.4	6.29	6.5	0.21	3.33
Y135	2659	2706	5.67	5.88	0.21	3.70
Y136	1958	1991	4.34	4.59	0.25	5.81
Y138	1936	1991	4.22	4.47	0.25	5.92
TY106	1474	1497	6.83	6.99	0.16	2.34
TY108	1608	1640	5.36	5.58	0.22	4.10

(二)含水饱和度计算

页岩储层中的流体主要为束缚水、吸附气和游离气，基本上没有可动水，因此测井计算出的含水饱和度就是束缚水饱和度。含水饱和度的计算在砂岩、碳酸盐岩储层中有多种公式，并不断发展具有针对性的模型，包括阿尔奇（Archie）方程、Waxman Smits 方程、双水模型方程以及斯伦贝谢公司应用最多的 Simandoux 方程等。国外石油大公司在页岩气测井评价上应用不同的含水饱和度方程，威德福公司使用 Waxman Smits 方程，斯仑贝谢公司一般采用 Simandoux 方程。

1. 岩心拟合法

页岩储层中大多的微纳米孔隙是不连通的，只有充气孔隙才能储存天然气，充气孔隙度与岩石密度有较好的线性关系（图 5-19），因此用岩石密度建立充气孔隙度计算公式如下：

$$POR=-32.838\times DEN+89.1 \tag{5-10}$$

式中，POR 为充气孔隙度，%；DEN 为岩石密度，g/cm^3。

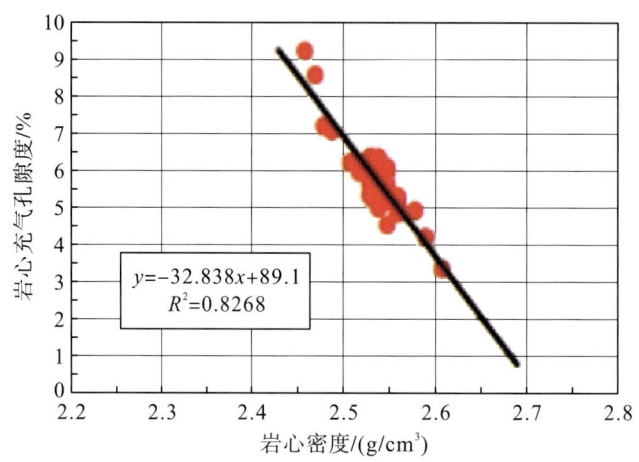

图 5-19　页岩岩心密度与充气孔隙度关系图

　　鉴于页岩微纳米级基质孔隙的孔喉小(有机孔多在 10 nm 以下),页岩储层中主要为束缚水,因此总孔隙度与含水饱和度之间没有明显的关联,但岩心实验分析结果表明,充气孔隙度与含水饱和度存在一定的双曲线关系(图 5-20),这与常规含油气储层的孔隙度-含水饱和度之间的关系相似。拟合关系式为

$$S_w = 256.09 \times POR^{-1.115} \tag{5-11}$$

式中,S_w 为含水饱和度,%;POR 为充气孔隙度,%。

　　在没有电阻率曲线的情况下可以采用该关系式近似计算含水饱和度。

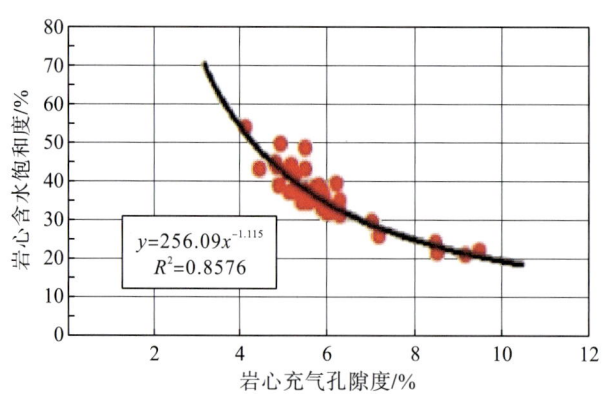

图 5-20　页岩岩心充气孔隙度与含水饱和度关系图

2. Waxman Smits 方程

　　Waxman Smits(W-S)方程是基于泥质砂岩的阳离子交换作用来建立的电导率解释模型:除地层水的导电性要比按其含盐量所预计的更好外,泥质砂岩与同样孔隙度、孔隙曲折度和含水饱和度的纯砂岩地层一样具有相同的导电特性。而地层水这种附加导电性,是

黏土颗粒表面产生阳离子交换作用引起的。地层水的附加导电率为 BQ_v/S_w，其中 B 为黏土表面被吸附的平衡阳离子的等效电导率；Q_v 和 S_w 分别为泥质砂岩的阳离子交换容量和总含水饱和度。建立 W-S 方程的假设条件为：①泥质砂岩的导电性是自由电解液（地层水）和黏土的阳离子交换并联导电的结果；②可交换阳离子的导电途径同自由电解液一样；③在平衡溶液的电导率 C_w 较小的范围内，可交换阳离子的迁移率随 C_w 增大而迅速增大，并逐渐趋于最大值，达到稳定；④在含油气泥质砂岩中，可交换阳离子的迁移率不受部分地层水被油气替代的影响。

$$S_w = \left[\frac{a \cdot R_w}{\phi^m \cdot R_t \left(1 + R_w BQ_v / S_w\right)}\right]^{\frac{1}{n^*}} \tag{5-12}$$

式中，S_w 为含水饱和度，%；R_w 表示地层水电阻率，$\Omega \cdot m$；R_t 表示含油气岩石电阻率，$\Omega \cdot m$；B 为交换阳离子的当量电导率，$S \cdot cm^3/(mmol \cdot m)$；$\phi$ 为孔隙度，%。

但该方程也存在一些问题：一是 Q_v 的估计问题，部分岩石含有少量黏土，但其阳离子交换能力很大，这就说明用测量阳离子交换量(cation exchange capacity，CEC)得出的 Q_v 来反映黏土的含量方法是值得怀疑的；二是泥岩的问题，按 W-S 方程，含水砂岩邻近的泥岩，应当有比水层更高的导电性，但实际上有许多与此矛盾，如高矿化度水层，甚至含油气层的电导率比相邻的泥岩还高，实际分析泥岩水的矿化度低，甚至是不变的。

W-S 方程的改进方程为双水模型方程，即束缚水和自由水，但页岩气储层不存在自由水，故也不适用。

3. Simandoux 方程

该方程适用于含泥质较多、岩性很细的含油气粉砂岩，同时该模型不考虑黏土或泥质的具体分布形式，只是把泥质看成黏土和细粉砂组成，把泥质部分当作可含油气、泥质较重、岩性很细的粉砂岩。该方程最早是针对砂岩剖面开发的，发现部分砂岩粒度细（粉砂含量高）黏土含量高，从而考虑了泥质对电阻率的影响。尽管当前还没有开发出专门的页岩含水饱和度方程，但借用 Simandoux 方程来计算页岩储层的含水饱和度是比较合适的，斯伦贝谢公司在进行页岩储层评价时就使用该模型计算含水饱和度，模型公式为

$$\frac{1}{R_t} = \frac{V_{sh}^c \cdot S_w}{R_{sh}} + \frac{\phi^m \cdot S_w^n}{aR_w \left(1 - V_{sh}\right)} \tag{5-13}$$

式中，R_t 表示含油气岩石电阻率，$\Omega \cdot m$；R_w 为地层条件下地层水电阻率，$\Omega \cdot m$；V_{sh} 为黏土含量，%；R_{sh} 为页岩电阻率，$\Omega \cdot m$。

根据多种方法的对比分析，最终确定在太阳页岩气田 TY102 井、Y118 井区页岩气储层使用 Simandoux 公式来计算含水饱和度。

4. 页岩岩电实验参数的确定

由于页岩易碎及遇水后易分解，因此岩电实验难度极大，国外也未开展相应的岩电实

验，本书研究选取邻区宁 203 井、昭 104 井、宁 213 井、宁 215 井、宁 216 井、宁 217 井等的页岩岩心样品开展岩电实验，地层因素测量成功 104 个，不同饱和度下的电阻增大率测量成功 65 个。将岩心不同含水饱和度 S_w 和对应的电阻率 R_t 计算得到的地层电阻率增大系数 I 在对数坐标下作图（图 5-21），得到饱和度指数 n=2.1304 和岩性相关系数 b=1.0134。

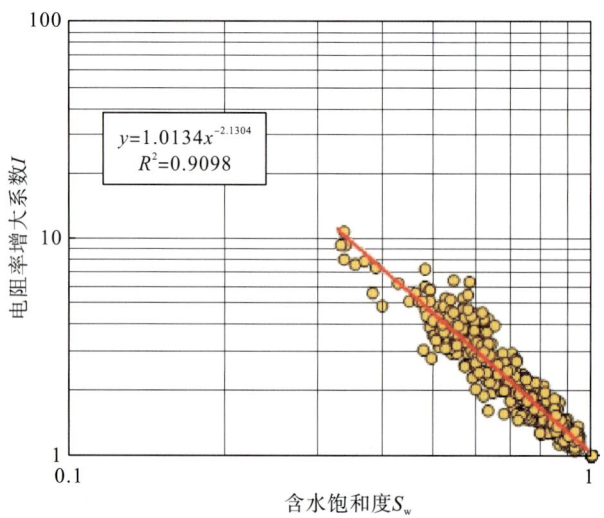

图 5-21　电阻率增大系数与含水饱和度关系曲线

将利用 100%饱和地层水的岩样电阻率 R_o 计算得到的地层因素 F 与地层孔隙度在对数坐标下进行统计回归，得到胶结指数 m=1.3139 和岩性相关系数 a=1.0610（图 5-22）。

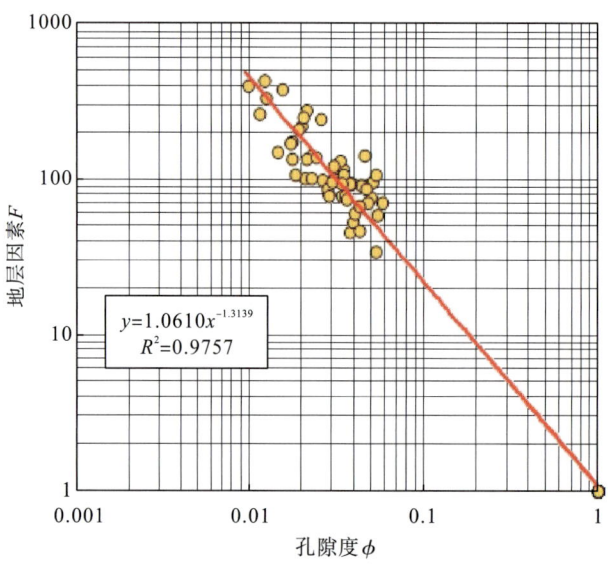

图 5-22　地层电阻率因素图版

借用邻区长宁区块宁西 202 井返排率超过 100%，取得地层混合液的平均矿化度为 $29000×10^{-6}$，查图版得 20℃时 R_w 为 0.232 Ω·m。地层条件下地层水电阻率根据如下公式计算得

$$R_w = R_{ws} \times (R_{wt} + X) / (F_{temp} + X) \qquad (5\text{-}14)$$

$$X = 10^{(-0.34 \times \lg(R_{mfs}) + 0.641)} \qquad (5\text{-}15)$$

式中，R_w 为地层条件下地层水电阻率，Ω·m；R_{mfs} 为泥浆滤液电阻率，Ω·m；R_{ws} 为地面地层水电阻率，Ω·m；R_{wt} 和 F_{temp} 分别为地面地层水电阻率的温度和地层温度，由测井实测得到，℃。

5. 含水饱和度验证

在含水饱和度计算精度检验中，采用取心段较长，连续性较好、归位正确的岩心含水饱和度与测井含水饱和度进行对比分析。图 5-23、图 5-24 为 TY103 井、TY105 井五峰组-龙马溪组岩心含水饱和度与测井含水饱和度对比图，可见测井含水饱和度（蓝色实线）与岩心含水饱和度（红色杆状）吻合较好。

综合分析认为，太阳页岩气田五峰组-龙马溪组储层测井含水饱和度与岩心含水饱和度吻合程度较高（表 5-7），符合《石油天然气储量计算规范》（DZ/T 0217—2005）中"测井解释含水饱和度与岩心分析含水饱和度的绝对误差不超过±5%"的要求，满足储量计算精度要求。

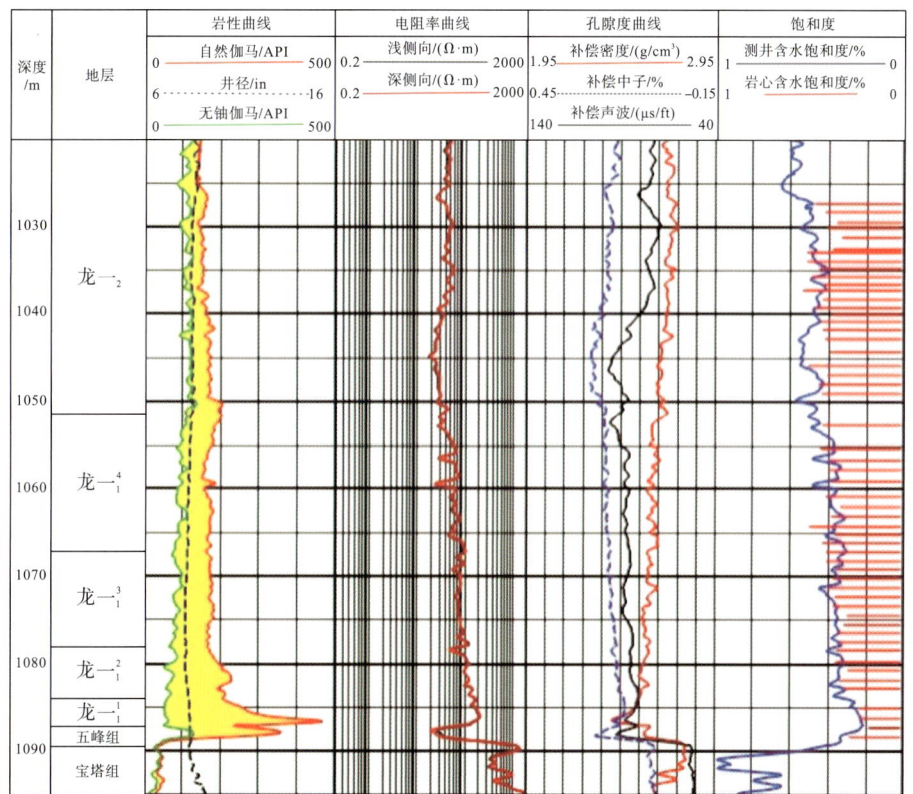

图 5-23　TY103 井测井含水饱和度与岩心含水饱和度对比图

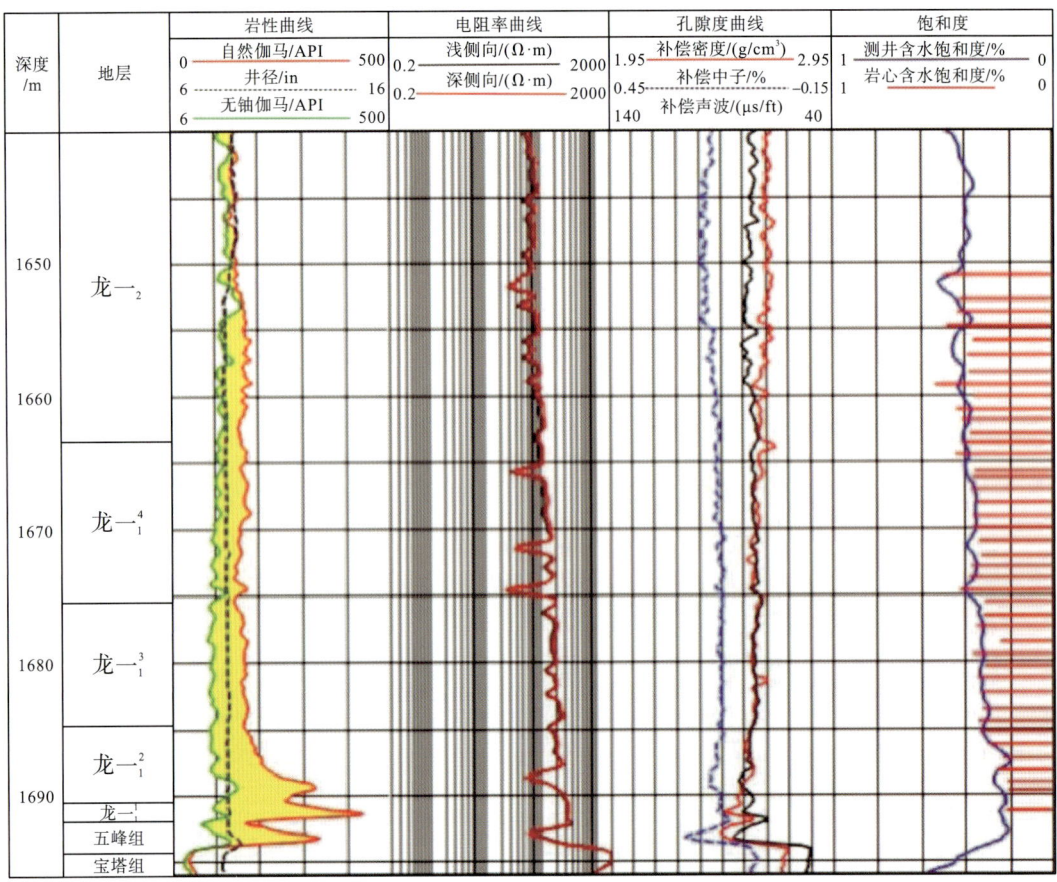

图 5-24　TY105 井测井含水饱和度与岩心含水饱和度对比图

表 5-7　太阳页岩气田五峰组-龙马溪组测井含水饱和度与岩心含水饱和度误差分析表

井号	深度段/m		含水饱和度/%		
	顶深	底深	岩心分析	模型计算	绝对误差
TY103	1027.3	1088.3	38.7	41.10	2.40
TY105	1672.1	1691.2	35.3	33.24	-2.06
Y135	2658	2706	28.9	31.20	2.30
Y136	1958	1991	42.2	44.17	1.97
Y138	1936	1990	40.7	44.18	3.48
TY106	1474	1497	36.7	34.18	-2.52
TY108	1608	1639	35.9	33.40	-2.50

(三)渗透率计算

　　页岩气储层特致密,渗透率特低,基质渗透率在微达西-纳达西渗透率特低范围,孔喉直径为 1 nm～0.1 μm,天然气在微孔中的流动方式主要为扩散流动,渗流不符合达西定律,但根据国外文献,充气孔隙度与渗透率呈近似指数关系,由于充气孔隙是页岩储层中相对大的孔隙,天然气在其中的流动具有达西流的特征,因此充气孔隙度与基质渗透率具有正相关性,即充气孔隙度增大,则渗透率增大。本书选用岩心分析资料建立渗透率解释模型,图 5-25 为岩心分析渗透率与充气孔隙度关系图,根据该关系建立了页岩储层的渗透率计算公式:

$$Perm=0.0003 \times e^{0.7109POR} \tag{5-16}$$

式中,Perm 为基质渗透率,mD;POR 为充气孔隙度,%。

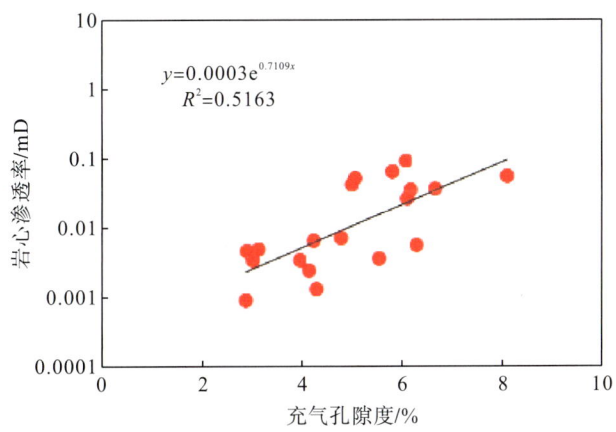

图 5-25 充气孔隙度与渗透率的关系

五、有机地化特征

(一)浅层页岩有机质类型

不同有机质类型的泥页岩都可以生成天然气,干酪根的类型不仅影响烃源岩层的产气数量,而且可能影响天然气的吸附率和扩散率。目前有机质类型研究方法主要包括有机地球化学方法(干酪根碳同位素特征)和有机岩石学方法(有机质显微组分鉴定)。

1. 干酪根碳同位素特征

泥页岩中干酪根碳同位素也能间接地反映其母质的类型,这主要是因为碳同位素值并不随有机质热演化程度的加深而变化。热演化模拟实验表明,不同类型的干酪根在成熟到高过成熟阶段,其有机碳碳同位素的变化小于1‰,变化量非常小,所以碳同位素可以作为划分有机质类型的依据。国内外研究表明,陆源高等植物所形成的干酪根,其碳同位素较重,$\delta^{13}C \geqslant 26‰$;为Ⅲ型有机质,而海相低等生物及动物所形成的 Ⅰ 型干酪根碳同位素较轻,$\delta^{13}C < -30‰$;当 $\delta^{13}C$ 为-28‰~-26.5‰时为Ⅱ$_1$型有机质,$\delta^{13}C$ 为-26.5‰~-25‰时为Ⅱ$_2$型有机质。

通过统计分析太阳地区 3 口井五峰组-龙一段干酪根碳同位素特征,可以判断干酪根类型以Ⅱ$_1$型和Ⅱ$_2$型为主(表 5-8)。

表 5-8　太阳页岩气田五峰组-龙一段干酪根碳同位素统计表

Y118 井		TY103 井		TY105 井	
井深/m	$\delta^{13}C_{PCD}$ 平均值 /‰	井深/m	$\delta^{13}C_{PCD}$ 平均值 /‰	井深/m	$\delta^{13}C_{PCD}$ 平均值 /‰
2235.55～2235.84	−29.51	1026.74～1027.00	−34.11	1654.13～1654.40	−29.88
2238.65～2238.92	−28.89	1032.60～1032.87	−31.34	1659.68～1659.96	−31.23
2242.72～2243.01	−29.66	1039.19～1039.45	−33.42	1665.40～1665.68	−30.75
2243.76～2244.03	−27.74	1046.59～1046.87	−31.66	1668.52～1668.77	−31.61
2244.19～2244.48	−26.92	1057.69～1057.97	−31.25	1672.42～1672.68	−31.79
2246.42～2246.69	−28.92	1062.77～1063.05	−31.41	1678.20～1678.47	−35.02
2249.05～2249.32	−29.36	1069.10～1069.38	−32.74	1683.04～1683.30	−28.59
2251.83～2252.11	−29.67	1075.06～1075.33	−32.85	1685.68～1685.95	−28.59
2252.62～2252.90	−29.25	1081.40～1081.67	−30.11	1688.41～1688.66	−31
2254.39～2254.76	−16.45	1086.69～1086.96	−28.02	1691.74～1691.99	−30.77
2256.73～2257.01	−16.48				
2257.43～2257.69	−26.39				
2258.90～2259.17	−23.60				
2259.58～2259.87	−27.28				

2. 有机质显微组分鉴定

在显微镜下,可以识别 4 种有机质组分,分别为腐泥组、壳质组、镜质组和惰质组,它们来源于动植物的各组织器官。沉积环境与物源的差异,导致干酪根各组分的含量有所差异。早古生代,全球范围内缺乏高等植物,干酪根的主要来源于低等水生生物、浮游动物。四川盆地下志留统龙马溪组沉积颗粒细,富含笔石,为强还原环境,以低等水生生物输入为主。干酪根镜下显微组分类型划分参考表 5-9。

表 5-9　干酪根显微组分类型

大类	显微组分组	显微组分	母质来源	透射光下特征
水生植物	腐泥组	藻类体	藻类	透明、轮廓清晰、淡黄、黄色、黄褐色
		腐泥组无定形体	以藻类为主的低等水生生物	富氢,呈透明-半透明,基色黄,从鲜黄、褐黄到棕灰色不等
				贫氢,颜色暗、近于黑色
		腐泥组碎屑体	低等水生植物经强烈的生物降解作用而形成	—
	壳质组	动物有机残体	有孔虫、介形虫等软体组织及笔石等硬壳体	—

续表

大类	显微组分组	显微组分	母质来源	透射光下特征
陆源生物	镜质组	正常镜质体(结构镜质体)	高等植物木质纤维素经凝胶化作用而形成	透明-半透明、红色、棕红色、褐红色、棱角状、棒状
		荧光镜质体(无结构镜质体)	母源富氢或受微生物作用而成或被烃类浸染而成	
	惰质组	丝质体	高等植物木质纤维素经丝碳化作用而形成	不透明黑色、呈棱角状

通过对太阳地区泥页岩五峰组-龙一段岩心样品进行镜下鉴定,透射光下可见大量腐泥组,多呈棕褐色分散状、无定形粒絮状,可见少量黑色块状惰质体,偶见黄铁矿颗粒(图 5-26)。显示腐泥组含量为 71%～88%,平均值为 75.08%,惰质组含量为 12%～29%,平均值为 24.92%(表 5-10)。根据《透射光-荧光干酪根显微组分鉴定及类型划分方法》(SY/T 5125—1996),将其划分为 II_1 型干酪根。综合以上研究,认为太阳地区五峰组-龙一段有机质类型为 II_1 型干酪根。

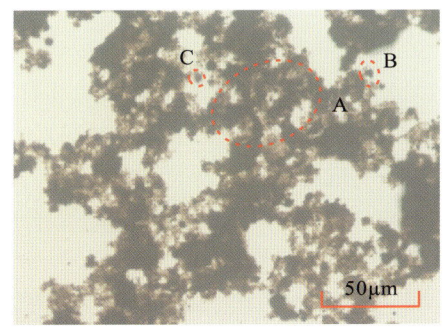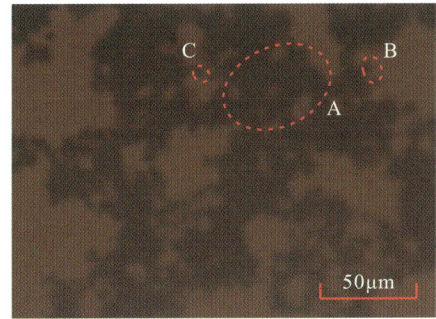

图 5-26 TY107 井龙马溪组干酪根显微镜下显微特征(左:透射光;右:蓝光激发)
A:褐棕色分散状、絮状腐泥组分;B:黑色块状惰质体;C:黑色黄铁矿颗粒

表 5-10 太阳页岩气田干酪根显微组分分析数据表

井号	层位	亚段	井深/m	组分含量/%					类型指数	类型
				腐泥组	沥青组	壳质组	镜质组	惰质组		
Y109	龙一段	龙一_2	2162.32	85	0	0	0	15	70	II_1
			2166.08	83	0	0	0	17	66	II_1
			2168.91	78	0	0	0	22	56	II_1
		龙一_1	2172.61	86	0	0	0	14	72	II_1
			2176.14	82	0	0	0	18	64	II_1
			2179.11	77	0	0	0	23	54	II_1
			2181.49	75	0	0	0	25	50	II_1
			2185.66	74	0	0	0	26	48	II_1
			2187.07	78	0	0	0	22	56	II_1
			2191.41	73	0	0	0	27	46	II_1
			2195.24	72	0	0	0	28	44	II_1
			2197.95	71	0	0	0	29	42	II_1

井号	层位	亚段	井深/m	组分含量/%					类型指数	类型
				腐泥组	沥青组	壳质组	镜质组	惰质组		
TY102	龙一段	龙一₂	733.47	88	0	0	0	12	76	II₁
			736.54	77	0	0	0	23	54	II₁
			739.82	80	0	0	0	20	60	II₁
		龙一₁	743.67	75	0	0	0	25	50	II₁
			746.36	82	0	0	0	18	64	II₁
			767.5	74	0	0	0	26	48	II₁
			770.52	73	0	0	0	27	46	II₁
			773.31	72	0	0	0	28	44	II₁

(二)浅层页岩有机质丰度

有机质丰度不仅影响生烃强度,同时也影响着有机质孔隙的发育以及吸附气的含量,通常有机质丰度较高的页岩具有高生烃潜力、高孔隙度、高吸附气特征。有机质丰度的表征参数主要包括 TOC 含量,氯仿沥青"A"以及总烃。

1. TOC 含量

TOC 含量是页岩油气资源评价的关键参数之一,影响着页岩的生烃潜能和有机孔发育程度,因此研究页岩岩相的 TOC 含量有着重要的勘探意义(任官宝等,2023)。本书主要采用有机碳含量对五峰组-龙一段含气的有机质丰度进行表征与评价。

《页岩气资源/储量计算与评价技术规范》(DZ/T 0254—2014)将 TOC 划分为特高(＞4%)、高(2%~4%)、中(1%~2%)、低(＜1%)等 4 个级别。

根据对太阳页岩气田页岩岩心样品 TOC 含量进行测定表明,TOC 含量>1%的样品数占比超过 79%(图 5-27),平均值为 2.62%,总体反映区内主要为高 TOC 含量,这为页岩气藏的形成提供了良好的物质基础。

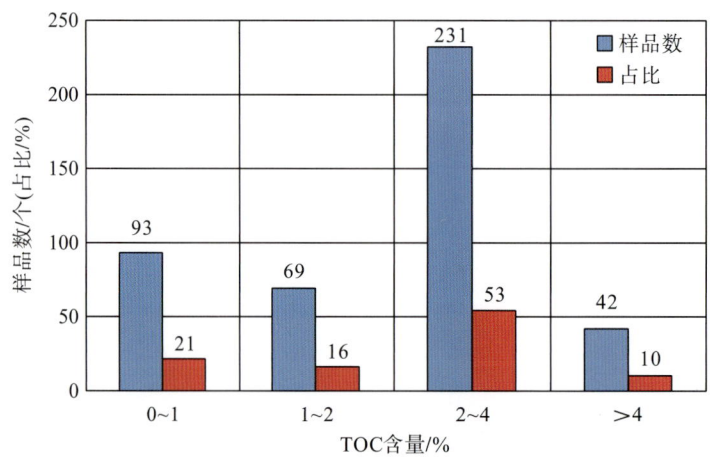

图 5-27　太阳页岩气田五峰组-龙一段 TOC 含量直方图

　　太阳页岩气田五峰组-龙一段页岩气层段中,五峰组-龙一$_1$亚段TOC含量最高(图5-28),可达9.02%,平均值为3.27%(表5-11),评价为高-特高TOC含量。而龙一$_2$TOC明显变小,TOC含量介于0.40%～2.60%,平均值为1.20%,评价为低-中TOC含量。

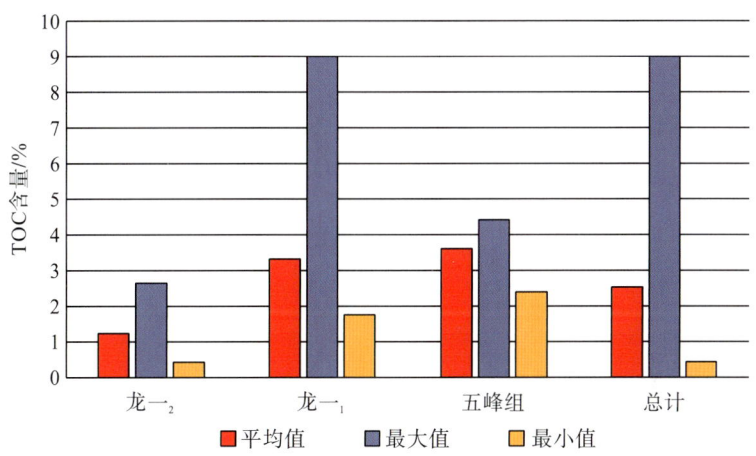

图5-28　太阳页岩气田五峰组-龙一段纵向TOC含量对比直方图

表5-11　太阳页岩气田五峰组-龙一段TOC含量分层统计表

地层	亚段	井数/口	样品数/份	平均/%	最大/%	最小/%
龙一段	龙一$_2$	7	73	1.20	2.60	0.40
	龙一$_1$	7	113	3.27	9.02	1.75
五峰组		4	4	3.56	4.36	2.37

　　太阳页岩气田多口井TOC含量在纵向上的变化相似,具有良好的对比关系,都具有自上而下逐渐变好的特点。五峰组-龙一$_1$都为高有机碳含量,其中Y118井五峰组-龙一$_1$的黑色碳质页岩TOC含量平均值为3.68%,Y109井、TY102井、TY103井、TY105井优质层厚且连续,TOC含量平均值分别为3.52%、3.17%、3.44%和2.94%。

　　TY103井五峰组-龙一$_1$深水富有机质硅泥质页岩井段(1073.7～1089.45 m)TOC含量平均值为4.14%,远大于上部浅水陆棚层段(1028.6～1067.3 m)泥页岩TOC含量的平均值1.89%。

　　造成这种差异的原因在于海侵初期(龙马溪组最底部)缺氧环境中保存的有机质最多,TOC含量也就最高;而海侵后期,一方面由于深层海水和表层海水长时间的混合,另一方面由于前陆隆起继续抬升,隆后盆地水体相对变浅,陆源粗碎屑物质有了更多的注入,使底部缺氧环境遭受破坏,有机质保存条件变差,因此龙马溪组由下向上TOC含量变低。

2. TOC含量的计算方法

　　页岩气地层中除岩石矿物骨架和流体外,还含有大量的有机质,常用TOC含量来表达，又称为残余有机碳，它是岩石中残留的或剩余的有机碳含量。油气成因理论认为，烃源岩中只有很少一部分有机质转化成油气排替出去，大部分仍残留在烃源岩中，同时由于碳是有机质中含量大、稳定程度高的元素，所以用剩余有机碳来近似地反映烃源岩内的剩余有机质含量。

　　TOC 主要包括干酪根和沥青。干酪根即沉积物中不溶于常用有机溶剂的所有有机质，而沥青则是可溶于有机溶剂的有机物。干酪根被认为是生油原始物质，它在沉积岩中分布非常广泛，占沉积物中总有机质的 70%～90%。得到 TOC 含量后，结合岩石的密度测井值和 TOC 含量与干酪根体积之间的换算关系，应用测井资料可以计算出页岩储层中干酪根的体积。

　　从岩心 TOC 含量与测井响应之间的关系分析，TOC 含量与密度及 U 含量具有较好的相关关系，即 TOC 含量与密度负相关，与 U 含量正相关，而与声波时差(DT)及中子测井(NPHI)值之间的相关性相对较差(图 5-29)。

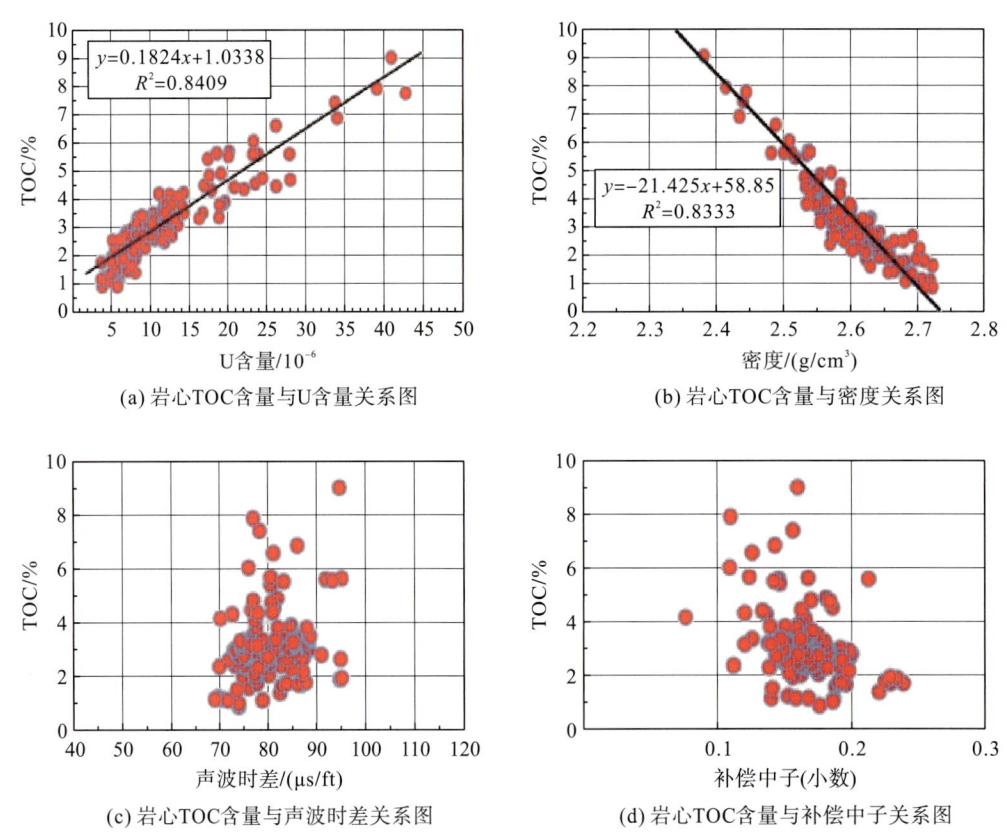

(a) 岩心TOC含量与U含量关系图　　　　　　(b) 岩心TOC含量与密度关系图

(c) 岩心TOC含量与声波时差关系图　　　　　(d) 岩心TOC含量与补偿中子关系图

图 5-29　岩心 TOC 含量与测井曲线关系图

　　从图 5-30 可以看出岩心 TOC 含量在纵向上的变化特征与电性特征之间的关系。

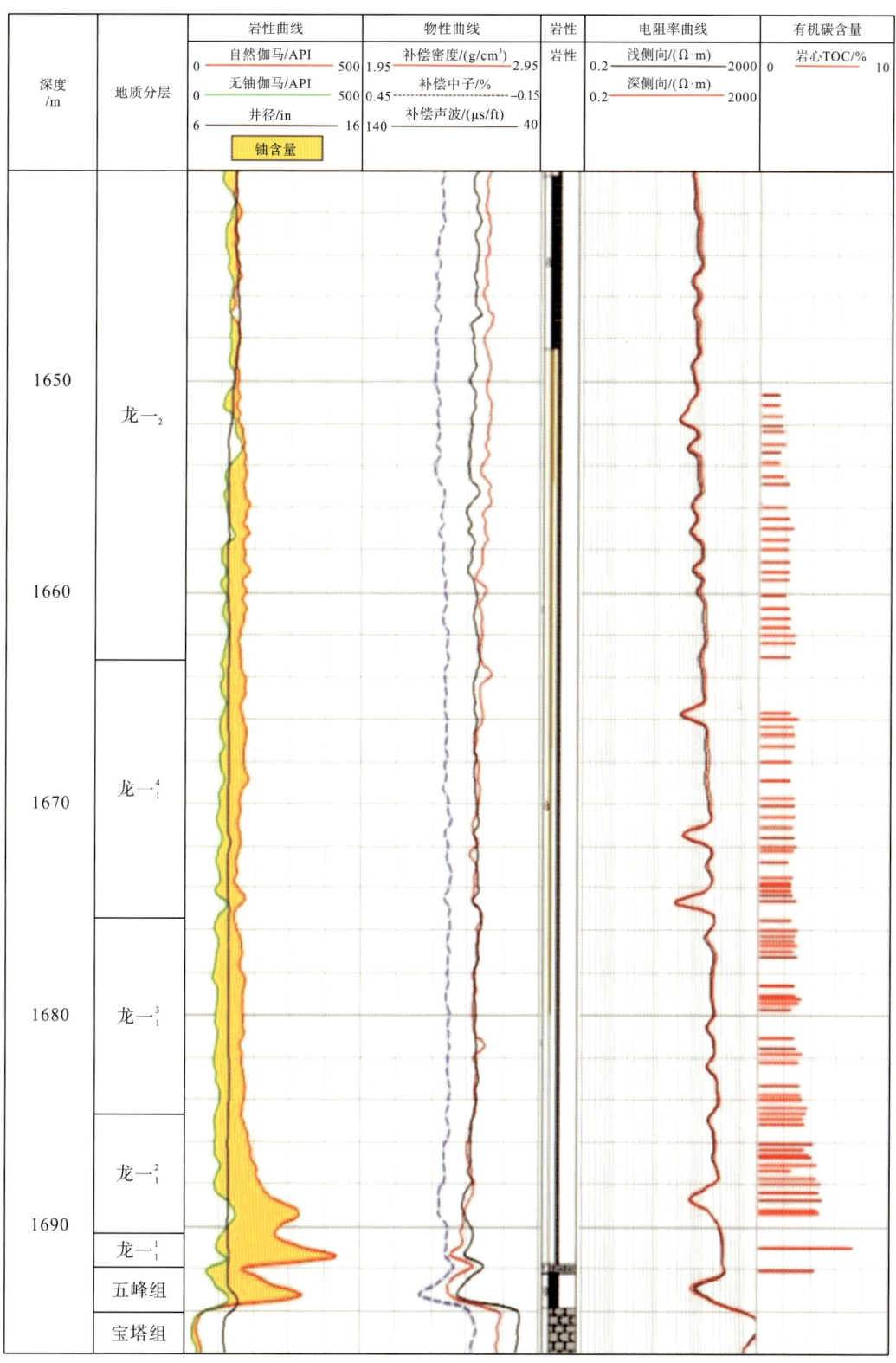

图 5-30　TY105 井五峰组-龙一段 TOC 含量综合柱状图

　　根据国内外相关文献的调研及太阳页岩气田岩心分析、测井响应特征,在本次研究中探索了四种方法计算总有机碳含量。

1) $\Delta\log R$ 法

　　$\Delta\log R$ 法是一种孔隙度测井曲线(一般是声波时差曲线)叠合在一条电阻率曲线上,如果没有合适的声波时差曲线,可以用密度或中子测井曲线代替,但总的看来,井眼情况对密度和中子读数的不利影响,声波-电阻率组合比密度-电阻率或中子-电阻率组合有更高的精确性。相对刻度是每两个对数电阻率循环为 100 μs/ft(328 μs/m),相对于 1 个电阻率单位的比率为 50 μs/ft 或(164 μs/m),把两条曲线叠合在一起,并以细颗粒的非源岩为基线,基线存在的条件是两条曲线"轨迹"一致或在一个有意义的深度范围内重叠,两条曲线的幅度差定义为 $\Delta\log R$,图 5-31 为一典型实例。

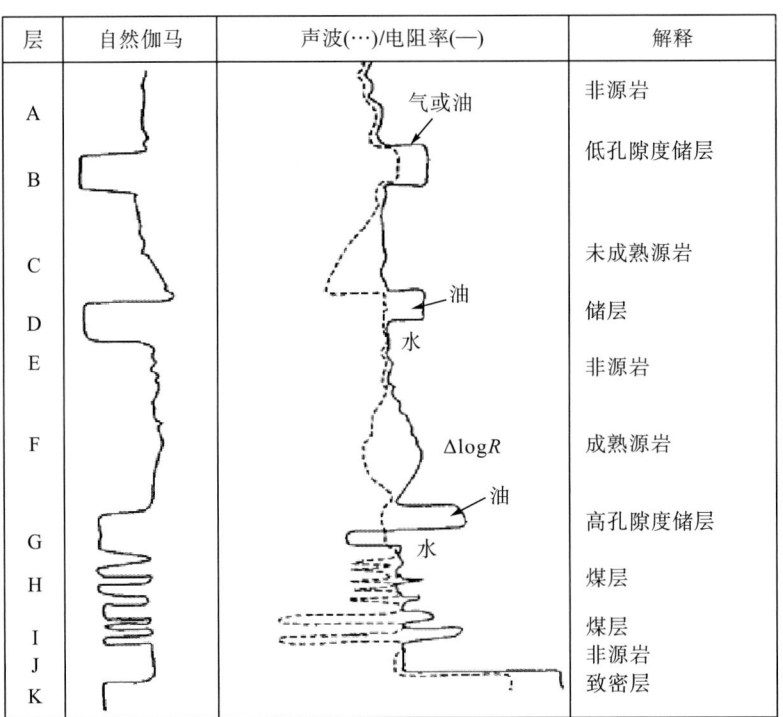

图 5-31　$\Delta\log R$ 叠合图上各种特征的解释示意图

　　选择基线时,每口井应根据地层的变化和曲线的响应情况分段重叠,即一口井可能有多段基线。利用声波和电阻率曲线幅度差($\Delta\log R$)可用来识别高含有机质的地层,未成熟的源岩层 $\Delta\log R$ 幅度差应该完全是来自声波时差曲线的响应,而成熟的源岩层 $\Delta\log R$ 幅度差含有声波和电阻率两条曲线的分量,烃类聚集显示的 $\Delta\log R$ 幅度差主要由于烃类不导电而使电阻率增大的缘故。$\Delta\log R$ 幅度差存在于富含有机质源岩地层和含烃的储集层段两种情况中,用自然伽马和自然电位曲线可以把储集层段分离出来。也有可能会出现与源岩无关的 $\Delta\log R$ 幅度差,在大多数情况下,这种异常的 $\Delta\log R$ 层段易于识别和剔除,这些非源岩异常段主要包括:①含烃类储层;②很差的井眼条件;③欠压实沉积层;④低孔隙度(致密)层段；⑤火成岩；⑥蒸发岩。

之前提到，应用 $\Delta\log R$ 幅度差可以定性识别页岩气储层，而 $\Delta\log R$ 的另一个重要应用在于定量计算总有机碳含量。1990 年，Passey 提出利用 AC、CNL、DEN、RT 计算不同成熟度条件下的有机碳含量。方法原理是将声波时差曲线和电阻率曲线进行重叠，声波时差采用算术线性坐标，电阻率曲线采用对数坐标。当两条曲线在一定深度内一致时为基线，基线确定后，则两条曲线间的间距在电阻率对数坐标上的读数，即 $\Delta\log R$ 也就确定了。

$$\Delta\log R = \log(RT/RTb) + 0.02\times(AC-ACb) \tag{5-17}$$

$$\Delta\log R = \log(RT/RTb) + 4.0\times(CNL-CNLb) \tag{5-18}$$

$$\Delta\log R = \log(RT/RTb) - 2.5\times(DEN-DENb) \tag{5-19}$$

$\Delta\log R$ 与 TOC 呈线性相关，且是成熟度的函数：

$$TOC = \Delta\log R \times 10^{(2.297-0.1688\times LOM)} \tag{5-20}$$

式中，$\Delta\log R$ 为两条曲线间的间距；RT 为测井实测电阻率；RTb 为基线对应的电阻率；AC 为实测声波时差；ACb 为基线对应的声波时差；CNL 为实测补偿中子值；CNLb 为基线对应的中子值；DEN 为实测补偿密度值；DENb 为对应的补偿密度基线值；TOC 为总有机碳含量(单位为质量分数)。

LOM 是与页岩成熟度有关的一个参数，为 5～18。成熟度越高则 LOM 值也越高，国外对于这种关系进行了大量的研究(图 5-32)。

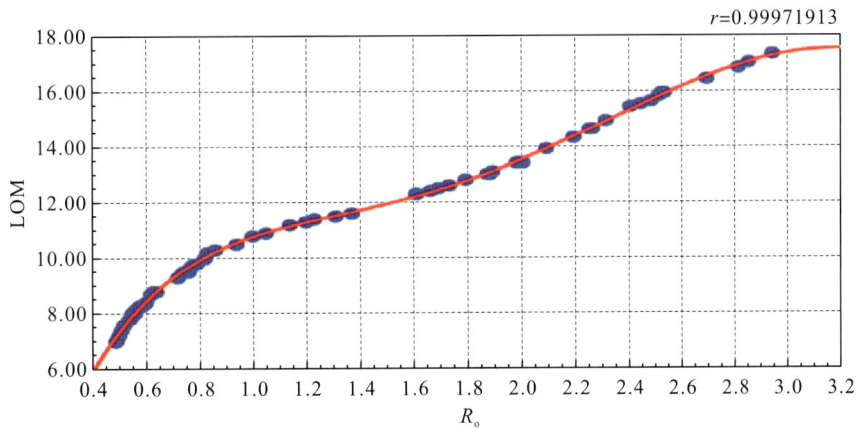

图 5-32　镜质体反射率 R_o 与 LOM 之间的关系

太阳页岩气田志留系和奥陶系地层的成熟度高，平均值为 2.55，故在使用上述公式时 LOM 的取值大于 12。

对于基线应尽量选取泥页岩黏土含量高且泥页岩颜色浅或紫红色层段的电阻率和三孔隙度值，因为该类层段总有机碳含量低且测井值受烃类和岩性变化的影响小，计算出的总有机碳含量更符合实际。

图 5-33 为 TY103 井五峰组-龙马溪组应用 $\Delta\log R$ 方法计算总有机碳含量与岩心对比图，计算结果比较吻合。

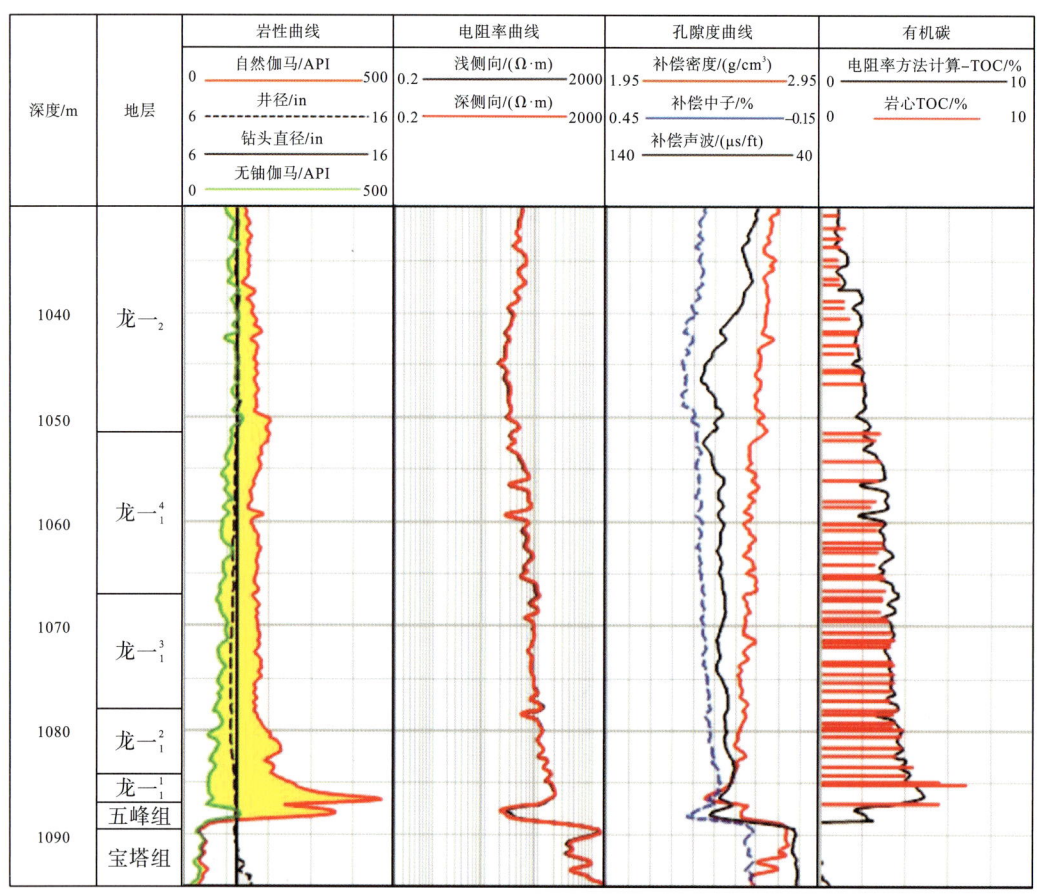

图 5-33　TY103 井 $\Delta \log R$ 计算总有机碳含量与岩心对比图

2）TOC 与 U 关系法

众多研究表明，富含有机质的烃源岩由于吸附了大量的 U 元素，因此常伴随着高的放射性异常，即高的自然伽马值，并且能谱测井能够测得地层中 U 元素浓度，它和有机质之间有很好的经验关系，可用异常高的自然伽马值来识别烃源岩。Schmoker（1981）进一步提出了美国阿巴拉契亚盆地页岩的自然伽马值与有机质丰度之间的关系。他将公式计算的有机质含量与实验室直接分析的有机质含量进行了对比（这些样本的有机质含量为 0%～20%），结果显示，除部分页岩外，岩心分析与自然伽马测井计算的有机质含量之差平均值为 0.44%，标准误差为 1.98%，这表明两者之间具有明显的相关性。但地层的总放射性同时还受到黏土含量的较大影响，因此仅仅用总自然伽马值确定有机碳含量比较困难。

事实上，地层中 91% 的 U 含量变化都可用 TOC 和 P_2O_5 的浓度来解释。由于浮游生物大量吸附铀离子，海相富含有机质的页岩和石灰岩，呈高放射性；而湖相淡水中缺乏铀离子，因此湖相烃源岩不显示伽马测井异常，所以利用高伽马异常划分海相烃源岩效果好，而在湖相地层中则效果较差。

能谱测井能够测得地层中 U 元素浓度，它和有机质之间有很好的经验关系，同时黏土中铀含量较少，因此用自然伽马能谱测井来确定总有机碳含量是较为可行的方法。

3）TOC 与密度关系法

页岩储层中有机质的密度一般为 1.1～1.6 g/cm^3，比岩石的骨架值(2.3～2.75 g/cm^3)低近一半，因此密度是反映有机质体积的直接测井参数。对于太阳页岩气田 TY102 井、Y118 井区页岩气储层，通过对测井密度与岩心分析的 TOC 含量的关系进行了分析，发现该区五峰组-龙马溪组测井密度与岩心分析的 TOC 含量同样存在良好的线性关系，如图 5-34 所示。

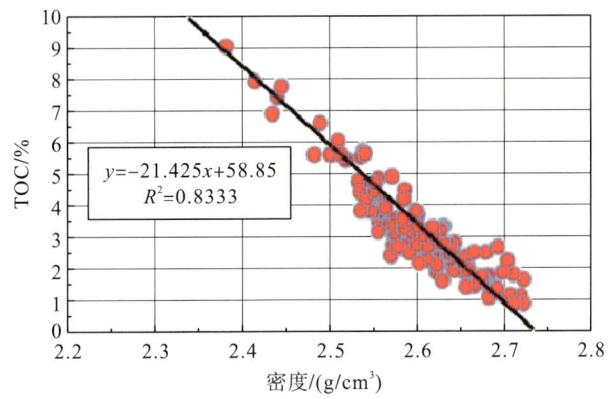

图 5-34　TY102 井、Y118 井区五峰组-龙马溪组密度与总有机碳含量的关系

由上面的关系图可拟合得到如下的经验关系式：

$$\text{TOC}= 58.85{-}21.425\times\text{DEN} \tag{5-21}$$

式中，TOC 为总有机碳含量，%；DEN 为密度，g/cm^3。

4）多元回归法

上述单曲线回归 TOC 含量的计算模型虽然能够满足一般参数求取要求，但在一些特定条件下(如井眼垮塌时曲线失真、相关性差的地层等)，计算结果准确性差，而多元回归方法可以综合多条测井曲线的响应特征，减少单条测井曲线的不利影响，提高 TOC 含量的计算精度。一般认为，在自变量(测井曲线)互不相关时，运用多个自变量与因变量进行多元回归分析，比单个自变量与因变量进行拟合得到的结果相关性要高得多。

在评价井的生烃潜力之前，需要构建一个包含岩心样品 TOC 测量的多元回归模型。根据上面的岩心实测 TOC 与不同测井曲线的相关性分析，TOC 与密度曲线、U 曲线相关性最好，与电阻率、自然伽马、声波、中子等曲线相关性一般。利用 IP (Interactive Petrophysics)测井软件平台中的多元线性回归模块，选择多条测井曲线与 TOC 进行建模(可选择井、深度段或地层)及模型优化(分地层多曲线组合力求相关系数达到要求)，利用建好的模型对已知的取心井进行模型检验，最后应用所建模型对其他井进行 TOC 含量的计算。

(1)建模。选择能够反映 TOC 含量的测井曲线参与回归(如 RHOB、U 等)，为了提高计算精度，计算时结合其他测井曲线(DT、CNL、GR 等)，建立多元回归模型(相关系数反应公式的可信度)，可以选择不同测井曲线组合进行建模，根据相关系数的数值变化，找到最适合的回归模型。

（2）模型验证。对参与建模和未参与建模的井进行模型计算，根据计算结果验证模型的可靠性。

（3）模型应用。图 5-35 为 TY104 井测井综合图，最左边道黑色曲线为利用多元回归方法得到的模型计算的 TOC 曲线，红色杆状图为岩心分析结果，可以看出，计算结果与实际岩心分析数据相关性好；相关性分析见图 5-36，TY104 井计算的 TOC 与岩心分析 TOC 数值差别很小，相关系数 R=0.958。

$$y = 0.222155 + 1.03372 \times x$$

$$R=0.958$$

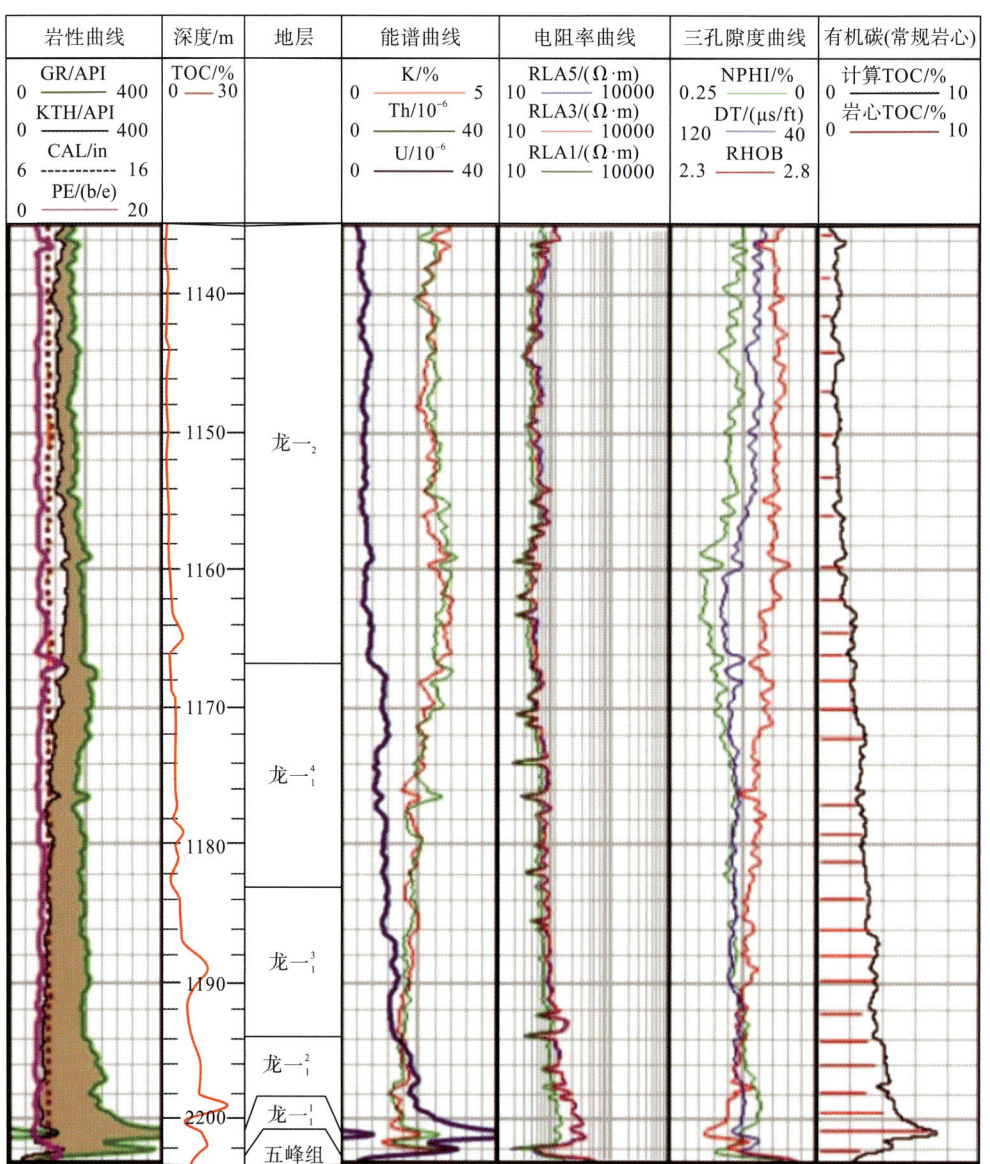

图 5-35　TY104 井综合测井图(五峰组-龙马溪组一段)

注：KTH.自然伽马测井；CAL.井径；NPHI.中子孔隙度；RLA5.深侧向电阻率；RLA3.中侧向电阻率；RLA1.浅侧向电阻率

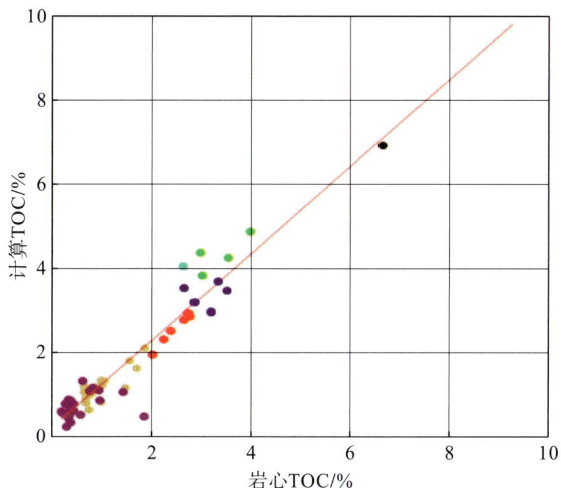

图 5-36　TY104 井计算 TOC 与岩心分析 TOC 关系图

利用太阳页岩气田 TY102 井、Y118 井区经深度归位后的岩心 TOC 与测井曲线进行相关性分析，发现 U 含量、补偿密度与岩心 TOC 相关性最好，因此，利用能谱测井 U 元素含量、补偿密度测井曲线，建立该区多元 TOC 计算模型：

$$TOC=0.10197×U-12.0388×DEN+33.2648 \qquad (5-22)$$

式中，U 为铀含量，10^{-6}；DEN 为岩石密度，g/cm^3。

3. 总有机碳含量计算及验证

根据多种方法对比分析，本次储量计算采用 U 元素与 TOC 关系回归法计算地层 TOC 含量。在总有机碳含量检验中，采用取心段较长、连续性较好、归位正确的岩心分析 TOC 与测井 TOC 进行对比分析和计算精度分析，从而验证测井解释模型和方法的可用性。

图 5-37 为太阳页岩气田典型井五峰组-龙马溪组岩心 TOC（红色杆状）与测井 TOC（黑色实线）对比图，可见二者吻合较好。

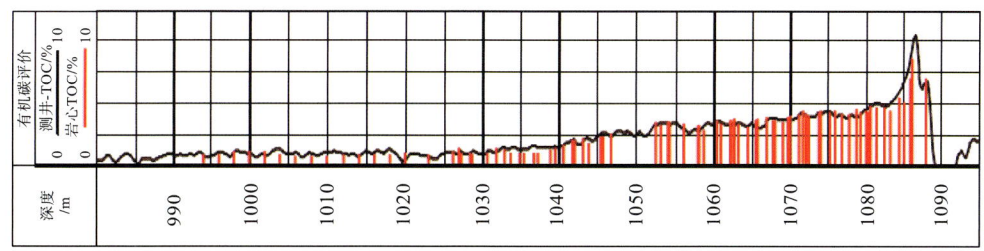

TY103井五峰组–龙马溪组岩心TOC与测井TOC对比图

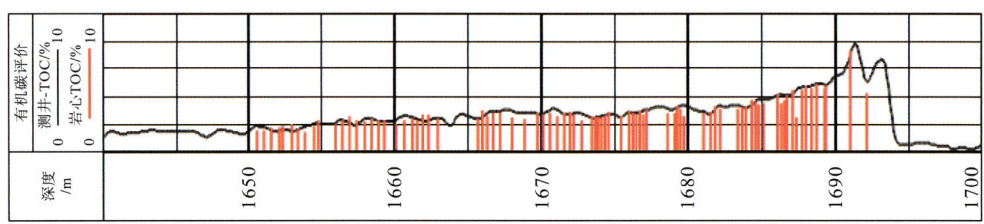

TY105井五峰组-龙马溪组岩心TOC与测井TOC对比图

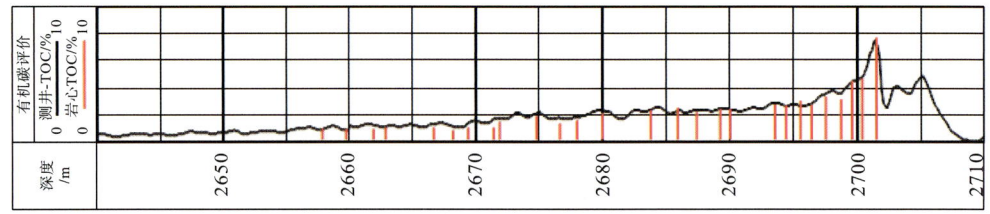

Y135井五峰组-龙马溪组岩心TOC与测井TOC对比图

图 5-37　太阳气田五峰组-龙马溪组岩心 TOC 与测井 TOC 对比图

图 5-38 为测井 TOC 与岩心 TOC 对比图,二者均分布在 45°线附近。

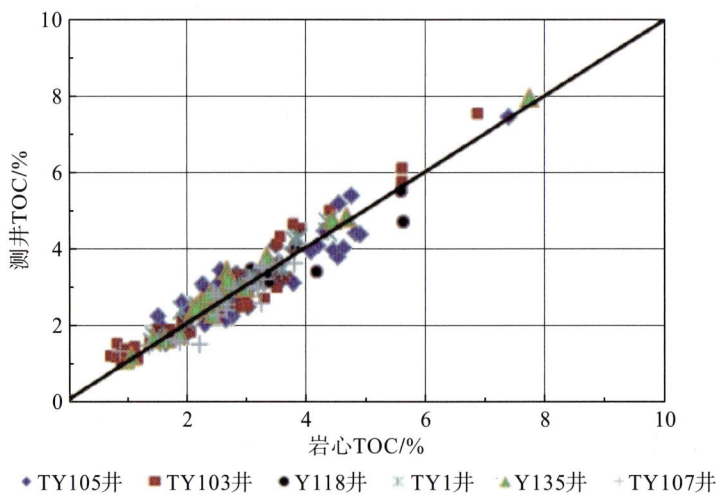

图 5-38　五峰组-龙马溪组岩心 TOC 与测井 TOC 对比图

综合分析认为,太阳页岩气田五峰组-龙马溪组页岩气储层测井 TOC 与岩心 TOC 吻合程度较高,平均值相对误差控制在 2.17%~6.16%,满足储量计算精度要求(表 5-12)。

表 5-12　五峰组-龙马溪组测井 TOC 与岩心 TOC 误差分析表

井号	深度/m		有机碳含量/%			
	顶深	底深	岩心分析	模型计算	绝对误差	相对误差
TY103	1027	1088	2.71	2.86	0.15	5.54
TY105	1651.13	1692.13	2.93	3.03	0.10	3.41
TY1	940	986.03	2.76	2.93	0.17	6.16
Y135	2657	2702	2.83	2.97	0.14	4.95
Y118	2235.55	2258.85	3.68	3.60	-0.08	2.17

　　太阳页岩气田中五峰组-龙一$_1^1$页岩的 TOC 含量为 0.69%～6.02%，平均值为 3.31%。纵向上，以龙一$_1^1$的 TOC 含量最高，总体 TOC 含量依次表现为龙一$_1^1$（5.27%）>龙一$_1^2$（3.66%）>五峰组（3.37%）=龙一$_1^3$（3.37%）>龙一$_1^4$（1.39%）［图 5-39（a）］；平面上，页岩的 TOC 含量整体呈自北向南逐渐降低的趋势，南部海坝工区的 TOC 含量整体低于北部太阳-大寨工区［图 5-39（b）］。五峰组-龙一$_1$页岩的有机质类型主要为 II$_1$（腐殖腐泥型），腐泥组含量为 68%～88%（平均值为 77.7%），惰质组含量为 12%～32%（平均值为 22.3%）（梁兴等，2021）；有机质的热演化程度高，镜质体反射率（R_o）为 1.95%～3.11%，平均值为 2.54%，处于过成熟早期的生干气阶段（梁兴等，2021）。

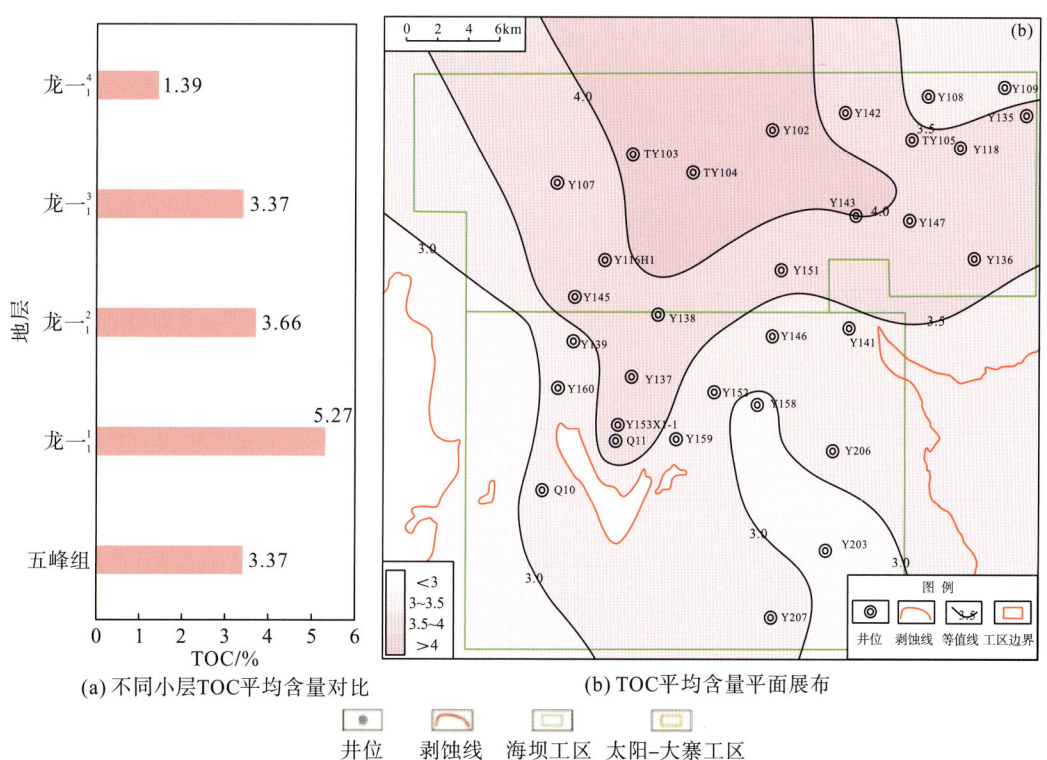

(a) 不同小层TOC平均含量对比　　(b) TOC平均含量平面展布

图 5-39　太阳页岩气田五峰组-龙一$_1$TOC 含量的纵向与平面分布特征

根据太阳页岩气田五峰组-龙一段 435 个页岩样品的 TOC 含量测定数据，页岩 TOC 含量主要分布在 0.2%～9.0%（平均值为 2.61%）其中 TOC≥1.0% 的样品占到 79%（图 5-40）。除龙一段上部贫有机质段与五峰组观音桥段生物碎屑灰岩层 TOC 含量较低外，主力页岩气储层段（五峰组下段和龙一 $_1$）TOC 含量普遍大于 2%，且纵向上呈现出随着埋藏深度增大而不断增加的趋势。高有机碳含量的富有机质硅质页岩，为太阳地区丰富的页岩气形成与成藏提供了良好的物质基础。

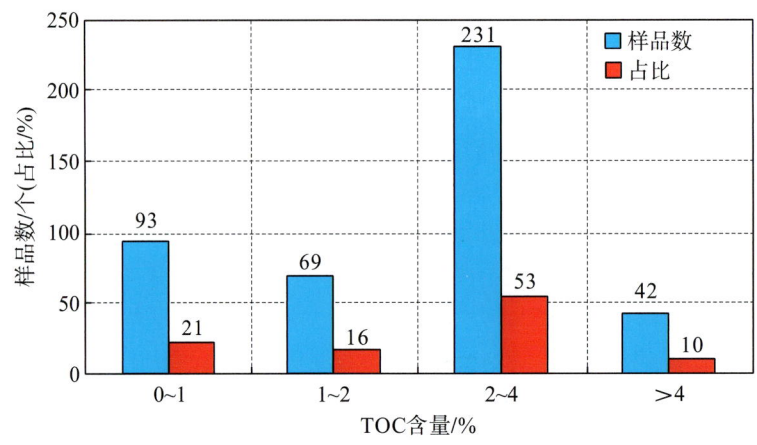

图 5-40　太阳浅层页岩气田区五峰组-龙一段 TOC 含量直方图

（三）浅层页岩有机质成熟度

有机质成熟度是反映烃源岩是否已演化至生油或生气阶段的参数，是评价烃源岩生烃潜力的依据。镜质体反射率（R_o）是国内外应用最广的一项成熟度定量指标，热变质程度越高，R_o 越大。依照国内外标准，$R_o \leq 0.5\%$ 为有机质未成熟阶段，$0.5\% < R_o \leq 1.3\%$ 为石油主要生成的成熟阶段，$1.3\% < R_o \leq 2.0\%$ 为湿气和凝析气生成的高成熟阶段，$R_o > 2.0\%$ 为干气生成的过成熟阶段。

勘探实践以及研究表明，目前美国已发现的具有商业价值的、热成因的页岩气藏，理论上成熟度大于 3.0% 通常被认为是页岩气的死亡线。然而，圣胡安盆地刘易斯（Lewis）页岩气藏和福特沃斯盆地中巴尼特（Barnett）页岩气藏中的天然气主要为热成因，为高成熟度的页岩气藏。

成熟度是页岩生气能力评价的一项重要指标。干酪根的镜质体反射率是最直观地表征有机质成熟度的参数。在下古生界的烃源岩中一般难找到镜质体，因此很难用镜质体反射率来评价下古生代烃源岩。岩心和薄片观察显示，在早古生代的烃源岩中有固体沥青存在，固体沥青是原油成气后留下的残余物，且固体沥青与镜质体反射率具有较好的相关关系，因此测定沥青反射率成为评价早古生代烃源岩成熟度的重要参数。

固体沥青反射率（R_{ob}）与镜质体反射率（R_o）的相关关系国内外已有不少学者做了探讨，比较有影响的是以下三种关系式：

Jacob 等(1985):

$$R_o = 0.618 \times R_{ob} + 0.4 \tag{5-23}$$

丰国秀和陈盛吉(1988):

$$R_o = 0.6569 \times R_{ob} + 0.3364（天然系列） \tag{5-24}$$

$$R_o = 0.7119 \times R_{ob} + 0.3088（热模拟系列） \tag{5-25}$$

刘德汉和史继扬(1994):

$$R_o = 0.688 \times R_{ob} + 0.346 \tag{5-26}$$

研究表明，以上三种关系式转换的镜质体反射率与高过成熟样品相差一般为 0.06%～0.19%，这种差别对于高、过成熟度样品的成熟度定量评价已无太大影响。目前一般采用丰国秀和陈盛吉(1988)在四川盆地测定大量沥青反射率的基础上建立的镜质体反射率与沥青反射率之间的关系($R_o = 0.6569 \times R_{ob} + 0.3364$，天然系列)，作为镜质体反射率转换依据，来定量研究烃源岩的热演化程度。

实验室依据《沉积岩中镜质体反射率测定方法》(SY/T 5124—2012)，采用显微光度计(MPV-SP)，在标准测量条件下对太阳页岩气田 89 个泥页岩样品进行了沥青反射率的测定，并进行了相应的换算，测试结果如表 5-13 所示。根据分析化验资料，研究区五峰组-龙一段镜质体反射率平均值为 2.5%，达到了过成熟阶段。勘探开发井揭示页岩气组成以干气型甲烷气占绝对优势，没有液态烃类，也佐证了有机质处于过成熟阶段的结论。

表 5-13 太阳页岩气田五峰组—龙马溪组镜质体反射率测定数据表

井号	地层	亚段	井深/m	样品数/个	测点数/个	R_o 平均值
Y109	龙一段	龙一$_2$	2162.32～2168.91	3	15	3.36
		龙一$_1$	2172.61～2201.59	12	43	2.84
	五峰组		2201.59～2204.9	2	30	2.75
Y118	龙一段	龙一$_1$	2238.65～2258.9	3	17	2.80
TY1	龙一段	龙一$_2$	884～944	28	261	1.54
		龙一$_1$	948～984	17	193	1.76
	五峰组		986	1	14	1.96
TY102	龙一段	龙一$_2$	732.37～741.11	9	35	2.86
		龙一$_1$	742.27～773.31	14	68	3.12

依据《沉积岩中镜质体反射率测定方法》(SY/T 5124—2012)，采用显微光度计(MPV-SP)，在标准测量条件下对 4 口井 89 个样品进行了镜质体反射率(R_o)测定，得到五峰组-龙一段 R_o 分布在 1.95%～3.11%(平均值为 2.54%)，干燥系数 C_1/C_{1-5} 达 0.9866～0.9986(平均值为 0.9939)，表明主力层位页岩处于过成熟的干气阶段(表 5-14)。

表 5-14　五峰组-龙一段镜质体反射率及有机质类型测定统计表

井号	地层	井深/m	镜质体反射率			有机质显微组分及类型			
			样品数/个	测点数/个	平均值/%	样品数/个	腐泥组/%	惰质组/%	有机质类型
Y109	龙一段	2162.32～2201.59	15	58	3.11	12	77.8	22.2	II₁
	五峰组	2201.59～2204.9	2	30	2.75	2	78.0	22.0	II₁
Y118	龙一段	2238.65～2258.9	3	17	2.80	15	76.9	21.9	II₁
TY1	龙一段	884～984	45	454	1.95	9	77.2	22.1	II₁
	五峰组	986	1	14	1.96				
TY102	龙一段	732.37～741.11	23	103	2.98	8	77.6	22.4	II₁

六、岩石物理特征

(一)脆性指数

页岩气藏勘探开发潜力巨大，但因其基质具有超低渗透特点，开发过程中需要进行大规模水力压裂(massive hydraulic fracturing，MHF)，裂缝网络是获得工业性气流的关键，而实验结果表明,岩石的脆性是页岩缝网压裂时所要考虑的重要岩石力学特征参数。因此，脆性是页岩气储层评价的关键参数之一。

1. 测井计算方法

岩石脆性理论上是岩石的两个固有弹性参数，即泊松比和杨氏模量的综合体现。泊松比和杨氏模量结合起来能够反映岩石在应力(泊松比)下破坏和一旦岩石破裂时维持一个裂缝张开(杨氏模量)的能力。通常塑性页岩是不好的页岩储集层，因为塑性地层将驱使任何天然或人工裂缝闭合，同时塑性页岩可形成盖层，把烃圈闭起来，阻止其迁移到其他地层中，因而塑性页岩可形成良好的压裂障碍带以及很好的盖层。而脆性页岩受力时更容易破碎，除本身可能发育天然裂缝外，在水力压裂时也能够取得很好的改造效果。因此，有必要把岩石脆性因素用一种结合了页岩力学性质的方式予以量化，即岩石力学测井解释法。这种方法不同于其他主要依靠岩心测量结果来确定脆性的矿物学方法。与岩心测量方法相比，使用岩石物理解释方法的优点是：在包括页岩段的目标层段及其上下围岩段都有测井曲线，因此可以获得长井段的连续的岩石脆性参数，而岩心数据一般只在需要水力压裂的层段才具备。

岩石的泊松比越低，杨氏模量越大，岩石越脆。在泊松比与杨氏模量交会图中，塑性页岩点将落在交会图的东北角，而页岩越脆越靠向西南角(图 5-41)。由于泊松比和杨氏模量的单位是不相同的，因此必须对每个分量引起的脆性进行归一化处理，然后进行平均从而计算出脆性指数。

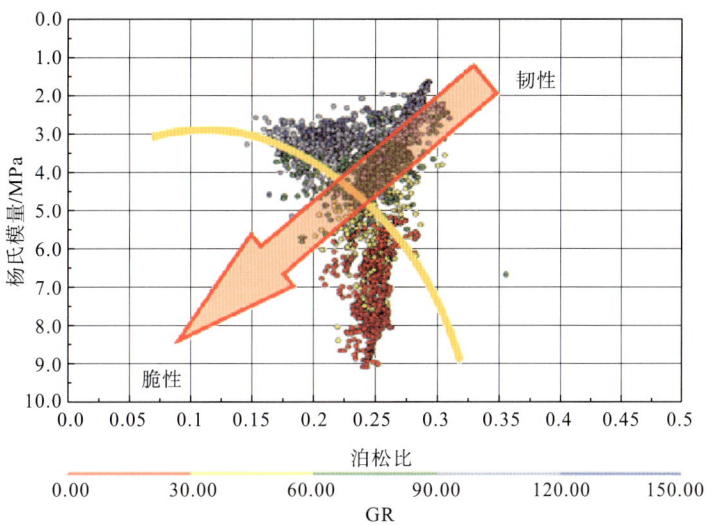

图 5-41　泊松比与杨氏模量交会图表明西南角的数据点脆性增大

对岩石脆性进行定量评价的脆性指数一般采用以下计算方法得到：

$$YM\_BRIT=[(YM-YM\_MIN)/(YM\_MAX-YM\_MIN)]\times100 \tag{5-27}$$

$$PR\_BRIT=[(PR-PR\_MAX/(PR\_MIN-PR\_MAX)]\times100 \tag{5-28}$$

$$BRITavg=(YM\_BRIT+PR\_BRIT)/2 \tag{5-29}$$

式中，PR 为泊松比；YM 为杨氏模量；由阵列声波或偶极声波测井计算得到。

2. 脆性矿物含量法

研究表明，石英、长石等脆性矿物含量高有利于后期的压裂改造形成裂缝；碳酸盐矿物中白云石含量高的层段，易于溶蚀产生溶孔。根据太阳页岩气田页岩岩石矿物组分与岩心脆性实验结果分析，该地区脆性矿物主要包括石英、长石和白云石、方解石。因此，矿物成分法脆性指数计算公式如下：

$$BRIT_{矿物}=(V_{quarz}+V_{calcite})/(V_{quarz}+V_{clay}+V_{calcit}) \tag{5-30}$$

式中，$BRIT_{矿物}$ 为矿物法脆性指数，%；V_{quarz} 为石英+长石含量，%；$V_{calcite}$ 为方解石+白云石含量，%；V_{clay} 为黏土含量，%。

采用上述两种方法对太阳页岩气田五峰组-龙马溪组岩石脆性指数进行了计算，脆性指数总体较高，页岩气层具有较好的脆性特征（表 5-15）。

表 5-15　太阳页岩气田脆性指数计算

井号	井深/m	脆性指数/%
TY102	750～780	54.2
TY105	1674.1～1693.8	53.0
Y118	2246～2262	68.4
Y138	1952.0～1991.3	67.9
Y136	1978.5～2013.7	56.3

　　页岩的脆性特征在纵向上存在较大差异，这种脆性特征的差异决定了纵向上各小层段形成网状裂缝的可能程度。脆性越大，越容易形成网状裂缝；脆性越小，则意味着更强的塑性特征，形成网状裂缝的可能性越小，且一定程度上阻碍了网状裂缝的扩展（图5-42）。

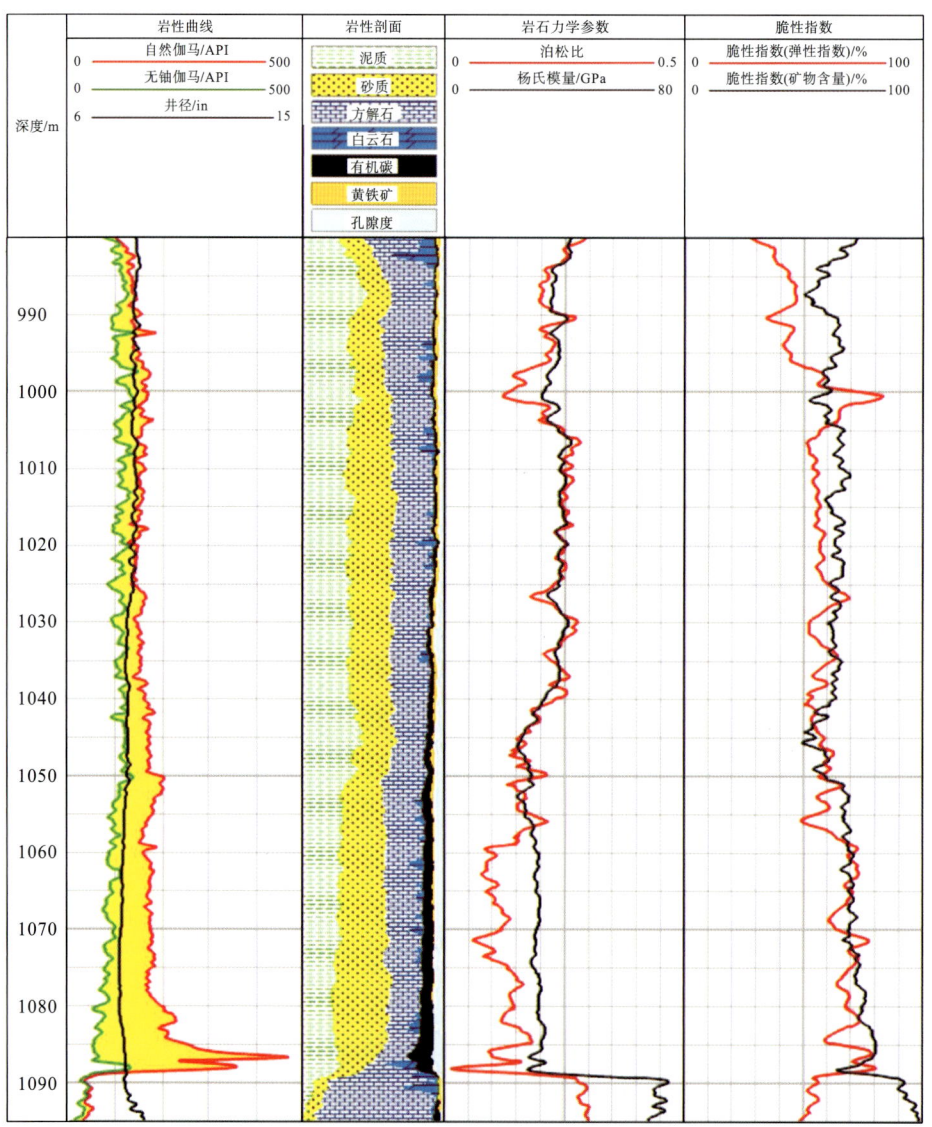

图 5-42　TY103 井龙马溪组脆性指数评价图

(二)力学特征

1. 岩石力学特征

　　页岩的力学特征是影响页岩气开采全局的关键因素。例如，页岩的强度特性影响着井壁的稳定性和压裂的可行性，形变特征影响着井筒的完整性。页岩气藏必须通过大规模的体积压裂，在地层中形成复杂缝网方能达到效益开发的目的，而国外页岩气藏开发实践表明，页岩的岩石力学性质是制约页岩气藏压裂的重要指标之一，而页岩的非均质性也导致其岩石力学性质变化较大。

五峰组-龙一$_1$的杨氏模量为 23.6~37.4 GPa（平均值为 29.6 GPa），泊松比分布为 0.110~0.201（平均值为 0.164），比长宁、黄金坝地区略低（表 5-16），储层的可压性较好。

表 5-16　太阳页岩气田及邻区岩石力学参数统计表

区块	井号	层段	三轴	
			杨氏模量/GPa	泊松比
太阳页岩气田	TY1	龙一$_1$-五峰组	23.6	0.110
	TY102	龙一$_1$	27.8	0.172
	TY105	龙一$_1$	37.4	0.201
紫金坝	Y112	龙一段	29.0~36.0	0.16~0.18
	Y115	龙一$_1$-五峰组	40.7	0.2
黄金坝	Y108	龙一段	22.0~40.0	0.17~0.24
长宁	宁 201	龙一$_1$	45.9	0.255
威远	威 205	龙一$_1$	40.5	0.285

2. 地应力特征

地应力场状态、地层的岩石力学性质决定着水力压裂的裂缝形态、方位、高度和宽度，影响着压裂的增产效果。

1）地应力

地应力一般采用测井数据计算，测井具有测量深度大、成本低、测量数据连续的特点，因而采用此方法能够得到随深度连续变化的地应力剖面（赵军等，2010），即地应力等于地层孔隙应力和地层骨架应力以及水平面上 x 和 y 方向上的构造应力之和。在利用密度及声波测井资料计算岩石力学参数及地层孔隙压力的基础上，得出水平最大、最小主应力的计算公式为

$$\sigma_{\mathrm{H}} = U_{\mathrm{b}}\frac{\mu}{1-\mu}\left(\delta_{\mathrm{v}} - \alpha p_{\mathrm{p}}\right) + \alpha p_{\mathrm{p}} + \beta_1\left(\delta_{\mathrm{v}} - \alpha p_{\mathrm{p}}\right)$$

$$\sigma_{\mathrm{h}} = \frac{\mu}{1-\mu}\left(\delta_{\mathrm{v}} - \alpha p_{\mathrm{p}}\right) + \alpha p_{\mathrm{p}} + \beta_2\left(\delta_{\mathrm{v}} - \alpha p_{\mathrm{p}}\right) \tag{5-31}$$

式中，σ_{H}、σ_{h} 分别为水平最大、最小主应力；μ 为泊松比；α 为有效应力系数；β_1、β_2 为构造应力系数；p_{p} 为地层孔隙压力；U_{b} 为地层水平骨架应力非平衡因子。

但利用测井数据求取地应力的方法由于所需资料及参数较为苛刻，实用性差，且难以

推广到地震资料应用中。结合生产实践，压裂中最小水平闭合应力可以较好地描述地层可压性，可以近似看成水平最小主应力，在实际中对最小闭合应力公式进行适当简化：

$$\sigma_{xx} - p_{\text{p}} = \frac{\mu}{1-\mu}\left(\sigma_{zz} - p_{\text{p}}\right) \tag{5-32}$$

式中，σ_{xx} 是最小水平闭合应力；μ 是泊松比；p_{p} 是孔隙压力，MPa；σ_{zz} 是上覆地层压力，MPa。式中孔隙压力和上覆地层压力通过基于地震叠前反演得到的层速度体和密度体计算可以得到（钱丽萍等，2018）。

本书对太阳页岩气田地应力的计算采用测井数据法，根据单井实测深度的地应力，太阳页岩气田最大主应力为 24.2～65.4 MPa，最小主应力为 16.0～46.1 MPa，水平应力差约为 4.0～20.7 MPa（表 5-17）。五峰组-龙一₁的地应力变化较大，最大主应力为 7.9～27.8 MPa，最小主应力为 5.9～17.1 MPa，水平应力差为 2.0～11.3 MPa（背斜顶部平缓区应力差小，而斜坡带应力差大），地层压力系数为 1.1～1.5（平均值为 1.3），属于常压-微超压地层区。

表 5-17　太阳页岩气田及邻区地应力实测结果统计表

区块	井号	最大主应力/MPa	最小主应力/MPa	水平应力差/MPa
太阳页岩气田	TY1	24.2	20.2	4.0
	TY102	26.2	16.0	10.2
	TY105	51.8	38.1	13.7
	Y109	63.7	46.1	17.6
	Y118	65.4	44.7	20.7
威远	威202	70	54.0	16.0
	自201	84.0	76.3	7.7
长宁	宁201	57.0	44.6	12.4
黄金坝	Y108	75.5	55.7	19.8
紫金坝	Y112	71.7	53.1	18.6

2) 地应力方向

地应力方向不仅影响水平井轨迹部署方位，而且影响压裂缝的延伸方向，一般压裂缝沿着最小水平主应力起裂；而水力裂缝形态受水平地应力差异系数的影响较大，应力差异系数越小，裂缝形态越复杂，改造范围越大。地应力预测包括方向及大小，其中地应力方向预测可以基于偏移矢量道集（offset vector gather，OVG）规则化处理后进行方位离散法统计（王霞等，2019），分析方位各向异性造成的响应特征，然后根据应力机制理论和裂缝破裂准则，应用方位各向异性解释响应方向指示的地应力方向，经实践证实与钻井解释地应力方向吻合度较高。

太阳页岩气田地应力场方位呈现出 NNE-SSW、NEE-SWW 方向，TY102 井最大主应力方向为 50°～60°，Y118 井、TY105 井最大主应力方向为 80°～85°，与邻区呈现出的 NW-SE 向最大主应力差异较大。

3. 施工压力特征

太阳页岩气田直井施工压力一般为 20～36 MPa，最高施工压力为 33～36 MPa；水平井施工压力一般为 15～85.6 MPa，最高施工压力为 54.6～85.0 MPa。与相邻井区对比施工压力相对较低(表 5-18)。

表 5-18 太阳页岩气田压力施工数据统计表

井号	施工排量/(m^3/min)	最高施工压力/MPa	停泵压力/MPa
TY102	12	22～24	16.7
TY105	12	33～36	29.63
TY103	10.6～12.6	30.4～31	16.59
Y118H1-1	10～13	54.6～85.0	37.7～73
TY102H1-5	12～14	27～42	12～20
TY102H1-4	10～12.7	15～36	12～22

五峰组-龙马溪组页岩气层可压裂性总体较好。施工过程表明，施工压力相对较低-适中，说明太阳地区页岩气层总体压裂施工难度较小。

第三节 含气性特征

页岩含气量是指每吨页岩中所含天然气折算到标准温度和压力条件下(101.325 kPa，0℃)的天然气总量。这里面所说的含气量指游离气、吸附气和溶解气的总和。页岩含气量是页岩气评价、选区的重要指标，是页岩气资源量/储量计算的关键参数，是页岩气井产量和产气特征的重要影响因素，因此页岩含气量的确定对页岩气勘探开发具有重要意义。

一、现场测量解吸含气量

(一)现场解吸实验方法

直接法，即现场解吸法，是将刚出筒的新鲜岩心放入密封罐中直接测量的方法，该方法确定的含气量包括三个部分：解吸气量、残余气量和损失气量，测试基本流程如图 5-43 所示。

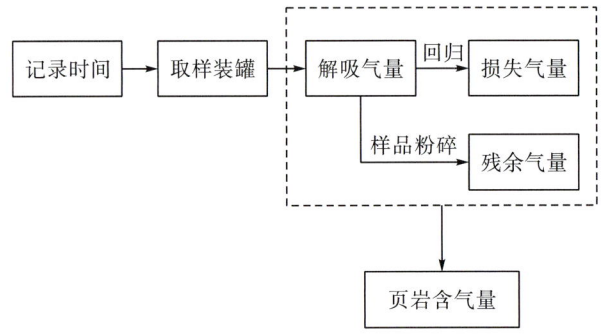

图 5-43　现场解吸法测量泥页岩含气量流程图

解吸气量是指刚出筒的新鲜岩心密封后所能解吸出来的气体量。其测量方法是：将刚出筒的新鲜岩心洗净、擦干、称重、装罐、填砂、密闭，放入温度为泥浆温度的水浴中，测量出气量 4 h 后，将密封罐放入温度为地层温度的水浴中，测量出气量直至几乎不出气为止，所测得的气量即为解吸气量，图 5-44 为累计解吸气量随时间变化曲线。

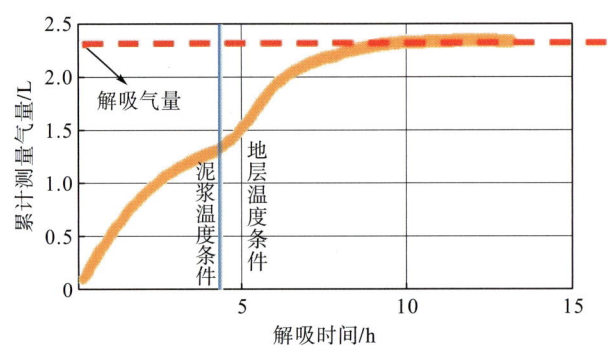

图 5-44　累计解吸气量随时间变化曲线

残余气量是指岩心解吸结束后，岩样中仍残余的气体量。损失气量是指岩心在井筒中开始提升直至封闭在密封罐中，岩心所散失的气体量即为损失气量。这部分气体量是通过计算得到，通常运用在泥浆温度条件下累计解吸气量与解吸时间的平方根之间的经验公式来进行推算。解吸气量、残余气量和损失气量三者的总和为总含气量。其中，解吸气量和残余气量是实验直接测量出，而损失气量是通过计算所得。

从现场解吸法所测含气量中损失气、解吸气和残余气组成来看，损失气量是页岩含气量的重要组成部分，其占总含气量比例较大，在龙马溪组底部页岩中损失气量所占比例一般超过 50%。由于损失气量不能通过实验直接测量出，损失气量计算的准确性直接影响着现场解吸法总含气量的准确性。

目前，损失气量通常运用泥浆温度条件下累计解吸气量与解吸时间的平方根之间经验公式来推算，主要方法有：USBM 法、Smith-Williams 法、多项式回归法以及非线性回归法等。其中，USBM 法是基于煤层中吸附气逸散模型，用直线回归估算损失气量，方法简单且容易操作,在煤层含气量测定中运用广泛,也是目前国内外页岩气领域测定含气量的常用方法。

考虑到页岩气以游离气和吸附气为主,不同于煤层气以吸附气为主,页岩气中存在大量的游离气,游离气的逸散速度更快,依据煤层中吸附气逸散模型直线回归计算的页岩损失气量会偏小,所计算的损失气量误差会较大,因此在超压页岩气藏损失气量计算中,采用多项式回归方法更符合页岩气逸散规律。

(二)现场解吸含气量特征

针对太阳页岩气田十余口井共 237 个页岩样品进行了现场解吸测试,结果表明:太阳页岩气田五峰组-龙一$_1$的含气量为 0.67~6.35 m^3/t,平均值为 2.90 m^3/t。含气量的纵向变化依次为龙一$_1^1$(4.48 m^3/t)>龙一$_1^2$(3.17 m^3/t)>五峰组(3.00 m^3/t)>龙一$_1^3$(2.47 m^3/t)>龙一$_1^4$(1.38 m^3/t)[图 5-45(a)]。平面上,海坝工区五峰组-龙一$_1$的平均含气量整体低于太阳-大寨工区,含气量为 0.67~6.35 m^3/t,平均值为 2.90 m^3/t,在剥蚀区附近出现低值,整体上呈现含气量向南、北两侧增大的趋势[图 5-45(b)]。

浅层页岩气主要以吸附态的形式存在,五峰组-龙一$_1$的吸附气量为 0.44~3.54 m^3/t,平均占总含气量的 67.6%。各小层吸附气量的变化依次表现为龙一$_1^1$(2.89 m^3/t)>龙一$_1^2$(2.11 m^3/t)>五峰组(1.98 m^3/t)>龙一$_1^3$(1.73 m^3/t)>龙一$_1^4$(0.98 m^3/t)[图 5-46(a)]。平面上,吸附气量在剥蚀区附近出现低值区,海坝工区的吸附气量整体低于太阳-大寨工区[图 5-46(b)]。

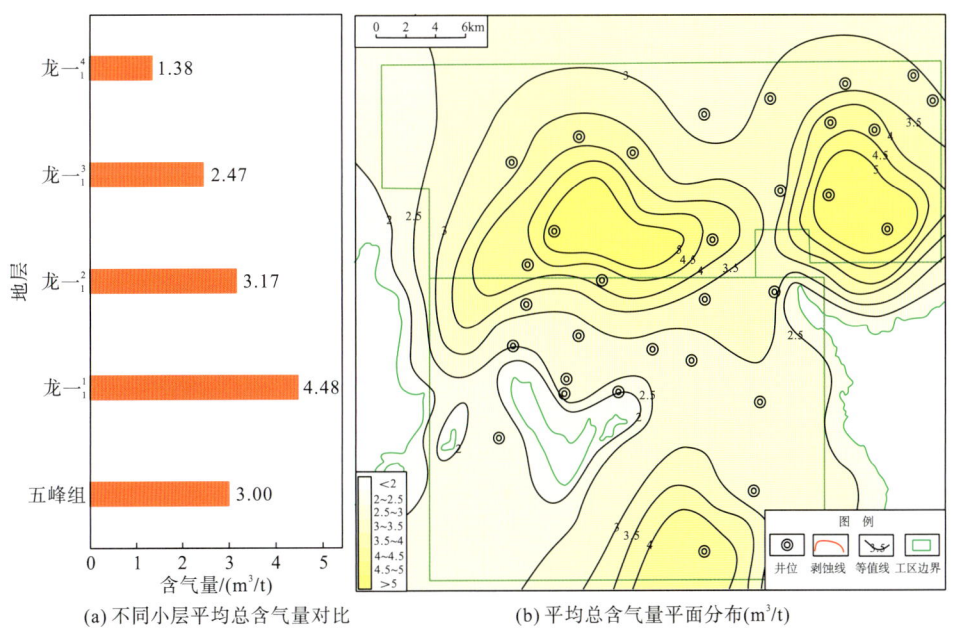

(a) 不同小层平均总含气量对比 (b) 平均总含气量平面分布(m^3/t)

图 5-45 太阳页岩气田五峰组-龙一$_1$总含气量的纵向与平面分布特征

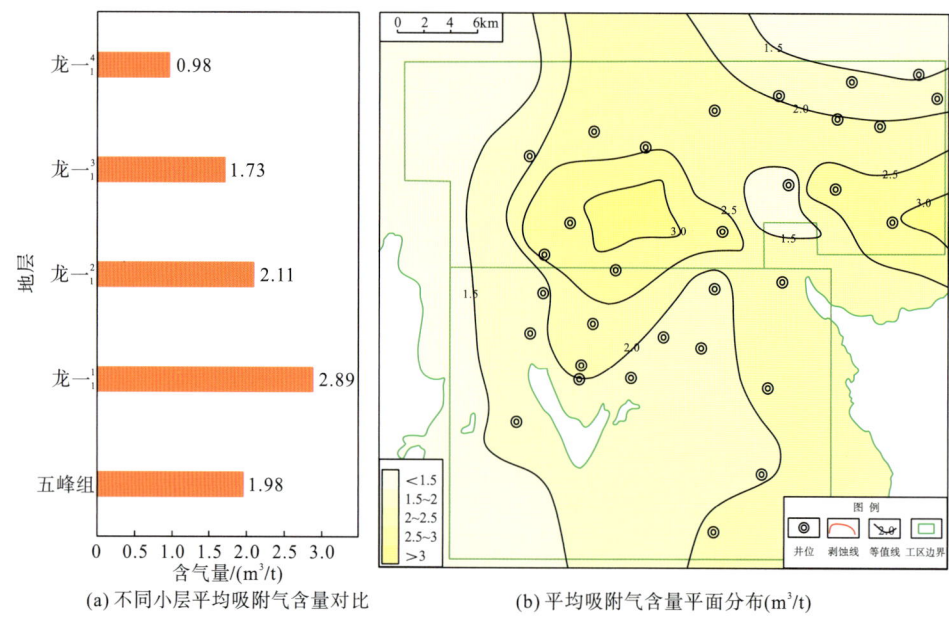

(a) 不同小层平均吸附气含量对比   (b) 平均吸附气含量平面分布(m³/t)

图 5-46   太阳页岩气田五峰组-龙一₁吸附气量的纵向与平面分布特征

五峰组-龙一段底部层段现场测定的总含气量最高,且与 TOC 呈良好的线性正相关关系(图 5-47)。

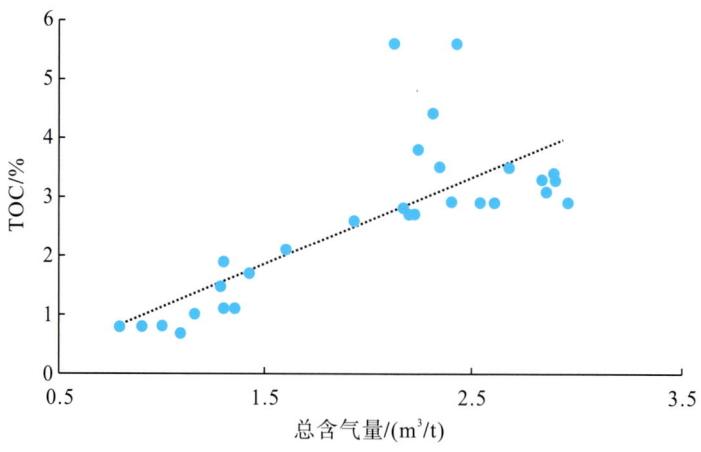

图 5-47   TY103 井五峰组-龙马溪组总含气量与 TOC 关系图

二、等温吸附实验方法

游离气和吸附气是页岩气赋存的主要方式,目前一般将游离气和吸附气之和作为页岩气含量。游离气和吸附气的赋存机理不同,游离气通常赋存在页岩孔隙中(图 5-48),而吸附气赋存在岩石孔隙的内表面上。利用孔隙度、含气饱和度、地层温度和地层压力等实验数据计算游离气量,通过等温吸附实验计算吸附气量,进而得到页岩总含气量。

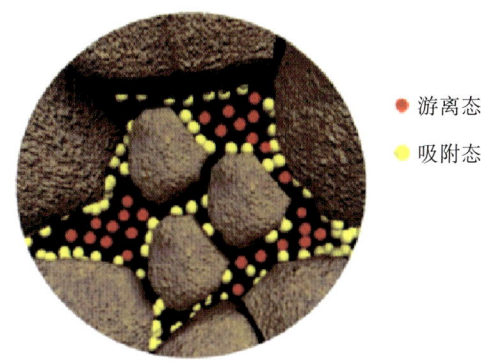

● 游离态
● 吸附态

图 5-48 微纳米孔隙中的页岩气赋存状态示意图

等温吸附实验方法常用到朗缪尔(Langmuir)方程,适用于计算煤层气、页岩气等在物质表面的吸附量。甲烷在页岩中的吸附为物理吸附,吸附的作用力是范德瓦尔斯力,通常认为是单分子层吸附,吸附与解吸是可逆的过程。一定温度条件下,甲烷吸附量与压力之间的关系符合朗缪尔等温吸附方程:

$$V_s = (P \times V_L)/(P + P_L) \qquad (5\text{-}33)$$

式中,V_s 为压力为 P 时的吸附量,m^3/t;P 为压力,kPa;V_L 为朗缪尔体积,是指无限大压力下的气体积,m^3/t;P_L 为朗缪尔压力,是指气含量等于二分之一朗缪尔体积时的压力,kPa。

图 5-49 为朗缪尔等温吸附实验示意图。由朗缪尔方程可知,地层条件下页岩中吸附气量与朗缪尔体积、朗缪尔压力和地层压力有关,其中朗缪尔体积是岩石理论最大吸附能力;朗缪尔压力是二分之一朗缪尔体积所对应的压力,它影响甲烷的解吸速度;在等温吸附曲线上,地层压力对应的吸附量即为地层条件的页岩吸附量。

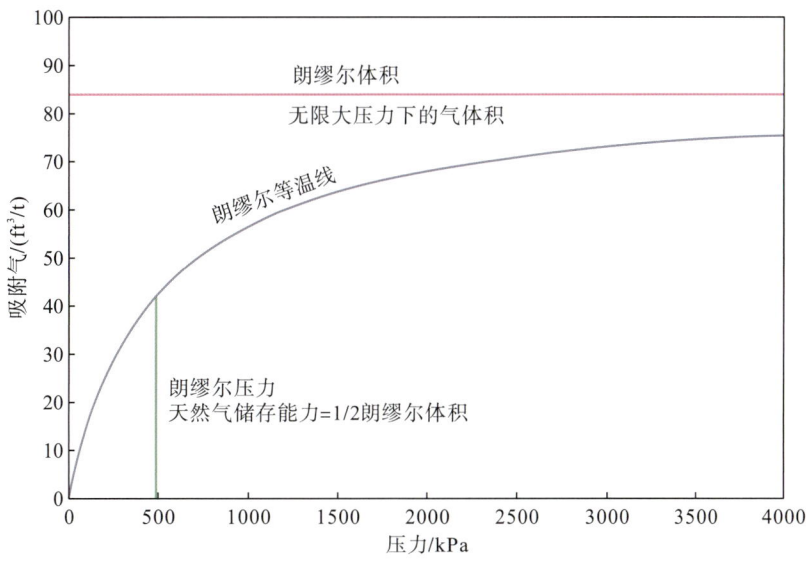

图 5-49 朗缪尔等温吸附实验示意图

注:1 ft = 0.3048 m

　　利用朗缪尔等温模型对 25 个页岩样品进行了等温吸附测试, 结果表明太阳页岩气田五峰组-龙一段页岩吸附能力强, 朗缪尔体积平均值为 3.18 m³/t, 朗缪尔压力平均值为 2.53 MPa, 平均吸附气量为 2.14 m³/t (表 5-19), 反映了页岩在浅层低温、低压区对页岩气的吸附气量增速相对较大, 而在高温、高压范围吸附气量增速明显变小且吸附气量对温度升高的敏感性增强 (图 5-50)。

表 5-19　五峰组-龙一段实验计算吸附气量统计表

井号	样品编号	深度/m	朗缪尔体积 /(m³/t)	朗缪尔压力 /MPa	吸附气量 /(m³/t)
TY105	Y105-1	1654.40	2.78	2.89	1.84
	Y105-3	1659.96	2.94	3.19	1.92
	Y105-5	1665.68	3.15	2.93	2.09
	Y105-7	1668.77	3.10	2.82	2.07
	Y105-9	1672.68	3.18	2.98	2.11
	Y105-11	1678.47	3.31	2.75	2.22
	Y105-13	1683.30	3.48	2.51	2.37
	Y105-14	1685.95	3.83	2.22	2.59
	Y105-15	1688.66	4.11	2.10	2.79
	Y105-16	1691.99	3.17	2.02	2.16
	平均值		3.31	2.64	2.22
TY103	Y103-1	1026.74	2.24	3.52	1.37
	Y103-4	1032.60	2.24	3.38	1.39
	Y103-7	1039.19	2.11	3.14	1.33
	Y103-11	1046.59	3.16	2.66	2.08
	Y103-14	1057.69	3.27	2.36	2.21
	Y103-17	1062.77	3.11	2.32	2.13
	Y103-20	1069.10	3.34	2.16	2.35
	Y103-23	1075.06	3.15	1.69	2.32
	Y103-26	1081.40	3.42	1.92	2.49
	Y103-29	1086.69	4.64	1.81	3.43
	平均值	—	3.07	2.50	2.11
TY107	Y107-16	1233.43	3.08	2.27	2.00
	Y107-19	1237.99	3.52	2.32	2.29
	Y107-22	1245.23	3.01	2.20	1.98
	Y107-25	1251.93	2.98	1.96	2.00
	Y107-27	1255.51	3.18	3.22	2.01
	平均值	—	3.15	2.39	2.06
平均	—	—	3.18	2.53	2.14

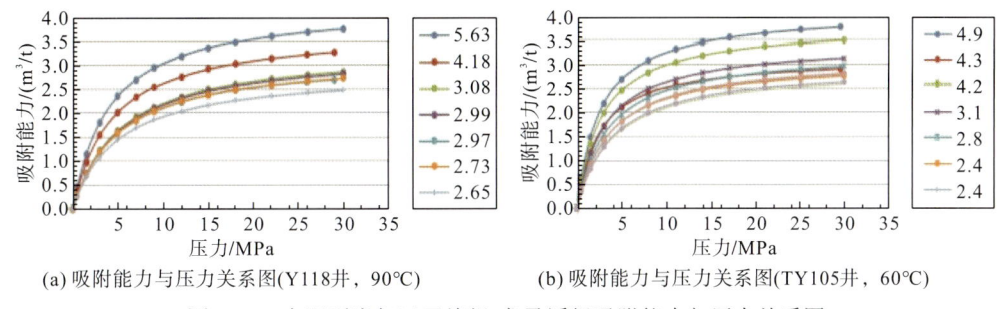

(a) 吸附能力与压力关系图(Y118井，90℃)   (b) 吸附能力与压力关系图(TY105井，60℃)

图 5-50 太阳页岩气田五峰组-龙马溪组吸附能力与压力关系图

因此，在等温吸附实验获得朗缪尔体积和朗缪尔压力的基础下，利用朗缪尔等温方程计算地层状态下的吸附气量，研究区平均吸附气量为 1.9 m³/t。

三、测井解释含气量

(一)吸附气含量计算

吸附气的计算较为特殊，通常认为吸附在干酪根表面的甲烷和煤层气符合朗缪尔等温吸附方程。页岩基质中吸附气含量的测定通常在实验中进行，对吸附气含量的测定方法通常使用朗缪尔等温吸附方程(廖东良等，2019)。页岩吸附气含量会随着地层埋深、总有机碳含量的大小而变化。一般吸附气含量占总含气量的 20%~80%，根据国内外研究结果，浅层页岩气储层，压力对吸附气含量影响较大，而深层页岩气储层，温度对吸附气含量影响更大。

依据 17 口井温度测试资料，得出地层温度与垂深关系曲线，如图 5-51 所示，计算公式如下：

$$TEMP=0.0282 \times DEP+20 \tag{5-34}$$

式中，TEMP 为地层温度，℃；DEP 为井垂深，m。

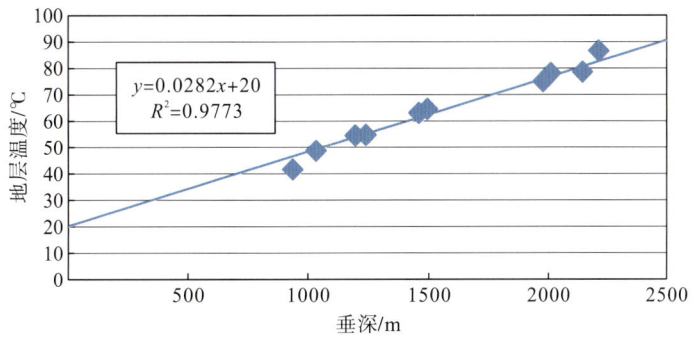

图 5-51 地层温度与垂深关系图

根据斯伦贝谢公司 XPT 测试 5 口井的静压力数据，获得 17 个有效压力点。得出地层压力 P 与井深的关系曲线，如图 5-52 所示，计算公式为

$$P=0.0209 \times DEP-9.7908 \tag{5-35}$$

该模型适合井垂深大于 500 m 的地层。

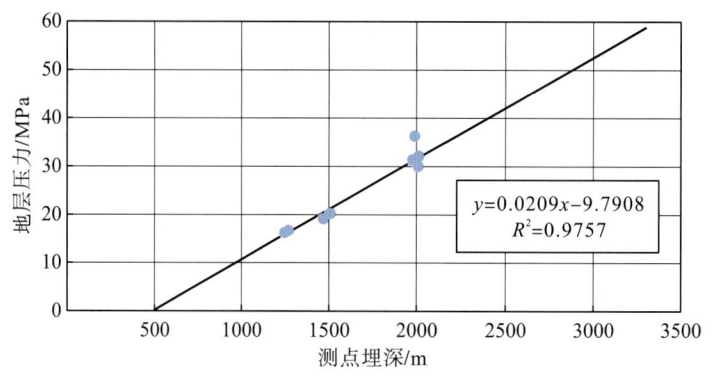

图 5-52　地层压力与垂深关系图

　　基于等温吸附实验，其等温吸附线是基于特定的样品（总有机碳含量为定值）、一定的温度下通过实验的手段取得的，因此，对于不同深度的页岩，测井计算吸附气含量时必须进行总有机碳、温度的校正来得到等温吸附参数。斯伦贝谢公司基于北美含气页岩大量的等温吸附线，建立了等温吸附参数计算的经验法。首先通过大量等温吸附线，得到朗缪尔体积、压力及温度差（等温吸附实验温度与不同深度页岩的温度差）近似呈一种指数关系，朗缪尔体积与总有机碳含量呈线性关系，根据这两种关系对等温吸附线进行温度和总有机碳含量的校正，得到不同深度、不同性质页岩的等温吸附参数。

　　对于温度校正，方法为

$$V_{\mathrm{lt}} = 10^{(-c_1 \cdot T + c_2)} \qquad\qquad P_{\mathrm{lt}} = 10^{(c_3 \cdot T + c_4)} \qquad\qquad (5\text{-}36)$$

$$c_2 = \lg V_l + \left(c_1 \cdot T_i \right) \qquad\qquad c_4 = \lg P_i + \left(-c_3 \cdot T_i \right) \qquad\qquad (5\text{-}37)$$

式中，V_{lt} 为在油藏温度下的朗缪尔体积，$\mathrm{m^3/t}$；P_{lt} 为油藏温度下的朗缪尔压力，MPa；c_1 为常数，取 0.0027；c_3 为常数，取 0.005；c_2 和 c_4 为中间过渡变量；T 为油藏温度，℃；T_i 为等温线的温度，℃。

　　图 5-53 为 TY105 井的等温吸附实验样品的曲线图，从图中可见整体具有随 TOC 增大，吸附气量增大的趋势，因此进行吸附气量计算时需要进行 TOC 校正。

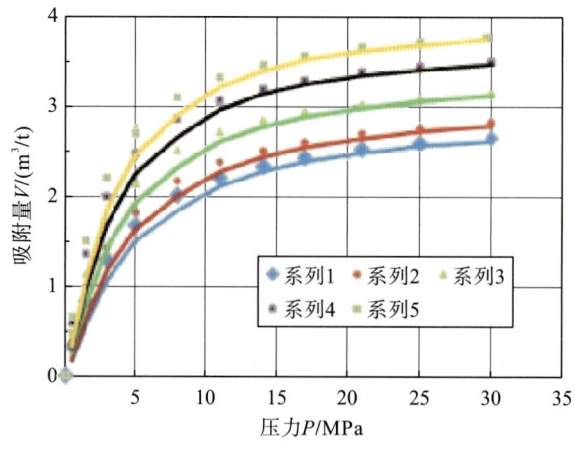

图 5-53　TY105 井龙马溪组等温吸附曲线图

总有机碳含量校正的方法

$$V_{lc} = V_z \cdot \frac{TOC_{log}}{TOC_{iso}} \qquad (5\text{-}38)$$

式中，V_{lc} 为在油藏温度下经过总有机碳含量校正后的朗缪尔体积，m^3/t；TOC_{iso} 为等温吸附实验所采用的页岩的总有机碳含量，%；TOC_{log} 为测井得到的总有机碳值，%，V_{lt} 为在油藏温度下的朗缪尔体积，m^3/t。

朗缪尔参数经过温度和总有机碳含量校正后，采用朗缪尔方程计算吸附气含量：

$$G_a = \frac{V_{lc} p}{(p + P_{lt})} \qquad (5\text{-}39)$$

式中，G_a 为吸附气含量，m^3/t；p 为油藏压力，MPa；P_{lt} 为油藏温度下的朗缪尔压力，MPa；V_{lc} 为在油藏温度下经过 TOC 校正后的朗缪尔体积，m^3/t。

由于等温吸附线计算得到的含气量是页岩能够容纳的吸附气含量的最大值，而不是实际页岩岩心所含吸附气，即如果含气页岩中气体出现逃逸现象，用朗缪尔曲线得到的结果会偏大，但页岩本身也是盖层，如果裂缝不发育，保存条件较好时用这种方法计算吸附气含量效果较好。太阳页岩气田各井五峰组-龙马溪组压力系数为 1.22～1.86，说明保存条件较好，可以用等温吸附线计算得到的含气量代表目的层实际吸附气含量。

吸附气含量的影响因素包括地层温度、压力、页岩孔隙度、总有机碳含量、湿度等，而页岩吸附性质可以用朗缪尔方程来描述。因此，这些因素对吸附气量的影响可以通过等温吸附参数来体现，也就是说通过大量的岩心等温吸附实验建立基于测井参数的等温吸附参数统计计算模型。图 5-54 是太阳页岩气田五峰组-龙马溪组朗缪尔体积（V_L）与有机碳含量关系图，可以看出，朗缪尔体积与有机碳含量呈正相关关系。对太阳地区朗缪尔体积（V_L）与有机碳含量 TOC 的关系进行多参数数理统计分析，得到如下朗缪尔体积（V_L）计算公式：

$$V_L = 1.9445 \times TOC^{0.4528} \qquad (5\text{-}40)$$

式中，V_L 为朗缪尔体积，m^3/t；TOC 为有机碳含量，%。

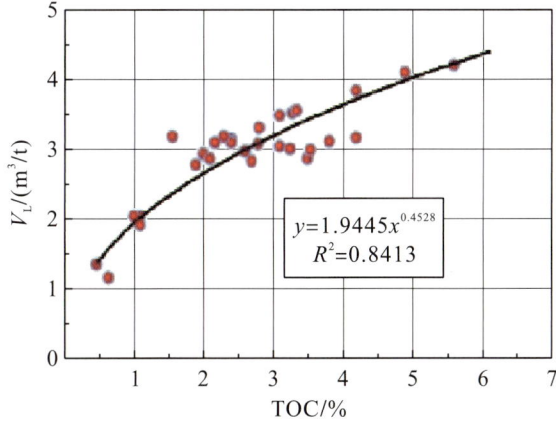

图 5-54　朗缪尔体积与 TOC 关系图

图 5-55 是朗缪尔压力(P_L)与有机碳含量关系图,可以看出,朗缪尔压力与有机碳含量呈反相关;根据以上分析,对研究区朗缪尔压力(P_L)与有机碳含量相关性进行分析,得到如下朗缪尔压力(P_L)计算公式:

$$P_L=3.3219\times TOC^{-0.292} \tag{5-41}$$

式中,P_L 为朗缪尔压力,MPa;TOC 为有机碳含量,%。

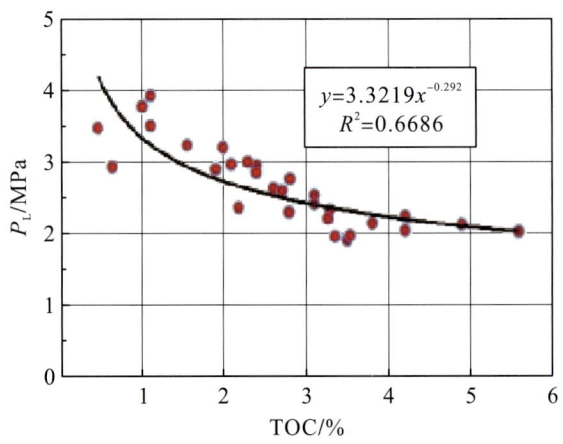

图 5-55　朗缪尔压力与 TOC 关系图

通过计算得到等温吸附朗缪尔体积及朗缪尔压力参数,与实验得到的吸附参数进行比较(图 5-56、图 5-57),朗缪尔体积的计算与实验结果之间的误差很小,基本处在 45° 线上;朗缪尔压力与实验结果的误差则大一些,但整体趋势还是能够满足计算吸附气含量的要求。

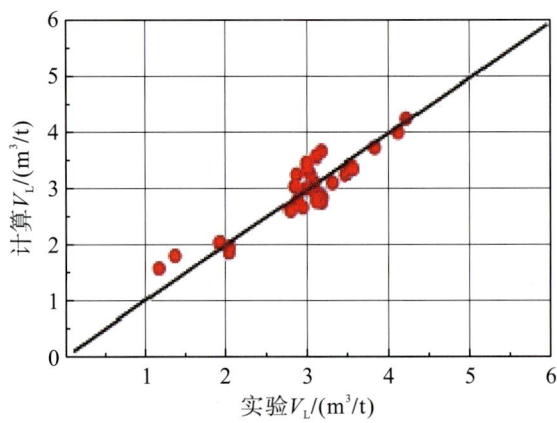

图 5-56　太阳浅层页岩气田计算朗缪尔体积与实验对比图

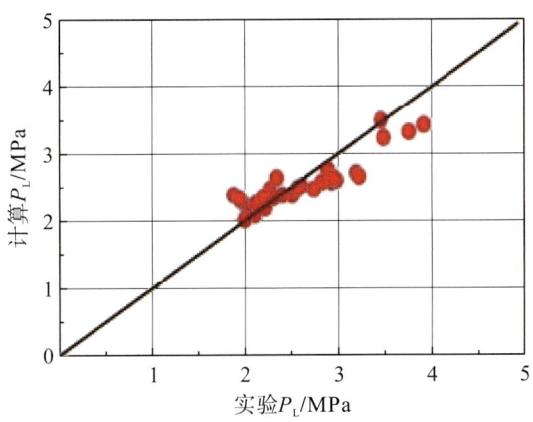

图 5-57　太阳浅层页岩气田计算朗缪尔压力与实验对比图

　　由于太阳地区等温吸附实验均采用的是地层温度条件下的实验，因此不需要进行温度校正，只需要将实际地层压力及拟合的朗缪尔参数(V_L、P_L)代入朗缪尔方程即可计算得到地层吸附气含量。

　　由图 5-58～图 5-60 可见，测井计算的吸附气含量(黑色实线)与岩心实测的吸附气含量(红色杆状)具有较好的一致性。相关分析图(图 5-61)也表现为具有较好的相关性，测井计算吸附气含量与岩心分析吸附气含量分布在 45°对角线附近。

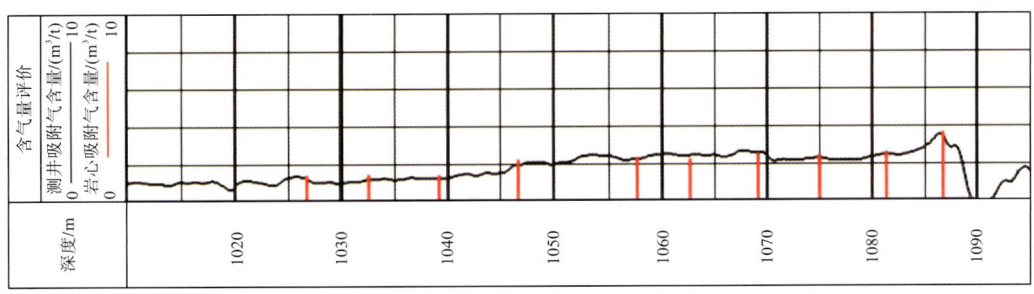

图 5-58　TY103 井龙马溪组测井计算吸附气含量与岩心吸附气量对比图

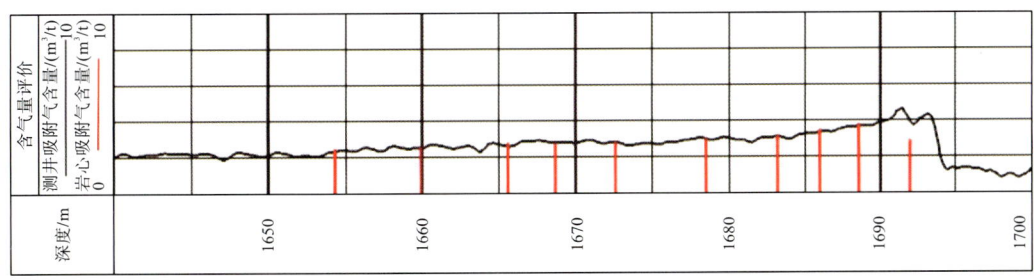

图 5-59　TY105 井龙马溪组测井计算吸附气含量与岩心吸附气量对比图

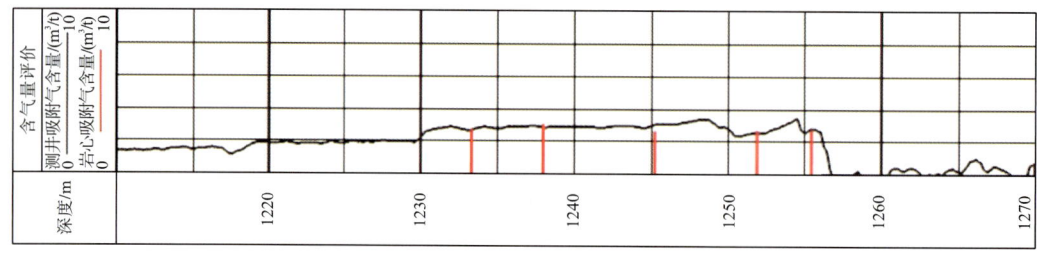

图 5-60　TY107 井龙马溪组测井计算吸附气含量与岩心吸附气量对比图

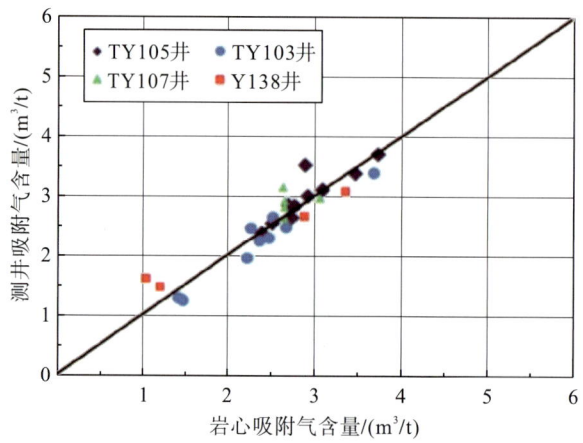

图 5-61　测井吸附气含量与岩心吸附气含量关系图

综合分析认为，五峰组-龙马溪组储层测井计算吸附气含量与岩心分析吸附气含量相对误差、绝对误差较小（表 5-20），满足储量计算精度要求。

表 5-20　五峰组-龙马溪组测井吸附气量与岩心吸附气量误差分析表

井号	深度/m		吸附气量/(m³/t)			
	顶深	底深	岩心分析	模型计算	绝对误差	相对误差/%
TY105	1654	1692	2.94	2.99	0.05	1.7
TY103	1026	1087	2.27	2.13	−0.14	6.17
TY107	1233	1256	2.76	2.88	0.12	4.35
Y138	1937	1988	2.13	2.19	0.06	2.82

(二)游离气含量计算

相对于吸附气而言，游离气含量的计算方法较为简单，其主要与有效孔隙度和含气饱和度有关，与常规储层的评价相似。另外，由于页岩气储层要计算含气量，这种含气量是指从井下储层条件换算到地面标准条件下（一标准大气压、25℃）每吨岩石中所含的游离气体积，故与地层的压力和温度以及天然气的压缩因子等有关。

（1）地层条件下游离气含量：

$$Q_f = \frac{\phi \times S_g}{\text{Den}} \tag{5-42}$$

式中，Q_f 为储层温度压力下游离气含量，m^3/t；ϕ 为孔隙度，小数；S_g 为含气饱和度，小数；Den 为地层体积密度，g/cm^3。

（2）换算到标准条件下游离气含量。换算到 1 标准大气压和 25℃ 的标准条件下游离气的含量，由气体物质平衡方程得知以下的换算公式：

$$V_f = \frac{Q_f \times P_{\log} \times (25 + 273)}{P_0 \times (T_{\log} + 273) \times Z} \tag{5-43}$$

式中，V_f 为游离气含量，m^3/t；$P_{\log}$ 及 $T_{\log}$ 为地层压力及温度；P_0 为一个标准大气压，0.1013 MPa；Z 为气藏原始天然气偏差系数，通过高压物性实验或页岩气组分和相对密度经温压校正得到。

（三）总含气量计算

页岩气储层某一深度点的总含气量计算公式如下：

$$V_t = V_a + V_f \tag{5-44}$$

式中，V_t 为总的含气量，m^3/t；V_a 为经过正后的吸附气含量，m^3/t；V_f 是游离气含量，m^3/t。

用以上方法计算不同地层压力下页岩气储层的吸附气含量和游离气含量，进而计算总含气量。由表 5-21 所示，测井解释模型计算的总含气量为 4.86～5.40 m^3/t，平均值为 4.93 m^3/t。

表 5-21　太阳页岩气田五峰组-龙马溪组测井计算总含气量与岩心总含气量误差表

井号	深度/m		总含气量/(m³/t)			
	顶深	底深	岩心分析	模型计算	绝对误差	相对误差/%
TY105	1654	1692	4.82	4.9	0.08	1.66
TY106	1474	1499	5.55	5.40	-0.15	2.70
TY107	1201	1256	4.3	4.42	0.12	2.8
Y116	2240	2313	4.85	5.06	0.21	4.33
Y135	2640	2707	4.71	4.86	0.15	3.18

由图 5-62、图 5-63 可见，测井计算的总含气量与岩心分析总含气量具有较好的一致性，两者相关性较好，测井计算总含气量与岩心分析总含气量分布在 45°对角线附近（图 5-64）。

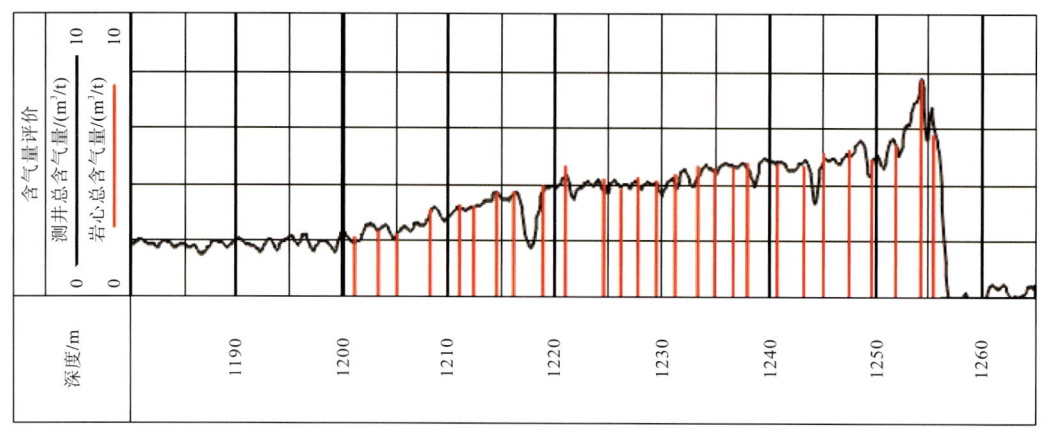

图 5-62   TY107 井测井计算总含气量与岩心含气量关系图

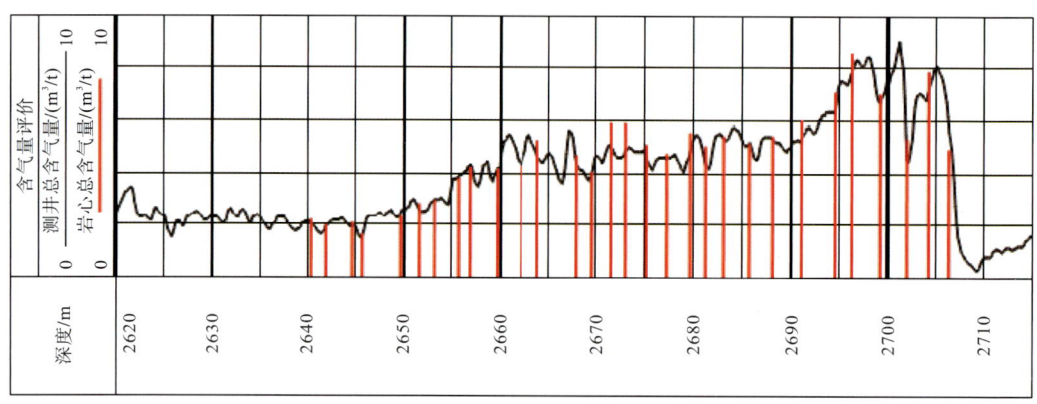

图 5-63   Y135 井测井计算总含气量与岩心含气量关系图

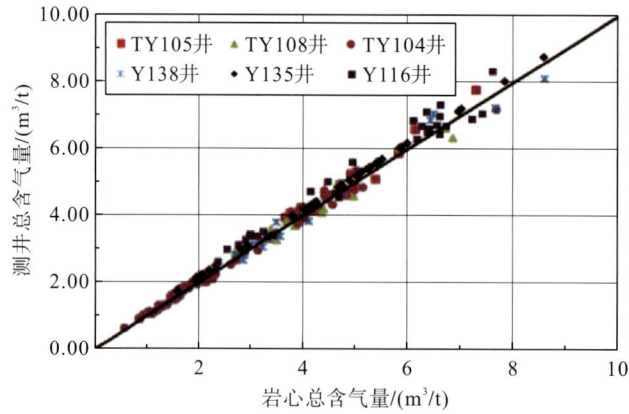

图 5-64   太阳页岩气田测井计算总含气量与岩心总含气量对比图

综合分析认为，太阳页岩气田五峰组-龙马溪组储层测井计算总含气量与岩心分析总含气量相对误差、绝对误差较小，满足储量计算精度要求。

第六章　太阳山地浅层页岩富集成藏规律

第一节　太阳背斜区三维构造格架

太阳页岩气田位于滇黔北拗陷威信复背斜构造带的北东部倾伏端[图6-1(a)]。自加里东期以来，太阳地区经历了多期造山构造活动叠置改造，尤其是燕山期以来三江特提斯和滨太平洋两大构造域板内构造运动形变的叠加作用，造就了太阳页岩气田发育"强改造、过成熟、受剪应力影响"的盆外山地页岩气。

太阳页岩气田的主体构造形态呈近 EW 向背斜，其北部和南部边缘分别受限于叙永向斜和云山坝向斜，呈现类似"背斜构造带宽缓、向斜构造带狭窄"的隔槽式褶皱特征[图6-1(b)]。太阳地区构造的整体改造程度较川南地区宽缓隔挡式褶皱形变带要复杂得多，以"强叠加褶皱变形、弱多期断裂改造"为特征。五峰组-龙马溪组沉积期后的构造改造强度与构造变形样式、构造隆升与地层剥蚀、岩石卸压及其伴生节理和应力微裂缝、岩层错断与断裂开启程度等因素均会对页岩气的富集和保存产生重要影响(徐政语等，2016a，2019；胡明等，2017；唐令等，2018；赵文韬等，2018；梁兴等，2020，2021)。

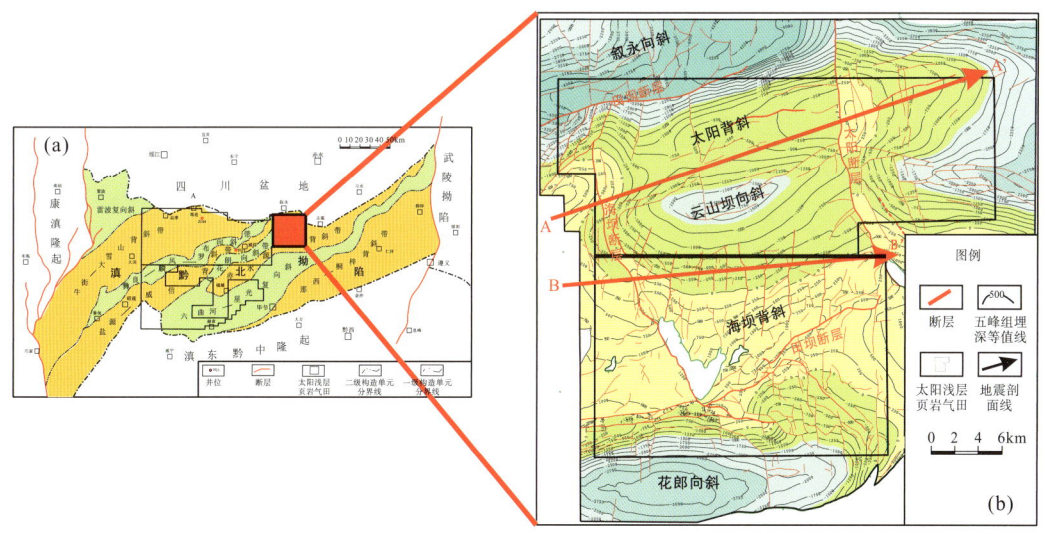

图 6-1　太阳页岩气田的构造位置及特征

一、封闭性断裂系统

页岩储层沉积之后的构造改造强度与变形样式、构造隆升与地层剥蚀、岩石卸压与伴生节理应力微裂缝、岩层错断与断裂开启程度等因素，均对山地页岩气富集赋存产生重要影响，致使页岩气保存条件影响因素较为复杂。

太阳页岩气田Ⅰ级断层不发育，存在4条Ⅱ级断层：在NW向挤压-滑移应力作用下形成的NE向逆断层（田坝断层）和近SN向走滑断层（胜利断层），以及在NE向挤压应力作用下形成的NNW向逆冲断层（太阳断层和海坝断层），即盖层推覆滑脱断层[图6-1(b)]。4条Ⅱ级断层的断距较大，最大断距分布在425～1600 m，断穿地表。断层在平面上延伸远，其中，田坝断层的断裂长度最小（17.5 km），海坝断层的断裂长度最大（30.4 km）（表6-1）。4条Ⅱ级断层将太阳页岩气田的主体切割成近似菱形体，内部发育较多的Ⅲ、Ⅳ级断层[图6-1(b)]。

表6-1   太阳页岩气田Ⅱ级断层要素统计

断层分级	断层编号	断层类型	走向	横向	断裂长度/km	最大断距/m
Ⅱ级	海坝断层	逆断层	NNW	NEE	30.4	600
	田坝断层	逆断层	NE	NW	17.5	425
	胜利断层	逆断层	NEE	SSE	20.6	1600
	太阳断层	逆断层	N	E	19.4	1375

北部太阳-大寨工区Ⅲ级断层相对较发育，断距为100～300 m，平面延伸长度为5～7 km；Ⅳ级断层大量发育，断距小[图6-2(a)]，为20～80 m，断裂活动中等，平面延伸范围小。南部海坝工区Ⅲ、Ⅳ级断层较北部太阳-大寨工区更加发育，断层近直立[图6-2(b)]，断裂活动以走滑为主，断距较小，断面干脆，走向为SN向，被海坝断层的底部切割，这意味着断层的形成时间早于SN向的海坝断层。受喜马拉雅期近EW向持续压扭的构造应力作用影响，加之Ⅲ、Ⅳ级断层两盘对接的岩性为致密泥灰岩和灰岩（梁兴等，2021），断层的封闭性变好。目前，在距离SN向走滑断层较近的完钻井中均已获得较好的测试产量，如Y137井与最近的断层相距260 m，其测试产量为$4.49\times10^4\ m^3/d$，Y152水平井与最近的断层相距930 m[图6-2(b)]，测试产量为$6.70\times10^4\ m^3/d$，这表明断层的横向封闭性较好。

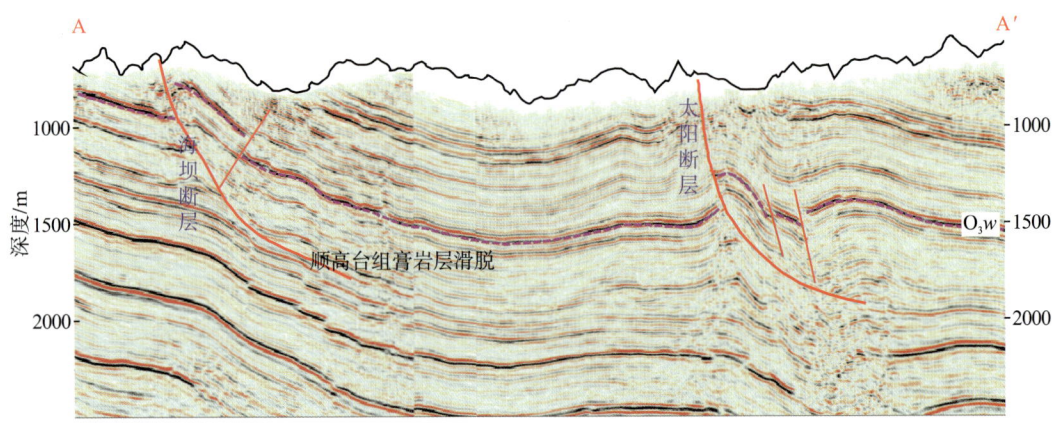

(a) 北部太阳-大寨工区近EW向地震剖面

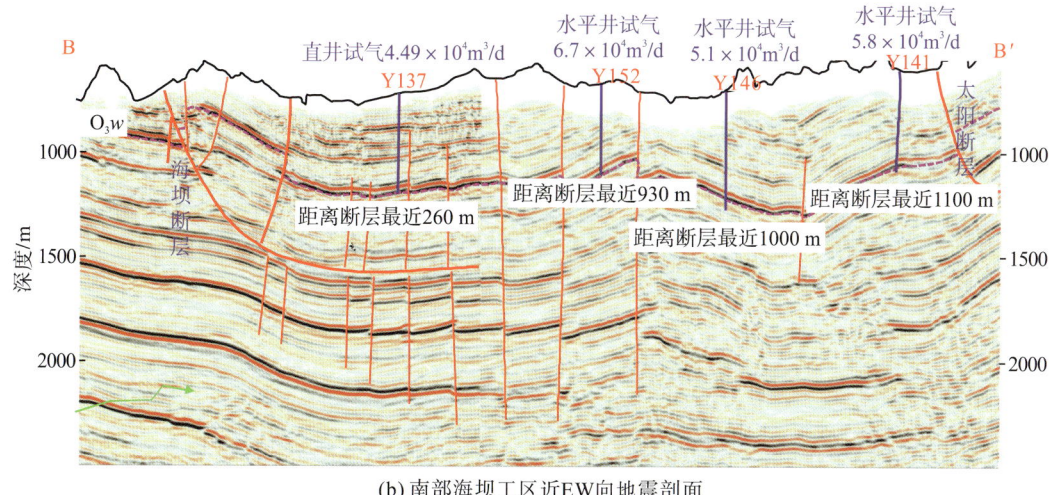

(b) 南部海坝工区近EW向地震剖面

图 6-2　太阳页岩气田的北部和南部工区地震解释剖面（剖面位置见图 6-1）

太阳页岩气田发育 3 类天然裂缝：水平缝（裂缝倾角为 $0°\sim10°$）、斜交缝（裂缝倾角为 $10°\sim60°$）和高角度缝（裂缝倾角为 $60°\sim90°$），裂缝常被方解石充填（图 6-3）。

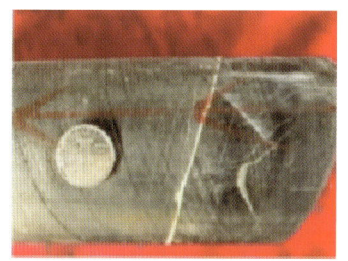

(a) 水平缝，方解石充填，Y137井　　(b) 斜交缝，方解石充填，Y136井　　(c) 斜交缝，Y138井1964.10 m
　　　1020.50 m　　　　　　　　　　　　1928.50 m

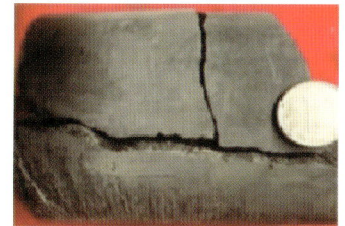
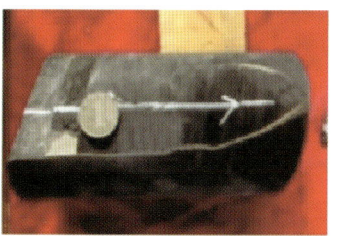

(d) 高角度缝，无充填，Y137井　　(e) 高角度缝，方解石充填，Y138井　(f) 高角度缝，方解石充填，Y136井
　　　1037.80 m　　　　　　　　　　　　1983.45 m　　　　　　　　　　　　1935.20 m

图 6-3　太阳页岩气田五峰组-龙一₁天然裂缝发育特征

二、页岩气储层顶底板及其封闭条件

呈过成熟状态(R_o>2%)的山地页岩气富集保存，不仅与页岩良好的生烃母质和储集空间这一源储基础有关，而且与页岩气储层的三维空间结构封闭性密切相关，其对页岩气保存条件的后期改造极为重要(屈泰来等，2012；付常青，2017；郭旭升等，2017；王鹏万等，2018)。也就是说，页岩气储层除了横向展布上需要断层具有密闭性之外，其顶底板也要具有较好的封闭隔挡能力。页岩气储层的顶底板，是指与含气页岩储层直接接触并对页岩气具有封盖、封隔、封闭、封存作用的岩石地层。顶底板封闭性质(包括岩性、厚度、物性、封盖性、地应力、地层压力、含烃浓度)及其与页岩气层的接触关系，决定了其对页岩气的保存能力(屈泰来等，2012；郭旭升等，2017)；而构造抬升与断裂开启破坏，则对页岩气顶底板封存性、页岩自封闭性及区域盖层造成破坏，导致页岩气泄漏散失(屈泰来等，2012)。顶底板条件是在讨论非常规页岩气与常规天然气保存条件时最大的差异，良好的顶底板可与含气层段形成流体封存箱，可以减缓页岩气向外的扩散，对页岩气储层至关重要(周楚凌，2018)。

研究区连续沉积的龙二段至石牛栏组(S_1l^2-S_2s)发育较厚的灰色、深灰色灰质泥岩和泥质灰岩，厚度为230～670 m，岩心样品在75℃条件下测得突破压力为35.6～38.8 MPa(梁兴等，2020a)，表明其具有较好的封盖能力，可作为太阳地区五峰组-龙一段页岩气储层(O_3w-S_1l^1)的优质区域盖层，该大套地层也可以称为页岩气主力产层——龙一$_1$的间接顶板(图6-4)。龙一$_2$厚层致密页岩直接覆盖于龙一$_1$之上，该套地层可称为主力产层的直接顶板(图6-4)，其岩石孔隙度平均值为2.8%～3.6%，渗透率平均值为7.7×10^{-8} μm^2，孔隙体积为0.61×10^{-2}～2.73×10^{-2} cm^3/g，突破压力为17～31 MPa，排替压力为13～16 MPa(Xu et al.，2019)。氮气吸附实验表明顶板岩样孔隙以半封闭-半连通为主，孔隙以中孔(2～50 nm)为主，并含有少量的"墨水瓶型"有机孔隙。

页岩气储层下伏地层(底板)是连续沉积的奥陶系临湘组和宝塔组(O_2l-O_2b)，其岩性为连续沉积的灰色瘤状泥灰岩、含泥质灰岩、隐晶-泥晶质灰岩，厚度为35～135 m，质地坚硬且性脆(图6-4)，与页岩气储层呈整合接触关系。底板岩层孔隙度平均为1.6%左右，渗透率平均值仅为1.7×10^{-9} μm^2，突破压力22～37 MPa，排替压力为13～24 MPa(徐政语等，2019)。氮气吸附实验结果表明孔隙以封闭为主，孔径分布曲线以介孔-微孔为主，孔隙体积为0.9×10^{-3}～14.9×10^{-3} cm^3/g。

由此可见，五峰组-龙一$_1$页岩气主力层位顶底板均属于低孔、特低渗的致密性岩层，且顶底板致密岩层厚度大、分布稳定、突破压力高，其排替压力和突破压力值大于含气页岩储层段相关参数的值，同时应力值略大于页岩气储层，属于应力隔层挡板，对页岩气的封盖隔断性能好，良好的封隔层条件形成了"三维封闭系统空间"的顶板和底板。在页岩气形成和多期构造改造过程中，良好的顶底板条件对页岩气层具有良好的封闭保存作用(吴靖等，2018；胡东风，2019)，对页岩气储层进行有效封堵有利于山地页岩气富集成藏赋存。对经历多期次叠置强改造的复杂构造区，持续的封存体系保存环境，有利于富有机质页岩生烃与古油藏裂解生气、滞留烃保存和气藏超压赋存。

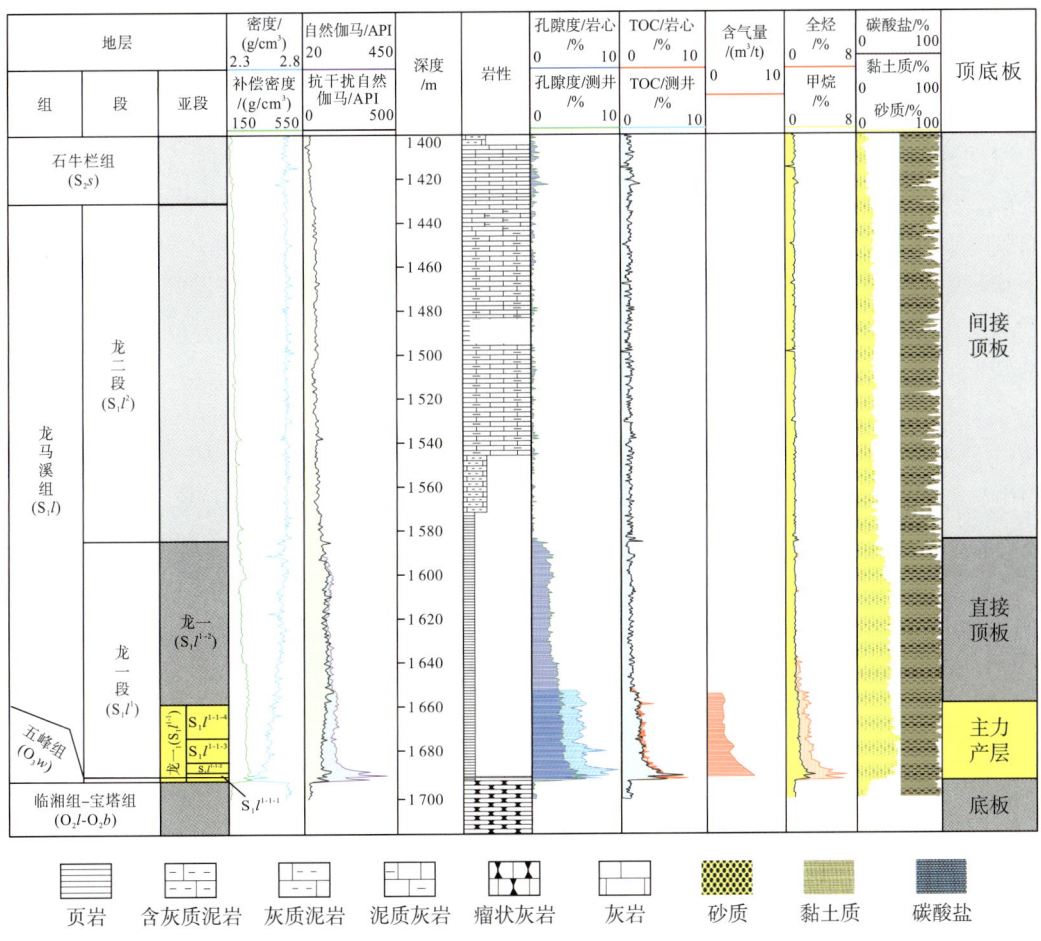

图 6-4　太阳山地浅层页岩气田页岩气优质储层顶底板岩电特征（Y105 井）

昭通示范区的中-浅层页岩气钻探成果与综合评价认识表明，没有有效封闭保存条件的区带钻探并未见到页岩气显示（如昭 101 井、昭 103 井、YQ2 井和金竹 1 井），而封闭保存条件差的区带页岩气显示也是明显变差，基本上没有高效勘探的潜力（如 Y106 井、Y107 井、YQ3 井和宝 1 井）。所以，山地页岩气的保存条件至关重要，决定着页岩气分布范围，影响着页岩气的勘探潜力，即持续良好的三维封闭保存箱系统有效地保护了富有机质页岩生烃留烃富烃和超压保孔。

第二节　浅层页岩储层保存条件评价

良好的保存条件是复杂山地页岩气"成藏控产"的关键，油气藏破坏和油气散逸的根本原因在于后期构造-改造强度的影响，断裂和抬升剥蚀作用是影响油气保存条件的关键因素（马力等，2004；梁兴等，2011）。对于昭通示范区强改造残留型构造拗陷来说更是如此，因此构造改造作用对页岩气保存条件影响巨大（牛卫涛等，2021）。

　　研究表明,页岩气的渗流具有较强的方向性,一般顺着层理方向的渗透率大,垂直层理方向的渗透率小,基本上前者为后者的 2~8 倍(胡东风等,2014)。构造样式特征是影响页岩气保存条件的直接因素,其中,断层特别是以通天断层为代表的大尺度断层作为页岩气散失的"高速公路"、剥蚀区作为页岩气散逸的"天窗"、地层陡倾角作为页岩气运移的"催化剂"加速横向渗流等对页岩气藏保存的影响(图 6-5)。整体上,宽缓的背斜或者向斜区,通天断层(大规模走滑断层)不发育区,远离"天窗"的区域,保存条件较好。近年来昭通示范区(超)浅层页岩气的突破,表明埋深不是决定页岩气保存的重要因素,浅埋深一定程度会降低页岩气含气性,但是满足上述封闭保存条件的区域,也可以取得较好的勘探开发效果,不应成为勘探的禁区(牛卫涛等,2021)。

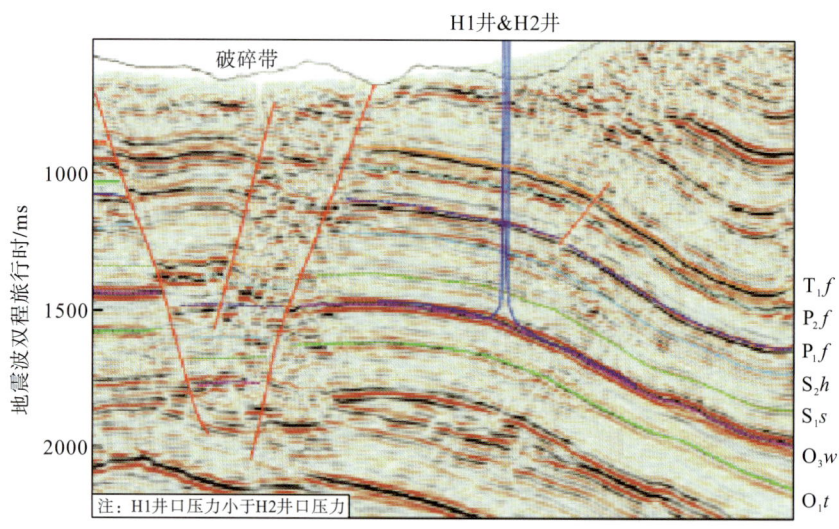

图 6-5　复杂构造(断裂)对保存条件的影响

　　针对南方山地复杂构造,只有充分发挥地震资料的优势,通过二维、三维联合精细构造解释,才能准确落实构造展布与断裂特征。综合分析构造、断裂和地层倾角等,重点对断层进行分类分析,远离通天断层及剥蚀区,并优选构造平稳、地层倾角较小的区域,作为页岩气保存有利区。本书借助数字岩心成像技术对浅层页岩的保存条件从宏观和微观两个部分进行评价。

一、保存条件综合评价参数及标准

　　油气保存条件综合评价通常包含以下几个方面:页岩气物质基础,厚度与埋深,盖层封盖性,后期构造作用强度,水文地质条件,地下流体化学-动力学特征,地层压力等。诸多学者在评价中国南方海相地层油气保存条件的过程中,总结提出了页岩气保存条件优选评价的参数和标准。昭通示范区海相页岩原本具有很好的条件油气成藏,但由于区内经历了多期构造运动,尤其是喜马拉雅-燕山运动,抬升剥蚀与断裂作用强烈,对保存条件造成严重破坏。本书根据昭通示范区的实际情况和资料完整程度，参照前人的评价标准，从页岩气物质基础、盖层条件、构造作用强度、压力条件等方面选取参数，初步建立一套适用本区的页岩气保存条件综合评价体系(表6-2)，进行页岩气保存条件的综合分析。

表6-2　昭通示范区五峰组-龙马溪组页岩气保存条件评价标准

因素	评价参数	评价指标体系			
		好(I)	较好(II)	一般(III)	差(IV)
物质基础	TOC/%	>2	1.5~2	0.3~1.5	<0.3
	R_o/%	1.2~3.0	1.2~3.5	2.0~4.0	>4.0或<1.2
	埋深/m	1500~4000	1000~1500	500~1000	<500
盖层条件	封闭性	好	好	较好	差
	厚度/m	>70	50~70	30~50	<30
	分布情况	大面积连片	较大面积连片	较小面积连片	小面积零星分布
	顶底板发育	连续分布且物性差	连续分布且物性差	零星分布或物性一般	无或物性好
	出露地层	J-T	T-P	P-D	S₂
构造作用与演化历史	大型断裂发育情况	基本无	很少	较少	多
	距通天断裂距离/km	>10	5~10	2~5	<2
	剥蚀强度/m	<2500	2500~3500	3500~4500	>4500
	距露头距离/km	>15	10~15	5~10	<5
构造形态	—	平缓开阔		倾陡狭窄	
地层压力	压力系数	>1.2	1.0~1.2	1.0~1.2	<1

注：据马永生等(2006)，聂海宽等(2012)改。

　　总体来讲，盖层厚度大且连片分布，顶底板发育，构造改造强度弱，距离通天断裂、大型断裂及露头距离远，抬升幅度小，地层平缓，埋深适当的地区保存条件好。

二、宏观保存条件评价

　　借助层理和裂缝，从单井和多井的角度对研究区的宏观保存条件进行评价。经过系统科学研究，获得相关结论与认识如下：从层理和裂缝角度来评价宏观保存条件，认为顶底层(龙二段、龙一₂、观音桥、宝塔)的原生保存好、后期破坏小、宏观保存好；储层内(龙一₁、五峰组)的原生保存一般、后期破坏有限、宏观保存一般；宏观保存层划分为顶板、封隔层、中板和底板，顶板主要分布在龙一₂底部(YQ11井、Y206井、Y207井)、龙一₂顶部(TY104井)；封隔层主要在龙一₁³中上部(YQ11井、Y206井、Y207井)、龙一₂底部-龙一₁⁴顶部(TY104井)；中板在观音桥组，底板在宝塔组。

（一）单井评价

对 TY104 井、YQ11 井和 Y207 井这三口岩心较多的井进行单井宏观保存条件评价。依据层理将其细分为 17 种类型，本书将大于Ⅲ$_2$ 的层理定义为 DEI 盖层，并用蓝色标注在柱状图中，利用 DEI 盖层来分析封盖层理的特征。图 6-6 为顶底层部分双能 CT 截面图像，利用高分辨的双能 CT 图像进行每米裂缝数的定量分析，并结合具体的图像来进行裂缝形态分析。

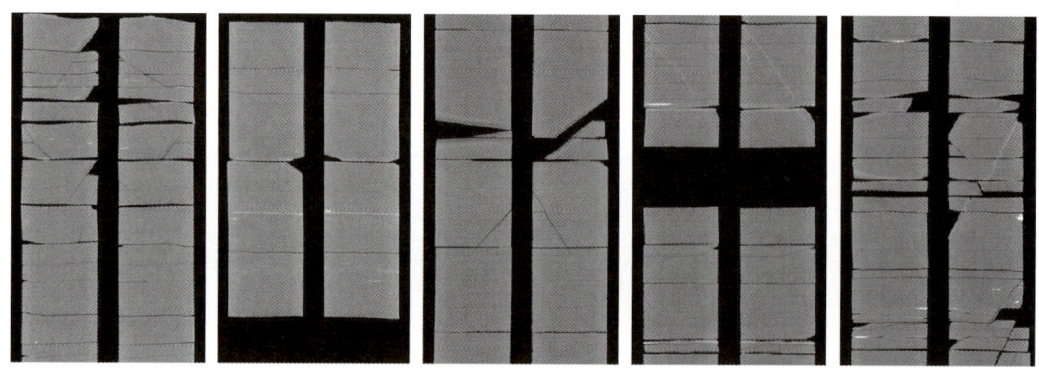

1030.11~1031.11 m   1065.20~1066.20 m   1153.22~1154.22 m   1155.22~1156.22 m   1156.22~1157.22 m

图 6-6   TY104 井双能 CT 截面图像（顶底层）

以 TY104 井（图 6-7）为例，对顶底层（主要指龙二段、龙一$_2$、观音桥、宝塔）的宏观保存条件进行评价，从图 6-7 中 DEI 盖层列可知，顶底层的 DEI 盖层占比很大，图中 DEI 盖层列在顶底层均有分布且分布较广，这说明顶底层的封盖层理占比较多，顶底层的原生保存条件好；从图 6-6 的裂缝和图 6-7 中裂缝图像可知，顶底层的裂缝数较少，绝大多数裂缝为人工缝，存在高角度缝但是绝大部分被钙质充填，人工缝可能是取心应力释放或移动岩心造成的，一般为水平向或沿着层理/页理方向裂开，裂缝对后期破坏的影响程度较小，顶底层的宏观保存条件可以概括为原生保存好、后期破坏小、宏观保存好。

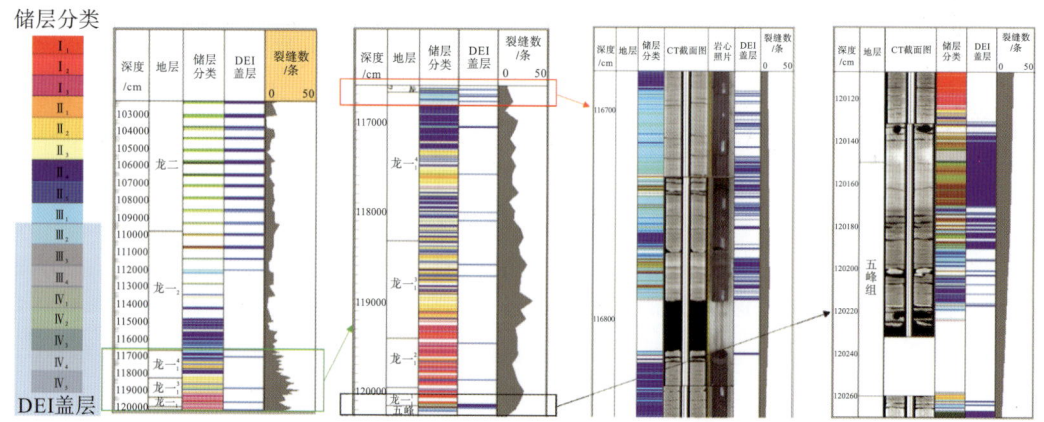

图 6-7   TY104 井宏观保存条件评价逐级放大图（顶底层）

对储层内(主要指龙一₁-五峰组)的宏观保存条件进行评价,图6-8为TY104井储层内宏观保存条件评价逐级放大图,从DEI盖层列可知,储层内DEI盖层占比很小、零星分布(黄铁矿和钙质细条带),原生保存条件一般;从图6-8裂缝数列和图6-9储层内双能CT截面图裂缝信息可知,储层内裂缝较多,顺层缝为主,绝大部分为人工缝,高角缝很少,绝大部分被钙质或黄铁矿条带充填,在排除钻井过程中形成的人工缝后,后期裂缝破坏有限。因此,综合分析认为储层内(龙一₁、五峰组)的原生保存一般,仅有零散的盖层、后期破坏有限,很多都是人工缝,整体宏观保存一般。

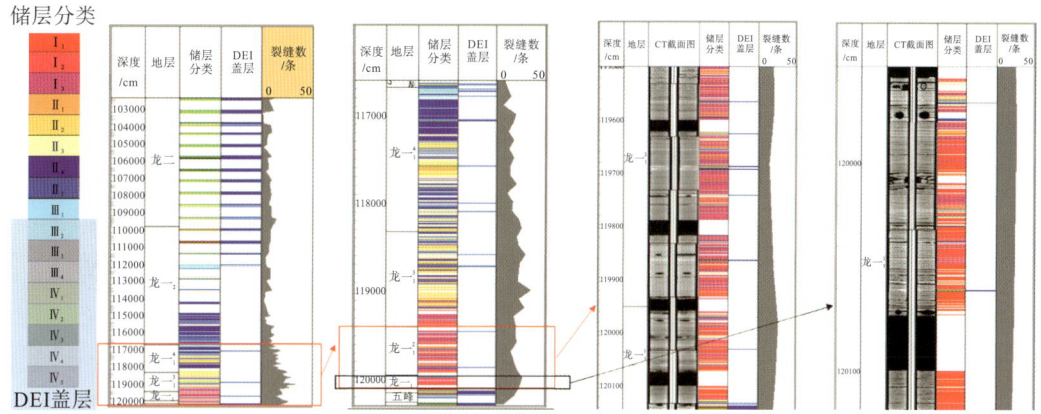

图6-8 TY104井宏观保存条件评价逐级放大图(储层内)

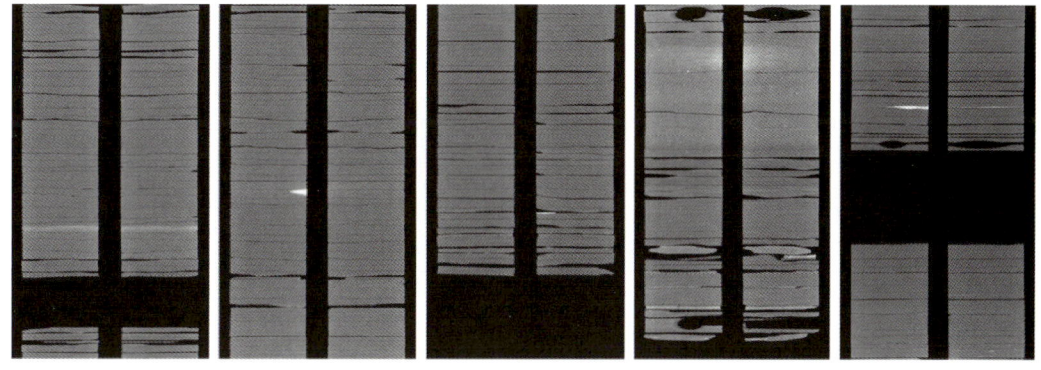

1080.22~1181.22 m　　1188.22~1189.22 m　　1193.22~1194.22 m　　1201.22~1202.22 m　　1200.22~1201.22 m

图6-9 TY104井双能CT截面图像(储层内)

(二)多井评价

通过对五口页岩井(Y118井、TY104井、YQ11井、Y206井、Y207井)进行宏观保存条件(层理和微裂缝)连井分析,来确定顶底板和封隔层的分布和位置。

图6-10为龙一段-五峰组的宏观保存条件评价连井图,图6-11为太阳浅层页岩气田多

井龙二段-五峰组宏观保存条件评价连井图，观察 DEI 盖层列的分布特征，可以清晰识别出顶底板和封隔层，其中顶板为龙一$_2^1$底部(主要为研究区南部 YQ11 井、Y206 井、Y207 井区)、龙一$_2$顶部(主要为 TY104 井区)，Y118 井缺少岩心无法分析；底板为底部的宝塔组；中板为约 20 cm 厚的观音桥组；封隔层为龙一$_1^3$中上部(主要为研究区南部 YQ11 井、Y206 井、Y207 井区)、龙一$_2$底部-龙一$_1^4$顶部(主要为 TY104 井区)，Y118 井也因为取心后缺失此段岩心样品而无法分析。

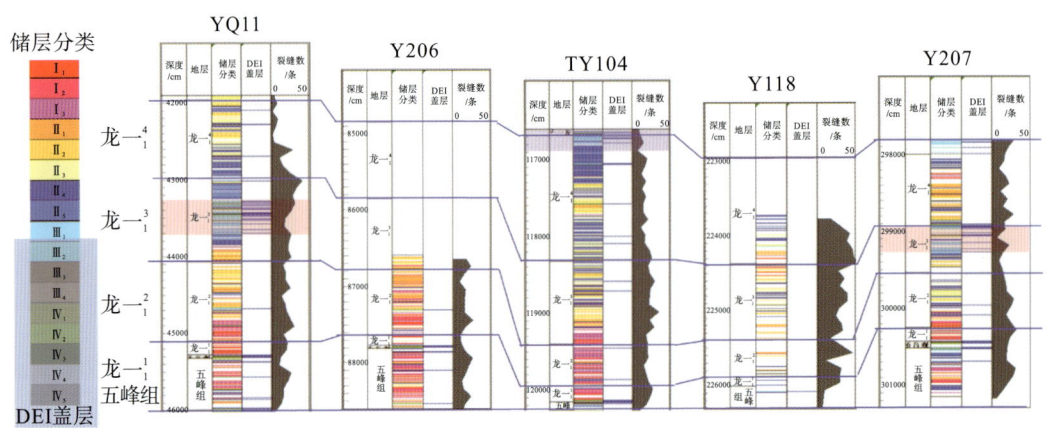

图 6-10　太阳浅层页岩气田多井宏观保存条件评价连井图(龙一段-五峰组)

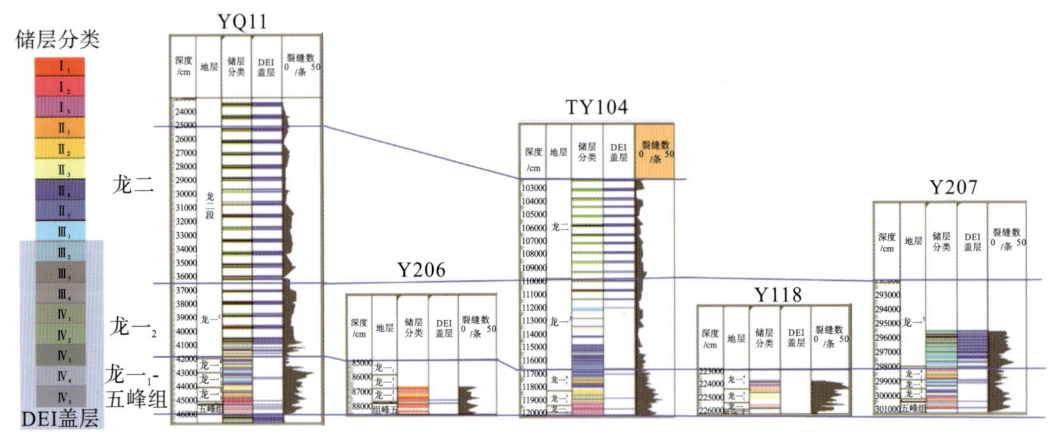

图 6-11　太阳浅层页岩气田多井宏观保存条件评价连井图(龙二段-五峰组)

三、微观保存条件评价

(一)不同岩相有机质和有机孔的三维连通性分析

微观保存条件评价的思路(图 6-12)为：①在双能 CT 储层精细分类，宏观 DEI 盖层和微裂缝分析的基础上，选取不同岩相代表性样品进行 1 μm 分辨率的微米 CT 扫描成像，获得 1 mm×1 mm×1 mm 体积的三维数字岩心，进而对有机质的三维连通性进行分析；②对配套的微米 CT 样品进行 4 nm 分辨率的 FIB-SEM 测试，获得 4 μm × 4 μm × 2 μm 体积的超高分辨率三维数字岩心，对有机质内的有机孔的三维连通性进行分析。

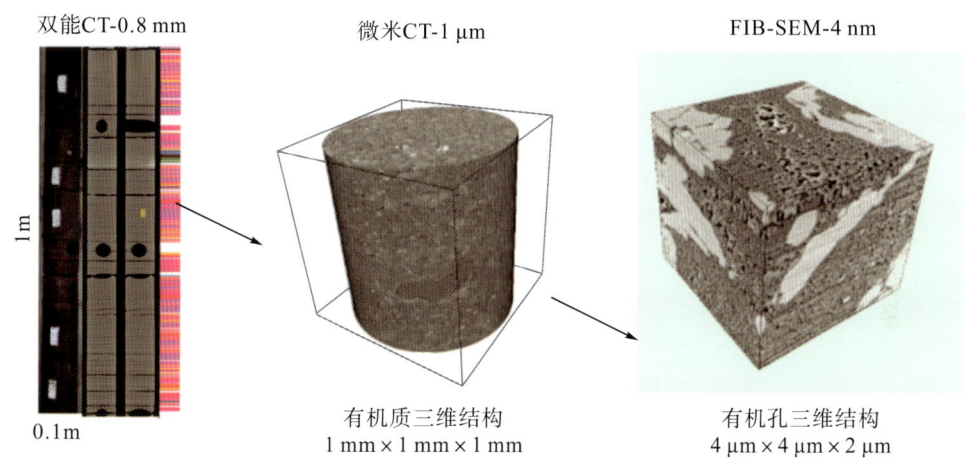

双能CT-0.8 mm　　　　　微米CT-1 μm　　　　　　FIB-SEM-4 nm

1m

0.1m

有机质三维结构　　　　　有机孔三维结构
1 mm × 1 mm × 1 mm　　　4 μm × 4 μm × 2 μm

图 6-12　微观保存条件评价思路示意图

通过对 19 样次的微米 CT 和 19 样次的 FIB-SEM 系统进行研究分析，获得的微观保存条件相关的成果与认识如下：有机孔为主要的孔隙贡献，孔隙的三维连通性（微观自封闭性）依赖有机质的三维连通性；硅质页岩（一类层）三维连通性好，连通有机质和连通有机孔占比均最高，黏土质页岩（三类层）和钙质页岩三维连通性差，有机质基本不连通，具有自封闭性；南部 Y206 井、Y207 井区有机质连通性略差，南部 Y207 井区有机孔连通性略差。

由上述研究得知有机孔为主要的孔隙贡献，因此孔隙的三维连通性（微观自封闭性）依赖于有机质的三维连通性，有机质的三维连通是有机孔实现三维连通的前提。图 6-13 为不同岩相连通有机质占比和连通有机孔占比统计直方图，图 6-14 为部分硅质页岩（一类层）样品的三维连通有机质和三维连通有机孔示意图（其中，左侧三维圆柱图为微米 CT 结果，黄色部分为有机质，右侧三维矩形图为 FIB-SEM 结果，蓝色为有机质，黄色为有机孔）。硅质页岩（一类层）三维连通性好，连通有机质占比和连通有机孔占比均最高（与黏土质页岩和钙质页岩等其他岩相对比所得出的优劣趋势的对比），在同样 1 μm 分辨率微米 CT 和 4 nm 分辨率 FIB-SEM 相同测试条件下的优劣对比结果，硅质页岩连通有机质的占比均值在 30%左右，硅质页岩连通有机孔的占比均值为 60%，从定量数据可清晰看出硅质页岩的连通有机质占比和连通有机孔占比均是最优的，硅质页岩的连通性较好。

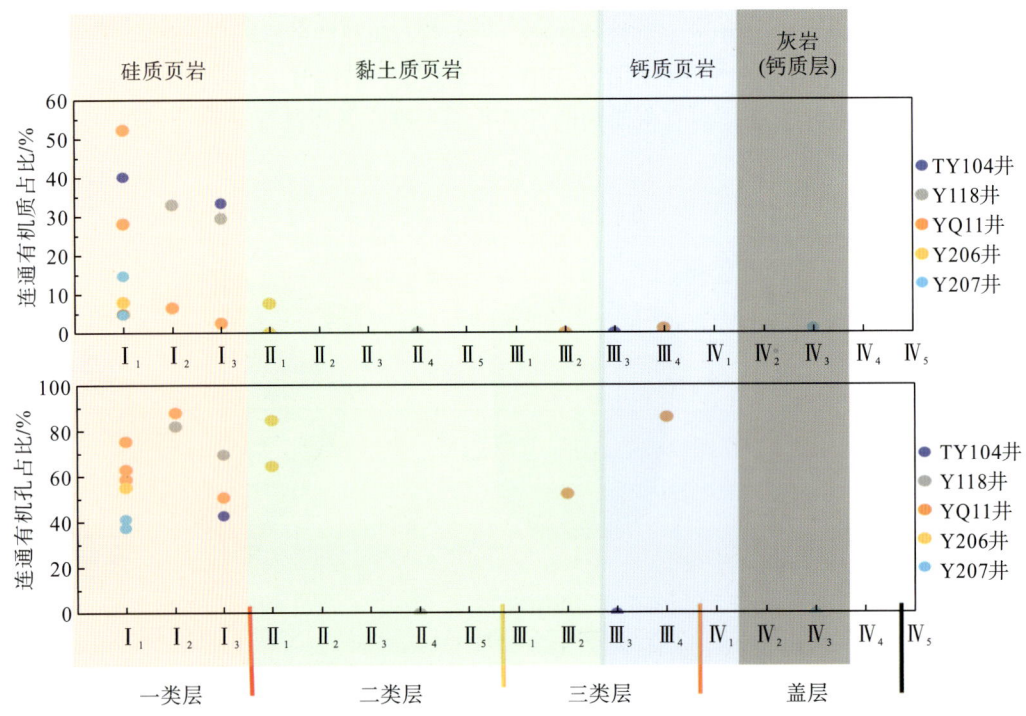

图 6-13　不同岩相连通有机质占比和连通有机孔占比统计直方图

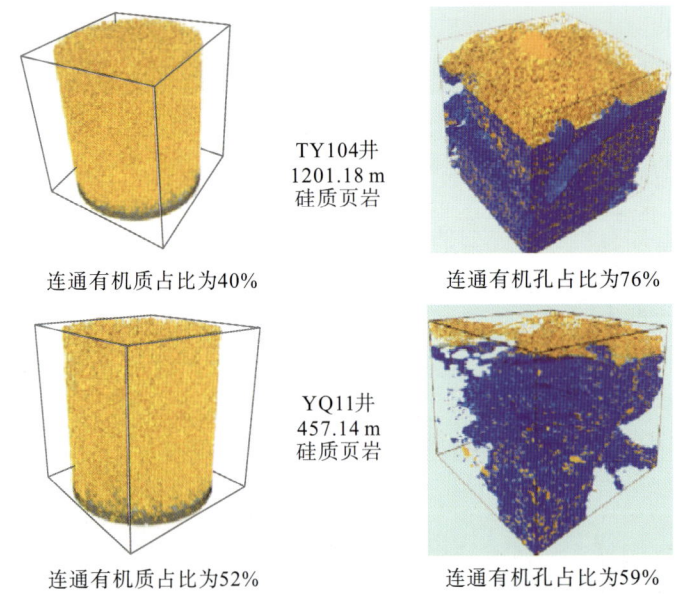

图 6-14　硅质页岩(一类层)和钙质页岩的三维连通有机质、有机孔示意图

　　图 6-15 为部分黏土质页岩(三类层)样品的三维连通有机质和三维连通有机孔示意图(其中,左侧三维圆柱图为微米 CT 结果,黄色部分为有机质,右侧三维矩形图为 FIB-SEM

结果，蓝色为有机质，黄色为有机孔），由图可知，黏土质页岩(三类层)和钙质页岩三维连通性差，有机质基本不连通，与硅质页岩相比，具有自封闭性。综合上述研究，认为连通性取决于有机质的连通性，黏土质页岩(三类层)和钙质页岩的有机质本身含量就远低于硅质页岩(一类层)，其表现的有机质连通性就很差，因此有机孔的连通性也不会很好。

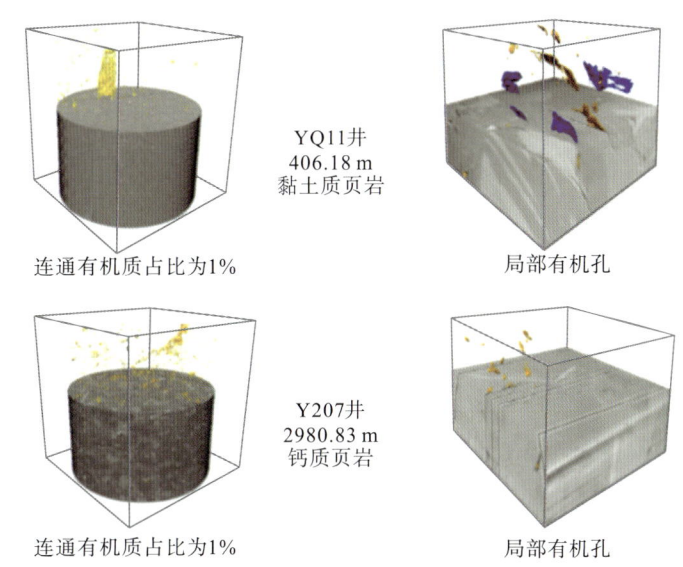

图 6-15　黏土质页岩(三类层)和钙质页岩的三维连通有机质、有机孔示意图

(二) 多尺度保存模式和封闭机理探索

在上述研究的基础上，从多尺度数字岩心的角度可以对浅层页岩气的保存模式和封闭机理进行探索研究，多尺度保存模式如图 6-16 所示，层理可以大体分为钙质页岩层理(封闭层，图 6-16 左侧蓝色)、黏土质页岩层理(三类层，图 6-16 左侧黑色，少裂缝)、硅质页岩层理(一类层，图 6-16 左侧黑色，多裂缝)。

从顶部龙二段到底部五峰组，钙质页岩层理由厚层向薄层变化，钙质层理占比减少，硅质页岩层理由薄层向厚层变化，硅质页岩层理占比增大，尤其是在龙一$_1^2$、龙一$_1^1$和五峰组，黏土质页岩层理为中间变化衔接层理。三种层理对应着三种不同的微观保存模式，如图 6-16 右侧所示，钙质层理的微观模式为少有机质、少有机孔、有机质和有机孔均不连通，钙质层理具有较好的自封闭性和保存条件；黏土质页岩层理微观模式为少量有机质、少量有机孔、有机质和有机孔部分连接，黏土质页岩层理具有一定的连通性和保存条件；硅质页岩层理的微观模式为多有机质、多有机孔、有机质和有机孔具有较好的连通性，有机质呈现网状三维宏观连通，有机孔表现为蜂窝状三维连通，硅质页岩层理的连通性很好且保存差。多尺度保存模式可获得从宏观到微观的整体储层认识，多井表现的规律性基本一致，具有较好的普遍性。

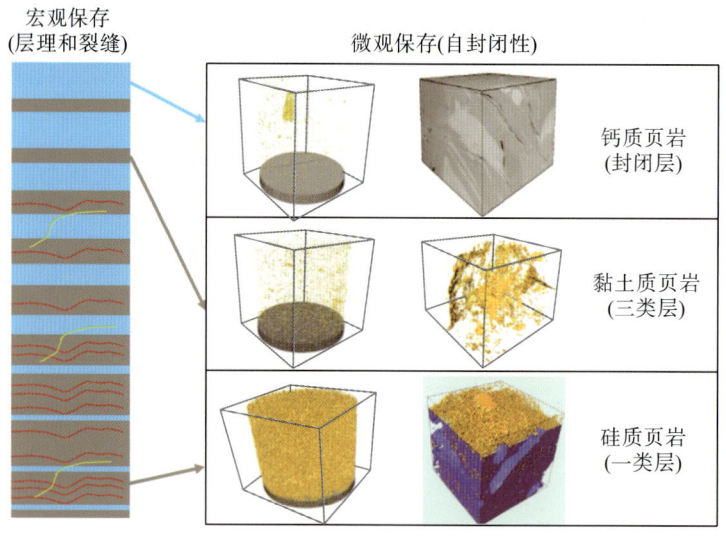

图 6-16　多尺度保存模式示意图

对浅层页岩的封闭机理进行探索，得出以下几点共识：①沉积成岩过程中形成的层理类型决定了宏观的保存基础，是最关键的保存因素，研究区具有较好的钙质层理保存条件；②后期形成的裂缝是破坏宏观保存的因素，特别是高角度缝的影响，裂缝的充填对于保存非常关键，研究区的高角度缝绝大多数为钙质充填，微裂缝对储层破坏的影响有限；③有机质的连通性决定了储层的微观三维连通性和自封闭性，仅硅质页岩具有较好的有机质和有机孔微观三维连通性，其他岩相的储层要实现微观三维连通很难且储层本身就具有一定的自封闭性。

第三节　浅层页岩气成藏赋存特征

一、浅层页岩沉积成岩控源储评价体系

(一)生物硅质页岩是富气高产的页岩气开发首选靶体

通过宏观-微观融合分析的海量岩心数据研究，从沉积微相、成因与储层孔隙微纳结构方面，将五峰-龙马溪组的页岩细分为 4 种沉积成因类型：生物硅质页岩、黏土质页岩(分高铀和低铀)、长英质页岩、钙质页岩)(图 6-17)，完善了以"有机碳含量"为主的评价分类方案，创新提出了生物硅质页岩是一套扬子前陆盆地深水陆棚内源有机相沉积，其储层条件好且大面积连续分布，是规模资源效益开发的首选靶体，确立了生物硅质页岩是页岩气效益开发水平井的富气高产靶体地位。

生物硅质页岩岩心大薄片，纹层主要为钙藻形成的亮晶方解石与白云石或放射虫形成的亮晶石英。白色为其分散的亮晶石英、方解石和白云石。颗粒主要为内源放射虫石英(30～50 μm)、隐晶石英(nm 级)和钙藻方解石与白云石(30～50 μm)，总颗粒占体积 60%～

70%，有机质占体积的 5%～15%，发育钙藻、放射虫等生物成因的纹层(图 6-18)。页岩纹层、准纹层均为硅藻、钙藻和放射虫集中发育段，为内源生物成因较大的石英、方解石和白云石，大小为 0.1～0.3 mm(与外源水动力无关)。

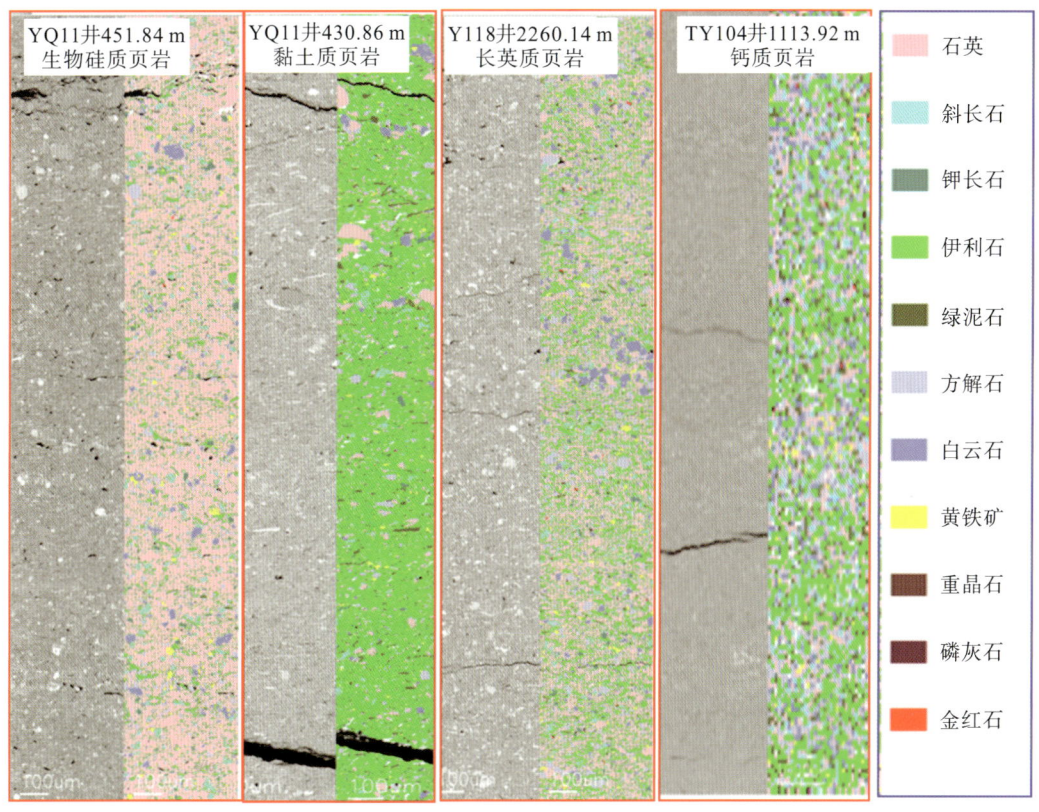

图 6-17 四种不同成因类型的页岩岩相

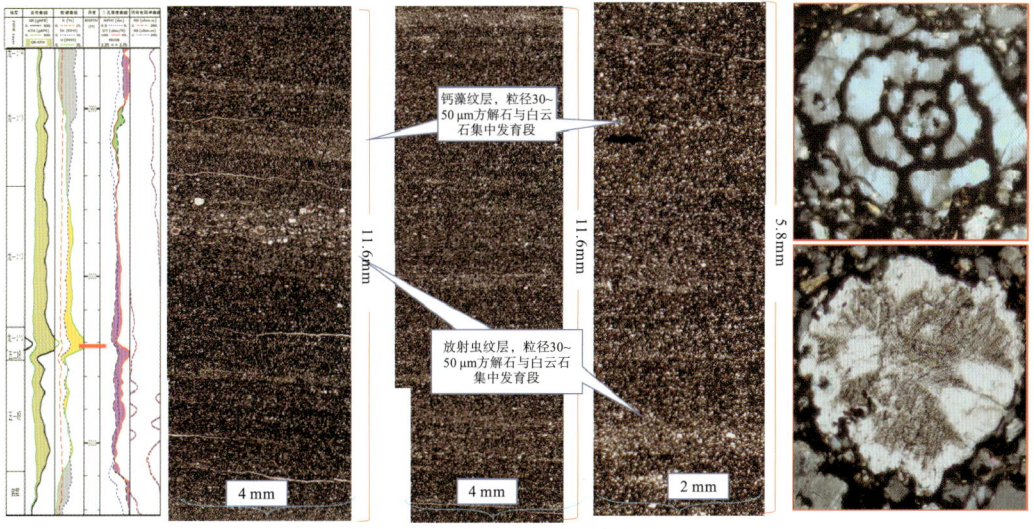

图 6-18 Y207 井 3003.43 m 生物硅质页岩放射虫纹层特征

生物硅质页岩岩心 Maipscan 矿物识别,肉红色为硅质(亮晶石英和隐晶石英(主体矿物),绿色为黏土伊利石,深浅蓝色为亮晶白云石和方解石(图 6-19)。

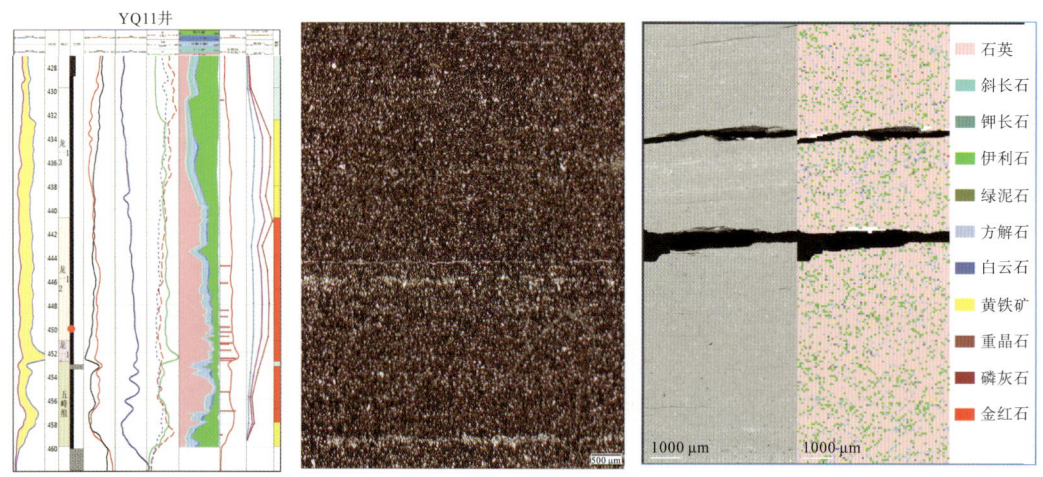

图 6-19   YQ11 井 450.05 m 生物硅质页岩薄片与矿物特征

生物硅质页岩的矿物组成主要为内源放射虫壳体形成的显晶石英(30～50 μm)、成岩过程中形成的隐晶石英(nm 级),这些隐晶石英(在常规显微镜下一般称为"硅质")在场发射电子显微镜(SEM)下颗粒粒径大小差异较大,颗粒棱角分明,无磨圆、无定形,似球粒。显晶石英+隐晶石英颗粒占总体积的 50%～60%。其次是生物钙藻壳体形成的方解石和白云石,这些生物钙藻类形成的方解石与白云石颗粒两者为"孪生"结构关系(页岩夹层中沉积形成的灰质或灰岩的颗粒大小为隐晶质,且以方解石为主,白云石很少),两者含量为一半对一半,颗粒大小为亮晶级(30～50 μm),生物特征非常明显,占总体积的 10%～20%。生物硅质页岩中黏土矿物仅占总体积的 8%～15%,有机质(体积)占 5%～15%。生物硅质页岩除上述矿物特征外,还含有一些黄铁矿纹层或团块,还有一些与火山活动有关的斑脱岩薄夹层,以及在层面上常常见到大量笔石,这些特征都反映了生物硅质页岩为内源生物"有机相"沉积。

生物硅质页岩的纹层不发育,一般为准纹层机构,主要为厘米级厚层生物硅质页岩(暗纹层)与薄层(0.1～0.3 mm)生物纹层(亮纹层)。厚的暗纹层与薄的微层之间的纹理,其矿物之间为明显的"镶嵌"结构。厘米级暗纹层为硅藻、钙藻和放射虫相对不发育层段,暗纹层中薄片下大量的白色亮斑为分散的亮晶石英、方解石与白云石,其成因也是钙藻壳体和有孔虫壳体成岩作用的结果。薄的亮纹层分两类,一类是放射虫壳体形成的亮晶石英纹层集合体,另一种为生物钙藻壳体形成的亮晶方解石与白云石纹层集合体,这些集合体(准纹层)显然是生物"勃发"的产物。

生物硅质页岩的矿物特征和层理(纹理)特征都反映了其特殊的沉积环境,分析认为沉积主要位于深水陆棚区,顺层状黄铁矿大量发育代表了安静的沉积还原环境。沉积方式以纵向上加积为主，多种粒径颗粒混杂表明生物富集层不具备水动力搬运特征，沉积方式为稳定水体下生物体以"海洋雪"方式垂直缓慢沉降和原地沉积特征，其厚度可能受海底起伏影响较大，与水动力和外部物源供给关系不大。因此生物硅质页岩岩性岩相横向稳定成"地毯式"分布，同一沉积微相区域非常广泛，从上千到十几万平方公里。生物硅质页岩主要分布于五峰组中上部和龙马溪组龙一段一亚段 1、2 小层和 3 小层的下部，是生物硅质页岩的集中发育层段。生物硅质页岩整个五峰组-龙马溪组中的测井特征也十分明显，总伽马和能谱侧井中铀放射性都是最高的层段，电阻值也相对比较高（10～20 Ω），在三孔隙度侧井上，声波与密度是负相关，测井速度很高，但密度很低。

（二）五峰组-龙马溪组沉积演化序列

自下而上为低位体系域沉积-水进体系域沉积-高位体系域沉积和龙二段浅水陆棚相为主的沉积。太阳-海坝地区五峰组-龙马溪组海相的生物硅质页岩、黏土质页岩、长英质页岩和钙质页岩在纵向上规律性分布：由下部钙质页岩、黏土质页岩（五峰组中下部，相对浅水）→生物硅质页岩（五峰组上部、龙一$_1^1$、龙一$_1^2$、龙一$_1^3$下部，深水陆棚）→黏土质页岩和长英质页岩（龙一$_1^3$上部、龙一$_1^4$、龙一$_2$，相对浅水）→钙质页岩（龙二段，浅水陆棚相）的成岩演化序列特征（图 6-20），规律性非常明显和一致。

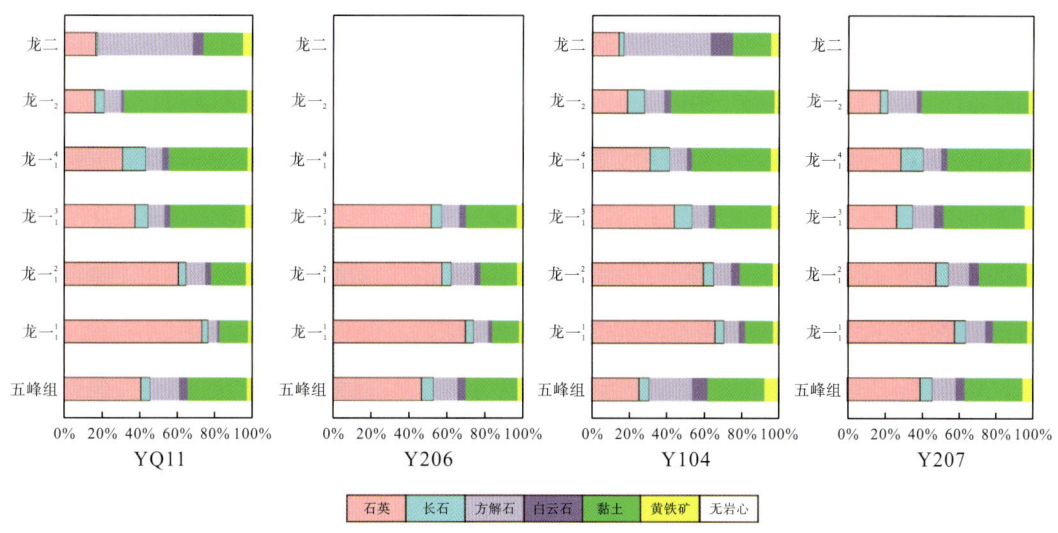

图 6-20　太阳浅层页岩气田 4 口目标井五峰组-龙马溪组矿物含量对比图

五峰组下部的钙质页岩、黏土质页岩为低位体系域沉积，是由奥陶系宝塔组台地相向深水陆棚相转化的开始，到五峰组上部开始发育欠补偿内源生物硅质页岩，五峰组顶部发育短暂的"赫南特冰期"灰岩，可以看见大量生物集中死亡，然后海水急剧加深，重新发育欠补偿内源生物硅质页岩（龙一$_1^{1+2}$ 和龙一$_1^3$ 下部），相当于层序地层学中的水进体系域和"凝缩段"沉积，加之这一时期火山灰频繁提供"磷"养分，使深水陆棚中大量笔石、钙藻、硅藻和有孔虫等生物勃发式发育，形成具有富有机质、高脆性、高含气量、陆源物供给很少(欠补偿)的页岩特征,岩性岩相横向连续分布稳定,形成区域上大面积连片水平井开发的资源基础。

　　五峰组自下而上发育钙质页岩、长英质页岩、黏土质页岩和生物硅质页岩,水体由浅变深,水域由小变大;龙马溪组自下而上发育生物硅质页岩、黏土质页岩、长英质页岩和钙质页岩,水体由深变浅,水域由大变小。再向上水体变浅,陆源碎屑输入的增加,生物富集程度降低,发育黏土质页岩,有机质含量相对减少。随着陆源碎屑输入的进一步增加,则大量发育陆棚相长英质页岩,形成黏土质页岩与长英质页岩交互沉积。相对于深水生物硅质页岩为水进体系域最大海期沉积而言,黏土质页岩和长英质页岩属于高位体系域沉积。上部龙二段为钙质页岩(外源)与内源灰质(或灰岩)混合沉积,属于又一个海泛事件,海域很大,陆源物退缩,但海水很浅,逐步形成浅水陆棚相灰岩(石牛栏组)沉积(图6-21)。

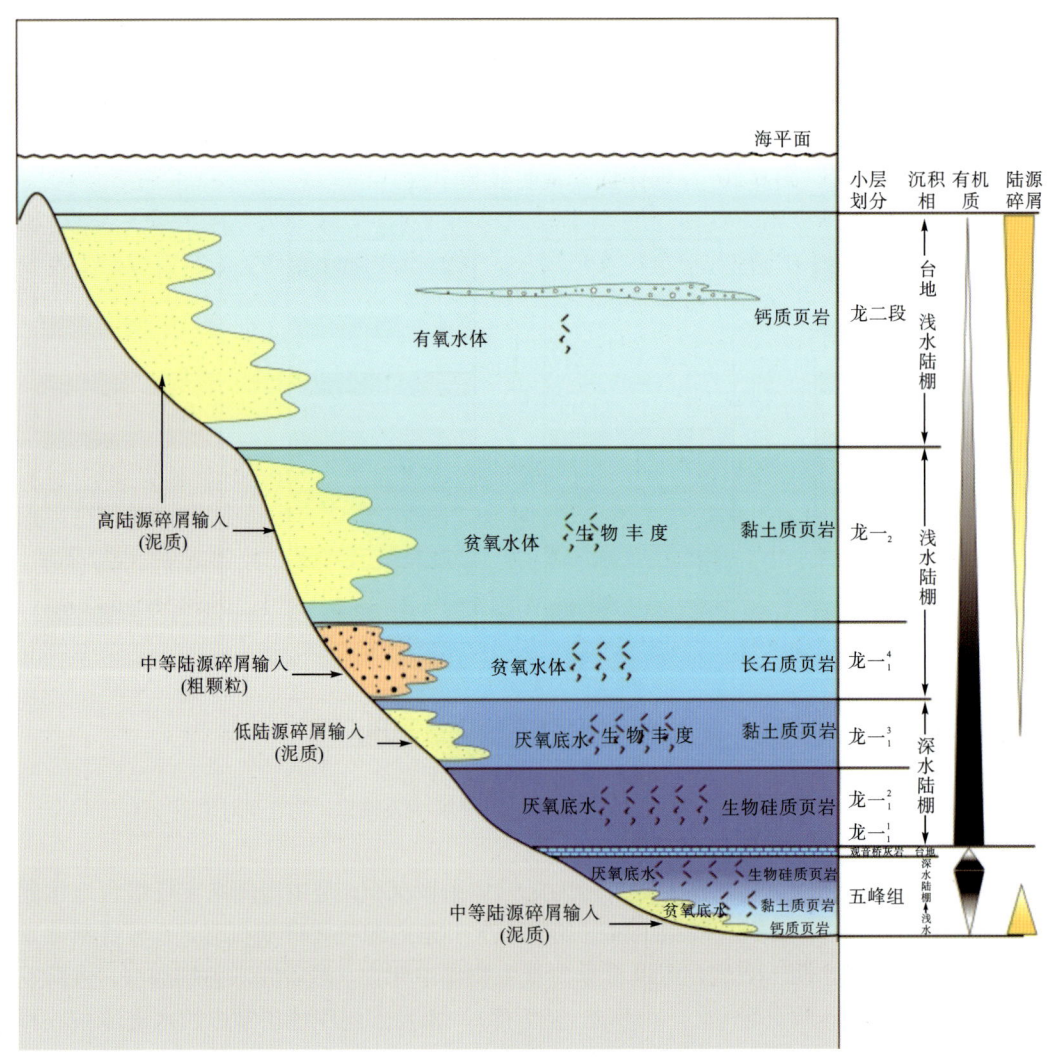

图6-21　太阳浅层页岩气田五峰组-龙马溪组页岩沉积演化序列

总体上讲，这套页岩含气品质呈现从下至上部由好逐渐变差，硅质含量由高到低的变化特征(图6-21)。由于这种沉积受物源和水动力控制，因此岩性岩相及厚度横向变化大，区域上开发需要优选"甜点"目标区。由此得出，五峰组顶部-龙马溪组底部是陆棚深水域分布范围最大、河流陆源体系不发育(影响干扰弱)、以内源生物有机相的生物硅质页岩为主，岩性岩相连续稳定大面积分布(图6-21)。

二、浅层页岩自封闭性

创新提出了以页岩有机孔为主体、浅层吸附性增强和三明治式封隔性为核心的浅层页岩气自封闭赋存认识，页岩自封闭赋存机理是复杂山地浅层页岩气成藏的核心机制。泥灰岩顶底板封盖条件好，形成垂向整体保存，整体压扭背景下断裂侧向封闭，气藏晚期快速抬升，微超压游离气、吸附气动态平衡减缓气体逸散。该认识为浅层页岩规模成藏奠定了理论依据，突破了页岩气开发的深度禁锢，有效指导了昭通示范区太阳浅层页岩气勘探重大发现，证实了盆地外强改造复杂构造区浅层页岩气勘探开发潜力，拓展了"强改造、过成熟"山地页岩气勘探领域。有机质热演化研究表明，太阳地区龙马溪组页岩气形成时的最大埋藏深度一般大于6000 m，喜马拉雅期抬升剥蚀的浅层化改造变浅过程造成浅层页岩气渗漏式的"逸散"，复杂山地浅层页岩能否有效成藏赋存是非常关键的科学问题。通过近百个样品微纳级孔隙结构、等温吸附实验、毫米级隔层分析，以及剖面甲烷碳同位素检测，提出页岩气自封闭赋存认识，为复杂山地浅层页岩气有效性评价奠定了理论依据。

(一)纳米级孔隙结构连通性

高精度场发射扫描和聚焦离子扫描电子显微镜等实验成果揭示：不同岩性页岩的孔隙结构基本是一致的，页岩气以有机孔为主(占总孔隙90%左右)，有机孔大部分连通性差。从 SEM+HIM 实测孔径图看，相同井不同岩相的页岩有机孔孔径分布规律基本一致，有机孔孔径以 4~100 nm 为主(中值为 20~40 nm)，远小于常规有效孔径的下限(50~60 nm)；无机孔孔径以 80~500 nm 为主(中值为 100~200 nm)(图6-22)。

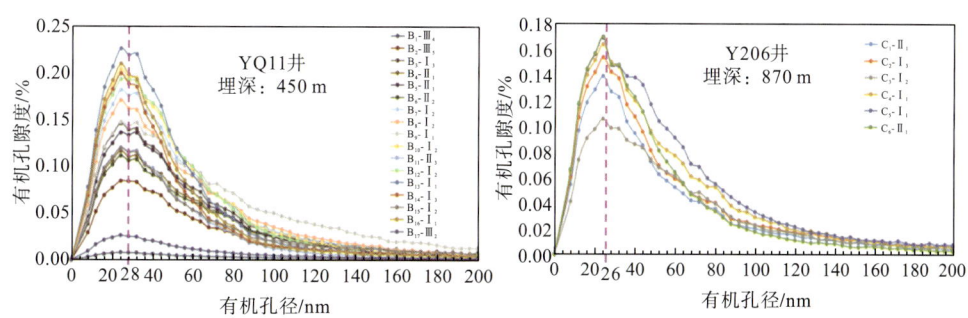

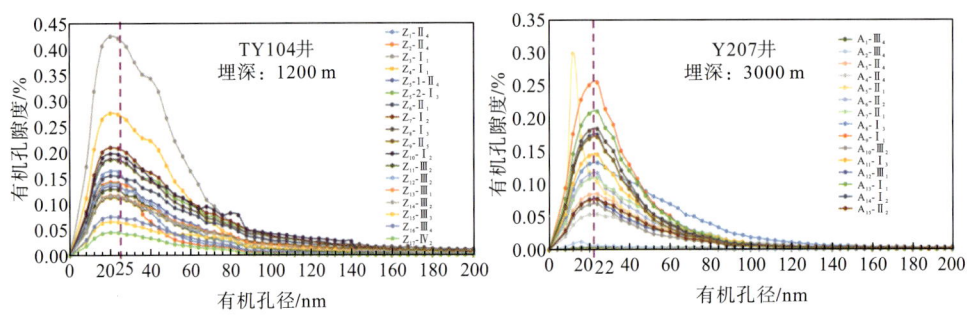

图 6-22 不同井有机孔径分布图

较大孔隙往往发育在有机质"团块"较大的部位，即在液态烃裂变生成气态甲烷时，产生多个气孔叠合复合，形成孔隙直径较大的孔隙集合体。而在有机质"团块"较小部位，孔隙少且孔径也相对比较小。通过对毫米级页岩样品的有机质微米 CT（μCT）三维连通性扫描发现，微米级以上有机质连通率为 5%～50%（图 6-23）。可见，大团块有机质和小团块的有机质是不均匀分布的，较大"团块"部位孔隙发育，孔径较大，可以形象地将大有机质团块比喻为"孔"，细小有机质"团块"部位孔隙少、孔径细，可以形象地将此比喻为"喉"。另外通过纳米级聚焦离子束-扫描电镜（FIB-SEM）对有机孔隙的三维连通性扫描，发现 10 nm 级以上孔隙的连通率为 60%，还有 40%为细小孔隙连通率不高。

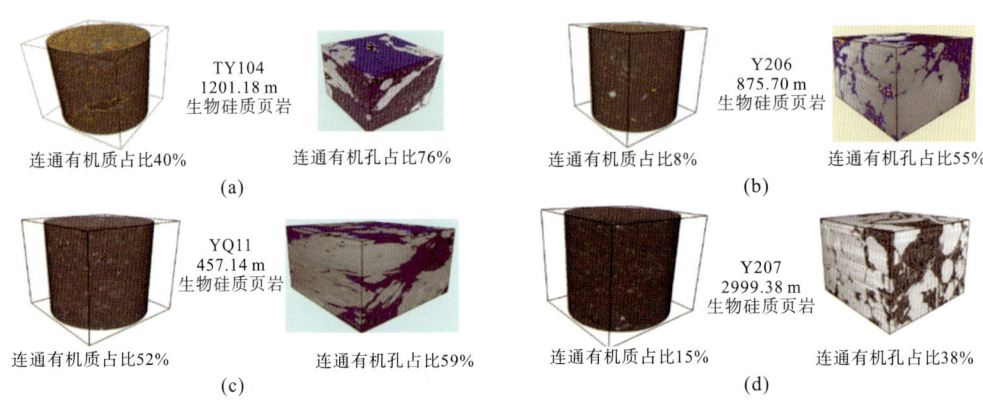

图 6-23 生物硅质页岩三维有机质、有机孔连通性特征

纳米级孔隙对于赋存甲烷是有效的，但对于形成气态连续相运移基本是无效的。一般认为页岩的有效孔隙直径下限为 3～4 nm，这是因为单个水分子的直径是 0.4 nm，甲烷分子的直径是 0.414 nm，束缚水最少占据 1 nm 喉道，单分子的甲烷通过喉道至少需要 1.5 nm 的直径。考虑到颗粒表面束缚水膜和甲烷气连续相态的气流需求，认为有效喉道应在 4 nm 以上，如图 6-24 所示。大量的无效孔使生物硅质页岩孔隙的连通性差，具自封闭性。利用场发射扫描电镜（SEM，扫描点密度为 4 nm）和聚焦离子束扫描电镜（HIM，扫描点密度为 1 nm）

对大量样品大面积直接观测统计，发现页岩储层大于 4 nm 以上的孔隙度只有常规方法所测孔隙度的 1/2，如图 6-25 所示。上述测试成果说明页岩储层小于 4 nm 孔径的孔隙度占了 30%～40%。页岩很小的纳米级孔径及"孔-喉"不均匀分布，使得页岩的渗透率为几到几十纳达西。

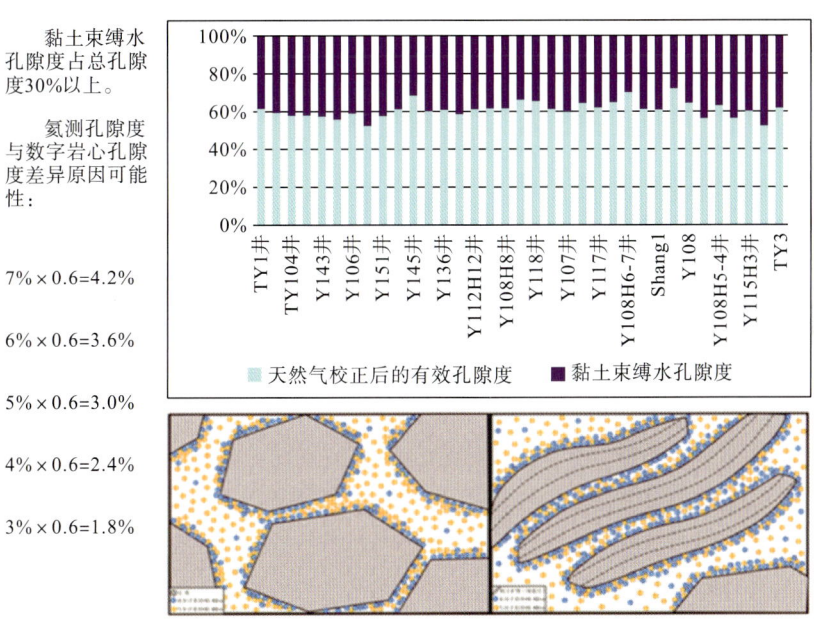

图 6-24　太阳浅层页岩气田总孔隙度与 SEM 有效孔隙度关系

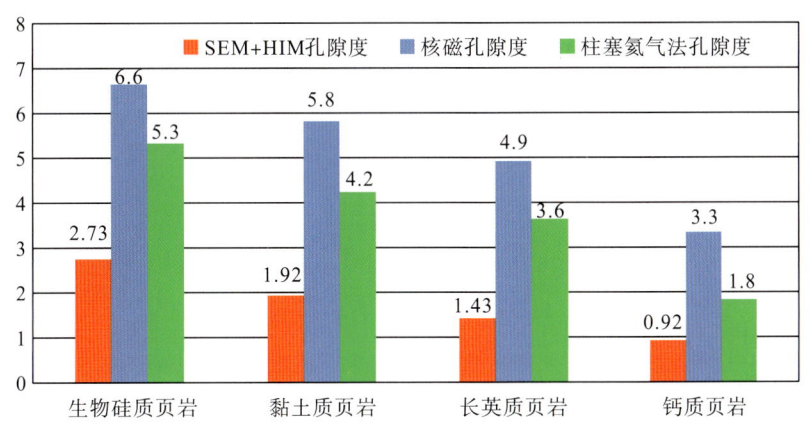

图 6-25　不同页岩、不同孔隙度测定方法所测孔隙度对比

通过页岩储层微米 CT（有机质连通性）和 FIB-SEM（孔隙度连通性）系统测试（表 6-3）。黏土质页岩（二类层）和钙质页岩（三类层）三维连通性差，其孔隙连通率<10%，具有较强自封闭性。

表 6-3　不同深度岩相孔隙连通性评价表（11 个样）

样品编号	井位	层段	测井深度	储层分类	连通有机质占有机质比/%	连通有机孔占有机孔比/%	1mm³ 样品孔隙连通率/%
Z3	TY104	龙一$_1^1$	1201.28	一类层	40.22	75.67	30.43
Z8	TY104	龙一$_1^2$	1198.96	一类层	33.42	42.82	14.31
A2	Y207	龙一$_1^4$	2985.13	三类层	4.07	35.20	1.43
A13	Y207	龙一$_1^1$	3003.68	一类层	14.73	37.63	5.54
B1	YQ11	龙一$_2$	405.98	二类层	9.14	86.02	7.87
B13	YQ11	龙一$_1^1$	452.50	一类层	28.17	63.18	17.80
B16	YQ11	五峰	456.94	一类层	52.38	59.04	30.93
B17	YQ11	五峰	458.94	二类层	11.20	52.39	5.87
D1	Y118	龙一$_1^4$	2237.65	三类层	2.80	41.60	1.16
D4	Y118	龙一$_1^1$	2259.30	一类层	29.51	69.77	20.59
D6	Y118	五峰	2261.00	一类层	33.04	82.03	27.10

聚焦离子束扫描电镜成果显示：页岩有机孔呈近椭圆状，相对孤立，相互连通性较差。3D 微米 X-射线显微镜成果显示：黏土质页岩和钙质页岩有机质三维连通率小于 15%，连通性差；生物硅质页岩有机质三维连通率达到 20%～40%，连通性较黏土质页岩和钙质页岩好。生物硅质页岩整体孔隙连通率最高，YQ11 井 456.94 m 连通有机质占比为 52.38%，连通有机孔占比为 59.04%（图 6-26，图 6-27），孔隙连通率为 30.93%。

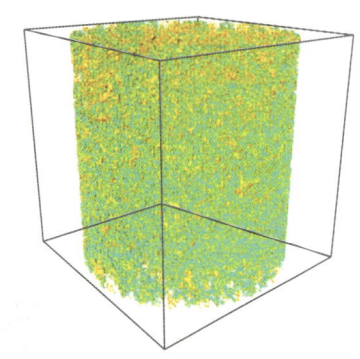

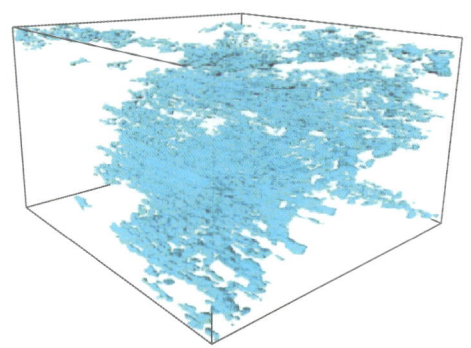

图 6-26　页岩连通有机质（蓝色）与非连通有机质（黄色）　　　图 6-27　页岩连通的有机孔（蓝色）立体图

（二）页岩纹层间封隔性

页岩的孔隙细分为有机孔和无机孔，通过对 4 nm 以上的孔隙进行统计，4 nm 以上的孔隙以有机孔为主，但不同页岩有机孔和无机孔的比率不尽相同。生物硅质页岩的有机孔占比为 94.40%，黏土质页岩的有机孔占比为 88.47%，长英质页岩的有机孔占比为 77.43%，钙质页岩的有机孔占比为 57.55%，灰岩夹层的有机孔占比为 46.40%。可见储层类型越差，有机孔占比越低。对比不同岩相核磁全孔径分布数据，富有机质页岩孔隙度核磁信号强度明显大于贫有机质页岩。不同页岩岩相纹层间隔互层，形成不同岩性纹层之间"三明治式"封隔。从 DEI 储层扫描分类看：不同岩性的页岩纹层在纵向上频繁间隔互层，也形成了在纵向上的封隔性(图 6-28、图 6-29)。区域页岩的顶底板封隔层、页岩自发渗吸实验和双能 CT 观察到的毫米级"三明治式"结构，展示了页岩垂向上页岩孔渗差异，体现浅层页岩气具有物性的自封闭基础，由此揭示了龙马溪组页岩层系具有明显的纵向分割性和封隔性保存特色。

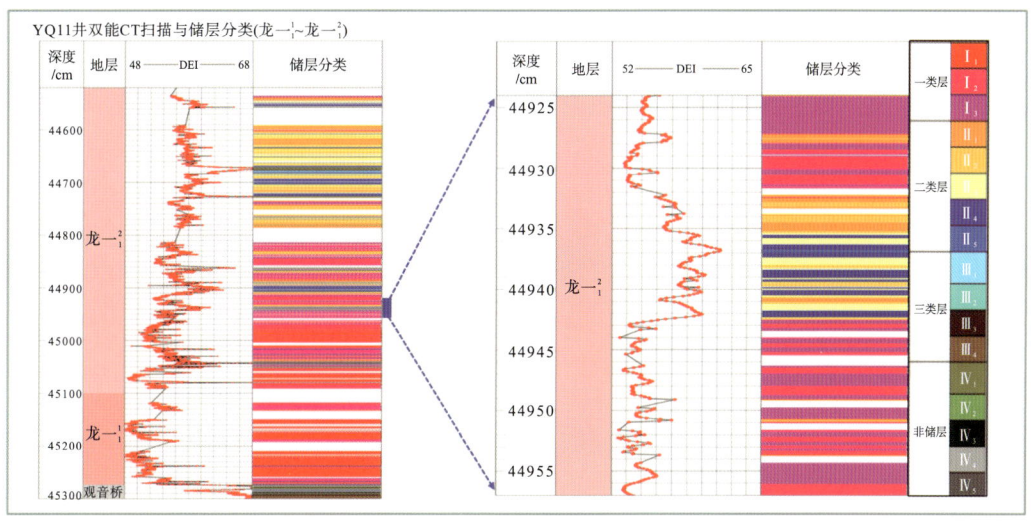

图 6-28　YQ11 井毫米级储层分类间互特征

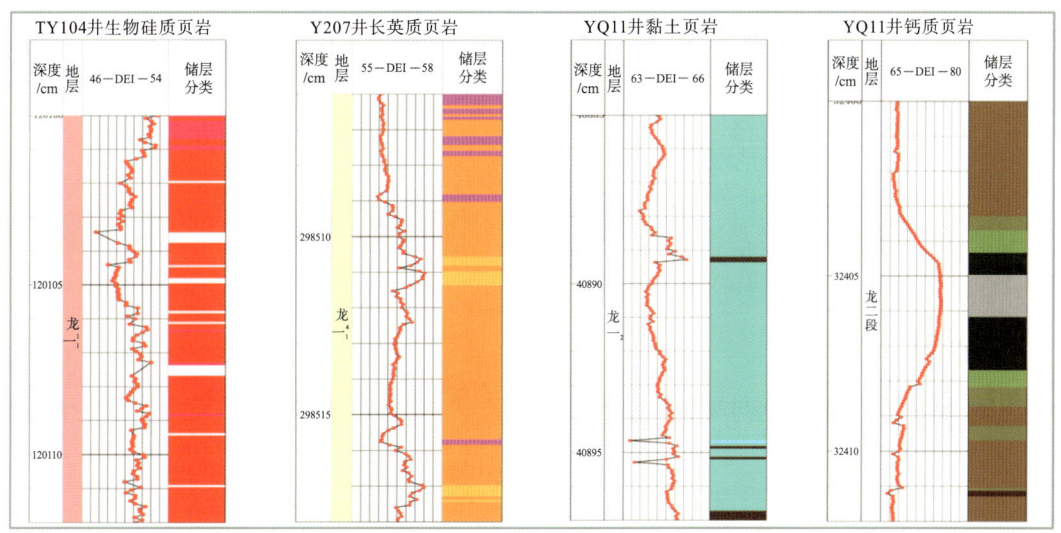

图 6-29　太阳地区不同井不同段毫米级储层分类间互特征

(三)吸附性

浅层页岩气的赋存形态状况，明显受控于有机质的含量。实验数据表明，游离气和吸附气赋存与有机质含量在垂向上具有良好的相关性，评价认为有机质含量越高的页岩其吸附性能力越强，吸附气含量越高。得出的结论是，以生物硅质页岩为主、次为黏土质页岩的龙一段页岩气主要是吸附力自封闭机制，而以钙质页岩为主的龙二段页岩气则是毛细管自封闭机制。通过高温高压甲烷吸附试验模拟表明，在不同埋深条件下生物硅质页岩吸附气在埋深 700～1300 m 吸附量最大点，埋深小于 500 m 时吸附气含量则下降，而且吸附气含量与岩心的 TOC 含量呈线性正相关(图 6-30)。

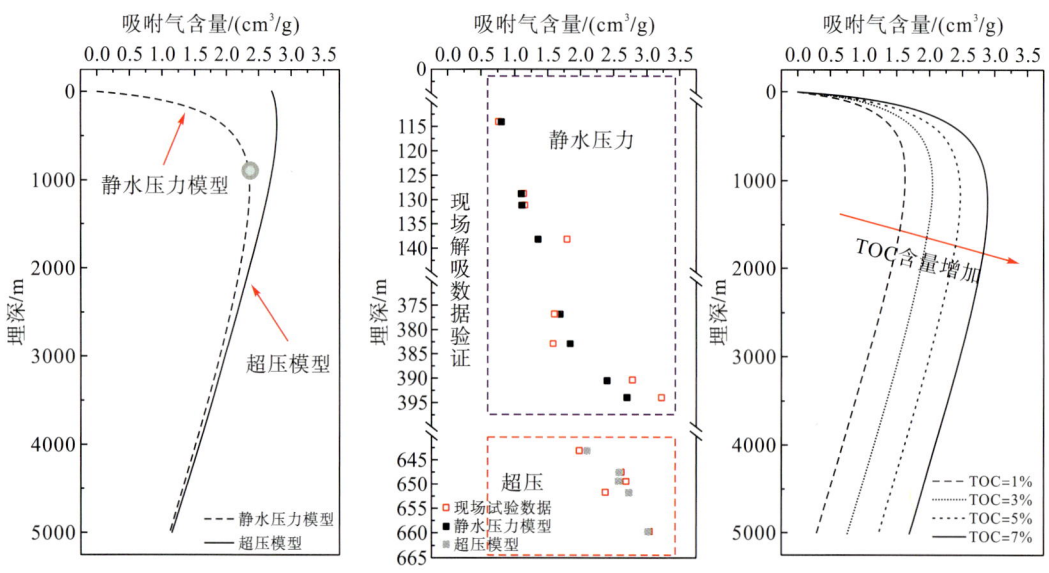

图 6-30　不同埋深条件下生物硅质页岩吸附气模型

浅层页岩的自封闭性是山地浅层页岩气得以成藏赋存的内涵要求。五峰组-龙马溪组页岩气储层在纵向上纹层的封隔性、微纳米级孔隙的低连通性和 700～1300 m 浅层页岩的强吸附性，构成了复杂山地浅层页岩气特有的"自封闭性"三要素，页岩垂向上的物性自封闭性、润湿性和含水饱和度的差异增加了浅层页岩气的垂向自封闭能力，这是复杂山地页岩气成藏赋存的核心内涵。由此大大降低了页岩气勘探深度门槛要求，打破传统的常规储层天然气保存思维理念和"页岩气浅层勘探禁区"的禁锢，极大地拓展了页岩气有效勘探领域，未来在百米级埋深条件下的页岩气田有可能成为效益开发的甜点建产区。

三、浅层页岩气成藏赋存模式

页岩气自生、自储、自盖，其低渗透隔层发育，具备形成三维封存箱的基本条件(王鹏万等，2017)。通过昭通复杂构造区太阳浅层页岩气田构造断裂系统、页岩气烃源岩、储集体及顶底板封闭性特征分析，发现其主力页岩气层在纵向和横向上均具有较好的封闭保存条件，在顶底板、封闭断层的共同作用下，构建成三维的页岩气储层封闭体系，从而造就了浅层页岩气成藏和富集赋存。基于此，笔者提出了太阳背斜区山地浅层页岩气"多场耦合多元协同"共同作用下的"三维封存体系"富集成藏赋存模式(梁兴等，2021)(图 6-31)，其具有以下 4 个主要特点：①页岩气储层上覆的龙一$_2$-石牛栏组致密泥灰岩和下伏的临湘组-宝塔组致密瘤状灰岩，分别构建形成了"三维封闭系统空间"的暖身顶板和舒躺底板；

②太阳背斜构造区的断层自形成以来一直处于挤压或压扭的构造应力背景,断层的纵向封闭性好,构筑了"三维封闭系统空间"的横向封隔侧板而使页岩气储层不受泄漏破坏,并使复杂构造区赋存下来的浅层页岩气仍属于连续型气藏;③断层两盘页岩气层对接岩性均为致密泥灰岩和灰岩,侧向封堵性较好,没有页岩气的泄漏点;④发育"富碳、高硅、低黏、高脆"优质页岩气储层,这套页岩具有以"有机孔+无机孔"为主体且可以"规模生烃、高效吸附富集"的微-纳米级页岩储集空间(主体为孔隙和裂缝隙)。

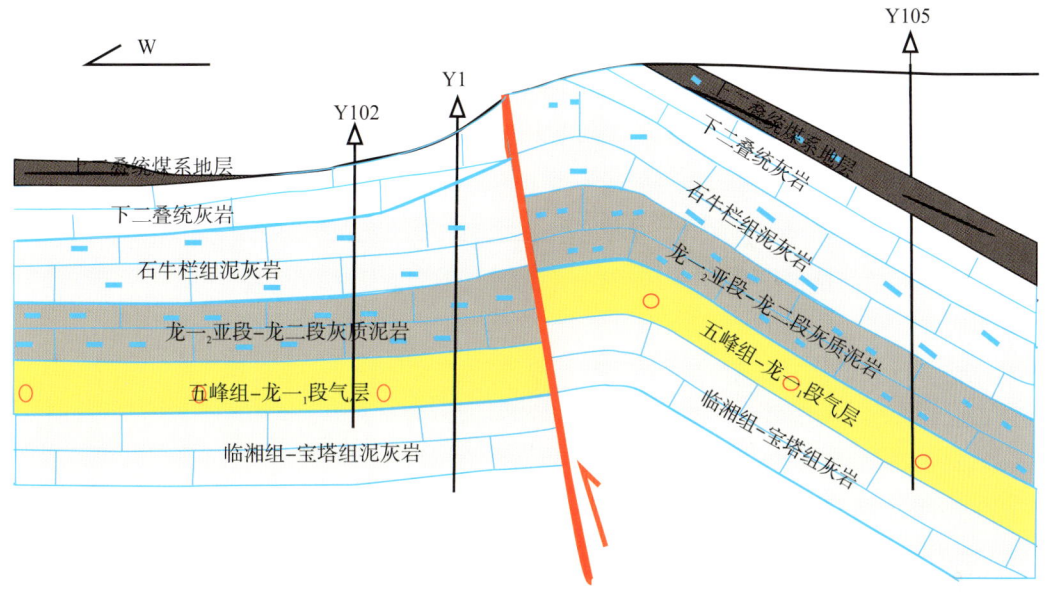

图 6-31   太阳山地浅层页岩气田"三维封存体系"成藏赋存模式图

位于太阳背斜构造压扭走滑断层(近南北走向)东西两侧的 Y102 井、Y1 井和 Y105 井(图 6-31),钻井地质录井、综合气测录井和页岩层取心含气量测定均显示了较好的含气性,五峰组-龙一$_1$页岩气储层压裂测试产气效果良好,地层压力系数超过 1.2。太阳背斜构造主体部位除两条大断层外,呈现的断层少,地层平缓(倾角≤10°),表明背斜整体封闭性能良好,进一步验证了太阳浅层页岩气田符合"三维封存体系"富集成藏模式,是一个有机质呈过成熟演化状态的干气性连续型页岩气藏。

随着太阳背斜南部海坝背斜浅层气的持续突破,基于成藏地质条件的深入分析,结合构造地质"浅层化改造"的气藏地质工程认识,针对太阳-海坝双背斜整体进一步建立了"岩性岩相、储集孔隙、天然裂缝、构造应力、页岩自封闭、晚期泄聚"耦合机制控制的浅层页岩气"源内自生自储为主+区外源微距补给"的"三维封存体系复合型富集成藏模型"(图 6-32),继承和发展了太阳背斜区"三维封存体系"浅层页岩气成藏模式。其整体特征为顶底板良好封存、断层压扭闭合、储层毛细管力自封闭、层理发育垂向封闭性好,深部高流体势微距离运移适量补充是浅层页岩气成藏的重要因素,高部位的浅层-超浅层页岩气整体保存较好。具体特征表现为以下五方面。

(1)岩性岩相决定了页岩气的资源潜力。研究与实践表明,优质页岩气主要来源于深水陆棚相欠补偿生物沉积的(有机)生物硅质页岩,这类页岩主要分布在龙一$_1^{1-2}$,部分分布

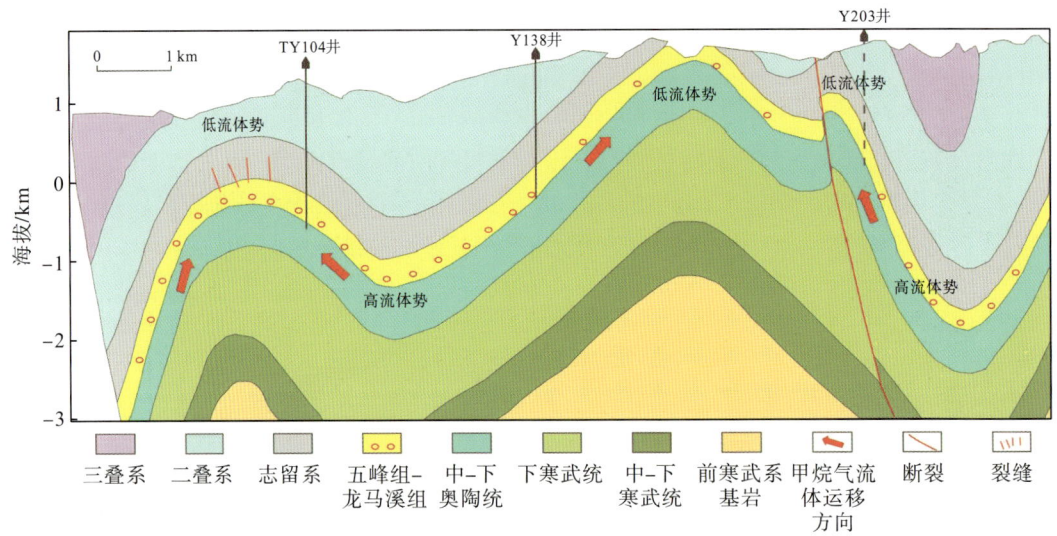

图 6-32　太阳背斜-海坝背斜连片区浅层页岩气成藏赋存模式

在龙一$_1^3$，龙一$_1^4$中罕见。生物硅质页岩中的亮纹层为硅藻、钙藻和放射虫集中发育段，一般厚度为 0.1～0.3 mm；准纹层为硅藻、钙藻和放射虫相对集中发育段；暗纹层为硅藻、钙藻和放射虫相对不发育层段[图 6-33(a)、图 6-33(b)]。生物硅质页岩中的"闪亮星状"体均为硅藻、钙藻团块或放射虫团块[图 6-33(c)]，指示硅藻、钙藻和放射虫的"勃发"。有机生物硅藻、钙藻团块或放射虫颗粒的主要矿物成分为石英、方解石（白云石），含少量火山灰级长石，往往集中发育，形成富集层。放射虫有机生物经硅化后形成的石英结晶良好，一般多为微米级和纳米级，粒径差异大、颗粒棱角明显、无磨圆、分布无粒序、不显示水动力搬运特征。基质中 4 nm 结构的有机质丰富，有机质相互连通，而颗粒矿物的分布则以"悬浮"状为主。这些有机生物成因的石英与陆源搬运的长英质页岩中的石英相差甚远，后者中有大量长石与石英颗粒呈同等大小的共生状态，颗粒大小一致，磨圆度好，具有陆源水动力搬运的沉积特征。

（2）富有机质页岩的地层厚度和有机孔的储集空间结构决定了成藏富气的基础和页岩气资源丰度。龙马溪组底部的生物硅质页岩拥有丰富的有机质且分布在基质结构中，无机矿物颗粒总体则呈"悬浮"状态存在，页岩气的储集空间以有机孔为主，剩余粒间孔相对有限或不发育[图 6-34(a)]。页岩中有机质（沥青）的产状与油层压汞法描述的孔隙结构一致，即沥青质的体积占比相当于页岩的原始孔隙度。地层压力支撑了有机孔的大小和形态，在处于过成熟状态的生物硅质页岩的沥青质内孔隙很发育，总体可占有机质（沥青质）的 20%～30%[图 6-34(b)、图 6-34(c)]。基于十余口井的页岩岩心开展的饱和油/水核磁共振实验分析，有机孔和无机孔的占比约为 2.5∶1.0。有机孔的核磁共振横向弛豫时间主要分布在 0.2～10.0 ms（孔径为 3.0～42.3 nm），主峰在 2～3 ms（孔径为 14.6～19.0 nm）；无机孔的核磁共振横向弛豫时间主要分布在 2～10 ms（孔径为 14.6～42.3 nm），主峰在 4～5 ms（孔径为 23.1～26.5 nm）。实验分析表明，随着有机质的 TOC 含量升高，核磁共振测量的孔隙度、比表面积明显变大，解吸曲线也显示页岩的孔径明显变大，表明与有机质相关的孔隙是优质页岩段孔隙的主要贡献者。扫描电镜分析和低温 N_2 吸附实验揭示，有机孔的孔喉迂曲复杂，多呈"墨水瓶"状，而无机孔的孔喉相对简单，多为狭缝状。

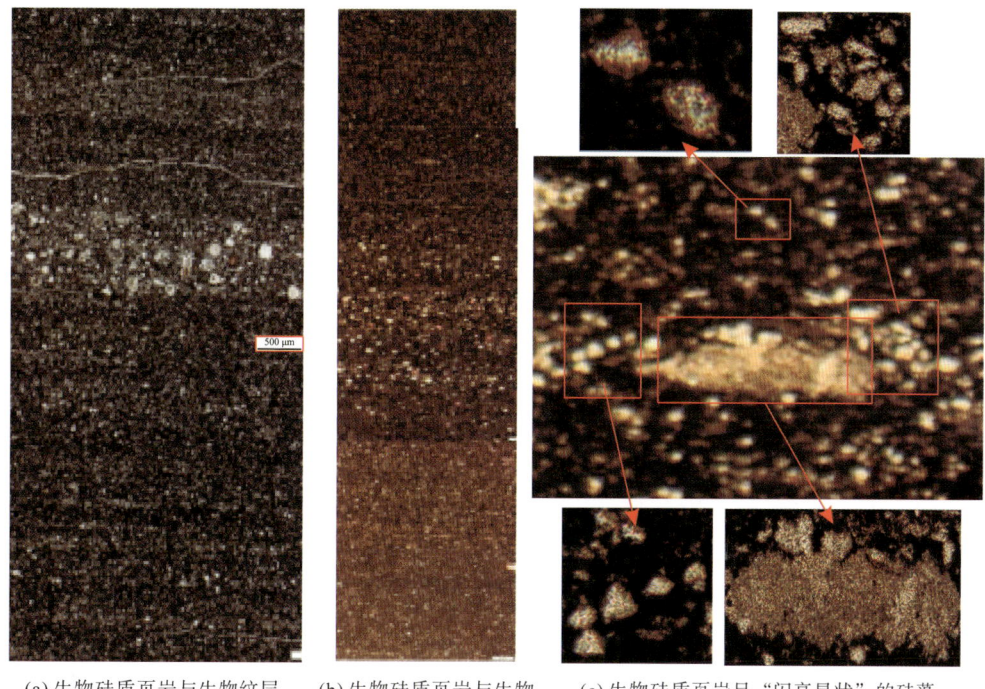

(a) 生物硅质页岩与生物纹层，Y207井3003.45 m　　(b) 生物硅质页岩与生物纹层，Y206井877.65 m　　(c) 生物硅质页岩呈"闪亮星状"的硅藻（纹层），Y10井450.26 m

图6-33　太阳页岩气田龙一$_1^1$生物硅质页岩及硅藻生物纹层微观特征

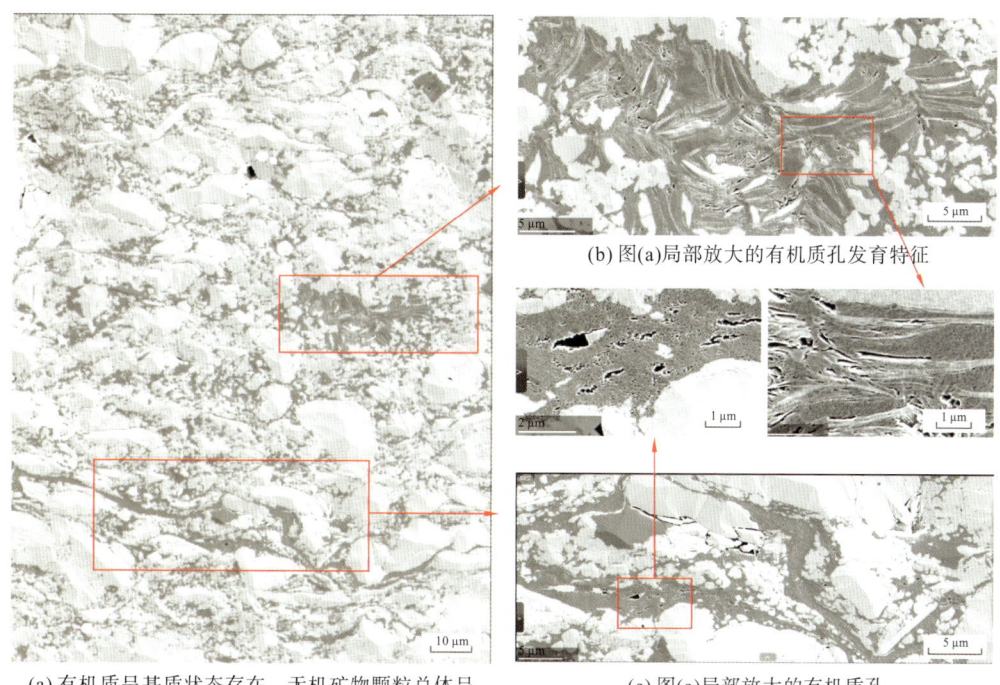

(a) 有机质呈基质状态存在，无机矿物颗粒总体呈"悬浮"状态存在于其中　　(b) 图(a)局部放大的有机质孔发育特征　　(c) 图(a)局部放大的有机质孔

图6-34　生物硅质页岩中有机质及有机孔的展布状态（龙一$_1^1$，TY104 井 1201.18 m）

(3) 天然裂缝对页岩气的成藏、聚集、赋存具有双面效应。太阳页岩气田总体处于挤压走滑的构造体系，发育不同级别的走滑断裂和逆冲裂缝，鉴于其侧向封堵性较好，页岩气的保存整体上处于封闭体系，含气性没有被破坏，在断层附近的页岩气井仍能产气。页岩中微裂缝发育，微裂缝主要受地层的宏观破裂强度和缝面正应力控制。微裂缝是页岩气藏短距离运移、调整的主导因素；页岩的埋深是微裂缝上缝面正应力的主控因素，决定了其有效性；微裂缝的发育指数与成像测井识别的宏观裂缝条数具有正相关性。成像测井分析表明：裂缝的宽度与埋深呈二阶幂指数关系，深度越浅，裂缝宽度越大，对页岩气运移越有利(包括向高部位的运移、富集和纵向上的渗泄、逸散)；裂缝宽度与现今最大主应力方向的夹角呈负相关，夹角越小，裂缝宽度越大。

(4) 地应力控制着软弱面的沟通能力，同时影响着储层的体积压裂改造效果。浅层页岩的裂缝面和层理面所受应力较低，对油气的沟通能力相对较强，可致使页岩气出现短距离运移，这对页岩储层中的孔隙保存有较大的影响，尤其在圈闭条件优越的构造高部位有利于气藏富集。裂缝的多少及缝面有效正应力的大小决定了裂缝的沟通能力，进而制约着有机孔的大小和形态，因此裂缝和缝面应力是影响有机孔丧失或保存的关键因素，是制约页岩气赋存的关键要素。随着软弱面的发育程度和水平应力差增大，对页岩储层进行压裂改造形成复杂缝网的难度也随之增大，体积压裂效果变差。

(5) 晚期构造形变的抬升-剥蚀浅层化改造使得页岩气逸泄，而外源补给则影响着聚集在浅层的页岩气成藏、赋存。页岩气层在遭受后期构造形变改造和抬升-剥蚀的过程中埋深变浅，地层存在一定的"松弛效应"，在相同井不同岩相的页岩中，有机孔的孔径分布规律基本一致，有机孔的孔径以小于 100 nm 为主，中值为 20~40 nm。尽管开发成果表明浅层页岩气井页岩储层中的有机孔孔径随着深度增加而减小，早期裂缝经常被有机质充填，但在页岩气层抬升变浅过程中产生的系列裂缝(扫描电镜揭示的纵切微裂缝、无充填)，一方面在一定程度上造成页岩气泄逸散失，另一方面则由于太阳气田所处的特殊构造位置，其北侧叙永深拗陷区的页岩气可沿渗透性改善的微裂缝和层理面向太阳背斜构造的高部位运移聚集，形成有外源补给的山地页岩气藏。加之优质页岩气层在纵、横向上的自封闭性("物性封闭+润湿性封闭"叠加的自封闭)，以及页岩层中大量有机质的吸附性(吸附气)，使得在经历"强改造、过成熟、浅埋深"的太阳复杂构造区仍然存在可大面积开发的浅层页岩气藏。浅层页岩气田开发成果展示，800~1000 m 埋深区域的单井测试产量总体上比 500~600 m 埋深区域的产量略高，表明研究区为深、浅层复合连片含气。

现场勘探开发成果表明，页岩储层的埋深、地层倾角与流体势的耦合控制着页岩气的差异保存和赋存。换句话说，构造改造形变的强弱控制着页岩气的展布及资源丰度，构造抬升-剥蚀晚、正负向构造的幅度差大、低流体势区为持续封闭保存、高流体势区为浅层区持续供给是浅层页岩气有效赋存的主要因素(图 6-32)。在喜马拉雅期，太阳气田因构造活动而快速抬升的浅层化改造，部分吸附气随着地层压力骤降而发生解析并转换为游离气，可替补部分早期逸散的游离气量，但由于气藏中游离气的占比相对偏低，吸附气总体占主导，气藏的总含气量仍会降低。气藏在晚期整体快速抬升，微超压游离气与吸附气的动态平衡可减缓气体的逸散，因而太阳气田的浅层页岩气具备相对微超压气藏的特征。

第四节　浅层页岩气富集高产规律

一、浅层页岩气储层特色

勘探开发实践和地质工程一体化综合评价表明,太阳浅层页岩气田历经复杂构造改造仍保持较为优越的成藏赋存条件:①海坝背斜虽被削顶,页岩气储层埋深较小,但背斜顶部地层较平缓,微纳米级孔隙结构致密的页岩自封闭特性使得露头区 500 m 范围内、埋深不足 300 m 的页岩储层仍含气(测试日产量可达 $3\times10^4\sim5\times10^4$ m³),虽然背斜区发育较多的小型断层,但从距压扭性断裂 500 m 范围的气井仍获得高产气流来看,其整体三维封闭体系是存在的,利于气藏富集赋存。②前陆盆地深水陆棚、贫氧强还原沉积环境和富养料的火山灰、浮游型笔石生物的高生产力等,奠定了五峰组-龙马溪组底部页岩具有丰富的有机质烃源物质基础,页岩储层具有高 TOC 含量、好物性,优质页岩区域稳定分布。③生物硅质页岩气层沉积环境单一、稳定,在相当大范围内连续稳定分布,优质页岩气层(龙一$_1^1$+龙一$_1^2$)呈巨大甜饼状,而非孤立的小甜点,深浅层复合连片含气。

与昭通示范区黄金坝-紫金坝页岩气生产基地及邻近的长宁示范区宁 201 井区中深层页岩气相比,太阳浅层页岩气储层在矿物岩石学、有机地化特征、物性特征、总含气量等方面具有相似的特征,但在页岩气储层埋深、展布、吸附气含量和地层压力方面具有明显的浅层页岩气特色。具体表现为:①页岩气储层埋深较浅,为 500~2000 m,小于 1500 m 的面积占比近 2/3;②吸附气含量偏高,含气量为 3.81~5.34 m³/t(平均值为 4.54 m³/t),其中游离气含量 1.48~3.00 m³/t(平均值为 2.3 m³/t),虽与中深层页岩气总含气量相比略低,但游离气含量明显偏低,吸附气含量明显偏高,吸附气多数占比在 50%以上(表 6-4,图 6-35),表明浅层页岩储层中游离气有明显的逸散泄失现象,也说明了浅层页岩气保存条件的重要性;③页岩气储层显示微超压,地层压力系数分布在 1.25~1.43,平均值为 1.33,处于微超压状态(表 6-4,图 6-35);④背斜构造区水平应力差相对较小,脆性指数高。太阳背斜构造隆起区(高部位)最大主应力和最小地应力均较小(24.2~51.8 MPa、16.0~38.1 MPa),水平应力差也较小(4.0~13.7 MPa),明显小于背斜斜坡带中深层页岩气储层的应力差(18.6~31 MPa),加上页岩脆性指数高,页岩气储层易于实现体积压裂(表 6-5)。

表6-4　太阳浅层页岩气田与长宁页岩气田黄金坝-宁201井区-紫金坝区块页岩储层含气性及压力系数对比

区块	井号	埋深/m	含气量/(m³/t)			页岩气储层压力系数
			总含气量	游离气	吸附气	
太阳背斜构造区	TY102	772.29~772.59	3.81	1.48	2.33	1.43
	TY103	1086.69~1086.96	4.35	2.05	2.30	1.25
	TY104	1202.12~1202.40	4.15	2.04	2.11	1.29
	TY105	1691.74~1691.99	5.34	3.00	2.34	1.29
	TY107	1255.25~1255.51	5.07	2.67	2.40	1.37

续表

区块	井号	埋深/m	含气量/(m³/t)			页岩气储层压力系数
			总含气量	游离气	吸附气	
	浅层页岩气平均值		4.54	2.25	2.29	1.33
黄金坝	TY108	2498.2～2499.3	5.2	3.7	1.6	1.96
	TY111	2386.4～2392.6	4.4	2.6	1.8	1.8
紫金坝	TY112	2455.1～2456.6	5.7	3.8	1.9	1.7
	TY115	2254.8～2256.3	5.9	4.1	1.8	1.7
宁 201 井区	宁 201	2504～2525	5.8	4.0	1.8	2.03
	中深层页岩气平均值		5.4	3.64	1.78	1.84

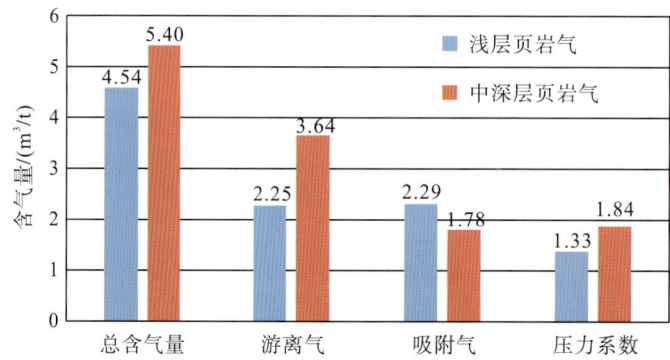

图 6-35　太阳浅层页岩气田与长宁页岩气田黄金坝-宁 201 井区-紫金坝区块页岩
储层含气量及压力系数对比直方图

表 6-5　太阳浅层页岩气田与长宁页岩气田黄金坝-宁 201 井区-紫金坝区块地应力特征及岩石力学参数对比

区块	井号	地层	最大主应力/MPa	最小主应力/MPa	水平应力差/MPa	杨氏模量/GPa	泊松比
太阳页岩气田	TY1	龙一段	24.2	20.2	4.0	23.6	0.119
	TY102	龙一段	26.2	16.0	10.2	27.8	0.172
	TY105	龙一段	51.8	38.1	13.7	37.4	0.201
长宁	宁 201	龙一段	57.0	44.6	12.4	45.9	0.255
黄金坝	TY108	龙一段	75.5	55.7	19.8	22.0～40.0	0.17～0.24
紫金坝	TY112	龙一段	71.7	53.1	18.6	29.0～36.0	0.16～0.18

二、多场协同多元耦合富集高产规律

基于太阳浅层页岩气田地处四川盆地南缘盆外多期地壳运动叠加改造的构造地质背景，通过构造变革场、沉积岩相场、地温热能场、成岩演变场、岩石应力场、流体相态场的"多动能场协同作用"综合研究，以及上扬子川南-渝东-黔北-鄂西前陆盆地深水陆棚相五峰组-龙一段页岩自沉积形成、成岩成储、深埋生烃、富集成藏、浅层化改造、气藏动态调整到封闭赋存下来的现今页岩气系统"多元因素耦合作用"综合评价,提出了"源储元素是山地浅层页岩气富集成藏的基础、改造元素是山地浅层页岩气成藏调整变化的根源、赋存元素是山地浅层页岩气藏得以保留的关键"的"多场协同、多元耦合"富集高产规律和成藏赋存地质评价认识。

通过对浅层页岩气地质条件和油藏工程开发过程的深入分析,认识到在宽阔的前陆沉积盆地背景与漫长的多期次构造运动叠置改造控制下,太阳背斜山地浅层页岩气具有 4 个方面的有利条件:①沉积成岩形成的页岩源储条件好,地处前陆盆地的强还原环境深水陆棚沉积相带,同沉积时期火山灰频发,高碳(≥3%)、高硅(≥40%)、低黏土(≤30%)的优质页岩发育,有机地球化学指标优良,生烃物质基础条件优越,优质页岩连续厚度大,区域分布稳定;②三维封存箱体系控藏条件好,虽然历经印支期以来多期构造变革叠置改造,但太阳背斜构造区页岩气储层的连续沉积顶底板岩性致密、厚度大,压扭性断层封堵性好,构造形变改造程度弱,背斜构造完整,页岩气自封闭条件形成了持续良好的保存体系;③优质页岩气储层物性和含气性条件好,地处盆地外的背斜构造区较宽广,页岩气储层在背斜区连续分布,页岩微观储集空间发育、物性好、含气性高,呈现一个干气型微超压体系连续气藏;④页岩储层体积压裂工程条件好,优质页岩气储层具有高含硅质、低黏土矿物,脆性矿物含量高(≥55%),水平纹层理、微裂缝较发育,背斜构造区地应力相对深洼区要低得多(普遍小于 50 MPa),水平应力差小(小于 16 MPa,普遍小于 10 MPa,背斜顶部区多小于 5 MPa),有助于水力压裂形成复杂的人工缝网和较大的改造体积,易于实现储层体积压裂改造并形成具有复杂缝网的人造页岩气藏。

根据浅层页岩气地质特征与评价认识,进一步得出了昭通复杂构造区五峰组-龙一段山地浅层页岩气勘探评价的"多元耦合富集高产"规律认识,其内涵是 4 个关键因素耦合作用的结果。①五峰期-龙马溪组早期的扬子江前陆盆地"局限性滞留深水+富营养微量元素的火山灰喷发沉降"双因素叠置,构建的区域性缺氧强还原环境造就了"富碳、高硅、低黏、高脆"优质页岩储层发育。成岩演化至过成熟中晚期(R_o 为 1.95%~3.11%),富碳页岩有机孔大量发育促使总孔增加与物性变好,正是与滞留烃开始裂解、生气高峰期匹配的微观孔隙发育窗口(即沉积成岩控制源储特征,是页岩气成藏富集的资源基础)。②持续良好的三维封闭保存箱系统有效地保护了富有机质页岩生烃、留烃、富烃和储烃,没有封闭保存条件的区带页岩气遭受破坏致使没有勘探前景。由页岩气储层顶板盖层暖身、底板隔层舒躺、断层封闭防泄三要素构筑的三维封闭保存体系对山地页岩气至关重要(即保存条件控制天然气藏,是页岩气成藏赋存的关键条件)。③页岩的脆性特征、地应力大小以及水平应力差决定了体积压裂改造作业的难易程度,并严重影响着人造页岩气藏的构建效果与单井产量。背斜高部位的页岩气储层高脆性、低应力、小应力差特征,易于形成复杂的缝网实现体积压裂从而促使气井获得较高稳定产量。低黏、高脆利于页岩压碎,低应力差易于水力压裂复杂缝网的形成(即应力可压性控制人造气藏,是水平井实现体积压裂的重要因素)。④Ⅰ类优质页岩气储层连续厚度和地层孔隙压力系数决定了复杂构造区山地浅层页岩气的资源禀赋程度与储量丰度,页岩气资源丰富程度决定了气井高产的目标杆线。厚的Ⅰ类页岩气储层和高的含气量、较高的地层孔隙压力系数的叠合甜点区有利于获得高产井(即烃储禀赋控制单井产量,是获得高产页岩气井的核心资源要素)。

现场生产实践与评价研究表明，太阳背斜构造区浅层页岩气产能的影响因素较多，其中主要控制因素包括优质储层甜点厚度(纵向厚度)、优质储量的动用程度、钻遇优质储层甜点的水平段长度、优质储层天然微纳孔隙-裂缝系统结构与人工压裂储层改造强度。通过浅层页岩气勘探评价的实践总结，页岩气储层品质越优，甜点层厚度越大，连续性越好，水平应力差越小，天然微纳级孔隙-裂缝系统越发育，越易于进行规模化储层体积压裂改造，加上水平井段适度加长，体积压裂改造得越充分，压后返排控压得越精细越切合实际，页岩气单井产量越高。

非常规页岩气的气井产量获得是营造一个"人造页岩气藏"系统工程的综合结果，与从甜点评价研究、设计优化到现场钻压采实施以及结果反馈实时调整的所有环节息息相关。近十年的实践表明，非常规页岩气高产井的培植，需要搭建一个"多专业、多学科、多工种"无缝衔接的地质工程一体化平台系统，构建一个"室内评价研究与现场实施随时对接调整"的"互联网平排"一体化实时协同高效工作模式，通过一体化的评价研究(打造透明页岩气藏并选对甜点/定准靶)、一体化设计优化(针对性模拟人造井工程追求最佳效益性价比的压裂改造效果并定好井/方案准)、一体化实施调整(钻好井/压碎层/试好井/管好井)，最终造就"人造页岩气藏"优质的"储层品质、钻井品质、完井品质、开发品质"精品工程，可以实现大幅度地提高单井产量和单井评估最终可采取储量(estimated ultimate recovery，EUR)，这就是地质工程一体化规模化培植和复制页岩气高产井的必由之路。

第七章 太阳山地浅层页岩气高效勘探开发关键技术

昭通国家级页岩气示范区太阳背斜区山地浅层页岩气赋存与产能潜力受控于富有机质页岩储层厚度、物性、顶底板封闭性、含气性及可压性五大地质要素,气藏显现出吸附气含量偏高、地层弱超压、初期产量相对偏低、气井产量稳定、递减率低等特征。通过气田矿区试验实践和创新集成,形成了基于"精准、高效、实用、经济"目标需求的山地浅层页岩气甜点选区评价技术、产能目标导向高效布井技术、水平井钻井地震地质导向跟踪和控制技术、国产近钻头地质导向技术、安全高效优快钻井技术、"适宜段长、多簇密切割和高排量"强改造体积压裂技术与精细控压排采等高效勘探开发关键技术,创建了太阳浅层页岩气开发示范基地。太阳浅层页岩气田成功开发及其勘探开发实践新成果新技术新认识,不仅对昭通复杂构造区起到了重要的示范与引领作用,推动了昭通国家级页岩气示范区山地浅层页岩气勘探开发进程,而且对基于扬子克拉通受四周碰撞造山带强烈改造的整个中国南方强改造残留盆地页岩气勘探具有较大的借鉴启示意义和示范作用,引领了四川盆地以外中国南方复杂构造区海相山地浅层页岩气勘探开发进程。目前在四川盆地东缘南缘地带、中下扬子区和华南褶皱带的残留构造拗陷区发现了较好的浅层页岩气显示并有了少量气井的勘探突破,预示着秦岭-大别山-胶东造山带以南的广大南方复杂构造区海相山地浅层页岩气大有可为。

第一节 山地浅层页岩气甜点选区评价技术

基于示范区山地浅层页岩气高原山地地表和构造地质条件复杂,甜点预测与工程施工风险大,甜点优选及高产井井位部署与设计难度大等关键问题,开展了地震勘探资料采集、处理及解释方法攻关,形成了高密度高精度地震资料采集与处理技术、山地浅层页岩气储层甜点预测技术及地质工程一体化综合评层选区方法技术系列(吴奇等,2015;徐政语等,2015;郭向宇等,2010;梁兴等,2019b,2020a;公亭等,2019)。

一、页岩气甜点主控因素

页岩气是典型的连续性、大面积聚集成藏赋存的非常规天然气,主要分布在沉积盆地中心地带以及斜坡区的优质页岩层中,源储一体,超越了常规油气藏的概念,找不到明显的圈闭界限,因此勘探策略需从发现油气藏转向寻找甜点区(梁兴等,2016,2017b;牛卫涛等,2021)。甜点(sweetspot)一词最早起源于 George 和 Jennie(2002)对非常规浅层生物气成因天然气系统的研究,主要有两层含义:①在盆地中最好的含气地理区域;②产气的最佳地理区域。页岩气甜点是指页岩气勘探与开发的最优区域或最佳层位,是页岩储层含气性较好且地层能量充足并适用于水平井钻探、有利于规模储层改造并且实现规模化商业开采的区位,是一个三维"箱体"的概念。横向上,甜点是指具备商业开采价值的非常规油气富集的区域;纵向上,甜点是指富有机质黑色页岩经过人工压裂改造可形成工业开采价值的层段。

多年来,国内外学者围绕页岩气甜点的控制因素展开了大量的研究,取得了一些进展,经历了"一元→二元→三元→四元→多元"的认识逐渐深入的发展过程。其中,一元是早期寻找暗色泥岩(张义纲,1982),确定页岩气发育的物质基础;二元是除满足暗色优质泥页岩物质基础外,关键是对保存条件的分析(郭旭升,2014);三元是认识到储集条件的重要性(王志刚,2015);四元是加入了对热演化程度的研究(邹才能等,2015a)。同时一些学者也注意到地应力、地层压力系数、脆性矿物含量等一些因素的影响,总之影响页岩气甜点的因素很多,早期大家更关注静态指标的好坏,随着勘探开发的不断深入,逐渐认识到工程品质研究的重要意义,尤其是针对南方复杂山地页岩气地上地下"双复杂"的先天条件,工程品质的好坏不容小觑(梁兴等,2021;牛卫涛等,2021)。

昭通示范区受多期构造活动与特提斯、滨太平洋两大构造域叠加作用影响,页岩气甜点控制因素复杂。与四川盆内长宁-威远、涪陵焦石坝等区块页岩气对比来看,昭通示范区页岩气储层指标与邻区基本相当,二者差异主要表现在保存条件和工程品质上。昭通示范区页岩气属于典型的盆外山地页岩气,分散在历经复杂多变的构造运动改造后的残留拗陷内,具有以下特点:①构造、断裂复杂,地层形变强度较大,地层倾角陡,埋深差异较大,以中浅层为主;②地层孔隙压力系数普遍偏低,横向变化大,处于微超压-超压状态。地应力环境极其复杂,处于走滑+压扭的应力下,水平应力差值普遍偏大(浅层、超浅层应力差很小),微构造(小断层、裂缝、微幅度构造)发育(表7-1)。

表 7-1　昭通示范区与四川盆地内页岩气区块地质工程评价参数对比

甜点类型	主控因素	参数类型	昭通	长宁	威远	涪陵焦石坝
地质甜点	储层指标	TOC/%	2.1~5.5	2.8~5.7	2.2~3.3	2.0~6.0
		有效孔隙度/%	2.0~5.0	2.9~5.0	2.4~5.9	4.0~7.0
		总含气量/(m³/t)	2.0~4.5	2.2~5.5	2.5~4.4	4.7~5.7
		优质页岩储层厚度/m	31~38	30~46	24~40	30~45
	保存条件	构造样式	槽档转换	隔挡	隔挡	隔挡
		断裂发育情况	发育	局部发育	局部发育	发育
		埋深/m	500~3000	2300~3200	1800~4000	2100~2700
		地层倾角	较陡	平缓为主	平缓为主	平缓为主

续表

甜点类型	主控因素	参数类型	地区及参数			
			昭通	长宁	威远	涪陵焦石坝
工程甜点	工程品质	脆性指数（V/V）	47～65	55～65	46～69	50～65
		裂缝	发育	较发育	局部发育	发育
		压力系数	1.1～1.8	1.3～2.0	1.2～1.9	1.3～1.7
		地应力/MPa	走滑+压扭应力差为 4～30	挤压为主应力差为 10～13	挤压为主应力差为 9～15	挤压为主应力差为 3~6

以昭通示范区为代表的中国南方山地海相页岩气甜点选区评价，除考虑国内外页岩气储层常规的评价指标外(Sondergeld and Newsham，2010；董大忠等，2010)，梁兴等(2016)研究认为针对其特殊性的地质条件，需要更加关注页岩气保存条件、地层孔隙压力两项关键的评价指标。王鹏万等(2018)认为昭通示范区页岩气富集受海侵体系域富炭高硅页岩和适当的后期构造改造与高压封闭箱的有效保存双重地质因素控制。在实际研究中，学者们提出地质甜点与工程甜点的概念，来表征页岩气储层的产气潜力，目前已被业界广泛采纳，并被大量用于页岩气勘探开发实践中(蒋廷学和卞晓冰，2016)。朱斗星等(2018)针对页岩气藏评价重点方面，围绕页岩气储层指标、保存条件和工程条件 3 个方面，以地质和工程甜点共 12 个指标进行分类评价，地质和工程甜点相结合，进而落实页岩气双甜点区。

以勘探评价实践为依据，结合前人研究成果，梁兴等(2015，2021，2022)系统梳理总结了示范区页岩气甜点主控因素，明确了盆外复杂山地页岩气甜点主要受控于三大要素：①优越的储层指标(TOC、总含气量、孔隙度和优质页岩厚度等)，这是页岩气富集高产的物质基础；②良好的保存条件(构造、断裂、地层倾角和顶底板等)，这是页岩气成藏控产的关键；③有利的工程品质(裂缝、地应力、脆性和可压性等)，这是页岩气高效开发的核心。三大要素相辅相成，缺一不可，遵循"木桶"理论。考虑页岩气本身特性，结合生产实践认识，鉴于盆外特殊的地质背景，特别需要高度重视保存条件和工程品质的深入分析，针对相同平台不同分支井产能差异大、部分井低能低效等问题，工程品质分析显得尤为重要。

二、高密度高精度地震资料采集与处理技术

鉴于山地浅层地震勘探资料品质提升的复杂性与挑战性，通过采用分布式光纤井地联合地震勘探提供高精度地震资料信息，实现地面与井中资料联合对比与解释(Nagel et al.，2013)，大大提高了山地浅层页岩目的层反射的信噪比与分辨率，查明了研究区构造细节、储层地质体，为开展浅层页岩气储层预测和地质建模(吴奇等，2015；Nagel et al.，2013)奠定了基础。

(一)分布式光纤井地联合地震数据采集技术

该技术于 2018 年率先在太阳页岩气田 Y101 和 Y1 井中对比实验，而后在 YQ11 井应

用。其主要采用超灵敏分布式光纤地震仪(ultra-sensitive distributed acoustic sensor，uDAS)接收，接收深度为 0～720 m。采用炸药震源激发，单炮激发药量为 8 kg，激发井深为 12 m。同时开展了常规检波器与分布式光纤检波器接收的对比试验(图 7-1)，经不同井源距常规检波器与光纤接收 Z 分量记录对比分析，发现分布式光纤检波器资料整体信噪比较常规检波器资料略胜一筹(图 7-2)。

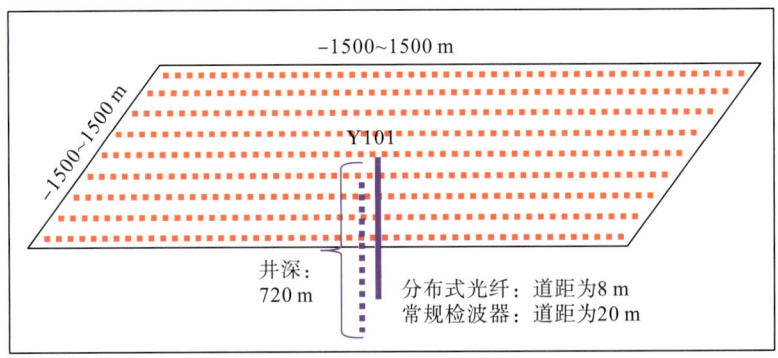

图 7-1　三维分布式光纤与常规检波器采集 VSP 观测对比

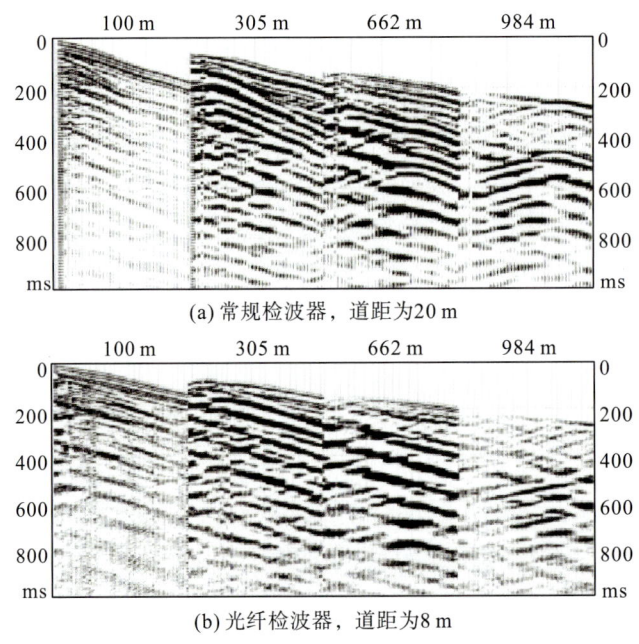

(a) 常规检波器，道距为 20 m

(b) 光纤检波器，道距为 8 m

图 7-2　不同井源距常规检波器与光纤接收 Z 分量记录对比

(二)分布式光纤井地联合地震数据处理技术

针对原始资料中存在的电缆谐振干扰、随机背景噪声和异常强振幅坏道等噪声干扰问题，分别进行压制处理(公亭等，2019)。电缆谐振是由井轨迹变化造成光缆与井壁耦合不佳所致，其视速度、频率、能量稳定，使用反演拟合噪声可有效压制。由于光纤原始资料信噪比较低，因此研究人员提出并形成了一种基于速度动校正的道组合提高信噪比处理技术，可有效提高资料的信噪比(图 7-3)。

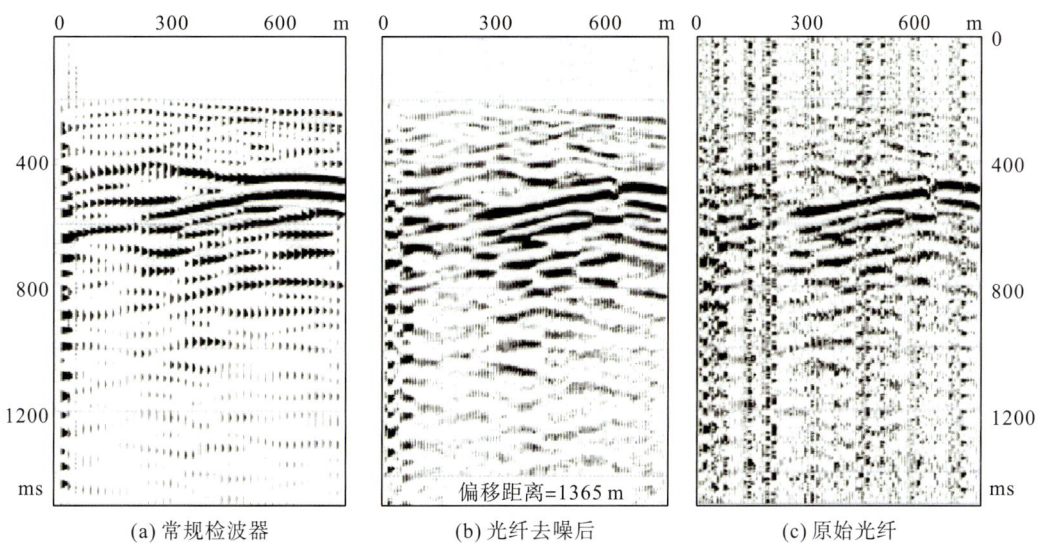

(a) 常规检波器　　　(b) 光纤去噪后　　　(c) 原始光纤

图 7-3　常规检波器与光纤资料去噪前、后 Z 分量记录对比(偏移距为 1365 m)

垂直地震剖面(vertical seismic profile，VSP)记录具有准确的深度信息，并能有效记录地震多次波和地层吸收衰减对地震波的影响。利用 VSP 记录下行波信息，可求取真振幅恢复因子、吸收衰减 Q 因子及反褶积因子，用于驱动地面地震提高分辨率处理。经 DAS VSP 成像与地面地震成像镶嵌对比分析，可见浅层剖面形态与地面地震剖面对应关系良好，且构造细节更为清晰(图 7-4)。

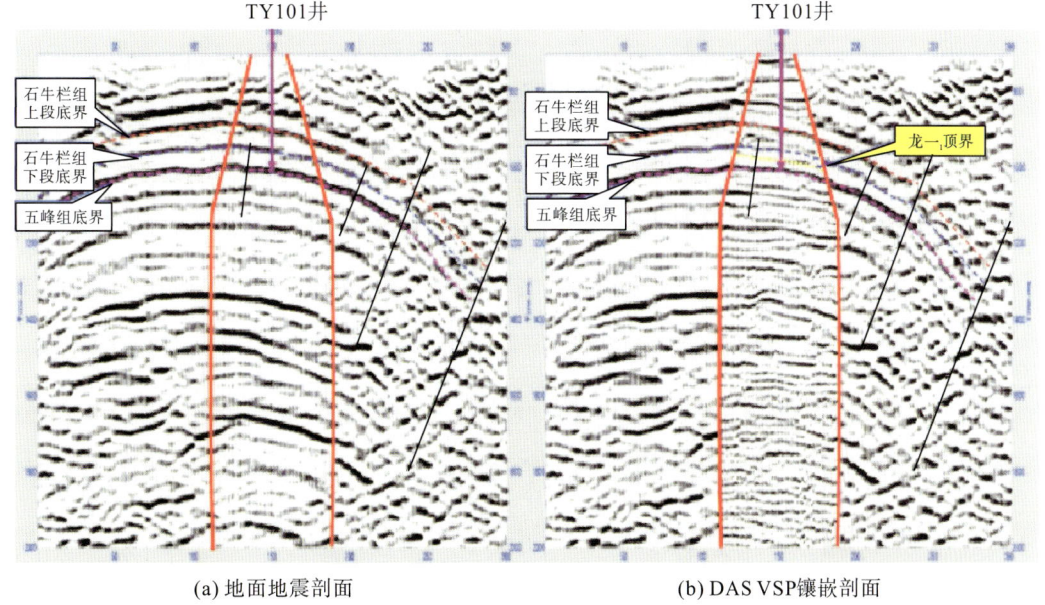

(a) 地面地震剖面　　　(b) DAS VSP镶嵌剖面

图 7-4　DAS VSP 成像与地面地震成像对比

三、浅层页岩气地震资料处理技术

在获取高质量地震信息的基础上，根据复杂构造区山地浅层页岩气勘探的需求，通过总结以往页岩气地震资料处理经验，分析以往处理技术流程及细节，确立以"保幅保真高精度成像"为核心，在利用现有处理新技术及方法的基础上，发挥处理解释一体化优势，形成面向叠前深度域成像为目标的配套技术系列。

(一)浅表层复杂地表静校正技术

针对太阳背斜区地表为复杂山地地貌、地面高程起伏较大，近地表纵向、横向速度变化大的地理与地质条件，确立了适用于该类情况的微测井约束层析静校正方法，利用大炮初至分布密集、初至信息丰富、排列较长等有利因素进行近地表速度模型反演，以达到解决静校正的目的。在进行反演时，通过微测井数据约束，提高近地表速度模型精度，最终层析反演速度模型与微测井速度吻合率更高，较好地解决了静校正问题，同时给后续叠前深度偏移提供准确的浅层速度模型。

(二)浅层高保真噪声压制技术

太阳地区不同岩性的地表造成地震采集激发接收条件差异较大，尤其是灰岩裸露区地震资料信噪比极低，反射信号被噪声淹没，传统的噪声压制技术忽略对弱信号的保护，容易伤害一些反映复杂构造的有效波场。结合页岩气地震资料低信噪比的特点，探索形成了基于三维地震数据体去噪的系列保真技术，内容包括：基于 K-L 变换的本征滤波技术，利用频带分解、自适应衰减，实现面波模拟切除；针对采集施工中激发、接收点的布设，综合应用视速度和地震信号空间分布特征的三维锥形滤波技术，在空间上压制线性干扰。在提高资料信噪比的同时，注重振幅与去噪、振幅与静校正的迭代，最大程度做到保真压制。

(三)薄储层高分辨率处理技术

针对太阳地区地表岩性复杂、非均质性强等导致地震子波空间一致性差，目的层反射频带窄的问题，通过运用井控提高分辨率配套处理技术，即应用井控真振幅补偿技术、时空变近地表 Q 值补偿技术、VSP 井约束反褶积技术、基于地震子波的低频补偿技术，补偿低频、拓展高频，提高与井的吻合率及地震分辨率，提高对薄页岩层的识别能力，取得了较好的处理效果。

(四)"真"地表叠前深度偏移技术

叠前深度偏移能较好地应对剧烈横向速度变化和陡倾角构造成像，是目前示范区地表、地下"双复杂"地区地震资料高精度成像的理想手段。通过多年成像技术攻关，已形成了以近真地表偏移基准面的确立、浅表层速度高精度建模、多信息多尺寸多维度综合深层建模以及倾斜横向各向同性(tilted transversely isotropic，TTI)偏移方法的选取为核心的"真"地表叠前深度偏移技术系列。通过研究区的实际应用，复杂构造精细成像和目的层精准成像的精度均有较大提高，能较好满足水平井开发部署、井轨迹预设等多方面需求。

四、浅层页岩气储层甜点预测技术

围绕复杂构造区山地浅层页岩气富集高产的主控因素，充分利用和借鉴四川盆地及邻区页岩气评价成果和地质认识(郭旭升等，2014b；吴奇等，2015；梁兴等，2016，2020b；肖明图等，2017；王鹏万等，2018；刘伟等，2018；公亭等，2019；徐政语等，2019)，系统开展了包括富有机质页岩厚度、TOC、孔渗、脆性矿物含量、地应力、地层产状、缝网展布、含气量、地层压力等多项参数评价研究与预测，通过地质甜点和工程甜点叠合，最终落实页岩气甜点区。

(一)地球物理预测技术

页岩气甜点地球物理预测技术，涵盖复杂构造精细解释、叠前弹性反演、地震地层压力预测以及多维数据微断裂、地应力预测等技术。以三维地震资料属性反演核心(刘伟等，2018；朱斗星等，2018；刘成等，2018)，以岩心分析化验成果、测井资料校核与页岩气储层评价(Liang et al.，2019)为基础，率先开展储层地质+工程多参数融合的地质工程一体化的分类综合评价(吴奇等，2015)。为更好地支撑浅层页岩气开发，基于地质与工程开展了双甜点综合评价，针对复杂山地特殊的地质条件，采取"稀井高效、少井高产"的策略，遵循页岩气甜点整体评价、分块部署、区别实施的原则，以水平井产能部署为导向，以断裂级别为单元进行精细划分和评价，指导水平井的部署实施，制定合理的开发方案，充分动用地下页岩气储量，提高规模开发效果。

优越的储层品质指标是南方复杂山地页岩气富集高产的物质基础，是甜点选区的重要参数。储层评价主要通过预测 TOC 含量、总含气量、孔隙度、优质储层厚度等储层地质指标，落实优质储层分布范围。地震反演可以较好地预测页岩储层弹性参数情况，需要寻找优质页岩储层评价参数与地震弹性参数的关系。通过不同弹性参数曲线交会分析储层的敏感参数，建立弹性参数与评价参数之间的关系，将其转化为页岩评价的地质成果。

随着页岩气勘探开发的深入，水平井的高产甜点箱体划分更加精细，对储层预测的精度要求也越来越高。一方面对反演所用的声波测井资料的精度要求也不断提高；另一方面对复杂山地的地震资料品质提升提出了刚性诉求。然而，优质储层(厚度为 35 m)内声波阻抗差异很小，受原始地震资料品质的影响，区分储层优质级别难度较大。因此有必要对影响叠前反演预测精度的关键参数采取针对性的优化，以期达到良好的效果。

1. 敏感曲线重构技术

页岩气标准伽马曲线和无铀伽马曲线能够较好地反映储层的有机质含量,选取二者的差值作为敏感曲线,可以有效区分储层、非储层,甚至精细划分Ⅲ类、Ⅱ类、Ⅰ类储层,将参与重构曲线(敏感曲线)所有信息融合到声波曲线中,将声波曲线所有频率信息在重构过程中保留下来,通过敏感曲线重构,声波曲线对储层的辨识度得以提高,为叠前反演奠定了更精细的基础。

2. 道集优化技术

叠前反演需要的地震资料为分角度叠加数据,分角度叠加数据以共反射点道集数据共中心点道集(common reflection point,CRP)为基础,经过不同入射角度的叠加而成。因此 CRP 道集的品质直接决定了分入射角度叠加数据体的质量,进而影响叠前反演的结果。一般地,常规处理 CRP 道集往往存在噪声、不同偏移距道集能量不均、频率差异明显,局部道集因各向异性问题存在同向轴不平等问题。针对道集可能存在的问题,采取一系列道集优化技术对道集进行预处理,主要包括拉伸校正、噪声压制、时差校正、规则化处理、振幅随偏移距的变化(amplitude variation with offset,AVO)振幅校正等关键环节。

3. 预测效果

使用重构后敏感曲线+优化后道集数据进行质控后,保证了输入数据的质量,提高了反演的精度,使反演结果中储层纵横向发育特征更符合地质规律(图 7-5)。

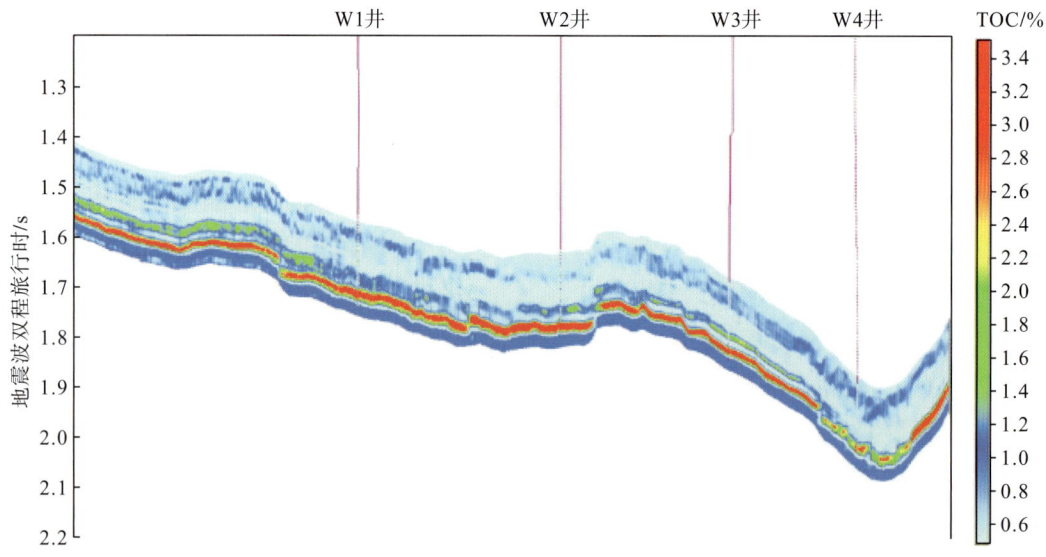

图 7-5　过 W1 井-W4 井连井 TOC 反演剖面图(二)双能 CT-DEI Log 技术

　　为更好地进行储层甜点的预测，也可采用双能指数(dual energy index，DEI)来实现双能 CT 的定量表述，具体公式见式(7-1)，其中，μ_1 指低能 CT 吸收系数，μ_2 指高能 CT 吸收系数，吸收系数直接来源于双能 CT 扫描的结果。其物理意义如 Beer 定理[式(7-2)]，为通识的基础物理，其中 I 为 CT 扫描后的强度，I_0 为 CT 初始强度，h 为穿透距离，吸收系数 μ 与物质的密度 ρ、原子系数 Z、扫描电压 E 均有关系如[式(7-3)]，其中 $\alpha(E)$、$\beta(E)$ 是 2 个函数。

$$DEI = \frac{\mu_1 - \mu_2}{\mu_1 + \mu_2} \times 1000 \tag{7-1}$$

$$I = I_0 e^{-\mu h} \tag{7-2}$$

$$\mu(E) = \rho Z^{3.8} \alpha(E) + \rho \beta(E) \tag{7-3}$$

　　DEI 指数将低能扫描获取的 μ_1 和高能扫描获取的 μ_2 结合起来，并且可以体现出岩石本质的差异性，本书从原始底层公式推导到地质意义论证，阐明了 DEI 的地质意义、识别层理和预测优质储层的理论依据：①有机质和孔缝对 DEI 的影响很大，DEI 的低值区即为(有机质+孔缝)的发育区，反映的是密度和原子系数较低的区域，即地质甜点；②对于(有机质+孔缝)相似或者变化不大的储层，DEI 可以体现出矿物成分的差异性，即 DEI 的高值区是密度和原子序数较大的区域，如钙质和黄铁矿富集区域，起到封闭作用，有利于储层气体保存。所以，可以利用 DEI 的低值区来预测有机质和孔缝比较富集的区域，实现甜点的识别，利用 DEI 的高值区域来评价储层保存条件。

　　在 0.8 mm 超高分辨率且连续无间断的 DEI 测井优势基础上，实现了储层更加精细的分布描述和定量统计，将传统三类储层进行细分，将储层的分类评价、甜点统计、储量计算的精度推到了亚毫米级，实现了"甜中找更甜，苦中找次苦"目标。

　　以下通过对 TY104 井不同层段的具体分析来详细阐明上述成果与认识。对 TY104 井的龙一$_1^1$、龙一$_1^2$、龙一$_1^3$、龙一$_1^4$、五峰组、龙一$_2$、龙二段的岩心分析情况、精细储层分类厚度、精细储层分类占比进行详细统计分析，并结合综合柱状图来说明各精细储层的分布特征。

　　图 7-6 为 TY104 井龙一$_1^1$ 双能 CT 精细分类逐级放大展示图及相关统计分析数据，可以看出，龙一$_1^1$ 以一类层 I_1、I_2 为主，少量二类层，极少三类层，最优质的层段集中在中下部。具体来说，分析岩心总长为 1.17 m，其中 I_1 的占比高达 33.17%，I_2 占比高达 28.60%，按照占比进行统计分析，最终一类层厚度为 1.45 m，二类层厚度为 0.33 m、三类层厚度为 0.03 m，非储层(盖层)厚度为 0.01 m。

　　图 7-7 为 TY104 井龙一$_1^2$ 双能 CT 精细分类逐级放大展示图及相关统计分析数据，可以看出，龙一$_1^2$ 以一类层 I_3 为主，少量 I_2、II_1 类层，极少三类层，优质层分布相对均匀。图 7-8 为 TY104 井龙一$_1^3$ 双能 CT 精细分类逐级放大展示图及相关统计分析数据，可以看出，龙一$_1^3$ 以二类层 II_2、II_3、II_4 为主，极少三类层，少量 I_3 一类优质层集中底部。图 7-9 为 TY104 井龙一$_1^4$ 双能 CT 精细分类逐级放大展示图及相关统

计分析数据，可以看出，龙一$_1^4$以二类层 Ⅱ$_4$、Ⅱ$_3$、Ⅱ$_2$、Ⅱ$_5$ 为主，少量三类层，中部极少量Ⅰ$_3$、Ⅱ$_1$优质层。图 7-10 为 TY104 井观音桥组、五峰组和宝塔组双能 CT 精细分类逐级放大展示图及相关统计分析数据，可以看出，观音桥组以Ⅲ$_3$、Ⅲ$_4$、Ⅳ$_1$ 为主，五峰组以 Ⅱ$_4$、Ⅱ$_5$、Ⅲ$_1$、Ⅲ$_2$、Ⅲ$_3$ 为主、宝塔组以Ⅳ$_2$、Ⅳ$_3$盖层为主。图 7-11 为 TY104 井龙一$_2$双能 CT 精细分类逐级放大展示图及相关统计分析数据,可以看出，龙一$_2$以Ⅱ$_4$、Ⅱ$_5$、Ⅲ$_1$、Ⅲ$_2$、Ⅲ$_3$储层为主。图 7-12 为 TY104 井龙二段双能 CT 精细分类逐级放大展示图及相关统计分析数据，图 7-13 为典型双能 CT 扫描展示图，可以看出龙二段以Ⅳ$_2$、Ⅳ$_3$盖层为主。

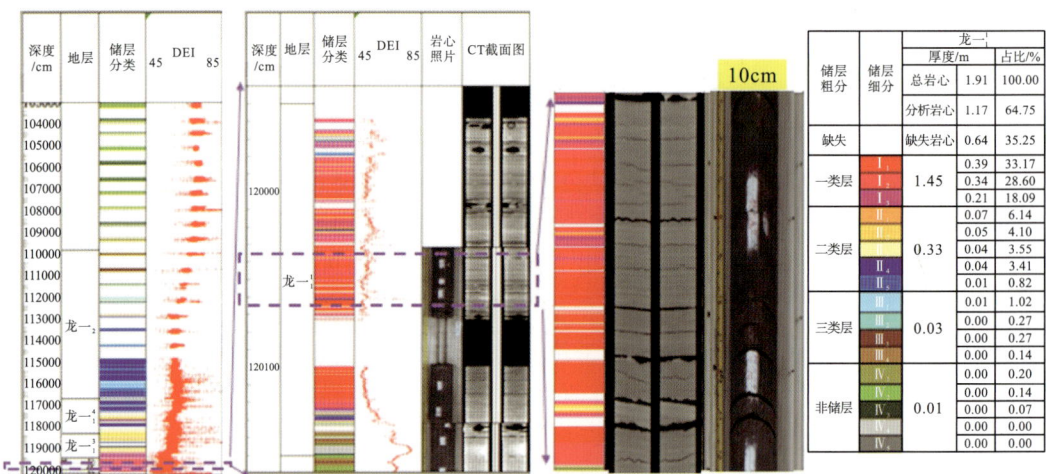

图 7-6　TY104 井龙一$_1^1$双能 CT 精细分类逐级放大展示及统计分析

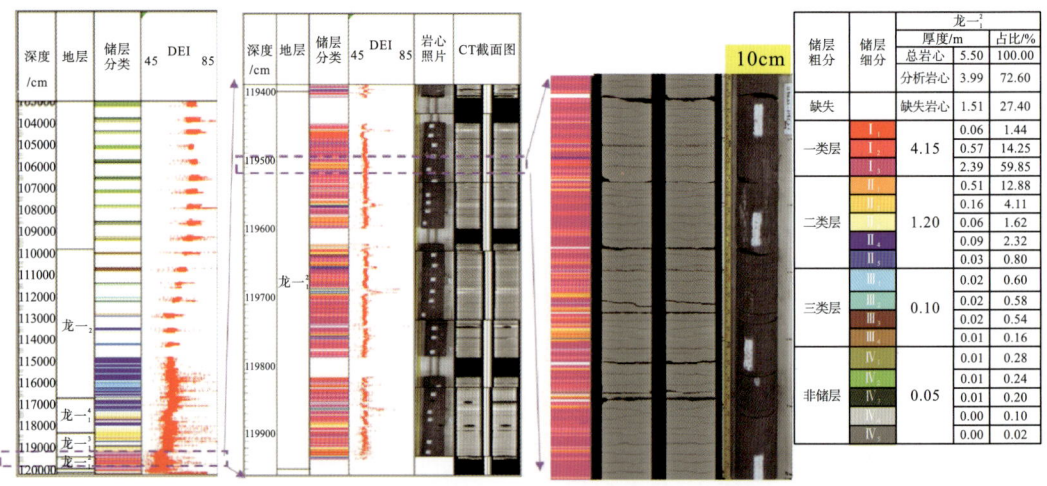

图 7-7　TY104 井龙一$_1^2$双能 CT 精细分类逐级放大展示及统计分析

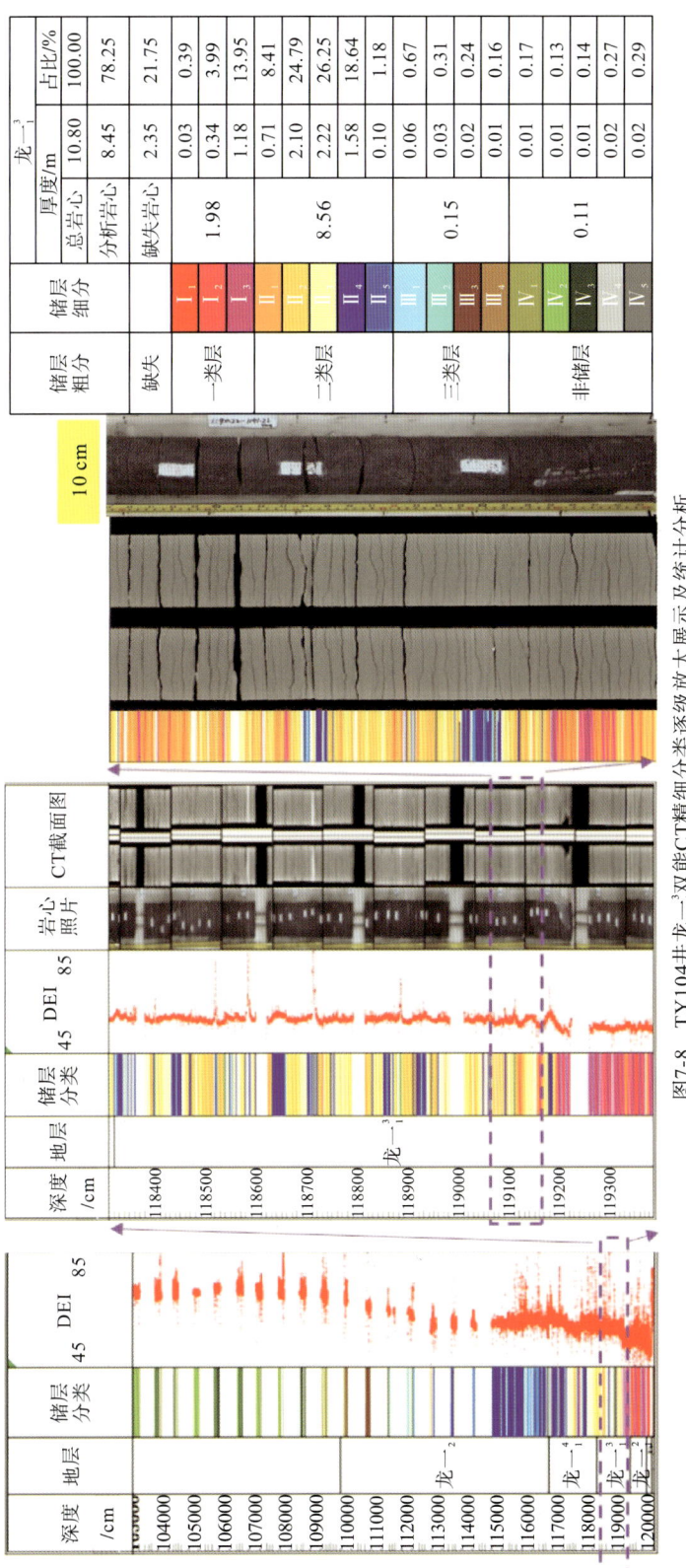

图7-8 TY104井龙一₁³双能CT精细分类逐级放大展示及统计分析

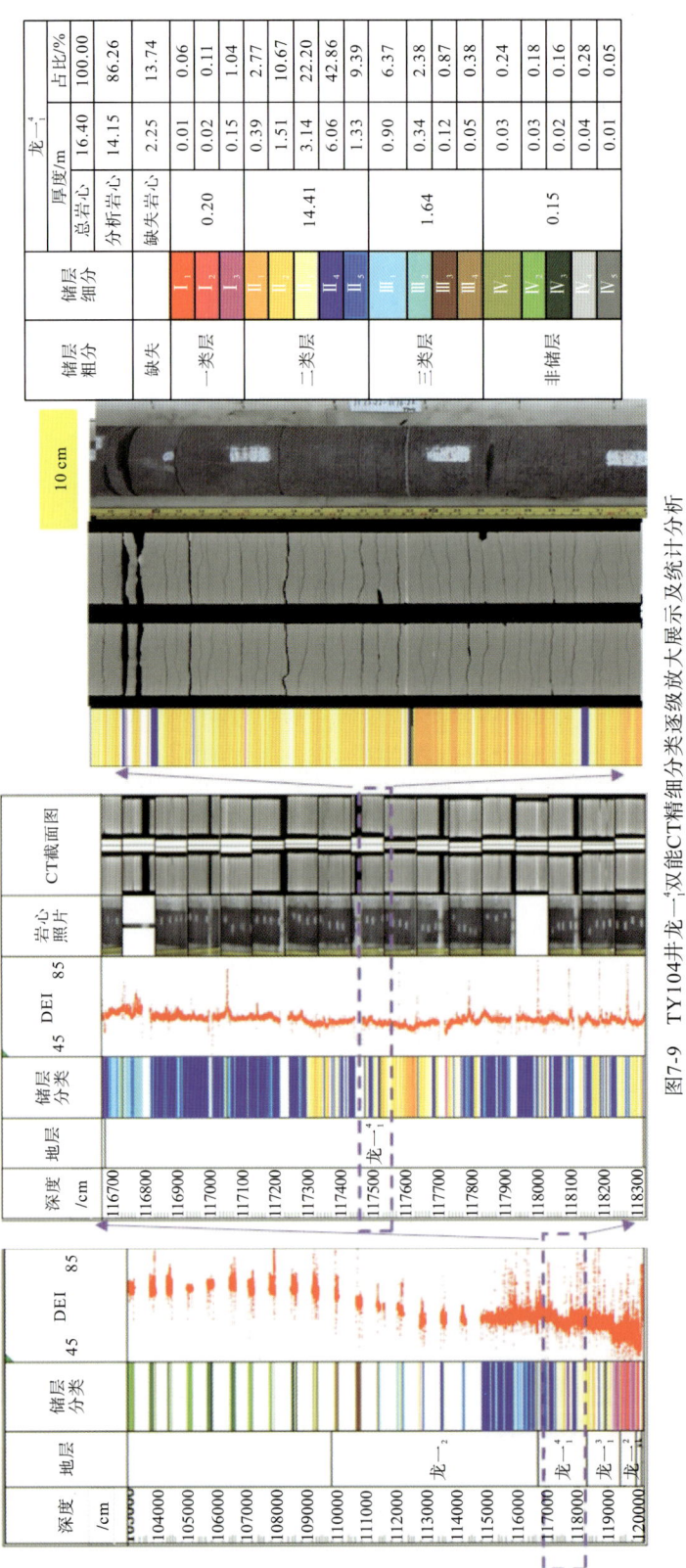

图7-9　TY104井龙一¹双能CT精细分类逐级放大展示及统计分析

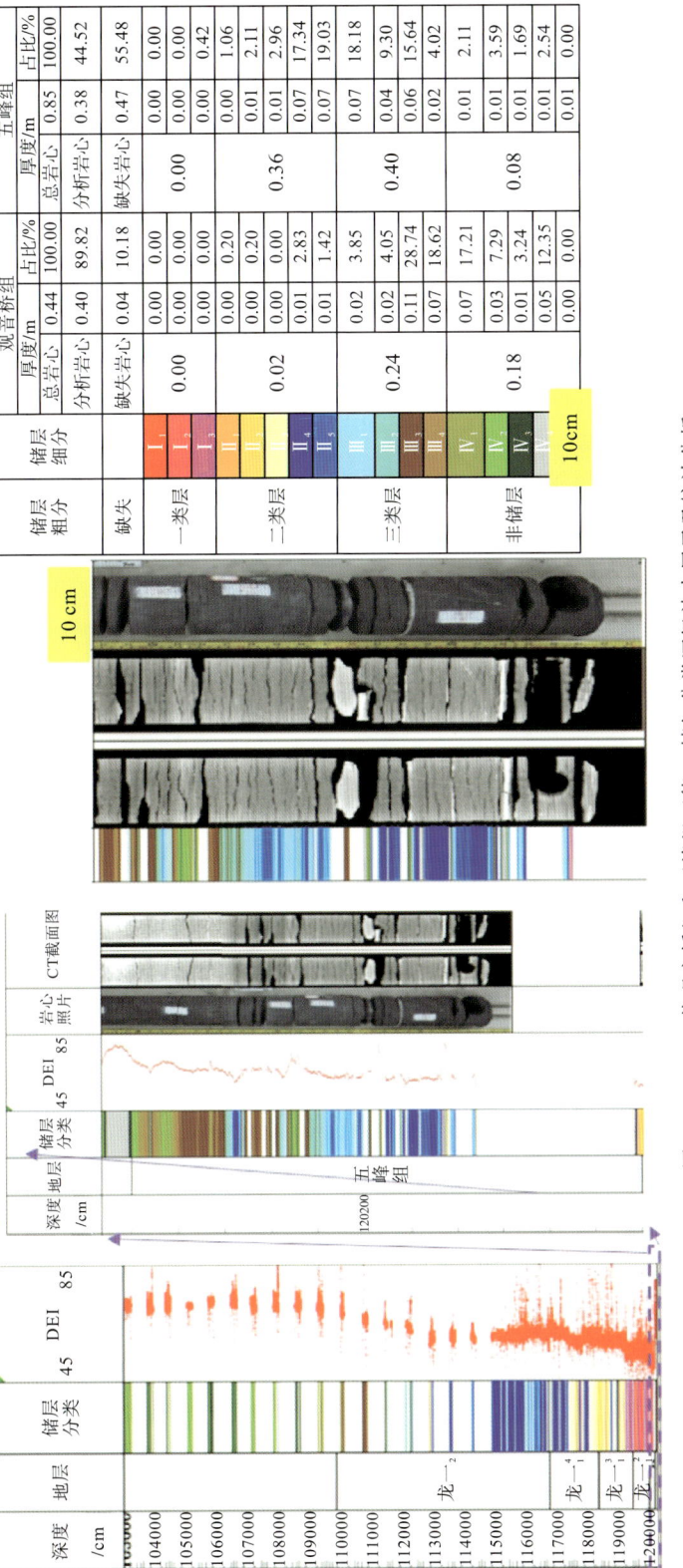

图7-10 TY104井观音桥组和五峰组双能CT精细分类逐级放大展示及统计分析

储层粗分	储层细分	厚度/m 总岩心	厚度/m 分析岩心	龙一$_2$ /m	龙一$_2$ 占比/%
				68.80	100
				25.29	36.76
				43.51	63.24
缺失	缺失				
一类层	I_1		0.19	0.01	0.03
	I_2			0.01	0.05
	I_3			0.05	0.20
二类层	II_1		49.35	0.07	0.27
	II_2			0.56	2.22
	II_3			2.18	8.60
	II_4			11.89	47.02
	II_5			3.44	13.61
三类层	III_1		17.60	2.11	8.35
	III_2			1.97	7.78
	III_3			1.76	6.97
	III_4			0.63	2.49
非储层	IV_1		1.66	0.34	1.33
	IV_2			0.15	0.58
	IV_3			0.08	0.30
	IV_4			0.03	0.13
	IV_5			0.02	0.08

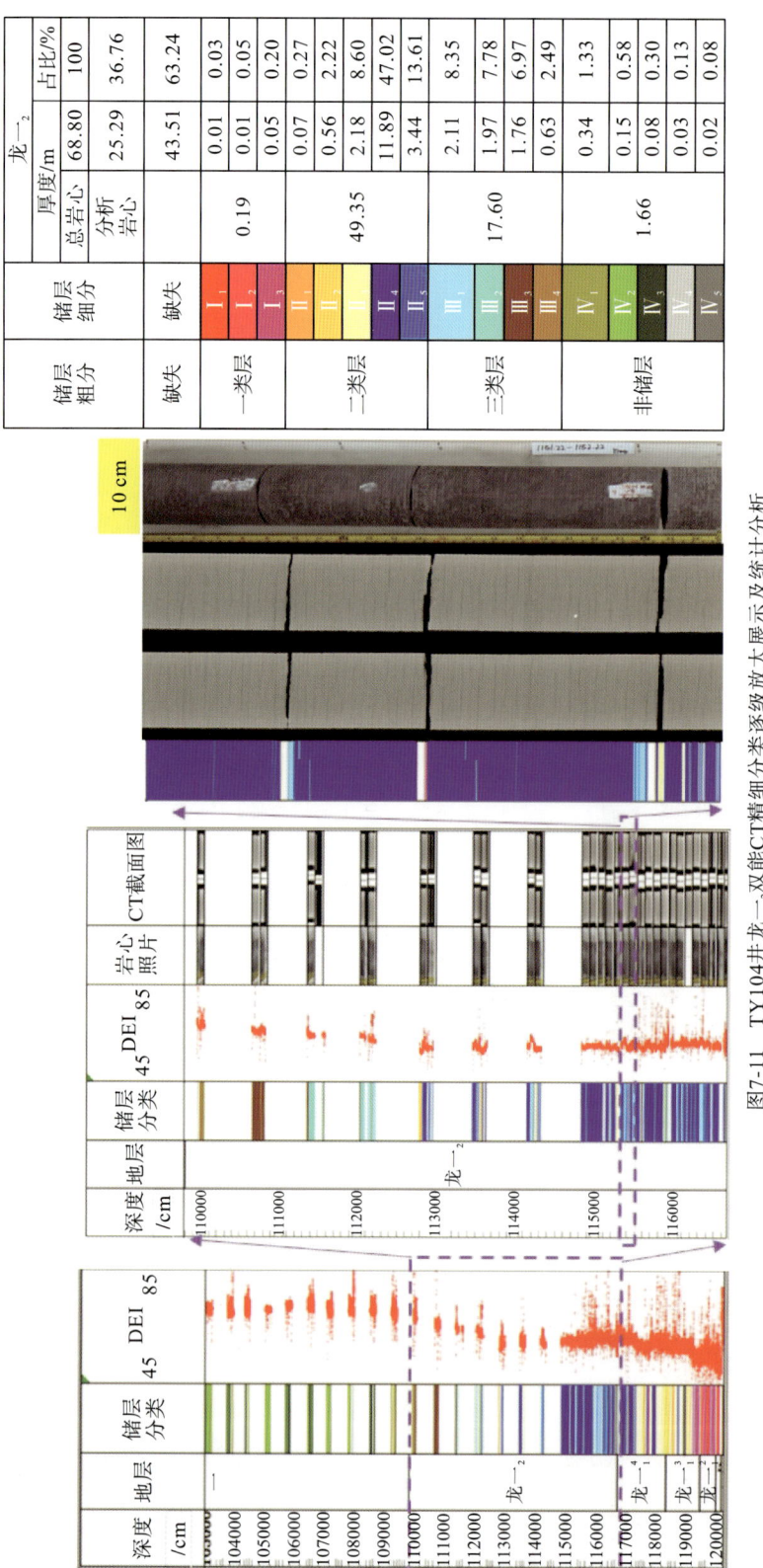

图7-11　TY104井龙一$_2$双能CT精细分类逐级放大展示及统计分析

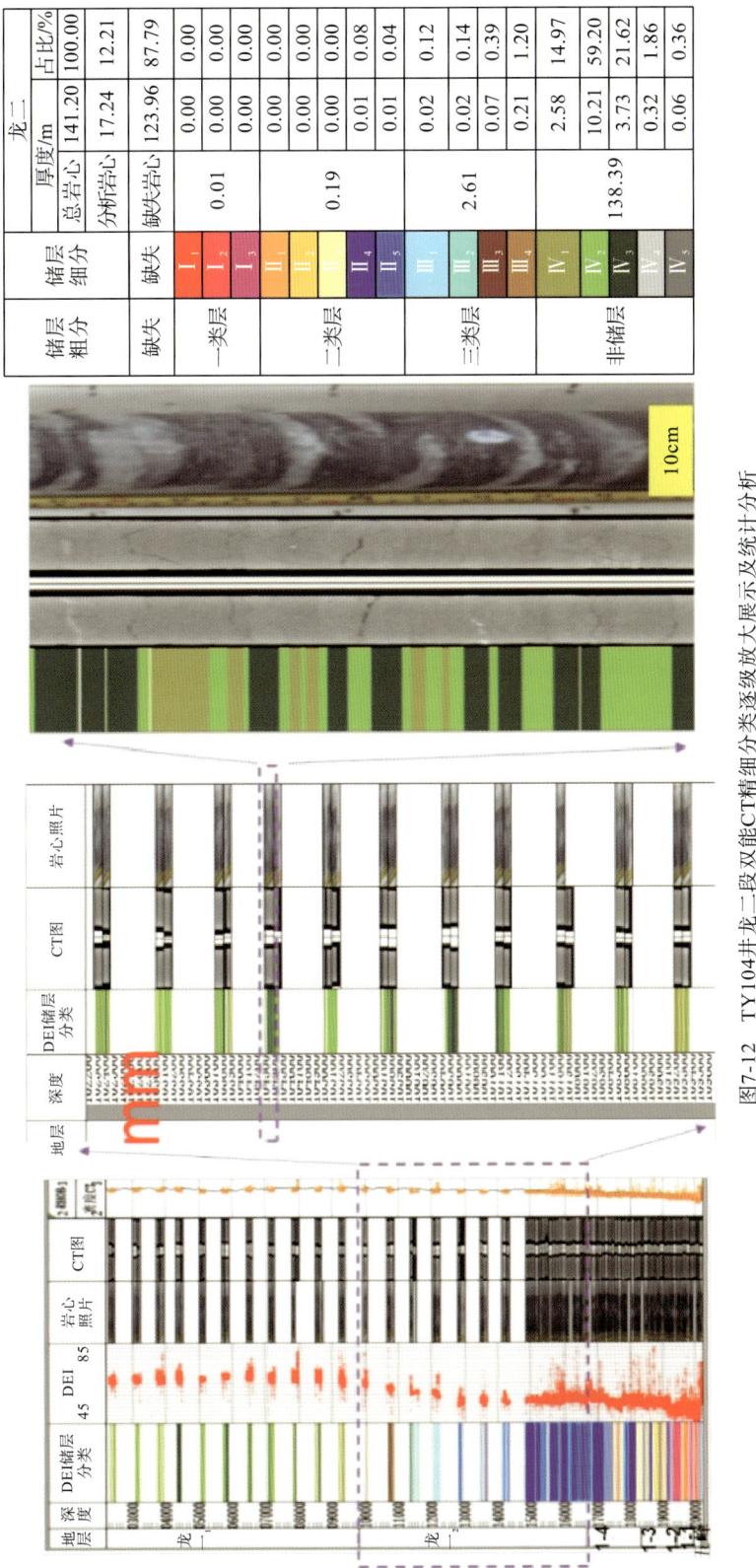

图7-12　TY104井龙二段双能CT精细分类逐级放大展示及统计分析

图 7-13　TY104 井双能 CT 扫描展示图（1084.88～1085.88 m，龙二段）

五、山地浅层页岩气地质工程一体化综合评层选区技术

目前，我国页岩气综合评价主要形成了综合信息叠合法、权重系数法两类方法，其中综合信息叠合法适用性广、操作性强，是最为适用的页岩气选区评价方法，在国内外各个探区也取得了较好的应用效果（Sondergeld and Newsham，2010；余川等，2012；聂海宽等，2012，2020；张汉荣，2016）。在地质工程一体化理念的指导下，结合页岩气甜点的三大主控因素，充分发挥地震在地质工程一体化中的基础作用，采取针对性地震评价技术，落实页岩气甜点主控因素各项指标，实行"一票否决制"，然后开展一体化综合评价，提高页岩气单井产量和 EUR（牛卫涛等，2021）。综合太阳背斜区地质条件及工程开发条件各项因素（梁兴等，2016；2020b；吴奇等，2015；郭旭升等，2014b；王鹏万等，2018），总结提

出了山地浅层页岩气地质甜点六要素和工程甜点六要素评价标准。其基础是评价储层指标值,关键是分析保存的条件,核心是确定工程品质,运用综合信息叠合法,最终达到地质和工程甜点合二为一,落实甜点区(牛卫涛等,2021)。其中,地质甜点六要素包括样式构造、断裂发育情况、优质页岩储层厚度、TOC、有效孔隙度、总含气量,工程甜点六要素包括页岩埋深、地层倾角、脆性指数、裂缝、压力系数及地应力(图7-14)。

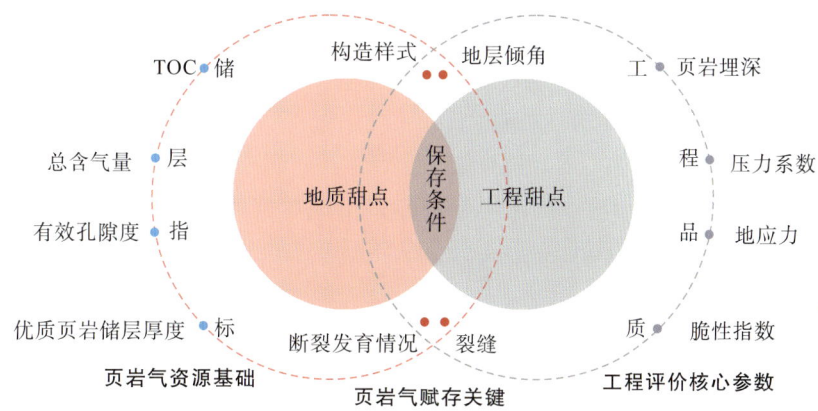

图7-14 山地页岩气甜点预测及综合评价思路

通过12个甜点评价要素的综合分析,将页岩气甜点划分为3种类型(Ⅰ类、Ⅱ类和Ⅲ类),具体评价标准如表7-2所示。综合分析12个甜点要素,确定了太阳背斜区山地浅层页岩气田目的层五峰组-龙一$_1$山地浅层页岩气甜点区,其中Ⅰ类区和Ⅱ类区面积合计超过360 km^2。在太阳背斜区山地浅层页岩气开发实践中,利用12个甜点要素进行了三维地质模型构建,以此来指导水平井轨迹设计及钻进实施过程,并结合地震-微地震技术现场实时指导进行压裂方案优化、压中调整泵注、压后评估,从而提高单井产量。

表7-2 山地浅层页岩气地质工程一体化评层选区地质和工程甜点要素分析

甜点类型	地质甜点						工程甜点					
	构造样式	断裂发育情况		TOC/%	有效孔隙度/%	总含气量/(m³/t)	优质页岩储层厚度/m	页岩埋深/m	地层倾角/(°)	脆性指数	裂缝	压力系数	地应力
Ⅰ类	宽缓	断裂不发育	Ⅳ级断层附近	≥2	≥2.5	≥2	≥30	500~3500	0~25	≥55	发育	≥1.4	垂直或大角度斜交水平最大主应力
Ⅱ类	较宽缓	断裂较少	Ⅲ级断层附近	1~2	1.5~2.5	1~2	20~30	3500~4000	25~30	45~55	较发育	1.2~1.4	小角度斜交水平最大主应力
Ⅲ类	较紧闭	断裂较发育	Ⅰ和Ⅱ级断层附近	<1	<1.5	<1	<20	>4000或<500	>30	30~45	欠发育	1.0~1.2	平行水平最大主应力

六、甜点评价参考标准

页岩气甜点综合评价是一个包含多参数的评价系统,是多指标综合决策的过程,要考虑的因素多且复杂,目前国内尚未建立起系统的页岩气选区评价的国家标准,邹才能等(2015a)编写的《页岩气地质评价方法》(GB/T 31483—2015)是唯一一个选区评价的国家标准,但标准中只是提出了海相、海陆过渡相页岩气有利区下限的标准。李晓波等(2015)起草了《页岩气地质评价技术规范》(Q/SY 1849—2015),作为中国石油天然气集团公司的企业标准,比较详细地提出了页岩气远景区、有利区和目标区评价的参数及标准。甜点评价优选是目标区评价的基础上更深的一个层次,聚焦地质和工程双甜点的综合评价。参照国家标准和行业标准,结合复杂山地页岩气勘探开发实践的具体情况,围绕三大主控因素建立盆外山地页岩气甜点综合评价体系(表7-3),进行盆外复杂构造区山地页岩气甜点综合评价。

表 7-3　盆外山地页岩气甜点综合评价参数

甜点类型	主控因素	参数类型	评价级别		
			I类	II美	III类
地质甜点	储层指标	TOC/%	≥3	2~3	1~2
		有效孔隙度	≥4	3~4	2~3
		总含气量/(m³/t)	≥3	2~3	1~2
		优质页岩储层厚度/m	≥30	20~30	<20
	保存条件	构造样式/形变强度	宽缓向斜、箱状背斜	较宽缓褶皱	较紧闭褶皱
		断裂发育情况	断裂不发育(或IV类断层附近)	断裂较少(或III类断层附近)	断裂较发育(I和II级断层附近)
		埋深/m	500~3500	3500~4500	>4500或<500
		地层倾角/(°)	0~25	25~30	>30
工程甜点		脆性指数/(V/V)	≥55	45~55	30~45
		天然微裂缝	发育密度适中,无大裂缝	较发育,少量大裂缝	欠发育,多条大裂缝
	工程品质	压力系数	≥1.4	1.2~1.4	1.0~1.2
		水平井轨迹方位与应力夹角	垂直或大角度斜交水平最大主应力(>65°)	小角度斜交水平最大主应力(30°~65°)	平行或斜交水平最大主应力(<30°)
		水平地应力差/MPa	水平主应力差小(<13)	水平主应力差中等(13~20)	力水平主应力差大(>20)

注:据朱斗星等(2018)、牛卫涛等(2021)、梁兴等(2019,2021,2023)等修改。

第二节　山地浅层页岩气产能导向高效布井技术

在富集高产甜点区优选的基础上，以断层分类为基础，通过制定水平井实施单元评价划分标准，细化评价单元，以指导水平井井轨部署、支撑开发方案设计。布井原则是在水平井设计过程中，设计平台远离 A 类断层(即区域断裂)；优化调整过程中，轨迹设计避开 B 类断层断裂(断距>30 m)；钻井实施过程中，随钻提前预警 C 类断层(断层、微断裂、小挠曲)。研究区可依据山地浅层页岩气成藏条件划分出实施单元，其中 I 类 8 个，面积为 276 km^2，II 类 18 个，面积为 110 km^2，结合地面施工条件可随时部署水平井井位并随时调整实施水平井井轨。

基于山地页岩气富集高产地质与工程规律认识，认为培植页岩气高产井就是要全方位落实以效益产量为导向的"逆向设计、正向施工、实时监控"地质工程一体化的技术路线和实施质效控制路径，从布井、钻井、压裂、试气到气井生产的全过程协同作业要做到"五得"。①资源甜点评价与钻井轨迹"设计得准"。在精准预测页岩富气层段及甜点的基础上，精准叠合优选出钻探蜜点层段及范围，结合蜜点展布部署丛式水平井平台井位并精准地设计平滑、长水平段的钻井轨迹。②长水平井钻井目标靶体导向"控制得好"。采用近钻头的精准地质导向打准水平靶体轨迹，提高靶体钻遇率，使 I 类页岩气储层钻遇率大于90%，I 类储层水平段长达 700 m 以上，实现水平井轨迹的平滑性和井筒完整性。③人工复杂缝网的体积压裂"碾打得碎"。采用长段多簇密切割+大排量+高加砂强度+暂堵剂主动转向+全程滑溜水+石英砂支撑的水平井分级体积压裂技术，把页岩气储层"碾压得碎"，形成单段有效裂缝体积大于等于 300×10^4 m^3 的复杂缝网改造效果。④精细缓降控压返排采气"稳得准"。要细分压后返排阶段，精细调制关键环节，实时分析三大指标，动态调整测试制度，压后及早下生产管柱，利用地层能量努力提升单井产量和最大化 EUR。⑤实施工程品质"监管得狠"。以地质工程一体化综合评价为抓手(吴奇等，2015；朱斗星等，2018；梁兴等，2017，2019a)，紧抓"储层品质、钻井品质、完井品质、开发品质"四大品质的四维动态优化评估与实时生产制度调控，实现对人造页岩气藏有效控制的"提产、提质、提效"效益开发的目的。

第三节　水平井钻井地震地质导向跟踪和控制技术

在以黄金坝页岩气开发实践总结形成的地质工程一体化理念(吴奇等，2015)指导下，通过现场实践探索，逐渐形成和完善适合中国南方复杂山地浅层页岩气水平钻井实施的特色导向控制技术。以往页岩气水平井导向仅参考静态地质和工程设计，且以地质导向为主，地震资料应用不足，在复杂的山地页岩气区块往往因小断层多、地层倾角变化快、微幅度构造发育等原因，造成地震条件把握不准，静态设计远远不能满足特殊地质条件需求(梁兴等，2019a)，加上设计井地质箱体薄，测井曲线特征相似，随钻测井与导向工具仪器存在盲区，而且关注局部往往导致导向指令相对滞后，由此给水平井钻探带来巨大挑战。通过研究区井-震资料互动校核与动态精细解释、储层模型迭代更新与指导现场生产的融合创新实践，总结形成了适用的地震地质逐点引导目标导向控制钻进特色技术（梁兴等，2017，2019a）。

该技术以地球物理资料为基石，充分挖掘地震信息，并融入实时钻井信息，构建控制点，经井-震实时结合，通过动态分析，采用层控（宏观趋势）+点控（具体值域）互动的推进方法，迭代更新三维速度场进而修正地震地质模型，逐渐逼近地下真实构造与地层情况（梁兴等，2017，2019a）；再依据模型发挥水平井靶体预估、趋势预判和风险预警作用，引导水平井在箱体内平稳钻进，最大限度降低钻井风险，同时保证井筒光滑和箱体钻遇率。该技术充分体现了地质+工程信息的综合性、研究与生产的互动性和指导钻井应用的前瞻性（图7-15）。

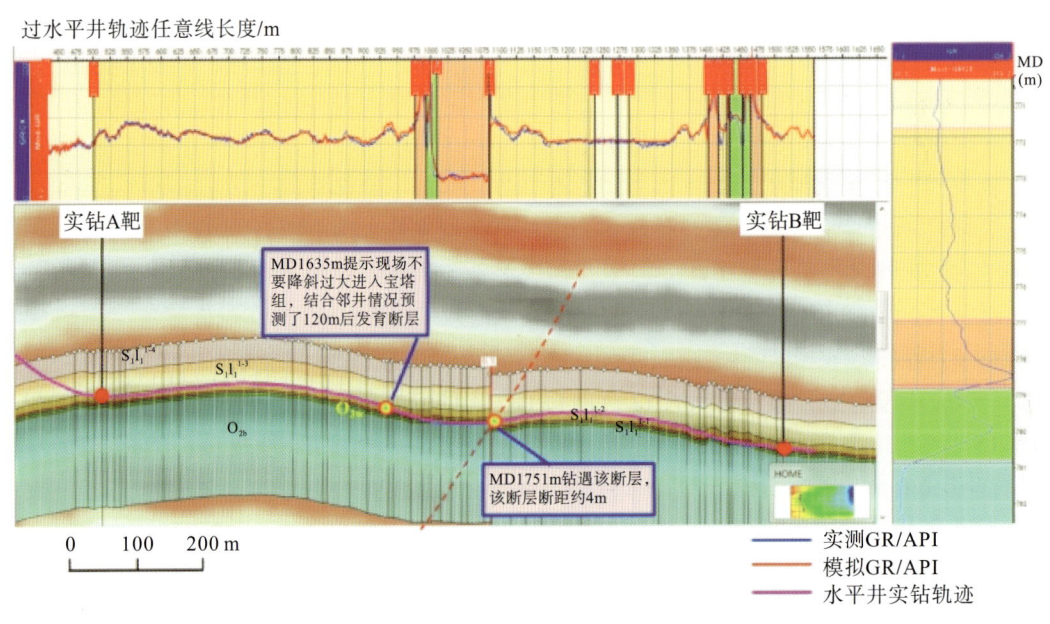

图7-15　山地浅层页岩气水平钻井地震地质导向剖面

太阳浅层页岩气田具备复杂的山地页岩气特征，地表地震条件和地腹构造特征复杂导致地震构造预测的不确定性较大，给钻井入靶和水平井地质导向带来了困难（梁兴等，2017，2021）。为确保水平井实施获得最高的靶体钻遇率、最优的水平井轨迹，水平井地震地质导向需要从钻前地质模型轨迹设计、随钻跟踪控制到钻后评估措施优化改进各个阶段进行技术支持和相关研究（梁兴等，2017，2020，2021，2022；李国欣等，2019）。

在钻前阶段，要充分利用三维地震及区域已钻井资料进行一体化综合研究，进行构造、断层、裂缝解释和地质力学分析，落实构造、储层变化特征，建立水平井地震地质模型与水平井轨迹设计，制定导向方案，并提前预判构造变化与优化导向控制对策、复杂情况工程预警。在随钻跟踪阶段，关键是进行精细的导向实时跟踪分析，尤其对研判的关键点、复杂情况及时进行地质导向技术支撑，最大限度降低风险，确保优质储层钻遇率。具体是通过逐层逼近控制、精细小层对比，实时估算局部地层倾角，确保入靶；水平段通过地震逐点引导技术把握趋势，利用随钻伽马及元素录井等技术手段跟踪判断井轨迹和地层上下切关系，实时微调轨迹，确保优质储层钻遇率和轨迹平滑度。在钻后阶段，要着重分析已钻井的钻遇率主控因素，去伪存真，更新数据，建立更精确的数据平台，提出优化导向目标控制的技术思路和策略，总结经验形成对策措施，为后续地质导向作业提供参考。

昭通示范区页岩气水平井钻井地质导向的现场实践总结表明，前期的地质导向方法是基于简单的二维地质模型，难以与钻前和钻后的各个环节相对应。钻前分析仅参考了地震剖面和邻井导向模型图，难以利用已有数据进行钻前设计优化；实钻导向决策主要依赖随钻测井工具，缺少预判能力；钻后导向模型难以与综合地质模型结合起来，为后期施工提供支持。为此，以地质工程一体化综合评价理念为指导，通过现场实践探索，改变了以往页岩气水平井导向只参考静态地质、工程设计，地震资料重视不够、应用不足的现状，2018年创新形成了以地震地质逐点引导为核心特色水平井地震地质导向轨迹控制技术。

该技术是以地球物理资料为基石，井震实时跟踪互动、地震地质导向模型迭代更新、水平井轨迹逐点引导精细控制是其特色内涵，精细迭代建立地震地质导向模型是核心要求，需要充分挖掘地震信息在钻前建立精细水平井地震地质导向模型，并融入实时钻井信息，构建轨迹控制点，井震实时结合，通过动态分析，不断更新三维速度场进而修正水平井地震地质导向模型，逐渐揭示地下真实地层情况，依据地震地质导向模型发挥水平井靶体预估、趋势预判和风险预警"三预"作用，从而引导水平井在箱体内平稳钻进，最大限度降低钻井风险，同时保证井筒光滑和箱体钻遇率。该技术包含钻头精确定位技术、控制点约束速度场迭代更新技术、地震多属性和多方法断裂联合预警分析技术，做到了钻前水平井轨迹设计优化、钻中导向实施、钻后模型迭代，充分体现了地质+工程信息综合性和钻井应用的前瞻性(图7-16)。为增强水平井导向的时效性，研发了基于地震数据的地质导向软件 GBS（GeoSteering Based on Seismic），可以根据需要快捷地迭代更新地震速度场、时深转换和修正地震地质导向模型，从而实现技术有形化，更好地为水平井钻进地质导向提供技术支撑。

太阳背斜构造复杂、地层倾角变化大，微构造挠曲、小断层微裂缝带较为发育，水平段构造变化大，造斜段着陆困难。鉴于水平井着陆时构造变化大，地层倾角难以掌握，对不同倾向（上倾、下倾、水平）的水平井进行模拟研究，通过获取各个标志点入层相对角差［图7-17(a)］，进行着陆角差控制。水平段钻进过程中易钻遇多处挠曲，致使轨迹容易进入宝塔组灰岩层，损失有效水平段并带来改造负能影响，对此提出钻遇挠曲解决方案，即依据井震约束的地震叠前时间/深度域剖面、储层曲率属性特征对水平段进行动态评估，实时优化轨迹设计，在曲率异常区域控制轨迹位于箱体中上部，规避构造地质风险［图7-17(b)］。针对部分井钻井过程中钻遇微幅小背斜形变区而造成轨迹进入宝塔组的情形，提出了穿越小背斜的导向对策方案，即依据地震地质导向模型剖面成果及邻井钻遇情况，先提前降斜下沉钻进轨迹而后提前增斜，使轨迹从较高的位置穿越小微背斜，后缓慢降斜平稳回层［图7-17(c)］。针对部分井穿越断层致使实钻轨迹进入宝塔组的情形，提前

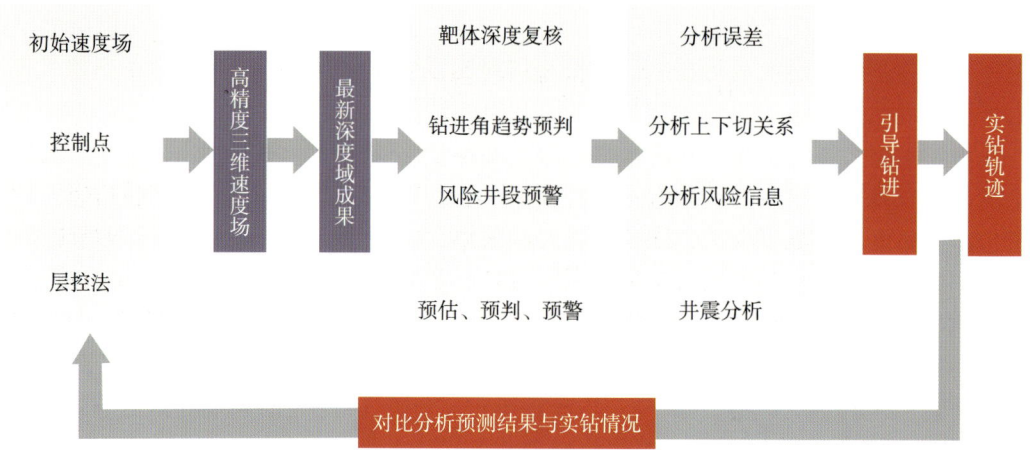

图 7-16　基于地震地质逐点引导的水平井地震地质导向轨迹控制技术内涵

精细落实断距与位置，最简单的方案是先增斜向上穿越断层，减少出靶层的水平段长度，精细的处置对策是为了提高储层钻遇率和增加可压裂进尺，提出针对性方案：参考地震剖面及邻井钻遇情况，评估断层尺度，对断层可能出现位置进行预测，使用地质导向软件对地层可能的几种变化进行模拟，并约束狗腿度，给出相应的参考轨迹，用于提前调整参考，降低断层对储层钻遇率的影响 [图 7-17(d)]。

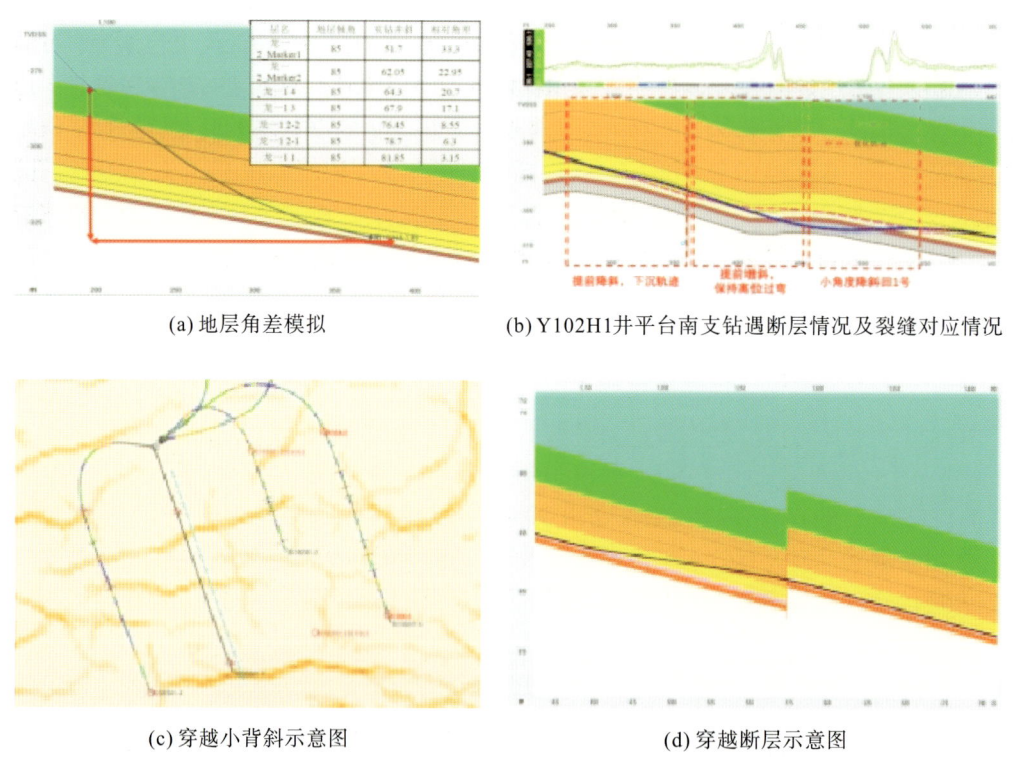

(a) 地层角差模拟　　　　　　　　　(b) Y102H1井平台南支钻遇断层情况及裂缝对应情况

(c) 穿越小背斜示意图　　　　　　　(d) 穿越断层示意图

图 7-17　太阳山地浅层页岩气田水平井地质导向

第四节　山地浅层页岩气安全高效优快钻井技术

鉴于山地浅层页岩气井具有垂深较浅、水垂比大的工程特点和经济开发的需要，水平井井眼轨迹起伏频繁多变或上翘角度较大，完井下套管无法靠自重到达水平段指定位置，同时存在油基钻井液的使用成本和环保压力突出等难题，携砂难、岩屑多、钻具摩阻大、定向困难、走下钻阻卡等复杂情况时有发生。经过不断室内攻关研究、现场试验探索和实践应用完善，创新形成了适用于浅层页岩气的高性能水基钻井液和漂浮下套管技术，形成了经济、高效和优快的钻井技术。

一、浅层页岩气高性能水基钻井液

针对泥页岩钻井过程中井壁稳定、钻井液流变性、井眼润滑和钻井提速等技术难题，以及高固相与流变性、滤失量控制与流变性、抑制与分散之间的矛盾，山地浅层页岩气钻井液突出了强抑制性和强封堵性性能及其稳定性，由此研发了"有机盐""超双疏"两类高效水基钻井液体系，提高了强封堵防塌性、抑制性和润滑性。目前已在示范区成功应用了 60 余口井，钻井周期由 57～65 d 缩短到 33～37 d，满足了经济、安全和高效水平井钻井开发的要求。

（1）强抑制性。高性能水基钻井液体系是采用有机抑制和电荷屏蔽相互增效的方式，压缩了黏土表面双电层，改变了岩石的表面特性，削弱了泥页岩水化效应，有效控制了由泥页岩水化膨胀分散引起的井壁失稳问题，页岩滚动回收率≥95%，泥页岩表面水接触角≥70°。

（2）强封堵性。针对页岩地层纳米级微孔缝发育特点，在传统微米级封堵剂的基础上，引入纳米分散材料和反应性成膜材料，在压差作用和地层环境刺激下，嵌入地层微孔隙，削弱孔隙压力传递，提高井壁岩石致密度，实现强效封堵（图 7-18、图 7-19）。纳米材料粒度为 30～200 nm（可调），具有良好分散稳定性，抗温可达 150℃以上。

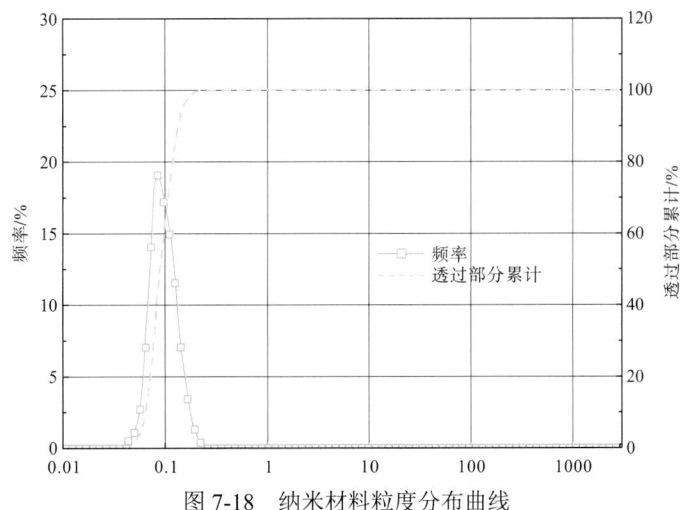

图 7-18　纳米材料粒度分布曲线

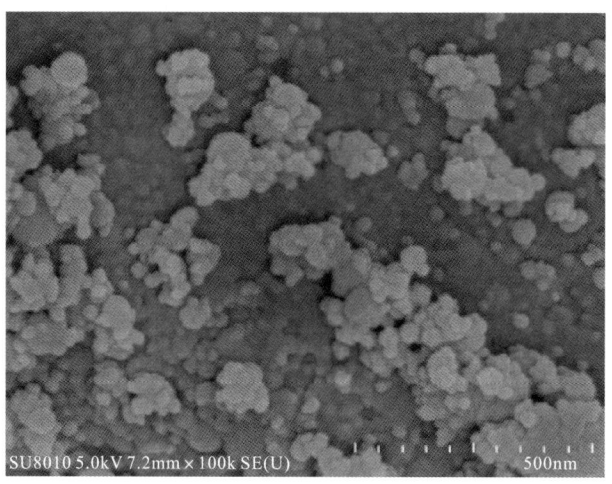

图 7-19　有效封堵岩样表面微孔隙

二、漂浮下套管技术

浅层页岩对于水垂比≥1的井只能靠活动冲击进行作业，对安全下套管和套管密封性产生严重影响。为解决山地浅层页岩气井下套管困难问题，通过调研和优选，开展漂浮下套管技术现场试验。

根据试验方案，优选两种不同轨迹类型的井进行试验。TY102H5-5井位于平台北向分支的最西侧，井眼轨迹呈现三维状态，通井作业时多次遇阻，模拟套管下入摩阻较大，应用漂浮下套管技术后，套管下放摩阻减少 47 t，有效减少了下入套管的活动冲击，保障了套管的密封性。TY102H15-1井为上翘水平井，水平段井斜最高为107°、平均值为97°，由于井斜大、造成钻具侧向力大，导致部分井段井径扩大率达40%和钻进时拖压严重，通过漂浮下套管模拟，减少摩阻 23 t，实际下套管累计耗时 23 h，比同平台的井节约下套管时间近 1/2。

三、水平井靶体及钻遇率控制技术

为了确保页岩气开发的丛式水平井组钻至的页岩气层含气性最好、孔隙度最佳、脆性最好（黏土矿物最低）、纵向储量动用最好，发挥页岩气最大潜能，降低产能建设风险，通过储层属性模型研究与甜点层的综合评价，太阳页岩气田水平井设计箱体明确为龙一$_1^1$+龙一$_1^{2-1}$（图 7-20）。但在小断层不发育、构造倾角相对稳定区，要求箱体尽量控制龙一$_1^1$内，即以龙一$_1^1$自然伽马曲线上半幅点为追求的靶体最佳中心，要求水平井段龙一$_1^1$+龙一$_1^{2-1}$箱体钻遇率≥90%。为了更好地实现页岩气储层纵向和平面甜点的储层压裂体积改造效果，在水平井钻井地质导向时需要精细控制好水平井轨迹，既要保证靶体的储层钻遇率（更好地揭露优质储层释放页岩气资源潜能），又要保证水平井轨迹平滑（更好地保证钻井施工安全与井筒质量），所以要求水平井轨迹不可上翘至龙一$_1^{2-1}$单层以上资源变差的储层，不可下切至奥陶系五峰组的复杂层。在轨迹钻进方向提前预见到有正向构造挠曲或仅仅小逆断层造成轨迹前方无法避开五峰组甚至是宝塔组地层时，钻井轨迹距断距大小可适当提前上翘到龙一$_1^{2-1}$

单层以上附近,以实现构造较复杂区"储层保大舍小并井眼轨迹光滑"。

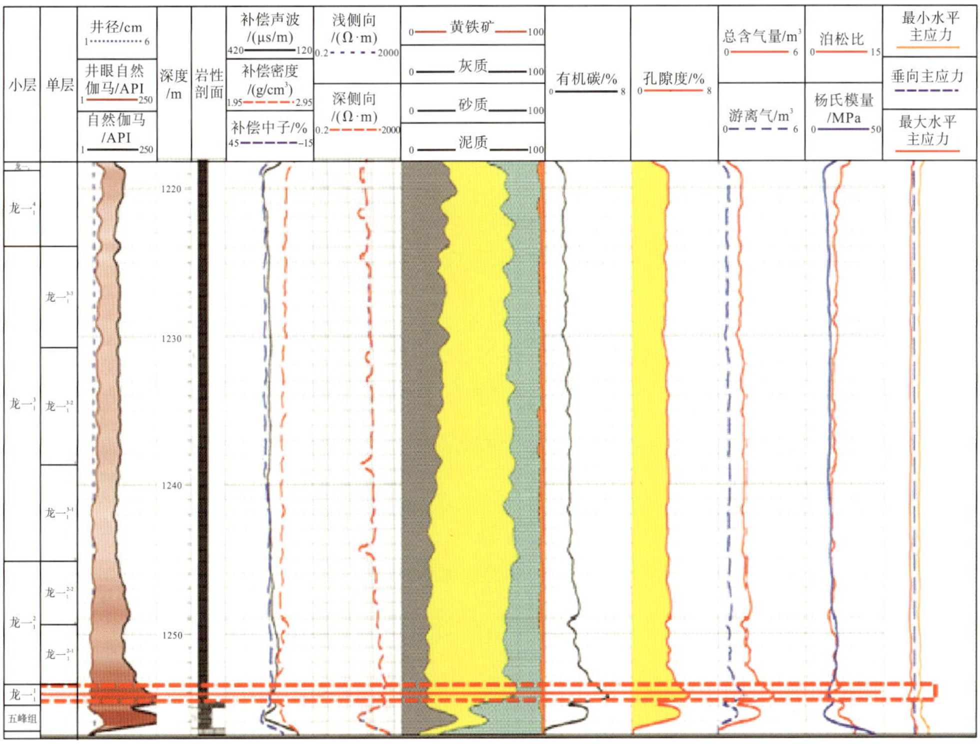

图 7-20 Y107 井水平段最佳箱体对应小层位置图

第五节 浅层页岩气大段多簇密切割强改造体积压裂技术

针对太阳背斜区山地浅层页岩气储层埋深浅,天然微裂缝较为发育,地层最小主应力(16.0～51.6 MPa)总体相对较低,有利于压开地层,具有储层压裂施工压力相对较低、加砂难度不高、极少发生砂堵的特点,结合水平应力差为 4.1～17.6 MPa,平面差异相对较大,形成缝网体积压裂存在明显区域差异的特点,借鉴国外页岩气压裂技术最新成果,通过现场试验探索与总结,形成了大段多簇密切割强改造体积压裂技术。该技术以最大化破碎页岩气储层为导向,以长段塞加砂或连续强改造支撑为载体,以增加分段长度、暂堵转向、石英砂支撑、全程滑溜水等手段降低压裂成本(王丹等,2019;梁兴等,2020,2021)。浅层页岩气储层由于天然裂缝发育,钻遇的小层频繁变化等,压裂套管变形情况频发,通过微地震实时监测实时优化调整压裂方案,以控液加砂为主调,既可大幅降低套变风险,又可增加人工裂缝改造范围。

一、适宜长段多簇密切割技术

随着页岩气体积压裂改造技术不断发展和对页岩储层渗储赋存状态认识的深化,逐渐形成"缝控储量"概念(雷群等,2018),更加强调水力压裂人工裂缝对页岩气开发的重要作用。通过数值模拟等计算,在水平段长一定的条件下,通过增加人工裂缝条数、增加与储层的接触面积可提升页岩气的单井产量。其中,增加裂缝条数不但可以增加水力裂缝与储层的接触面积,同时裂缝间距的缩短还可以产生诱导应力场(Palmer,1993),Nagel等(2013)研究认为诱导应力所形成的应力阴影可有效降低应力阴影区域水平应力差值,更有利于形成复杂缝。

人工裂缝数值模拟结果显示,簇间距越小,年累计产量越大,当簇间距在5~10 m时产量增加幅度变小(图7-21)。根据页岩气井快速见效(时间为3 a)要求,在拟合基质渗透率为100~300 mD情况下,页岩气的最大流动距离为5~10 m(图7-22)。利用裂缝扩展软件对簇间距进行优化,固定液量和支撑剂量,设定簇间距为5 m、10 m、15 m、20 m、25 m进行模拟分析,结果反映簇间距越小,其形成的裂缝面积越大(图7-23)。

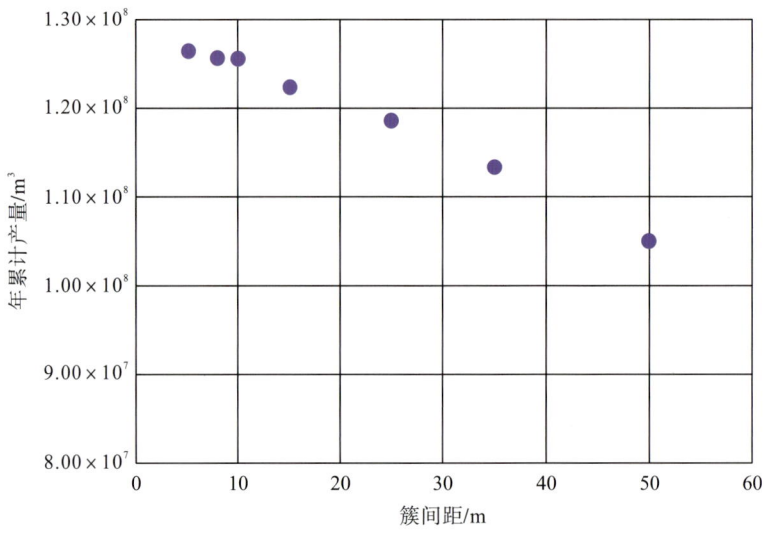

图7-21 年累计产量与簇间距的关系

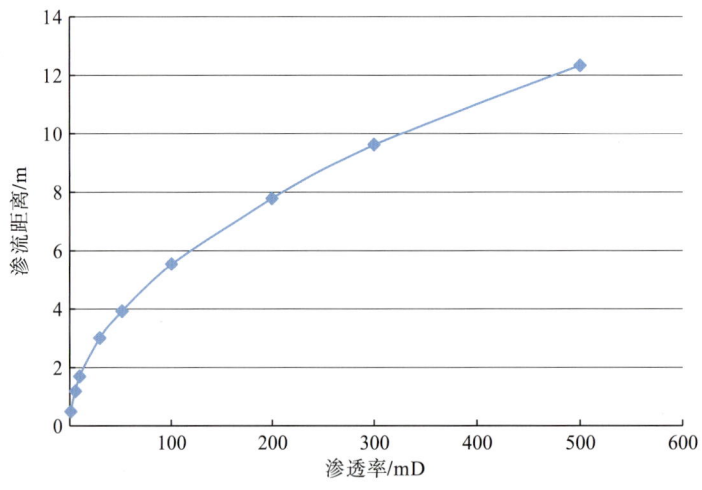

图7-22 页岩渗流距离与渗透率的关系

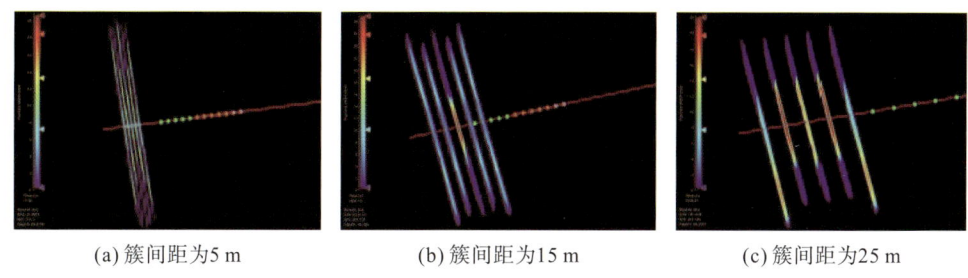

(a) 簇间距为5 m　　　　　　(b) 簇间距为15 m　　　　　　(c) 簇间距为25 m

图 7-23　不同簇间距的裂缝扩展模拟示意图

早期的常规页岩气压裂采用 3 簇方式进行。鉴于缩短簇间距会大幅增加压裂段数和压裂投资实际成本，为此在浅层页岩气探索缩短簇间距的同时，将段长适当增加至约 75 m，采用 7 簇或 11 簇分段方式。试验结果表明，簇间距为 10 m 或 7 m 时，分段数可下降 15%，1000 m 典型水平井可减少 2 段压裂，压裂投入成本下降显著。

每个射孔的进液量是影响体积压裂效果的关键参数。常规页岩气 3 簇射孔的每段孔眼数一般为 40 孔，进行 7 簇、11 簇射孔的段长会有所增加，孔数相应增加。因此，在排量基本稳定的条件下，务必有效地控制射孔的孔数，从而保证每个孔眼的最低泵注入排量。考虑到每个压裂段内的最小水平应力之间的差值均小于 5 MPa，为了确保所有簇都能进液，有效孔眼摩阻必须大于 5 MPa，7 簇射孔孔眼总数为 42 孔、每簇 6 孔，11 簇射孔孔眼总数为 44 孔、每簇 4 孔，并通过提高排量来保证体积压裂所需的每个孔眼的设计进液排量。

大施工排量有利于提升缝内净压力，满足存在应力差下碾压打碎储层形成复杂缝网的条件。结合施工限压（55 MPa）与压裂成本，将施工排量设定为 16 m³/min、单孔进液量为 0.38 m³/min。

在保证复杂缝网程度的前提下油藏数值模拟结果显示（图 7-24），缝长越大、产量越大，但压裂规模增加至一定程度后，变化不显著。单段压裂长度为 75 m 时，泵注液量为 2100 m³ 的裂缝面积相差不大，同时考虑高强度加砂的需求，优化泵注液量为 2100 m³。

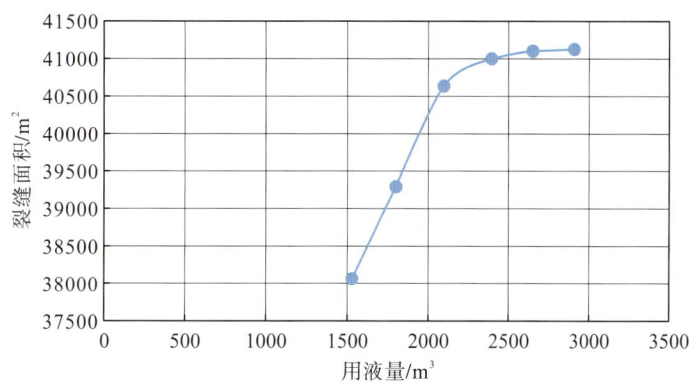

图 7-24　裂缝面积与用液量关系

昭通页岩气示范区页岩储层加砂强度与测试产量呈现较强的正相关性。结合前期浅层页岩气压裂施工实践，其加砂难度较低，未发生过砂堵，且有提升加砂量的空间。多簇射孔由于簇数显著增加，为保证单簇有较好的支撑，须提高加砂强度。将平均单簇砂量 20 m³(30 t)、单段砂量 220 m³(330 t)、加砂强度 4 t/m 作为压裂设计的基础标配。

二、微地震实时监测优化调整压裂技术

太阳背斜整体构造较为复杂，断层与微裂缝发育，造成压裂过程中易发生套管变形或人工裂缝不均匀扩展，为此采用井中微地震实时监测优化调整压裂与工程预警技术(图7-25)。

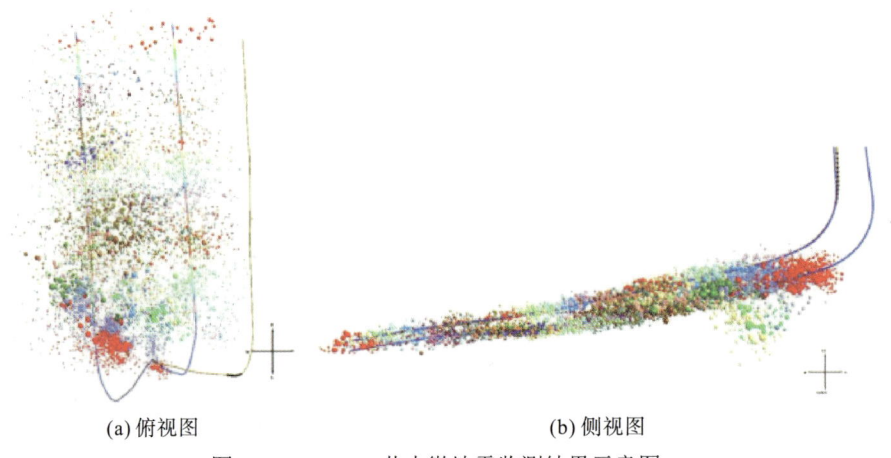

(a) 俯视图   (b) 侧视图

图 7-25 Y112-5 井中微地震监测结果示意图

井中微地震实时监测优化调整技术，就是通过地质工程一体化技术完成压裂区域的三维建模，在三维模型基础上结合压裂过程中实时微地震监测技术和实时监控裂缝延伸情况信息，以及压裂施工中排量、压力和砂浓度等参数，实时研判裂缝延伸过程中是否遇到天然裂缝、裂缝方向是否正常、岩石力学等参数是否限制了裂缝的延伸等情况，从而及时调整压裂施工参数，提高压裂施工成功率。

此外，还配套形成了相对经济的地面密集台阵能量扫描四维影像压裂监测技术。该技术是在地表部署的高可靠性、高灵敏性、宽频带微地震三分量检波器采集站阵列，可以通过对观测到的各种震相地震波的运动学(走时、射线路径)和动力学(波形、振幅、相位)资料的分析，反演出由射线覆盖的地下介质微破裂能量变化空间形态"成像"，构建形成地面密集台阵能量扫描四维影像监测技术。该技术由多波多分量微地震数据采集技术、振幅能量扫描被动地震发射层析成像技术和四维影像破裂裂缝解释技术组成，可以按时间域反演出地下地质体能量数据，并根据不同时间的能量水平切片图和垂向切片图进行能量线性展布的可视化解释，按时间解析储层破裂能量的演变过程，运用时间动画显示方式直观地刻画压裂裂缝在时间域内的三维空间形态参数变化。该能量扫描"成像"技术能够反映某一时间段(1min)内由多个系列破裂事件组成的一次完整破裂活动的波及范围、能量规模和空间三维形态等参数信息，从而明析整个压裂缝网内部的次生裂缝与主裂缝的几何形态关系以及页岩储层大孔隙通道或天然微裂缝的非均质情况，并根据单次破裂活动的能量梯度值确定破裂裂缝的方向和破裂边界。

三、分布式光纤连续监测与动态评估优化压裂试气技术

正如前面的系统描述,以页岩气为代表的非常规油气,要经过水平井体积压裂改造才具有商业开发的产能,微纳米级微孔隙结构储层的压裂效果直接影响其产能 EUR,压后的试气生产制度影响人造气藏的开发品质及其产量递减率和 EUR 的变化趋势。因此,如何能创新研发一种全新的"连续监测、自主可控"一劳永逸式的智能化监测油气藏压裂试气评价技术,以实现油气井生产全过程的连续实时监控,有效指导油气田智能化高效开发成为迫切的需要。

鉴于光纤传感技术既是传输介质又是传感器,具有体积小、重量轻、抗电磁干扰、耐腐蚀、高灵敏度、高可靠性、可实现分布式/准分布式长线段高精度监测等特点。光在光纤中传播时,光学光子和光学声子发生非弹性碰撞而形成拉曼散射、瑞利散射和布里渊散射,从而产生斯托克斯光(Stokes)和反斯托克斯光(Anti-Stokes),其中反斯托克斯光强与温度相关、瑞利散射光强对振幅敏感,因此光纤能在"高温、高压和腐蚀性强"的油气田井下连续监测和多参量实时监测动态评价。为了实现对非常规油气藏的地质工程连续精准监测,针对页岩气藏全生命周期"地层应变、微震动源、温度变化"精准连续智能监测技术不完善、套管外光纤传感"监测装备、光纤入井工艺和光缆定位避射"国内技术空白、储层改造难以连续精准监测与动态评估、油气藏"地层应变、温度场、三分量微震动定位"难以精准监测、油气藏生产动态实时监测技术欠缺等技术难题,依托中国石油重大技术现场试验项目"井下光纤智能监测技术现场试验",以昭通国家级示范区太阳浅层页岩气田为试验田,研发研制形成了套管外永置式光纤传感装备、地质工程智能监测采集处理解释技术与配套工艺(梁兴等,2022e,2022g,2023),构建了分布式光纤在"高温、高压、强腐蚀"页岩气开发领域的工业化应用场景,攻关形成了油气藏井下光纤智能动态监测关键技术(图 7-26)。

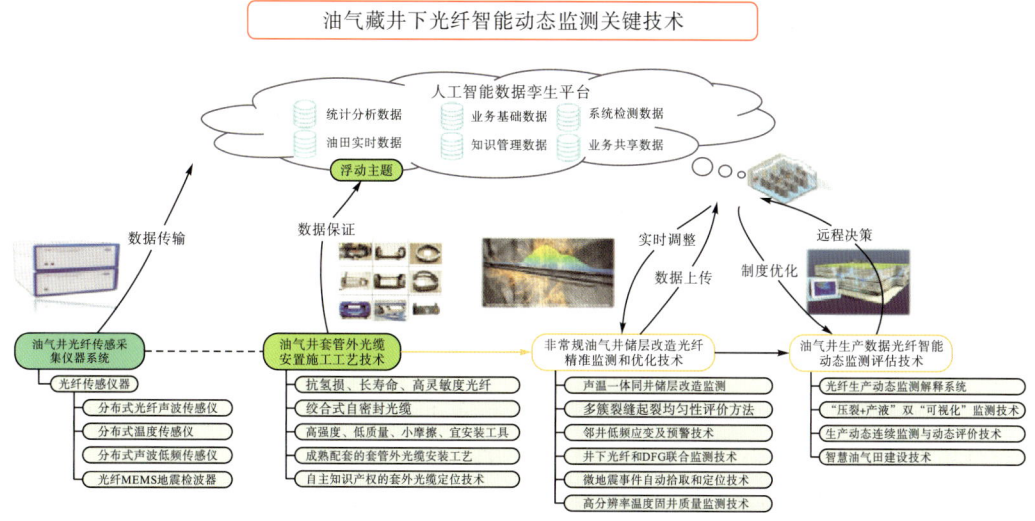

图 7-26 油气藏井下光纤智能动态监测关键技术的架构系统

MEMS. micro-electro-mechanical systems,微机电系统;DFG.分布式光纤传感

在太阳浅层页岩气田现场攻关试验取得成功后，推广到示范区黄金坝-紫金坝中深层页岩气田，并应用到鄂尔多斯盆地长庆油田、松辽盆地大庆油田、准噶尔盆地新疆油田、苏北盆地江苏油田、沁水盆地中联煤层气公司、中东地区的阿联酋阿布扎比国家石油公司和沙特阿美公司等国内外15个油气田，引领了油气藏套管外永置式光纤传感地质工程监测技术智能化发展，支撑了油气田开发提质增效和效益开发，成为油气藏光纤传感监测技术发展的开拓主导者和创新实践者(梁兴等，2022f)。

该井下光纤智能动态监测关键技术，主要内涵和技术要义表现在：

(1)研制了水平井、直井等多井型套管外永置式尾端消强自密封的井下光缆及其安全入井的配套系列工具(图7-27～图7-30)，耐温由70℃提升至150℃，耐压由50MPa提升至140MPa；研发了水平井套管外光缆自定位技术(图7-31)，井下光缆方位定位精度由90°提升至10°。

批次	类型						备注
	扶正器	保护器	本体环	泄压装置	定位器	级联装置	
第一代				\	\	\	设计简单 保护性能低 光缆发生断裂
第二代	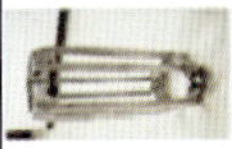			\	\	\	操作方便简单、适用性能提高、但只能实现保护直井段光缆
第三代							完善配套工具实现水平井光缆安置

图7-27 套管外永置式光缆及下井配套工具

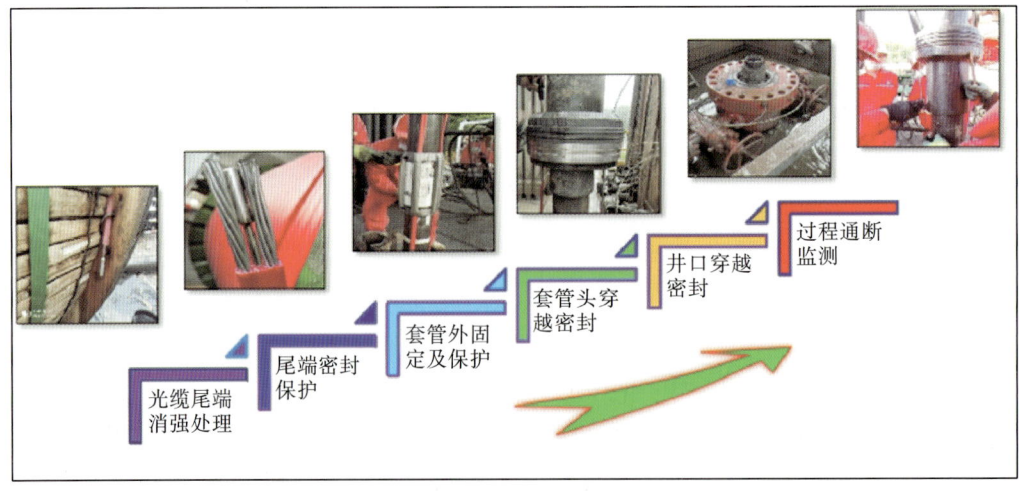

图7-28 水平井套管外光缆安装工艺

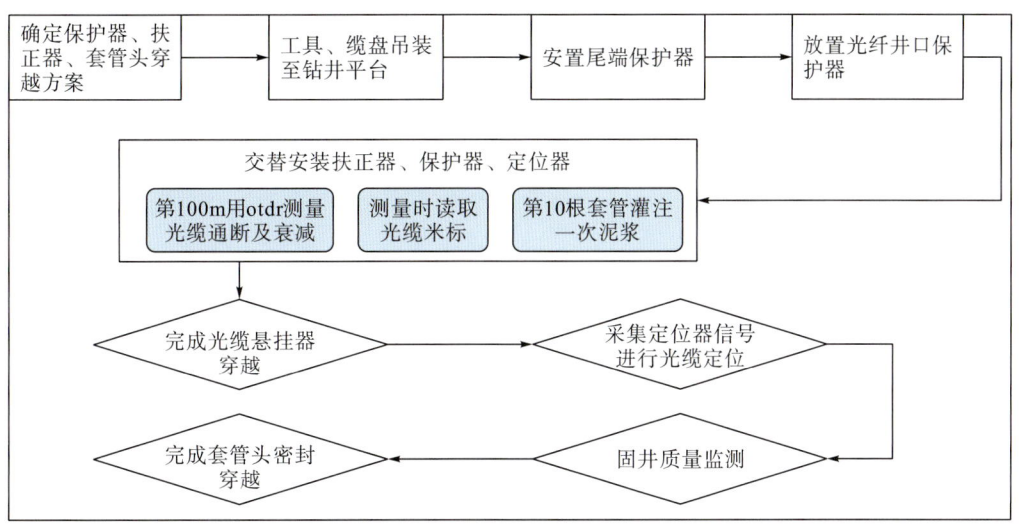

图 7-29　套管外光缆安装工艺流程图

图 7-30　光缆入井施工现场的套管外固定及保护

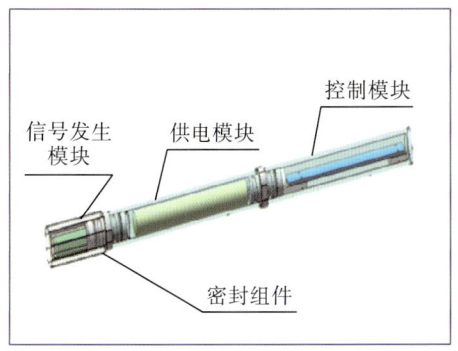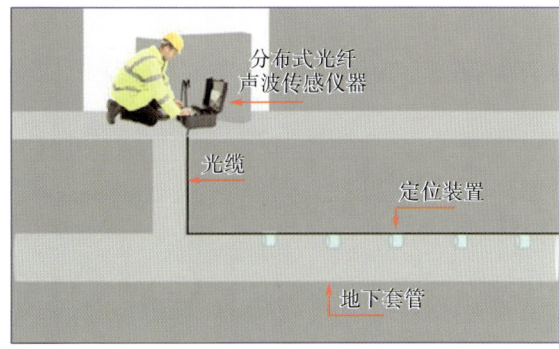

图 7-31　套管外光缆自定位系统及其现场安置示意图

（2）研制了水力压裂人造裂缝型油气藏生产过程"地层应变能量场、井筒温度场、三分量微震动定位"的分布式光纤声波传感仪（distributed acoustic sensing，DAS）、温度传感仪（distributed temperature sensing，DTS）、三分量光纤微机电（MEMS）检波器（图 7-32 图 7-35）（梁兴等，2023），低频响应由 1 Hz 降低至 1 mHz，时间采样率由 1 ms 提升至 0.1 ms，空间采样率由 5 m 提升至 0.1 m；构建了相干光时域反射仪（optical time domain reflectomete，

OTDR)构架和稳定干涉仪解调方法，文件解调时间由 6 min 缩短至 5 s(实时)，温度分辨率由 0.1℃提升至 0.01℃，检波器灵敏度由 70 nm/g 提升至 1000 nm/g，由单通道提升至 16 通道，采样频率由 3 kHz 提升至 10 kHz；自主研发了高精度球导航卫星系统(global navigation satellite system，GNSS)智能授时技术，实现了地面与井中生产采集同步，降低了触发延时精度误差，形成了一套完整的现场采集质控流程。

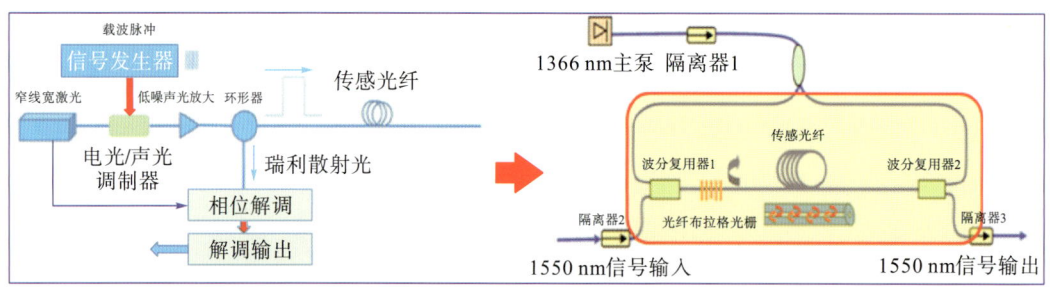

图 7-32　分布式光纤声波传感仪系统构架实现高效的技术进步

(左为 1.0 版，右为 2.3 版)

图 7-33　分布式光纤声波传感仪采集性能提高

(由 1.0 版升级到 2.3 版)

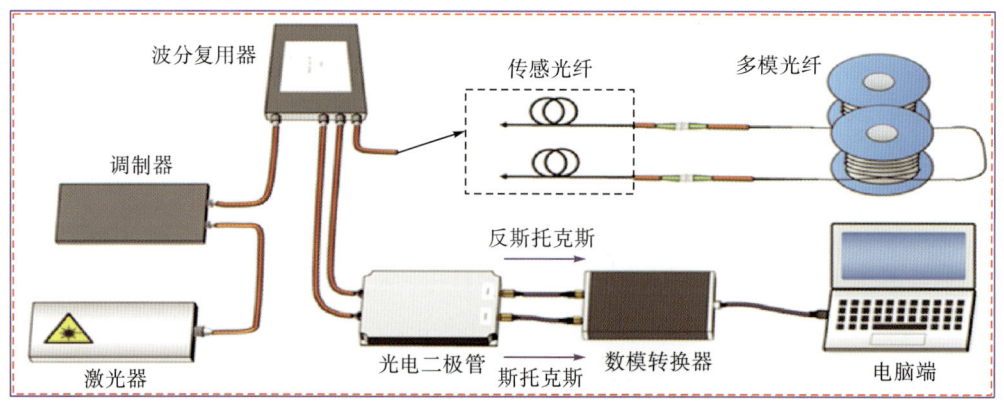

图 7-34　分布式光纤温度传感系统结构设计

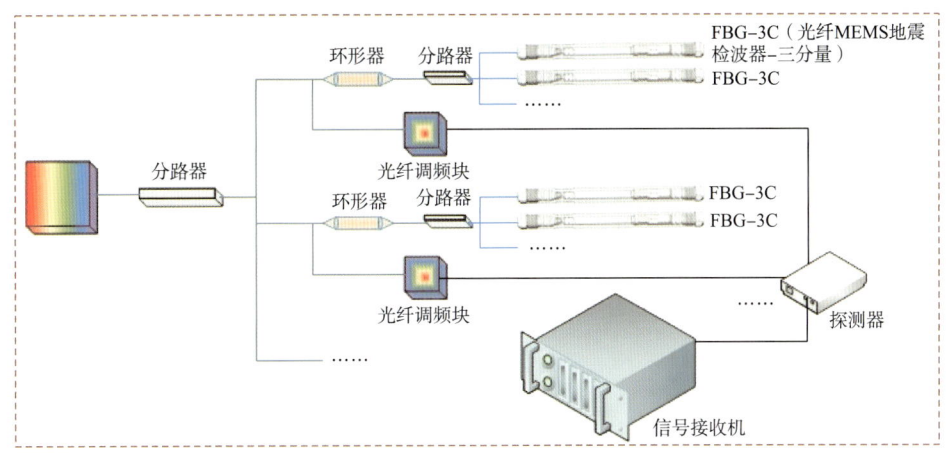

图 7-35　三分量光纤微机电传感器地震检波器系统设计

(3) 研发了套管外永置式光纤储层改造实时监测与评估技术，评估精度由 60～100 m（压裂段）提升到 0.6～1 m（段内射孔簇单个人造裂缝）；研发了基于时空聚类约束的海量光纤微振动数据人工智能拾取技术和实时定位技术，空间定位精度由 30 m 提升到 5～10 m、定位时间由 100 s 缩短到 3 s。

用科普说法，可以把 DAS 系统视作是放置于井下的一个高精度的麦克风阵列（DTS 系统就相当于井下的温度计阵列群），它能连续实时监听到井下的油气水流体流经油管或者流动控制设备所产生的流动噪声，其具备以高达数十千赫兹的频率记录声场中的振幅和相位的能力。为此通过油气水噪声的光纤精准标定、建立人造裂缝储层模型、模型算法与软件开发、机器学习智能大数据计算、光纤微振动事件的空间定位攻关（梁兴等，2022g；邵婕等，2022；绍江等，2022，Liang，et al.，2017，2019，2020a，2020b），研发了光纤信号增强与干扰抑制技术、基于人工智能微振动有效事件自动拾取和定位技术（图 7-36～图 7-37），创建了包括桥塞/环空窜漏识别、光纤邻井低频应变监测、光纤产液剖面监测与油气水定量解释等在内页岩气井"储层压裂改造+压后测试产液"全链条"可视化"监测方法和优化技术。

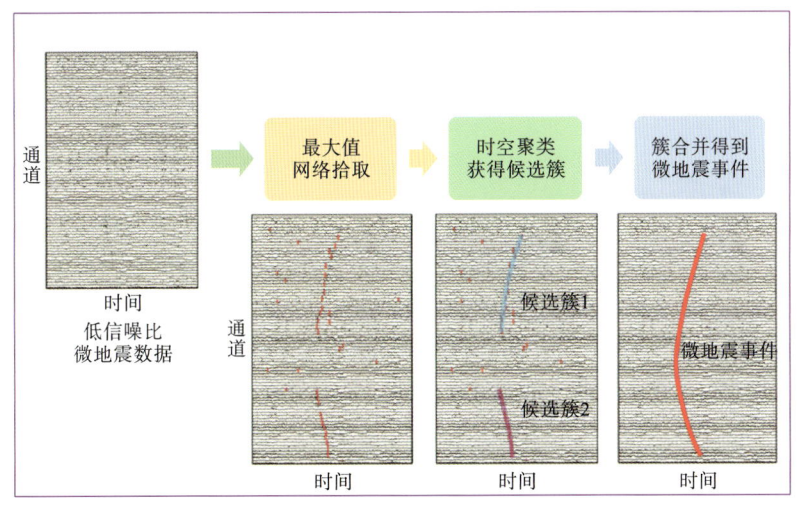

图 7-36　分布式光纤微振动信号自动拾取方法工作框架

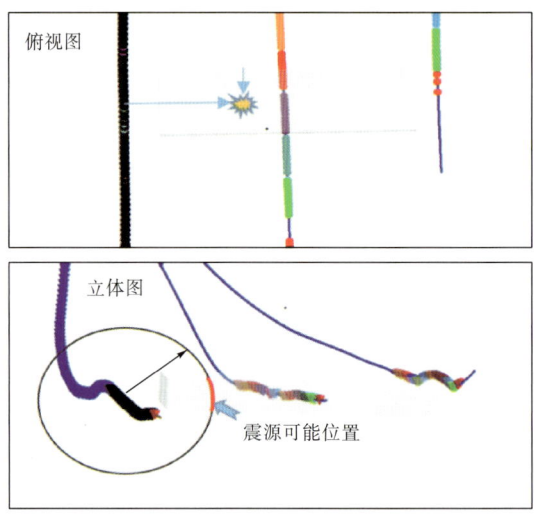

图 7-37　光纤微振动约束定位方法应用示意图

水力压裂 DAS 低频信号邻井监测技术(图 7-38),就是提取小于 0.05 Hz 的低频信号对邻井水力压裂起裂、扩展和压窜至邻井/穿层情况(应力响应)进行解释分析(裂缝冲击可造成应变率极性反转的形态特型区),通过邻井应变信息对射孔簇的压裂井液进砂、压裂冲击、水力人造裂缝形态、裂缝几何参数等进行动态诊断与解释。由于光纤采集密度高、数据量大,DES/DAS 海量数据的预处理技术是关键的基础技术;基于室内对比试验标定并考虑非等温多相流、微量热效应(包括焦汤效应、黏性耗散和摩擦生热等)影响,建立油气井渗流、温度、应力场耦合与井筒-地层耦合的油气井注入/采出温度剖面预测模型,建立基于注入流体及井筒-储层(裂缝)耦合关系的水平井和直井压裂/注水/注气的泵注液过程、回温过程的温度预测数值模型和温度场模拟,是光纤监测的核心技术;建立基于模拟退火算法、人工智能算法及其相应的反演模型、海量大数据边云计算等的油气井光纤监测大数据智能反演方法,是提高油气井不同场景下压裂试采剖面定量解释效率和应用功能水平的根本保障。

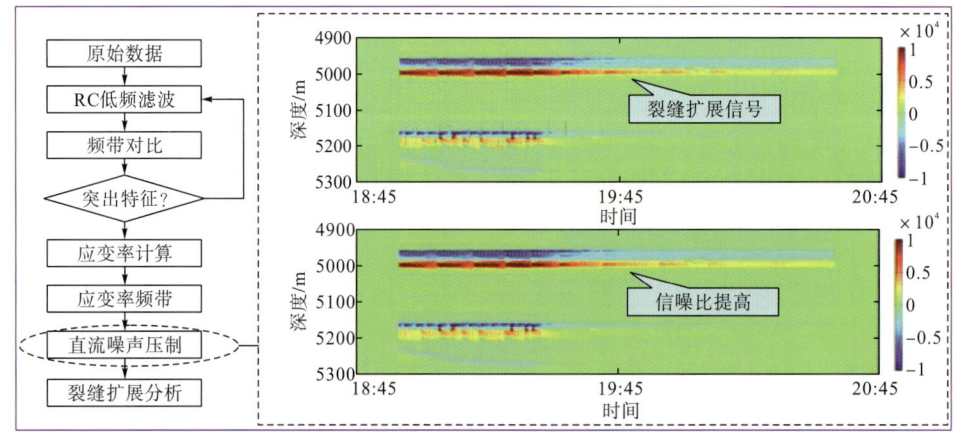

图 7-38　光纤邻井低频应变监测技术原理流程与监测成果图

图 7-39 展示了 Y137HA 水平井第 11 段压裂情况与试采产出情况 DAS 剖面吻合较好。

其在压裂主要进液簇为 1、4、5、6 簇，1 簇下部未射孔区域有能量响应；试采生产时主要产出簇为 1、4、5、6 簇，1 簇下部未射孔位置同样有产出。通过软件最优化拟合之后可得到稳定生产时的各簇产量（图 7-40），关井前主要产出层为 4、6、11 层，贡献率 62.16%，关井后主产层为 6、11、12 层，贡献率 60.67%。

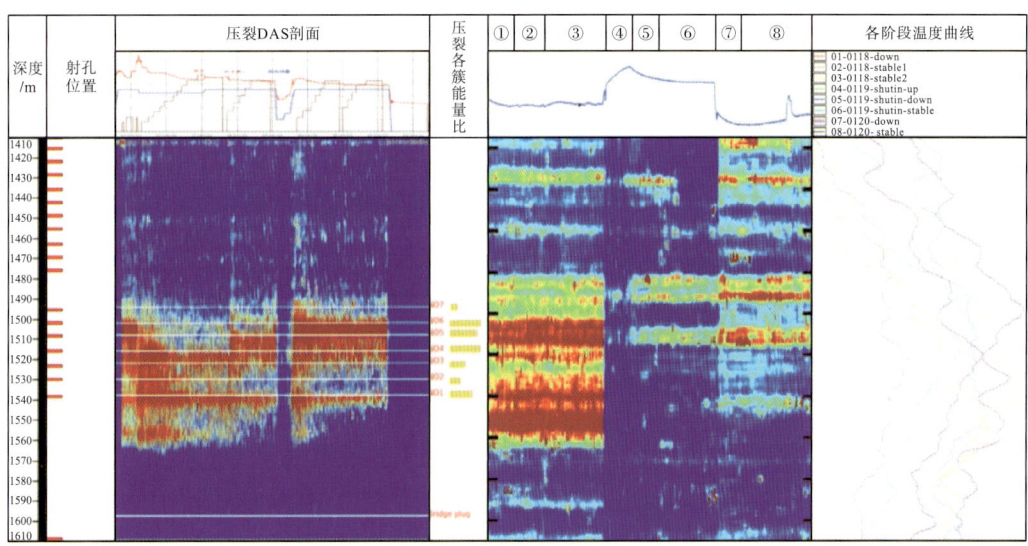

图 7-39　Y137HA 水平井第 11 段压裂与试采产液 DAS 剖面示意图

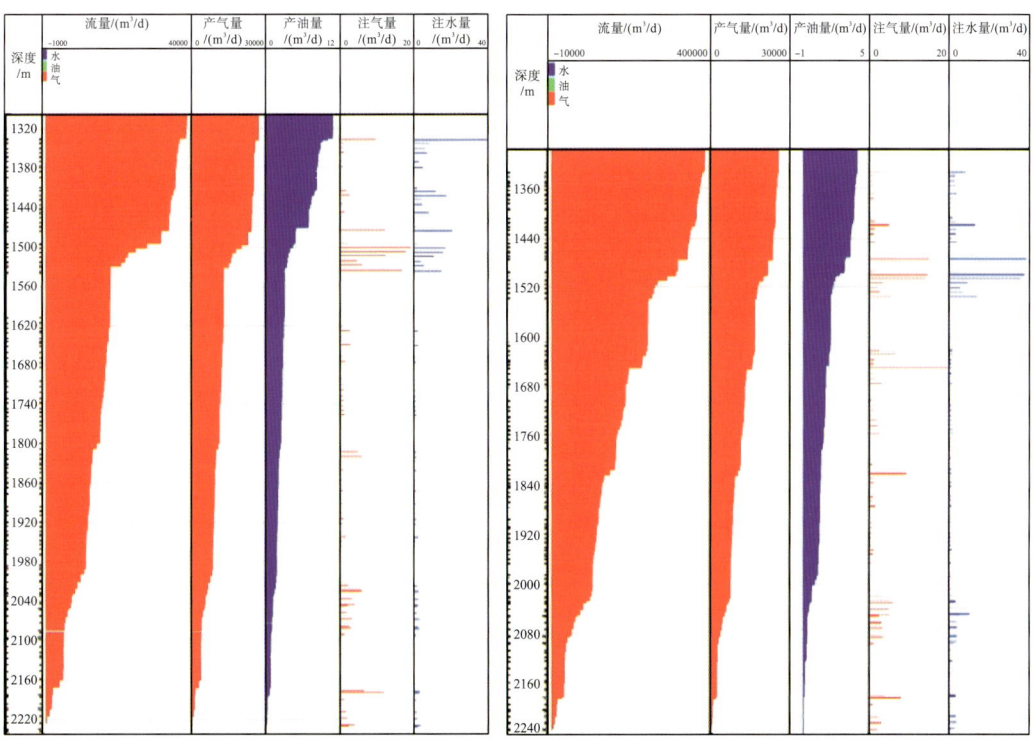

图 7-40　Y137HA 水平井关井前后生产产气剖面示意图

（左为关井前，右为关井后）

　　将井下光纤监测的各簇产量与前期压裂情况、测井解释结果进行对比分析(图7-41)，可得到如下认识：只有压裂进液好的簇才可能有良好的产出，压裂进液好的簇，其产出不一定好；关井过程并不是没有产出，而是在地层之间存在产出和吸入的动态平衡；关井会导致地层压力的变化，从而使得各簇的产量在关井前后发生变化；各簇产量与有机碳、孔隙度、含气量呈正相关。

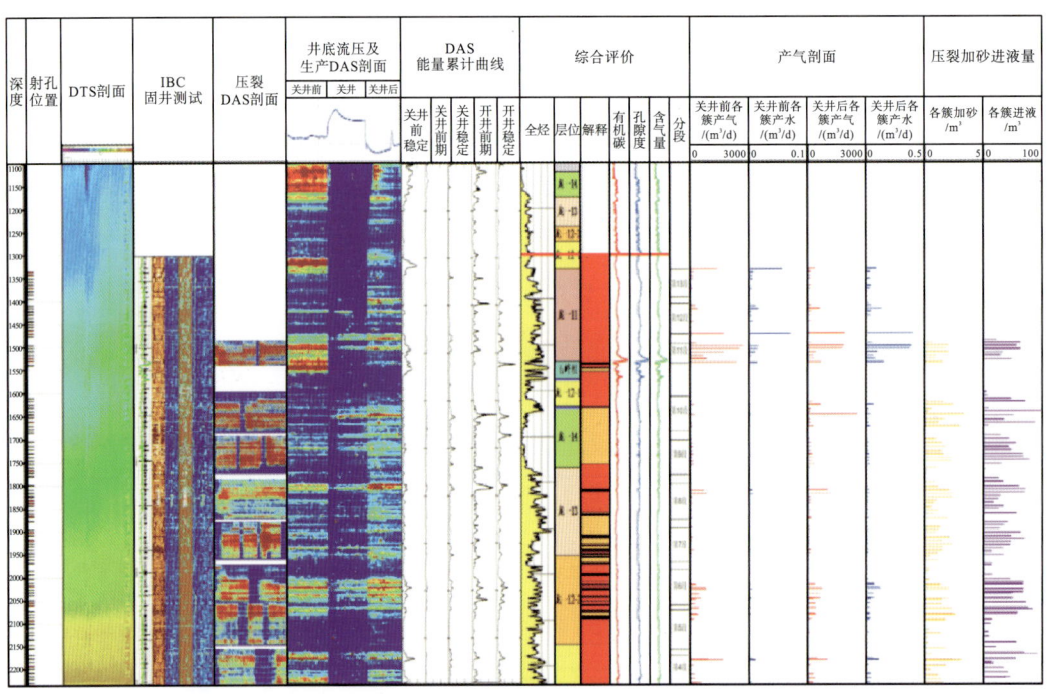

图 7-41　Y137HA 水平井产气剖面综合分析示意图

　　(4)研发了基于光纤传感大数据的油气藏生产动态智能监测评价技术，油气藏评价由单次入井施工井下作业监测评价提升到套管外永置式光纤的连续动态评价。在太阳浅层页岩气田 Y158X 直井，通过部署在套管外的永置式光纤长期连续监测产出过程，评价动态人造气藏的变化和各小层产出情况(至 2024 年 5 月已连续监测了 16 个月)。从监测结果来看，主要产层为页岩气储层最优质的龙一$_1^1$和龙一$_1^2$小层，次产层龙一$_1^3$，页岩层系底部的五峰组几乎不产出(图 7-42)。

　　(5)构建了油气井生产数据管理分析云平台，实现了生产数据远程实时传输和生产制度优化运行。针对 DAS/DTS/DSS 超大数据定制化开发边缘计算和云计算一体化的平台，充分发挥云计算与大数据的能力，实时展示现场监测和分析结果，利用光纤的声波、温度、应变等多场域信息，进行油气藏的动态评价和专家决策，首次打造了光纤智能动态监测技术平台，构建了"光纤基础理论和一体化采集处理设备→现场施工技术→解释评价平台→油气藏生产优化调整"全流程融合的井下光纤智能实时连续监测与远程动态评价决策系统及关键技术(图 7-43、图 7-44)。

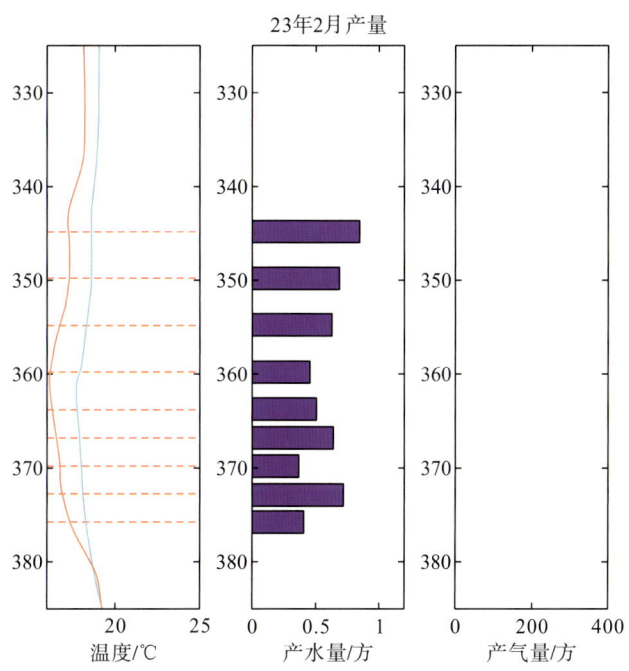

图 7-42　太阳气田 Y158X 井井下光纤监测不同时期各簇产量变化情况

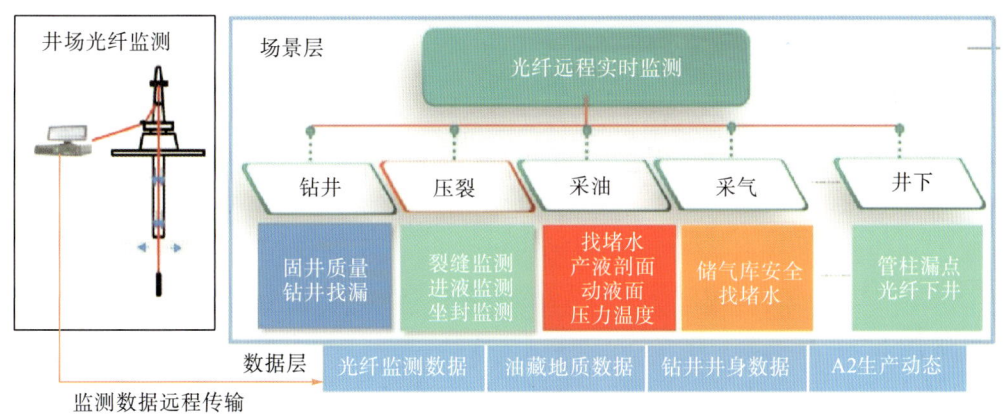

图 7-43　油气藏井下光纤智能实时连续监测与远程动态评价决策系统

套管外下入永久性光纤传感系统，以光纤光缆结构简单和可下井布设、耐高温高压和抗腐蚀特性、全井段分布式光纤监测和连续实时监测动态评估、高精度地获取油气藏开发的相关参数等优势，能精准高效地辅助生产指挥决策，其应用前景广阔，预期有可能替代传统的产液剖面生产测井、示踪剂测井或 VSP 测井的地震检波器、井中微地震裂缝监测技术，是实现页岩气井全生命周期连续监测与智能化动态评价的最佳选择。

数据经济、人工智能、光纤传感技术是未来十大科技之一。我们预期，随着光纤传感技术的进步发展，经济实用的分布式光纤传感连续监测与智能动态评估技术和油气藏的生产实时数据，将是油气藏井中永久监测和建立智慧油气田的必由之路。

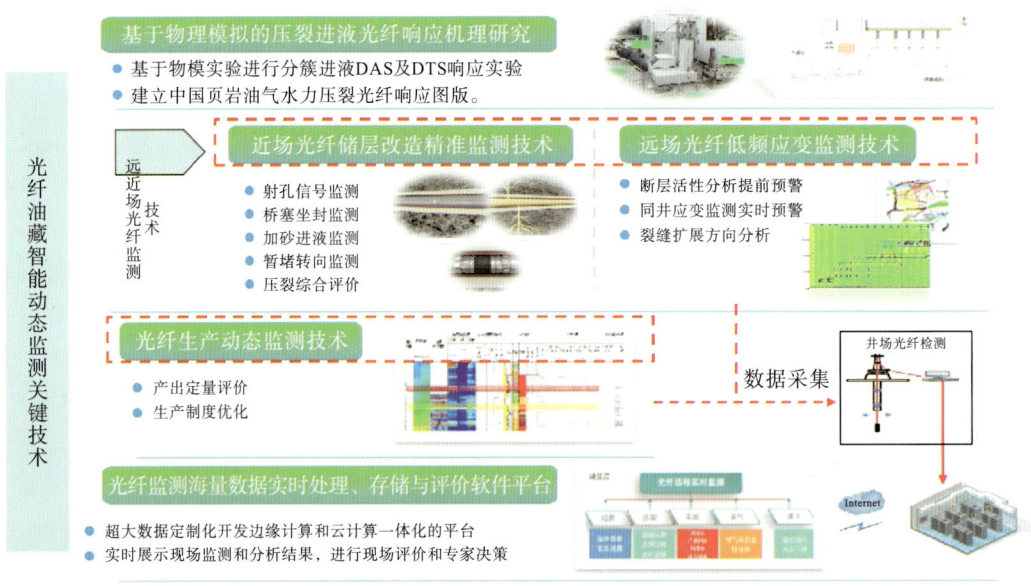

图 7-44   光纤油藏智能动态监测关键技术

四、压裂缝网建模与产能预测

　　基于已建立的页岩气藏三维构造地质模型、储层模型、地应力及裂缝模型，采用非常规水力压裂模拟软件对水平井进行压裂缝网模拟，精细刻画水力压裂裂缝扩展过程，并通过井中微地震实时监测结果的标定，最终确定了储层压裂人工裂缝几何形态和导流能力；定量化研究了地应力状态、天然裂缝、储层物性参数对页岩压裂施工和气藏开发的影响，为后期压裂施工优化和产能释放提供参考(图 7-45)。

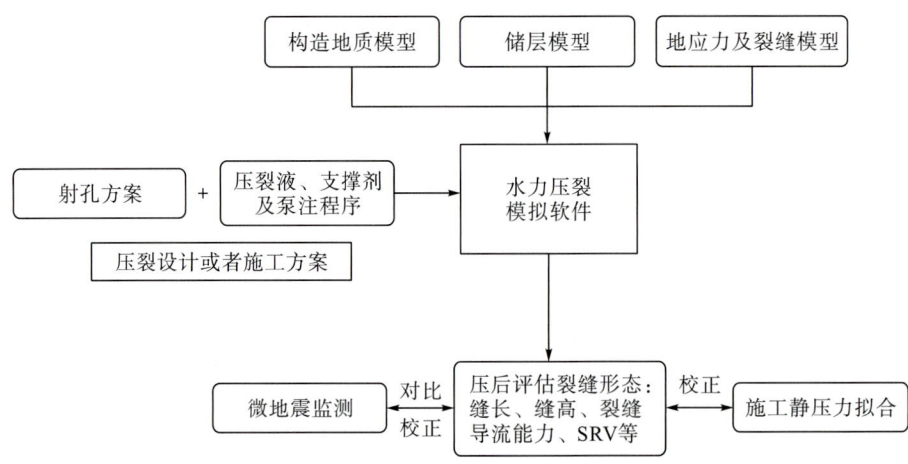

图 7-45   页岩储层三维建模-压裂改造体积缝网一体化模拟技术

水力裂缝延伸过程中会受到地应力大小与方向、最大和最小水平主应力的差值、水力裂缝内流体压力和黏度、天然裂缝的摩擦系数和内聚力，以及水力裂缝和天然裂缝的夹角等多种因素的综合影响。通常最大、最小主应力差值越大，天然裂缝与水力裂缝相交角度越接近90°，水力裂缝穿越天然裂缝继续延伸的可能性越大。

以评价初期的Y102H1-1水平井为例，共分11段进行压裂，累计注入压裂液17823 m³、支撑剂1031 t。微地震监测解释缝网体积SRV为$1013×10^4$ m³，最终拟合SRV为$957×10^4$ m³，考虑到微地震主要反映压裂液波及其引发地应力微变化的最大体积，所以微地震监测解释的SRV是实际水力压裂改造缝网体积的上限值。模拟结果基本满足微地震标定拟合裂缝形态和体积的要求。该井压裂缝网拟合预测的初期产量为$5.1×10^4$ m³/d、EUR为$3580×10^4$ m³，压后返排采气测试实际获得$6.3×10^4$ m³/d测试产量，首年日产量为$2.7×10^4$ m³（产量受断续生产影响），EUR达$3270×10^4$ m³，表明人工缝网拟合产能预测结果吻合率较好。

第六节　山地浅层页岩气精细控压排采技术

鉴于页岩气开发的水力压裂人造裂缝型气藏，在压后返排生产过程中存在明显的压应力敏感与人造裂缝的闭合问题，因此国内页岩气开发过程重视闷井排采工作。

依据山地浅层页岩气埋藏浅，井口压力低，排采呈现排液时间长、气相突破慢、返排率高的特点。结合山地浅层页岩气储层压后微裂缝缝网的渗流特征，将返排过程细分为纯液相初期、纯液相后期、见气初期、气相突破及稳定测试5个阶段（图7-46）（吴奇等，2015；韩慧芬等，2018；刘乃震等，2015；梁兴）。各阶段特征如下。

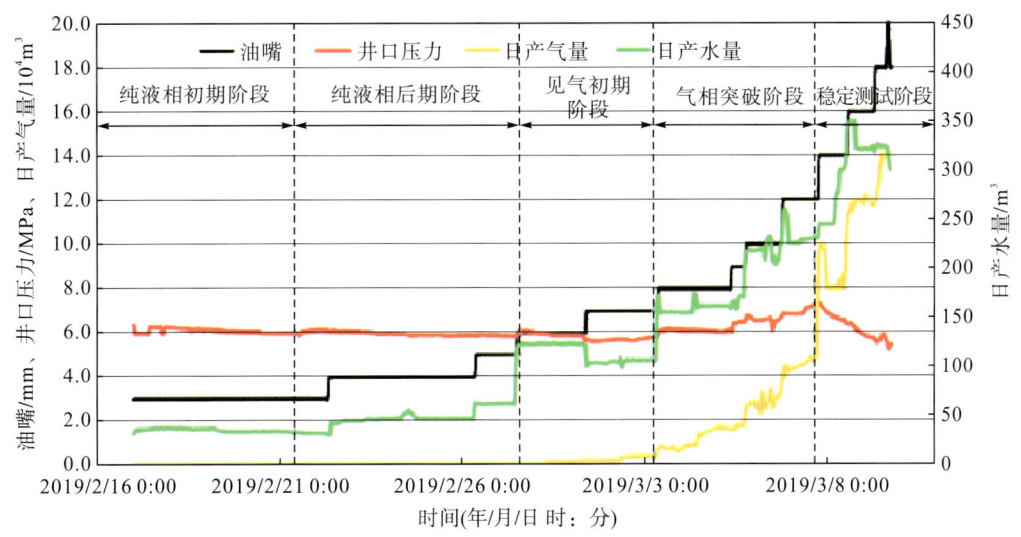

图7-46　浅层页岩气典型井排液特征及返排阶段划分

(1)纯液相初期阶段。由于井筒和近井筒人工裂缝被压裂过程中的压裂液所占据,因此在开井初期生产压差较小的情况下仅有压裂液返排,随着压差增大,产液量逐渐增大,地层中气体被完全封堵。

(2)纯液相后期阶段。随着主裂缝中压裂液排出,存在于裂缝中的气体仅以不连续气泡的形式参与流动,仍以水相流动为主,返排液中偶见微量气体。

(3)见气初期阶段。随着主裂缝中含水饱和度进一步降低,气相开始连续流动,井口开始见到明显气流,但此时气相渗透率仍较低,日产气量较小。

(4)气相突破阶段。地层裂缝中的气体开始突破,并且由于生产压差增大,产气量快速上升,气相渗流通道逐步建立,水气比逐渐降低。

(5)稳定测试阶段。气相渗流通道完全建立,同一制度下井口压力、产气量趋于稳定,获得稳定测试产量。

鉴于气水比主要反映气水相对渗透率的变化,因此在压后排液过程中可借助压力、气水比、返排液矿化度 3 项动态参数指标,判断裂缝复杂程度,分析两相渗透率变化,精确预测产状动态走向,科学制定精细排采制度。评价认为,在气相突破前,地层中液相流动以水为主,气水比维持低值;随着压裂液排出,含水饱和度降低,气相渗透率逐渐增加,气水比快速增大,与累计产气量呈斜率近似 1/2 的线性关系(图 7-47)。

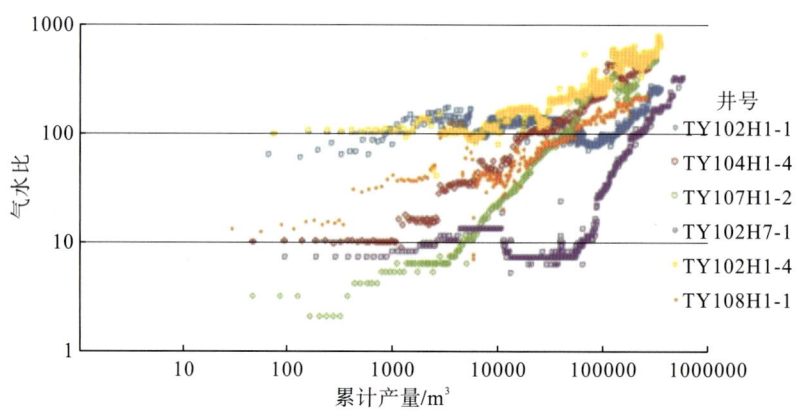

图 7-47　气水比与累计产量双对数曲线

通过精细划分浅层页岩气井返排阶段,实时分析各阶段排液产气动态特征,制定出浅层页岩气井返排控制原则(表 7-4),即开井排液初期坚持小油嘴控排,其目的是:①在裂缝闭合前防止地层出砂;②促进压裂液持续向深部地层扩散,利用页岩自吸水化作用增加裂缝复杂程度,并通过页岩微裂缝系统的毛细管力及渗透压力作用渗吸置换出更多气体;③防止近井地带裂缝中的气相过早突破,致使地层含水饱和度过高,降低气相渗透率,影响最终产气效果。

表 7-4 浅层页岩气不同返排阶段针对性管控方式

返排阶段	动态特征	返排管控要点
纯液相初期	单相水流，返排液矿化度快速升高，井口压力平稳下降	以不大于 3 mm 油嘴开井，关注压力、产水量、返排液矿化度及出砂情况，每个制度返排时间不低于 72 h
纯液相后期	拟单相水流，井口压力平稳下降	坚持小油嘴控排，压降平稳且无出砂时可增大一级油嘴提高排液速度
见气初期	气水两相流，水相渗流为主，产气量及气水比低，井口压力降幅减缓	重点关注压力、气水比，气水比出现拐点后结束控排；若控排过程中反映出井底积液特征，需快速增大油嘴解除水淹气现象
气相突破	气水两相流，产气量快速升高，气水比增大，井口压力平稳或升高	重点关注压力、产气量、气水比，结合压降情况以 1 mm 级差逐级增大油嘴，促进气相渗流通道建立
稳定测试	气水两相流，同一制度下压力、气水产量趋于稳定	结合压降情况以 1~2 mm 级差逐级增大油嘴，保障压力和产量稳定情况下，测得最终稳定测试产量

页岩气井压后排采阶段，要严格执行 4 个环节的精细调整：①当压降平稳时可逐级调整，通过控制生产压差，防止压差过大造成储层伤害；②当返排液矿化度快速升高并趋于稳定时逐级调整，反映井筒及近井地带主裂缝中的压裂液排出，与原始储层充分接触后的远端裂缝或次级裂缝中的压裂液开始排出；③当见气初期水气比下降出现拐点时可逐级调整，反映气相开始突破，结束小油嘴控排，逐级增大油嘴促进气相渗流通道建立；④当气相渗透率显著上升时可逐级调整，反映气相渗流通道已建立，气相逐步占主导，逐级增大油嘴，获得稳定测试产量。

相较于中、深层高压页岩气井，面对浅层页岩气井口压力低和应力敏感的双因素，浅层页岩气井宜采用精细控压的慢返排模式，尤其是在返排初期务必坚持"绣花"般的真功夫慢返排，确保采出气脉"连绵不断"。整个排采过程中，时刻关注井口压降幅度，减少压力损失(井能量损失)，充分利用地层自身能量保障连续稳定生产，以提高压裂井段及裂缝的动用面积，获得最优的返排测试效果。

第八章　太阳山地浅层页岩气勘探前景
与可持续发展对策

第一节　山地浅层页岩气勘探前景

中国页岩气已进入规模上产阶段，主力产区主要在四川盆地内部，少量位于盆地边缘地带，开发层位五峰组-龙一$_1$的埋深主要分布在 2000～3500 m。当前，中国石油天然气股份有限公司和中国石油化工股份有限公司正在针对四川盆地内部加大深层(埋深为 3500～4500 m)页岩气的产区建设，深层页岩气具备建成产量达 $300×10^8$ m^3/a 以上规模的资源基础，是未来页岩气产量增长的主要领域(邹才能等，2021)，而与此同时，对超深层(埋深＞4500 m)页岩气的勘探评价也在规划中。对于浅层(埋深＜2000 m)页岩气，目前仅中国石油浙江油田公司在昭通页岩气示范区东部开展了商业规模开发，并在超浅层(埋深＜600 m)页岩气井的勘探开发中取得了突破。事实上，四川盆地外缘地区经历过多期构造活动，褶皱变形更加明显并呈现出隔槽式、等幅式与隔挡式交错展布的样式(徐政语等，2019)，这样的构造背景造就了盆地外缘地区五峰组-龙马溪组的埋深变化大，浅层(埋深＜2000 m)、中层(埋深为 2000～3500 m)和深层(埋深＞3500 m)均有页岩气大范围分布。

受广西运动影响，中国南方在五峰组-龙马溪组页岩沉积期呈现出典型的分带分区发育的特点。自中奥陶世晚期开始，华夏板块沿江绍断裂带与扬子板块发生碰撞并形成江南-雪峰造山带；随着造山带的活动持续向 NW 方向缓慢推进，晚奥陶世至早志留世，中-上扬子地区发育前陆型闭塞海湾沉积环境。五峰组-龙马溪组下部页岩总体呈面状展布，岩相以发育富含浮游生物及藻类的缺氧硅质-碳质深水陆棚泥质相为主，范围大致沿现今的长江流域呈 EW 向延伸近 2000 km、SN 向展布达上百至数百千米，具有分布范围广、厚度大、有机质含量高的显著特点。平面上，上扬子地区形成以蜀南泸州-渝东涪陵地区、鄂西利川地区为中心的 NE 向展布的深水陆棚富硅碳质页岩发育区，并向南、北过渡为砂质页岩及砂岩夹砂质页岩相；中扬子地区以宜昌东部保康-远安地区为中心发育 NW 向展布的深水陆棚富硅碳质页岩相，并向南、向北过渡为砂质页岩及砂岩夹砂质页岩相；下扬子区受江南-雪峰造山带和秦岭-大别造山带挤压构造作用和区带变窄的影响，整体发育带状前陆拗陷沉积，其中，北部发育粉砂质含硅页岩，中部发育薄层的砂岩与粉砂质页岩，南部因邻近华夏造山带(杭州-桐庐地区)，自东南向西北有序发育山前的磨粒石建造(桐庐)、砂泥岩互层的复理石泥岩相(杭州)、深拗区的浊积岩页岩相(於潜)的沉积相平面变化(图 8-1)。

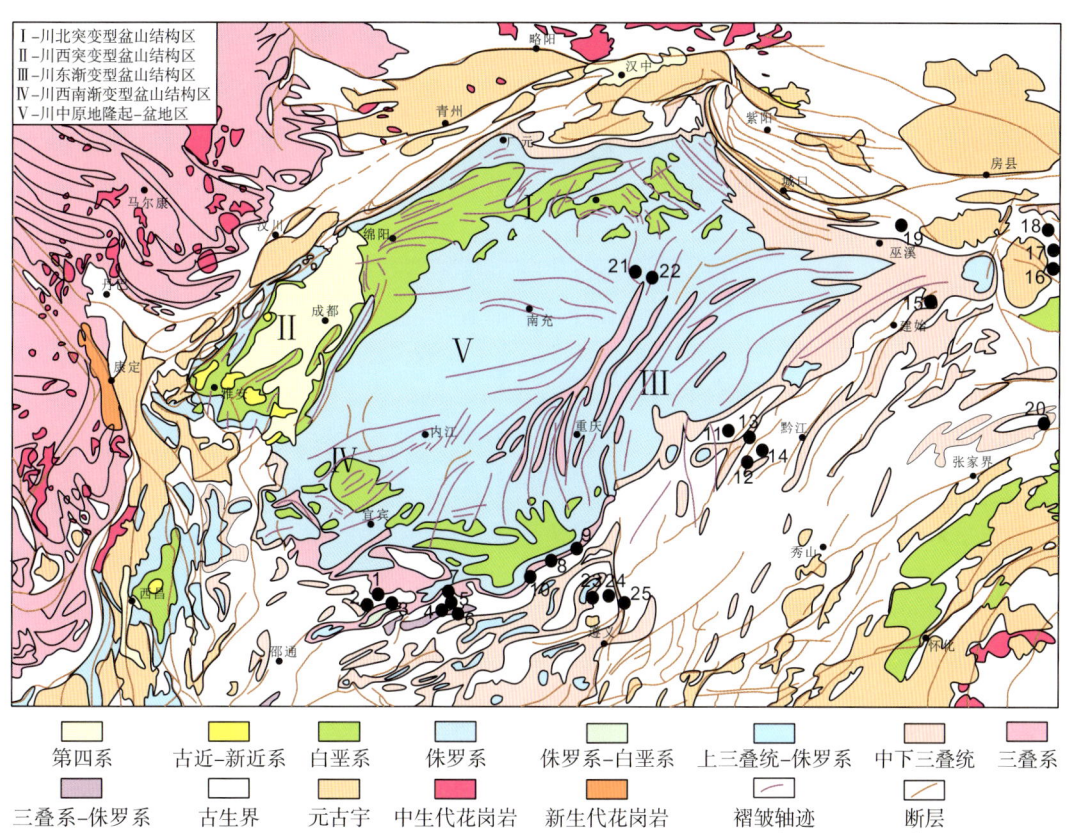

图 8-1　四川盆地外缘五峰组-龙马溪组浅层页岩气显示井

注：1-YQ1 井；2-YQ6 井；3-YQ7 井；4-YQ10 井；5-YQ11 井；6-Y203 井；7-Y137 井；8-XK1 井；9-XK2 井；
10-XK3 井；11-YY1 井；12-QY1 井；13-QJ1 井；14-QJ2 井；15-ZK02 井；16-EYY3 井；17-YID1 井；18-YUD1 井；
19-EHD1 井；20-CY1 井；21-J111 井；22-JYHF-1 井；23-DY1 井；24-CY1 井；25-QIY1 井

　　对昭通页岩气示范区开展详细构造地质与页岩气资源的评价和调查表明，埋深小于
2000 m 的五峰组-龙马溪组页岩，其分布占示范区总面积的 2/3 以上，浅层页岩气的资源
量预估为 $1.28×10^{12}\,m^3$，约占昭通页岩气示范区页岩气总资源量的 51%，约占探区未开发
页岩气资源量的 3/4（梁兴等，2019）。另外，在四川盆地外围东缘、南缘的残留构造拗陷
区，除昭通探区的筠连地区南部、叙永地区南部、威信地区等多处实施浅层页岩气评价外
（梁兴等，2014），中国地质调查局、中国科学院等单位也已在贵州、重庆、湖北等地完钻
了数口浅层页岩气评价井（卢树藩，2019；宋腾等，2018；张瑜，2016；林拓等，2014；
黎建，2012；张金川等，2010）（图 8-1、表 8-1），其五峰组-龙马溪组优质页岩的厚度与已
大规模开发的中-浅层页岩气井相似，其中，四川盆地南缘的 XK3 井（埋深为 705 m）、东
南缘的黔页 1 井（埋深为 799.6 m）进行了试气，产气量分别达到 $0.45×10^4\,m^3/d$ 和 $0.31×10^4$
m^3/d（表 8-1），展示了较好的浅层页岩气资源潜力。近期贵州、云南、广西等地方页岩气
公司也在浅层页岩气见到了较好的勘探发现。

表 8-1　昭通地区及四川盆地外缘五峰组-龙马溪组浅层页岩气的埋深、厚度及显示情况

序号	井号	目的层	底深/m	优质页岩厚/m	页岩气显示情况
1	YQ1		296.7	51.00	气显示厚 36.0 m，含气量为 0.10~0.42 m³/t
2	YQ6		526.0	34.90	气显示段厚 103.0 m，含气量>1.00 m³/t
3	YQ7		678.0	48.30	气显示段厚 118.0 m，含气量>1.00 m³/t
4	YQ10		264.3	39.20	气显示段厚 61.6 m，含气量为 0.11~1.14 m³/t
5	YQ11		460.1	40.30	气显示段厚 145.3 m，含气量为 0.21~1.44 m³/t
6	Y203		1657.2	41.40	气显示段厚 61.4 m，含气量为 0.44~4.35 m³/t，试气产气量为 4.4×10⁴/d
7	Y137		1037.7	35.60	气显示段厚 49.7m，含气量 1.08~2.46 m³/t，试气产气量为 4.2×10⁴/d
8	XK1		156.0	33.00	含气量为 0.77~2.29 m³/t
9	XK2		425.0	36.00	含气量为 0.829~3.428 m³/t
10	XK3	五峰组-龙马溪组	705.0	59.20	含气量为 0.75~6.01 m³/t，试气产气量为 0.45×10⁴/d
11	YY1		305.0	225.00	含气量为 1~3 m³/t
12	QY1		799.6	76.00	含气量为 2.1 m³/t，压裂后初期试气产气量为 0.31×10⁴/m³/d
13	QJ1		820.0	77.00	728~805 m 岩心浸水后气显示强烈
14	QJ2		820.0	62.00	744~806 m 岩心浸水后气显示强烈
15	ZK02		320.0	45.00	含气量为 1.11~1.97 m³/t
16	EYY3		1453.0	35.00	含气量为 0.091~3.860 m³/t
17	YID1		1342.0	25.00	含气量为 1.81~3.67 m³/t
18	YUD1		786.0	24.00	含气量为 0.32~1.94 m³/t
19	EHD1		495.0	56.40	气显示段厚 149.4 m
20	CY1	牛蹄塘组	1250.0	150.00	现场解析的总含气量为 0.5~2.1 m³/t
21	J111	自流井组	643.5	58.00	压裂后测试的平均产气量为 0.316×10⁴ m³/d，最高为 6.84×10³ m³/d
22	JYHF-1	自流井组	642.1	80.00	气显示点平均值为 15~55 处/m，水平段测试获得 1.2×10⁴ m³/d 工业气流
23	DY1	打屋坝组	645.0	142.20	含气量为 0.24~4.97 m³/t
24	CY1	打屋坝组	933.0	105.00	含气量为 0.64~2.84 m³/t
25	QIY2	打屋坝组	761.5	89.35	含气量为 1.38~2.35 m³/t

除五峰组-龙马溪组之外，南方地区的其他泥页岩地层也显示了较好的浅层页岩气资源潜力。例如：在湘西北地区 CY1 井，下寒武统牛蹄塘组页岩气发育的有利层段位于埋深 1100~1250 m 处，优质页岩整体厚度大，TOC 含量为 1.72%~5.99%（平均值为 3.60%），R_o 平均值为 2.7%，整体含气性较好，现场解析的含气量高达 2.1 m³/t，通过类比法和概率体积法计算的湘西北地区页岩气的地质资源量为 2.95×10¹² m³（林拓，2014）；在黔南及黔

西南地区，下石炭统打屋坝组页岩气的钻井及资源评价显示，地层埋深小于 1000 m，其中，黑色页岩的厚度大于 50 m，局部可达 200 m，含气量多在 $1m^3/t$ 以上，页岩气的总地质资源量达到 $2.84×10^{12}$ m^3，展示该地区具有良好的页岩气勘探前景(卢树藩，2019)；在川东建南地区，下侏罗统自流井组东岳庙段和珍珠冲段上部具有一定的陆相浅层页岩气资源基础，其埋深范围为 700～1500 m，合计有效页岩厚度平均值为 147 m，TOC 含量普遍大于 1%，有效页岩面积达到 1570～1882.1km²，资源丰度为(2.00～4.62)×10⁸ m³/km²，资源量达(3383.0～7997.4)×10⁸ m³(黎建，2012)；在渝中-渝西地区，中-下侏罗统自流井组泥页岩同样具有较好的浅层页岩气资源潜力，其埋深一般小于 2000 m，其中，大安寨段和东岳庙段沉积中心的厚度均大于 90 m，合计分布面积约为 4700 km²，页岩气资源量计算结果为 3087×10⁸ m³(张瑜，2016)。

　　基于目前中国南方浅层页岩气的资源评价结果，初步推测浅层页岩气的资源量总计可达 $10×10^{12}$ m^3。这预示着在四川盆地外缘的南方复杂构造残留拗陷区，浅层页岩气具有非常好的资源前景。而随着浅层页岩气的勘探评价不断推进以及经济实用的勘探开发技术持续攻关试验突破，浅层及超浅层页岩气的大规模商业开发定能实现。

第二节　山地页岩气可持续发展勘探方向

　　昭通示范区内具有构造地质复杂、地层产状变化多端、岩石地应力大小与方向多变、页岩气丰度与地层压力较低等显著的地质特点，鉴于目前北部盆地边缘区面临着平地井场难寻、适宜埋深勘探区块缺乏的实际，因地制宜地创新工作思路才能实现持续不断勘探突破。

　　针对昭通示范区五峰组-龙马溪组浅层、中层、深层广泛分布和多套发育赋存页岩层系的特点及其勘查矿权的实际，为更有效地拓展勘探领域和高效开发页岩气资源，提出了"两个走出"勘探战略思路，即"走出盆地稳定区，向山地区带发展"和"走出五峰组-龙马溪组，寻求其他页岩层系突破"，为昭通探区页岩气可持续发展不断蓄力。

一、走出盆地构造稳定区，向山地区带发展

　　昭通探区地处四川盆地南部边缘丘陵山区向盆外云贵高原过渡的乌蒙山区，目前主力产区主要处于四川盆地南部边缘地带，开发层位于五峰组-龙一₁，埋深主要分布在 2000～3500 m。迄今，探区内属于盆地边缘构造相对稳定的勘探甜点区带已基本全部动用，因此探区下步勘探要继续发展只能勇敢地走出盆地构造稳定区。在经济腾飞发达而能源缺乏的南方地区，唯有挺进构造复杂的山地区带这条出路。

　　事实上，昭通探区主体位于四川盆地外部的滇黔北拗陷构造复杂区，褶皱变形特征明显，由南向北依次表现为隔槽式、等幅式与隔挡式 3 种褶皱样式(徐政语等，2019)，这种构造背景造就了五峰组-龙马溪组埋深变化幅度大，浅层、中层和深层页岩气均有大范围分布。通过构造地质与页岩气资源评价调查，可供勘探的浅层页岩气、深层页岩气分布面

积和资源量，分别占到了示范区的 50%、40% 和 20%、30%。在此背景条件下，笔者在 2021 年油田勘查矿权缺乏条件下提出"走出盆地构造稳定区，向山地区带发展"的应对之策（梁兴等，2021），即要敢于创新走出盆地-盆地边缘的构造稳定区，在地质复杂的构造残留拗陷区，针对五峰组-龙马溪组往浅层和深层双向发展，不断实现页岩气勘探的新突破。

二、走出五峰组-龙马溪组，寻求其他页岩层系接替

南方扬子区发育多套页岩气层系（朱光有等，2006；马新华和谢军，2018），自下而上分别为海相沉积的上震旦统陡山沱组、下寒武统筇竹寺组/水井沱组、上奥陶统五峰组-下志留统龙马溪组、下石炭系旧司组、下二叠统梁山组、上二叠统龙潭组（昭通示范区命名为"乐平组"），向上还有陆相沉积的上三叠统须家河组和下侏罗统自流井组（邹才能等，2019）。除五峰组-龙马溪组外，其他层位也已在多处见到了钻井页岩气显示，有些测试获得了页岩气流，展示了复杂构造区勘探的新苗头（陈孝红等，2018；冯伟明等，2019；石刚等，2018）。

浙江油田公司目前已在四川盆地南部边缘的筠连沐爱向斜区块完成了 2×10^8 m^3 山地煤层气产能建设，实现了南方首个煤层气田的商业化开采，形成了山地煤层气有效开发的生产基地（庚勰等，2013；王维旭等，2017；梁兴等，2022）。在筠连山地煤层气田及其以东区块，8 年多的非常规气勘探评价实践中，十余口评价井证实了乐平组海相-海陆过渡相炭质泥页岩具有较好的气测显示，优质碳质泥页岩发育稳定，厚度为 30～50 m，气测值最高达到 60%，实测页岩含气量最高达 4.91 m^3/t，2 口井压裂测试获得了页岩气流。目前，结合乐平组地表剖面与实钻井揭示的沉积相展布、页岩储层特征与含气情况，昭通探区初步评价优选出以太阳-海坝背斜、星光-可乐向斜为代表的乐平组勘探有利区，总面积近 500 km^2，资源量达千余亿立方米，揭示了海陆过渡相页岩气较好的资源潜力。

第三节　山地页岩气可持续发展技术对策

一、高质效打造透明页岩气藏和人造页岩气藏

面对山地页岩气地质工程复杂的挑战，笔者在 2014 年率先研发实践提出"页岩气地质工程一体化"综合评价理念并在昭通黄金坝 Y108 井区页岩气开发现场应用（吴奇等，2015；梁兴等，2015），通过室内研究与现场实施互动融合的地质工程一体化评价手段，强化页岩气储层多学科、多工种资料的综合评价（梁兴等，2016；2017，2021），精细建立包含每个小层的储层厚度、埋深、TOC、孔渗物性、微裂缝、地应力、岩石脆性、杨氏模量、泊松比、地层压力系数等参数的储层三维建模技术。同时将互动迭代更新的储层三维地质/工程模型成果，通过地质工程一体化平台实时有效指导页岩气钻井压裂作业并取得良好的实践成效，以规避部署设计与施工作业风险，形成了"有序选区→评价定靶→分区建产→效益开发"的山地页岩气勘探开发技术体系，开启了南方海相页岩气地质工程一体

化高效开发引领模式(梁兴等,2017)。

针对昭通复杂构造区山地特殊性挑战,为实现山地页岩气规模效益开发,提出"全链条打造透明人造裂缝页岩气藏"的工作理念。①以远程实时大数据和技术专家+智能化为基础,创新性构建地质工程一体化评价实施平台,即:通过地质与工程多学科融合的一体化综合研究,建立清晰透明的三维储层模型与人造裂缝页岩气藏模型;以效益产量目标导向进行一体化逆向技术设计,建立精准可行的产效实施技术方案;通过一体化迭代更新评价研究与工程实施品质对标的实时互动监管,建立全链条多工种协同的一体化产量导向质效评价管控机制。②综合地质、地震、测井、钻井、压裂、试气等多学科资料,进行地质工程一体化综合研究,精准建立构造微裂缝、储层品质、工程品质三大类 20 个参数的三维储层地质模型(吴奇等,2015;梁兴等,2019a),同时根据现场生产进展及时迭代更新页岩气地质与气藏工程成果,更清晰地认识页岩气地球物理特征,确保有效指导全链条的工程实施,提升人造页岩气藏的开发成效;③以效益产量为目标,进行精准的"逆向思维设计、正向作业施工、全程质效监控"钻压采全链条一体化高效开发(梁兴等,2017),实现综合评价成果提前预测和实时工程预警一体化整合,品质成效对标监管进行实时作业调整,循环优化实施,减少井下复杂,提高工程质量,一体化打造高品质的人造页岩气藏达到"提质、提效、提产"的目标。

二、全生命周期一体化有效培植页岩气高产井

众所周知,有效培植页岩高产井是高质量效益开发的根本出路和永恒追求。按照"全链条打造透明人造裂缝页岩气藏"的理念,基于页岩气富集高产地质工程规律认识,培植页岩气高产井要在井位部署至钻探工程实施、气井投产生产的全生产链条上,全方位落实以效益产量为导向的"逆向设计、正向施工"地质工程一体化质效控制的技术保障思路,即从布井、钻井、压裂、试气到气井投产、生产全过程一体化实施优化设计与现场实时调整协同作业,为此提出了全过程一体化"五得"精准管控模式。

(1)甜点评价"设计得准"。把井布在页岩气资源最丰富的甜点区,设计精准的钻进靶体轨迹,是培植高产井的资源前提。以地质工程一体化综合评价技术为手段,以精细的三维储层品质描述与甜点评价为核心,结合储层裂缝模型和应力模型,精准优选出页岩气富集的平面甜点区和开发高产的纵向甜点靶层,即对页岩富气地质甜点、工程甜点叠合评价以决定钻探的最优蜜点和靶体层。

(2)钻井导向"控制得好"。钻准长水平井靶体是培植高产井的关键基础。钻前设计精准的页岩储层三维钻井轨迹模型,采用经济有效的近钻头精准地质导向进行互动式的工程品质实时监控,是提高水平井钻井的轨迹平滑、靶体钻遇率和Ⅰ类页岩气储层钻遇率、实现水平井轨迹的平滑性和井筒完整性的关键保障。气井高产主控因素分析研究表明,浅层页岩气水平井钻井轨迹打得准、控制得好的指标,使穿越最优质龙一¦Ⅰ类储层的累计钻遇长度达到 700～1000 m 及以上,优质储层钻遇率大于 90%。

(3)体积压裂"碾打得碎"。水平井分级体积压裂是提高页岩气井产量和 EUR 的核心技术,把页岩气储层碾压破碎形成缝网复杂、改造规模大的 ESRV 体积是培植高产井的关

键保障。室内裂缝模拟与现场规模试验相结合的评价表明，采用"短小簇间距、多簇密切割+大排量+高加砂强度+暂堵剂主动转向+全程滑溜水+石英砂强劲支撑"的水平井分级强体积压裂技术，既能把页岩气储层进行精细改造和优质好上加上的体积改造(王丹等，2019；梁兴等，2021，2022)，又能有效地把页岩气储层"密切割碎、碾压打碎"，实现单段 ESRV≥300 万 m³，其核心是长段多簇密缝(切碎)、高排量主动转向造复杂缝网(压碎)、全程石英砂低黏滑溜水(低成本)、连续加砂强支撑(撑好缝)。

(4)控压返排"采气得细"。压后的精细控压排水采气是培植气井获得高产能的技术保障，这项试采工程技术工作在现场往往被忽视。现场测试实施总结成果表明，以精细控制压力递降速率为核心的精细有序的压后返排测试和采气生产，需要精细调制 4 个环节(即压降平稳时、返排液矿化度快速升高并趋于稳定时、见气初期水气比下降出现拐点时、气相渗透率显著上升时)，重点监管"井口压力、气水比、返排液矿化度"三大指标，及早下生产管柱(连续速度管优先)，利用地层能量努力提升单井产量和最大化 EUR 是培植高产井的必然选择。

(5)实施品质"监管得狠"。鉴于页岩气人造裂缝型气藏的形成是钻探系统工程的综合结果，是各个工程环节品质系数的乘积，各环节品质的短板决定了气井储层释放出来产能的大小，气井产量随着短板的长度增高而升高，所以实时有效监控全链条的工程实施品质是培植高产井的关键，也是决定产能产量的体现。实践经验表明，钻探工程质效监控应以地质工程一体化综合评价为抓手(吴奇等，2015)，通过一体化评价实施平台，一体化协同地对页岩气井全生命周期 4Q 品质[储层品质(reservoir quality，RQ)、钻井品质(drilling quality，DQ)、完井品质(completion quality，CQ)、开发品质(development quality，PQ)]进行四维度的动态评估与生产制度实时优化调控(梁兴等，2016，2021，2022)，最终实现气井提质、工程提效、单井提产。

综上所述，要有效培植山地页岩气高产井，保证每一口井都能实现"达标、达产、达效"的开发目标，最需要的关键保障措施是：从思维理念、工程技术到项目管理、机制体制实行革命性的变革，彻底地贯彻落实和严格执行"一体化、市场化、专业化、工厂化、全方位、全链条"的页岩气革命，真正地把页岩气勘探开发"效益产量、地质评价、技术服务、工程实施、质效管理"的责任落实落地到位。

参 考 文 献

白旭明，陈敬国，袁胜辉，等，2018. 南方复杂山地页岩气地震采集处理技术研究：以桂黔二维项目为例[J]. 非常规油气，5(2)：1-8，15.

蔡振家，雷裕红，罗晓容，等，2020. 鄂尔多斯盆地东南部延长组 7 段页岩有机孔发育特征及其影响因素[J]. 石油与天然气地质，41(2)：367-379.

曹东升，曾联波，吕文雅，等，2021. 非常规油气储层脆性评价与预测方法研究进展[J]. 石油科学通报，6(1)：31-45.

曹涛涛，刘光祥，曹清古，等，2018. 有机显微组成对泥页岩有机孔发育的影响：以川东地区海陆过渡相龙潭组泥页岩为例[J]. 石油与天然气地质，39(1)：40-53.

曹绪龙，李玉彬，孙焕泉，等，2003. 利用体积 CT 法研究聚合物驱中流体饱和度分布[J]. 石油学报，24(2)：65-68.

车卓吾，1995. 测井资料分析手册[M]. 北京：石油工业出版社.

陈欢庆，曹晨，梁淑贤，等，2013. 储层孔隙结构研究进展[J]. 天然气地球科学，24(2)：227-237.

陈吉，肖贤明，2013. 南方古生界 3 套富有机质页岩矿物组成与脆性分析[J]. 煤炭学报，38(5)：822-826.

陈科洛，张廷山，梁兴，等，2018. 滇黔北坳陷五峰组—龙马溪组下段页岩岩相与沉积环境[J]. 沉积学报，36(4)：743-755.

陈丽华，缪斯，于众，等，1986. 扫描电镜在地质上的应用[M]. 北京：科学出版社.

陈尚斌，朱炎铭，王红岩，等，2011. 四川盆地南缘下志留统龙马溪组页岩气储层矿物成分特征及意义[J]. 石油学报，32(5)：775-782.

陈世悦，张顺，王永诗，等，2016. 渤海湾盆地东营凹陷古近系细粒沉积岩相类型及储集层特征[J]. 石油勘探与开发，43(2)：198-208.

陈文一，刘家仁，王中刚，等，2003. 峨眉山玄武岩喷发期的岩相古地理研究[J]. 古地理学报，5(1)：17-28.

陈孝红，危凯，张保民，等，2018. 湖北宜昌寒武系水井沱组页岩气藏主控地质因素和富集模式[J]. 中国地质，45(2)：207-226.

陈洋，唐洪明，廖纪佳，等，2022. 基于埋深变化的川南龙马溪组页岩孔隙特征及控制因素分析[J]. 中国地质，49(2)：472-484.

程涌，文义明，吴伟，等，2017. 场发射扫描电镜在现代河流沉积石英颗粒表面形态特征研究中的应用[J]. 电子显微学报，36(5)：457-465.

崔景伟，邹才能，朱如凯，等，2012. 页岩孔隙研究新进展[J]. 地球科学进展，27(12)：1319-1325.

丁江辉，张金川，杨超，等，2019. 页岩有机孔成因演化及影响因素探讨[J]. 西南石油大学学报(自然科学版)，41(2)：33-44.

董大忠，程克明，王玉满，等，2010. 中国上扬子区下古生界页岩气形成条件及特征[J]. 石油与天然气地质，31(3)：288-299，308.

董大忠，邹才能，杨桦，等，2012. 中国页岩气勘探开发进展与发展前景[J]. 石油学报，33(S1)：107-114.

丰国秀，陈盛吉，1988. 岩石中沥青反射率与镜质体反射率之间的关系[J]. 天然气工业，8(3)：20-25，7.

冯伟明，李嵘，赵瞻，等，2019. 贵州威宁地区贵威地 1 井钻获石炭系页岩气和致密砂岩气[J]. 中国地质，46(5)：1241-1242.

付常青，2017. 渝东南五峰组—龙马溪组页岩储层特征与页岩气富集研究[D]. 徐州：中国矿业大学.

高原，毛璐，马荣，2018. 高成熟富有机质页岩吸附特征及影响因素[J]. 科学技术与工程，18(11)：242-248.

庚勐，曾良君，梁兴，等，2013. 筠连矿区煤层气及煤岩特征评价[C]. 2013 年煤层气学术研讨会论文集中国煤炭学会(北京).

公亭，王兆磊，顾小弟，等，2019. 复杂山地配套处理技术的研究[C]. 中国石油学会 2019 年物探技术研讨会论文集：631-618.

郭素枝，2006. 扫描电镜技术及其应用[M]. 厦门：厦门大学出版社.

郭向宇，凌云，高军，等，2010. 井地联合地震勘探技术研究[J].石油物探，49(5)：438-450.

郭旭升，2014a. 涪陵页岩气田焦石坝区块富集机理与勘探技术[M]. 北京：科学出版社.

郭旭升，2014b. 南方海相页岩气"二元富集"规律：四川盆地及周缘龙马溪组页岩气勘探实践认识[J]. 地质学报，88(7)：1209-1218.

郭旭升，胡东风，李宇平，等，2017. 涪陵页岩气田富集高产主控地质因素[J]. 石油勘探与开发，44(4)：481-491.

郭秀英，陈义才，张鉴，等，2015. 页岩气选区评价指标筛选及其权重确定方法：以四川盆地海相页岩为例[J]. 天然气工业，35(10)：57-64.

韩慧芬，王良，贺秋云，等，2018. 页岩气井返排规律及控制参数优化[J]. 石油钻采工艺，40(2)：253-260.

郝建飞，周灿灿，李霞，等，2012. 页岩气地球物理测井评价综述[J]. 地球物理学进展，27(44)：1624-1632.

何陈诚，何生，郭旭升，等，2018. 焦石坝区块五峰组与龙马溪组一段页岩有机孔隙结构差异性[J]. 石油与天然气地质，39(3)：472-484.

何治亮，聂海宽，张钰莹，2016. 四川盆地及其周缘奥陶系五峰组-志留系龙马溪组页岩气富集主控因素分析[J]. 地学前缘，23(2)：8-17.

侯佳凯，刘小平，刘国勇，等，2023. 南堡凹陷沙一段页岩岩相对孔隙结构的影响[J]. 中国矿业大学学报，52(1)：98-112.

胡东风，2019. 四川盆地东南缘向斜构造五峰组-龙马溪组常压页岩气富集主控因素[J]. 天然气地球科学，30(5)：605-615.

胡东风，张汉荣，倪楷，等，2014. 四川盆地东南缘海相页岩气保存条件及其主控因素[J]. 天然气工业，34(6)：17-23.

胡明，黄文斌，李加玉，2017. 构造特征对页岩气井产能的影响：以涪陵页岩气田焦石坝区块为例[J]. 天然气工业，37(8)：31-39.

黄仁春，王燕，程斯洁，等，2014. 利用测井资料确定页岩储层有机碳含量的方法优选：以焦石坝页岩气田为例[J].天然气工业，34(12)：25-32.

霍建峰，高健，郭小文，等，2020. 川东地区龙马溪组页岩不同岩相孔隙结构特征及其主控因素[J]. 石油与天然气地质，41(6)：1162-1175.

蒋德鑫，姜正龙，张贺，等，2019. 烃源岩总有机碳含量测井预测模型探讨：以陆丰凹陷文昌组为例[J]. 岩性油气藏，31(6)：109-117.

蒋廷学，卞晓冰，2016.页岩气储层评价新技术：甜度评价方法[J]. 石油钻探技术，44(4)：1-6.

蒋裕强，宋益滔，漆麟，等，2016. 中国海相页岩相精细划分及测井预测：以四川盆地南部威远地区龙马溪组为例[J]. 地学前缘，23(1)：107-118.

金之钧，胡宗全，高波，等，2016. 川东南地区五峰组-龙马溪组页岩气富集与高产控制因素[J]. 地学前缘，23(1)：1-10.

鞠杨，杨永明，宋振铎，等，2008. 岩石孔隙结构的统计模型[J]. 中国科学(E 辑：技术科学)，38 (7)：1026-1041.

雷群，杨立峰，段瑶瑶，等，2018. 非常规油气"缝控储量"改造优化设计技术[J]. 石油勘探与开发，45(4)：719-726.

李昂，袁志华，张玉清，等，2015. 元素录井技术在涪陵页岩气田勘探中的应用[J]. 天然气勘探与开发，38(2)：23-26.

李国欣，王峰，皮学军，等，2019. 非常规油气藏地质工程一体化数据优化应用的思考与建议[J]. 中国石油勘探，24(2)：147-152.

李君文，陈洪德，田景春，等，2004. 沉积有机相的研究现状及其应用[J]. 沉积与特提斯地质，24(2)：96-100.

李可，王兴志，张馨艺，等，2016. 四川盆地东部下志留统龙马溪组页岩储层特征及影响因素[J]. 岩性油气藏，28(5)：52-58.

李明隆，谭秀成，李延钧，等，2021. 页岩岩相划分及含气性评价：以滇黔北地区五峰组—龙马溪组为例[J]. 断块油气田，

28(6)：727-732.

李三忠，李玺瑶，赵淑娟，等，2016. 全球早古生代造山带(Ⅲ)：华南陆内造山[J]. 吉林大学学报(地球科学版)，46(4)：
  1005-1025.

李思睿，2021. 昭通示范区龙马溪组页岩气储层沉积特征研究[D]. 北京：中国石油大学(北京).

李晓波，刘洪林，王兰生，等，2015. 页岩气地质评价技术规范[S]. 北京：石油工业出版社.

李玉彬，李向良，李奎祥，1999. 利用计算机层析(CT)确定岩心的基本物理参数[J]. 石油勘探与开发，26(6)：86-90，1.

李玉彬，李向良，高岩，2000. 用微焦点 X-CT 成像研究岩石微观特征[J]. 油气采收率技术，7(4)：50-52.

李卓，姜振学，唐相路，等，2017. 渝东南下志留统龙马溪组页岩岩相特征及其对孔隙结构的控制[J]. 地球科学，42(7)：
  1116-1123.

黎建，2012. 建南地区上三叠—下侏罗统页岩气勘探潜力和方向[D]. 荆州：长江大学.

梁兴，叶熙，张介辉，等，2011. 滇黔北坳陷威信凹陷页岩气成藏条件分析与有利区优选[J]. 石油勘探与开发，38(6)：693-699.

梁兴，叶熙，张朝，等，2014. 滇黔北探区 YQ1 井页岩气的发现及其意义[J]. 西南石油大学学报(自然科学版)，36(6)：1-8.

梁兴，王高成，徐政语，等，2016. 中国南方海相复杂山地页岩气储层甜点综合评价技术：以昭通国家级页岩气示范区为例
  [J]. 天然气工业，36(1)：33-42.

梁兴，王高成，张介辉，等，2017a. 昭通国家级示范区页岩气一体化高效开发模式及实践启示[J]. 中国石油勘探，22(1)：29-37.

梁兴，朱炬辉，石孝志，等，2017b. 缝内填砂暂堵分段体积压裂技术在页岩气水平井中的应用[J]. 天然气工业，37(1)：82-89.

梁兴，徐进宾，刘成，等，2019a. 昭通国家级页岩气示范区水平井地质工程一体化导向技术应用[J]. 中国石油勘探，24(2)：
  226-232.

梁兴，陈科洛，张廷山，等，2019b. 沉积环境对页岩孔隙的控制作用：以滇黔北地区五峰组—龙马溪组下段为例[J]. 天然气
  地球科学[J]，30(10)：1393-1405.

梁兴，张廷山，舒红林，2020a. 滇黔北昭通示范区龙马溪组页岩气资源潜力评价[J]. 中国地质，47(1)：72-87.

梁兴，徐政语，张朝，等，2020b. 昭通太阳背斜区浅层页岩气勘探突破及其资源开发意义[J]. 石油勘探与开发，47(1)：11-28.

梁兴，徐政语，张介辉，等，2020c. 浅层页岩气高效勘探开发关键技术：以昭通国家级页岩气示范区太阳背斜区为例[J]. 石油
  学报，41(9)：1033-1048.

梁兴，单长安，张朝，等，2021a. 昭通太阳背斜山地浅层页岩气"三维封存体系"富集成藏模式[J]. 地质学报，95(11)：3380-3399.

梁兴，张朝，单长安，等，2021b. 山地浅层页岩气勘探挑战、对策与前景：以昭通国家级页岩气示范区为例[J]. 天然气工业，
  41(2)：27-36.

梁兴，管彬，李军龙，等，2021c. 山地浅层页岩气地质工程一体化高效压裂试气技术：以昭通国家级页岩气示范区太阳气田
  为例[J]. 天然气工业，41(S1)：124-132.

梁兴，张介辉，张涵冰，2021d. 浅层页岩气勘探重大发现与高效开发对策研究：以太阳浅层页岩气田为例[J]. 中国石油勘探，
  26(6)：21-37.

梁兴，单长安，蒋佩，等，2021e. 浅层页岩气井全生命周期地质工程一体化应用[J]. 西南石油大学学报(自然科学版)，43(5)：
  1-18.

梁兴，单长安，王维旭，等，2022a. 中国南方海相浅层页岩气富集条件及勘探开发前景[J]. 石油学报，43(12)：1730-1749.

梁兴，单长安，王维旭，等，2022b. 昭通国家级页岩气示范区勘探开发进展及前景展望[J]. 天然气工业，33(8)：60-77.

梁兴，朱斗星，韩冰，等，2022c. 地震地质工程一体化技术及其在山地页岩气勘探开发中的应用[J]. 天然气工业，33(S1)：
  8-18.

梁兴，王鹏万，罗瑀峰，等，2022d. 昭通示范区太阳浅层页岩气田的勘探发现与评价探明创新实践认识[J]. 海相油气地质，

27（2）：13-123.

梁兴，单长安，李兆丰，等，2022e. 山地煤层气勘探创新实践及有效开采关键技术：以四川盆地南部筠连煤层气田为例[J]. 天然气工业，33（6）：107-129.

梁兴，王松，刘成，等，2022f. 光纤传感技术在昭通山地页岩气勘探开发实践中的应用进展[J].石油物探，61（1）：32-40.

梁兴，王一博，武绍江，等，2022g. 基于分布式光纤同井微振动监测数据的页岩气水平井压裂微地震震源位置成像[j].地球物理学报，65（12）：4846-4857.

梁兴，李东明，刘帅，等，2023a. 一种耐高温高压小尺寸光纤 MEMS 地震检波器仿真与分析[J].声学与电子工程，2023（2）：8-12.

梁兴，张介辉，李德旗，等，2023b. 昭通山地页岩气勘探开发关键技术与实践[M].北京：石油工业出版社.

廖崇杰，陈雷，郑健，等，2022. 四川盆地长宁西部地区上奥陶统五峰组—下志留统龙马溪组龙一 1 亚段页岩岩相划分及意义[J]. 石油实验地质，44（6）：1037-1047.

廖东良，路保平，陈延军，2019. 页岩气地质甜点评价方法：以四川盆地焦石坝页岩气田为例[J]. 石油学报，40（2）：144-151.

林拓，2014. 湘西北地区页岩气聚集条件及资源潜力评价[D]. 北京：中国地质大学.

林拓，张金川，李博，等，2014. 湘西北常页 1 井下寒武统牛蹄塘组页岩气聚集条件及含气特征[J]. 石油学报，35（5）：839-846.

刘成，赵春段，梁兴，等，2018. 地球物理在页岩气地质工程一体化中的作用[C]. CPS/SEG 北京 2018 国际地球物理会议暨展览 2018 会议论文.

刘德汉，史继扬，1994. 高演化碳酸盐烃源岩非常规评价方法探讨[J]. 石油勘探与开发，21（3）：113-115.

刘璐，范翔宇，桑琴，等，2017. 基于测井资料识别页岩气储层的方法优选：以四川盆地长宁区块下志留统龙马溪组为例[J]. 天然气勘探与开发，40（1）：38-43.

刘乃震，柳明，张士诚，2015. 页岩气井压后返排规律[J]. 天然气工业，35（3）：50-54.

刘庆，曾翔，王学军，等，2017. 东营凹陷沙河街组沙三下—沙四上亚段泥页岩岩相与沉积环境的响应关系[J]. 海洋地质与第四纪地质，37（3）：147-156.

刘伟，梁兴，姚秋昌，等，2018.四川盆地昭通区块龙马溪组页岩气"甜点"预测方法及应用[J]. 石油地球物理勘探，53（S2）：211-217，223.

刘向君，宴建军，罗平亚，等，2005. 利用测井资料评价岩石可钻性研究[J]. 天然气工业，25（7）：69-71，21-22.

刘绪钢，孙建梦，李召成，2002. 新一代元素俘获谱测井仪（ECS）及其应用[J]. 同位素，15（S1）：8-13.

龙胜祥，彭勇民，刘华，等，2017. 四川盆地东南部下志留统龙马溪组一段页岩微—纳米观地质特征[J]. 天然气工业，37（9）：23-30.

卢树藩，2019. 贵州石炭系打屋坝组页岩气成藏规律及勘探选区研究[D]. 贵阳：贵州大学.

陆扬博，2020. 上扬子五峰组和龙马溪组富有机质页岩岩相定量表征及沉积过程恢复[D]. 武汉：中国地质大学.

马力，陈焕疆，甘克文，等，2004. 中国南方大地构造和海相油气地质[M]. 北京：地质出版社.

马林，2013. 页岩储层关键参数测井评价方法研究[J]. 油气藏评价与开发，3（6）：66-71.

马文国，刘傲雄，2011.CT 扫描技术对岩石孔隙结构的研究[J]. 中外能源，16（7）：54-56.

马新华，谢军，2018. 川南地区页岩气勘探开发进展及发展前景[J]. 石油勘探与开发，45（1）：161-169.

马原辉，陈学广，刘哲，2011. 扫扫电镜粉末样品的制备方法[J]. 实验室科学，14（1）：148-150.

孟靖丰，2018. 页岩气储层测井评价研究：以蜀南地区志留系龙马溪组为例[D]. 北京：中国石油大学（北京）.

莫修文，李舟波，潘保芝，2011. 页岩测井地层评价的方法与进展[J]. 地质通报，30（S1）：400-405.

牟传龙，王秀平，王启宇，等，2016. 川南及邻区下志留统龙马溪组下段沉积相与页岩气地质条件的关系[J]. 古地理学报，

18（3）：457-472.

聂海宽，张金川，包书景，等，2012. 四川盆地及其周缘上奥陶统—下志留统页岩气聚集条件[J]. 石油与天然气地质，33（3）：335-345.

聂海宽，张金川，马晓彬，等，2013. 页岩等温吸附气含量负吸附现象初探[J]. 地学前缘，20（6）：282-288.

聂海宽，何治亮，刘光祥，等，2020. 中国页岩气勘探开发现状与优选方向[J]. 中国矿业大学学报，49（1）：13-35.

宁诗坦，夏鹏，郝芳，等，2021. 贵州牛蹄塘组黑色页岩岩相划分及岩相—沉积环境—有机质耦合关系[J]. 天然气地球科学，32（9）：1297-1307.

牛卫涛，朱斗星，蒋立伟，等，2021. 复杂山地页岩气藏"甜点"综合评价技术：以昭通国家级页岩气示范区为例[J]. 天然气地球科学，32（10）：1546-1558.

潘仁芳，赵明清，伍媛，2010. 页岩气测井技术的应用[J]. 中国科技信息（7）：16-18.

彭攀，宁正福，祁丽莎，等，2014. 致密储层孔隙结构研究方法概述[J]. 油气藏评价与开发，4（1）：26-32.

齐宝权，杨小兵，张树东，等，2011. 应用测井资料评价四川盆地南部页岩气储层[J]. 天然气工业，31（4）：44-47.

钱丽萍，王霞，李丰，等，2018. Fillippone 公式结合等效介质理论预测地层压力[J]. 石油地球物理勘探，53（S2）：224-229.

秦晓艳，王震亮，于红岩，等，2016. 基于岩石物理与矿物组成的页岩脆性评价新方法[J]. 天然气地球科学，27（10）：1924-1932.

邱振，卢斌，陈振宏，等，2019. 火山灰沉积与页岩有机质富集关系探讨：以五峰组—龙马溪组含气页岩为例[J]. 沉积学报，37（6）：1296-1308.

屈泰来，吴宝海，李小地，等，2012. 油气藏破坏控制因素与模式划分[J]. 新疆石油地质，33（3）：297-301.

冉波，刘树根，孙玮，等，2016. 四川盆地及周缘下古生界五峰组—龙马溪组页岩岩相分类[J]. 地学前缘，23（2）：96-107.

任官宝，陈雷，计玉冰，等，2023. 昭通东北地区五峰组—龙马溪组龙一₁亚段页岩岩相类型及其储层特征[J]. 石油实验地质，45（3）：443-454.

桑隆康，马昌前，2012. 岩石学[M].2 版. 北京：地质出版社.

邵婕，王一博，梁兴等，2022. 基于孪生网络的人工震源分布式光纤传感数据噪声压制[J].地球物理学报，65（9）:3599-3609.

石刚，黄正清，郑红军，等，2018. 下扬子地区二叠系"三气一油"钻探发现[J]. 中国地质，45（2）：416-417.

舒兵，张廷山，梁兴，等，2016. 滇黔北坳陷及邻区下志留统龙马溪组页岩气储层特征[J]. 海相油气地质，21（3）：22-28.

斯伦贝谢公司，2006. 页岩气藏的开采[J]. 油田新技术（3）：2-23.

四川省地质矿产局，1991. 四川区域地质志[M]. 北京：地质出版社.

宋秋强，2013. S 区块复杂岩性地层岩相分析方法研究[D]. 荆州：长江大学.

宋腾，陈科，包书景，等，2018. 鄂西北神农架背斜北翼（鄂红地 1 井）五峰—龙马溪组钻获页岩气显示[J]. 中国地质，45（1）：195-196.

孙卫，史成恩，赵惊蛰，等，2006.X-CT 扫描成像技术在特低渗透储层微观孔隙结构及渗流机理研究中的应用：以西峰油田庄 19 井区长 8-2 储层为例[J]. 地质学报，80（5）：775-779，789-790.

孙肇才，2003. 板内形变与晚期成藏[M]. 北京：地质出版社.

唐令，宋岩，姜振学，等，2018. 渝东南盆缘转换带龙马溪组页岩气散失过程、能力及其主控因素[J]. 天然气工业，38（12）：37-47.

腾格尔，卢龙飞，俞凌杰，等，2021. 页岩有机质孔隙形成、保持及其连通性的控制作用[J]. 石油勘探与开发，48（4）：687-699.

田利丰，刘培，孟祥敏，2022. 氦离子显微镜的发展及现状[J]. 电子显微学报，41（6）：673-684.

田明智，朱超，李森明，等，2023. 湖相碳酸盐岩测井岩相识别技术与应用：以柴达木盆地英西地区为例[J]. 中国石油勘探，28（1）：135-143.

田兴旺，胡国艺，苏桂萍，等，2018. 川南威远地区 W201 井古生界海相页岩矿物特征[J]. 新疆石油地质，39(4)：409-415.

王超，张柏桥，舒志国，等，2018. 四川盆地涪陵地区五峰组-龙马溪组海相页岩岩相类型及储层特征[J]. 石油与天然气地质，39(3)：485-497.

王丹，王维旭，朱炬辉，等，2019. 四川盆地中浅层龙马溪组页岩储层改造技术[J]. 断块油气田，26(3)：350-354.

王家禄，高建，刘莉，2009. 应用 CT 技术研究岩石孔隙变化特征[J]. 石油学报，30(6)：887-893，897.

王立军，吴云桐，牛纪凤，等，2003. 复杂断块油田伴生断层与油气聚集：以东营凹陷中央背斜带现河庄油田为例[J]. 地质力学学报，9(2)：129-135.

王健，石万忠，舒志国，等，2016. 富有机质页岩 TOC 含量的地球物理定量化预测[J]. 石油地球物理勘探，51(3)：596-604.

王开亮，李凯强，王励坤，等，2018. 四川盆地东缘石柱地区五峰-龙马溪组页岩矿物组分及含气性特征[J]. 兰州大学学报(自然科学版)，54(3)：285-291，302.

王亮，曹海虹，2016. 一种可能的页岩有机孔隙演化机理：以下扬子大隆组页岩为例[J]. 天然气地球科学，27(3)：520-523.

王朋飞，吕鹏，姜振学，等，2018. 中国海陆相页岩有机质孔隙发育特征对比：基于聚焦离子束氦离子显微镜(FIB-HIM)技术[J]. 石油实验地质，40(5)：739-748.

王鹏万，李昌，张磊，等，2017a. 五峰组—龙马溪组储层特征及甜点层段评价：以昭通页岩气示范区 A 井为例[J]. 煤炭学报，42(11)：2925-2935.

王鹏万，张磊，李昌，等，2017b. 黑色页岩氧化还原条件与有机质富集机制：以昭通页岩气示范区 A 井五峰组-龙马溪组下段为例[J]. 石油与天然气地质，38(5)：933-943.

王鹏万，邹辰，李娴静，等，2018. 昭通示范区页岩气富集高产的地质主控因素[J]. 石油学报，39(7)：744-753.

王维旭，贺满江，王希友，等，2017. 筠连区块煤层气产能主控因素分析及综合评价[J]. 煤炭科学技术，45(9)：194-200.

王霞，李丰，张延庆，等，2019. 五维地震数据规则化及其在裂缝表征中的应用[J]. 石油地球物理勘探，54(4)：725，844-852.

王香增，张丽霞，雷裕红，等，2018. 低熟湖相页岩内运移固体有机质和有机质孔特征：以鄂尔多斯盆地东南部延长组长 7 油层组页岩为例[J]. 石油学报，39(2)：141-151.

王秀平，牟传龙，葛祥英，等，2015. 川南及邻区龙马溪组黑色岩系矿物组分特征及评价[J]. 石油学报，36(2)：150-162.

王宇涵，2019. 昭通示范区龙马溪组页岩气高产储层微观特征研究[D]. 北京：中国石油大学(北京).

王玉满，董大忠，李新景，等，2015. 四川盆地及其周缘下志留统龙马溪组层序与沉积特征[J]. 天然气工业，35(3)：12-21.

王玉满，黄金亮，王淑芳，等，2016a. 四川盆地长宁、焦石坝志留系龙马溪组页岩气刻度区精细解剖[J]. 天然气地球科学，27(3)：423-432.

王玉满，李新景，董大忠，等，2016b. 海相页岩裂缝孔隙发育机制及地质意义[J]. 天然气地球科学，27(9)：1602-1610.

王玉满，王淑芳，董大忠，等，2016c. 川南下志留统龙马溪组页岩岩相表征[J]. 地学前缘，23(1)：119-133.

王玉满，李新景，陈波，等，2018. 中上扬子地区埃隆阶最厚斑脱岩层分布特征及地质意义[J]. 天然气地球科学，29(1)：42-54.

王玉满，李新景，王皓，等，2019. 四川盆地东部上奥陶统五峰组—下志留统龙马溪组斑脱岩发育特征及地质意义[J]. 石油勘探与开发，46(4)：653-665.

王正国，陈祉霖，董晓斌，等，2015. 基于测井曲线特征和矿物组分的油页岩储层岩性识别方法[J]. 长江大学学报(自科版)，12(32)：27-32，4-5.

王志刚. 2015. 涪陵页岩气勘探开发重大突破与启示[J]. 石油与天然气地质，36(1)：1-6.

魏斌，卢毓，周杨，等，2004. 辽河盆地裂缝性储层流体类型识别方法研究[C]. 北京：中国地球物理学会第二十届年会论文集.

翁剑桥，李夏伟，戚明辉，等，2022. 四川盆地龙马溪组页岩孔隙度实验方法分析[J]. 岩矿测试，41(4)：598-605.

吴靖, 胡宗全, 谢俊, 等, 2018. 四川盆地及周缘五峰组—龙马溪组页岩有机质宏微观赋存机制[J]. 天然气工业, 38(8): 23-32.

吴蓝宇, 胡东风, 陆永潮, 等, 2016. 四川盆地涪陵气田五峰组—龙马溪组页岩优势岩相[J]. 石油勘探与开发, 43(2): 189-197.

吴蓝宇, 陆永潮, 蒋恕, 等, 2018. 上扬子区奥陶系五峰组—志留系龙马溪组沉积期火山活动对页岩有机质富集程度的影响[J]. 石油勘探与开发, 45(5): 806-816.

吴立新, 陈方玉, 2005. 现代扫描电镜的发展及其在材料科学中的应用[J]. 武钢技术, 43(6): 36-40.

吴奇, 梁兴, 鲜成钢, 等, 2015. 地质-工程一体化高效开发中国南方海相页岩气[J]. 中国石油勘探, 20(4): 1-23.

吴庆红, 李晓波, 刘洪林, 等, 2011. 页岩气测井解释和岩心测试技术: 以四川盆地页岩气勘探开发为例[J]. 石油学报, 32(3): 484-488.

武绍江, 王一博, 梁兴等, 2022. 页岩气储层水平井压裂分布式光纤邻井微振动监测及震源位置成像[J]. 地球物理学报, 65(7): 2756-2765.

武恒志, 熊亮, 葛忠伟, 等, 2019. 四川盆地威远地区页岩气优质储层精细刻画与靶窗优选[J]. 天然气工业, 39(3): 11-20.

肖明图, 李斐, 苏勤, 等, 2017. 基于真地表平滑面叠前深度偏移技术在西部复杂构造中的应用[C]. 中国石油学会 2017 年物探技术研讨会论文集.

熊国庆, 王剑, 李园园, 等, 2019. 南大巴山东段上奥陶统五峰组-下志留统龙马溪组钾质斑脱岩锆石 U- Pb 年龄及其构造意义[J]. 地质学报, 93(4): 843-864.

熊伟, 雷群, 刘先贵, 等, 2009. 低渗透油藏拟启动压力梯度[J]. 石油勘探与开发, 36(2): 232-236.

徐传正, 李鑫, 田继军, 等, 2021. 四川盆地南缘龙马溪组混合岩相页岩及其沉积环境[J]. 煤炭科学技术, 49(5): 208-217.

徐政语, 蒋恕, 熊绍云, 等, 2015. 扬子陆块下古生界页岩发育特征与沉积模式[J]. 沉积学报, 33(1): 21-35.

徐政语, 梁兴, 王维旭, 等, 2016. 上扬子区页岩气甜点分布控制因素探讨: 以上奥陶统五峰组—下志留统龙马溪组为例[J]. 天然气工业, 36(9): 35-43.

徐政语, 梁兴, 鲁慧丽, 等, 2019. 四川盆地南缘昭通页岩气示范区构造变形特征及页岩气保存条件[J]. 天然气工业, 39(10): 22-31.

徐壮, 石万忠, 翟刚毅, 等, 2017 涪陵地区页岩总孔隙度测井预测[J]. 石油学报, 38(5): 533-543.

严伟, 刘帅, 冯明刚, 等, 2019. 四川盆地丁山区块页岩气储层关键参数测井评价方法[J]. 岩性油气藏, 31(3): 95-104.

仰云峰, 鲍芳, 腾格尔, 等, 2020. 四川盆地不同成熟度下志留统龙马溪组页岩有机孔特征[J]. 石油实验地质, 42(3): 387-397.

于丽芳, 杨志军, 周永章, 等, 2008. 扫描电镜和环境扫描电镜在地学领域的应用综述[J]. 中山大学研究生学刊(自然科学与医学版), 29(1): 54-61.

余川, 包书景, 秦启荣, 等, 2012. 川东南地区下志留统页岩气成藏条件分析[J]. 石油天然气学报, 34(2): 41-45.

翟光明, 何文渊, 2002. 渤海湾盆地资源潜力和进一步勘探方向的探讨[J]. 石油学报, 23(1): 1-5, 7.

张晨晨, 刘滋, 董大忠, 等, 2019. 深层海相页岩脆性特征分析与表征[J]. 新疆石油地质, 40(5): 555-563.

张创, 孙卫, 高辉, 等, 2014. 鄂尔多斯盆地华池长 8 储层成岩相与孔隙度演化[J]. 地球科学, 39(4): 411-420.

张大同, 2009. 扫描电镜与能谱仪分析技术[M]. 广州: 华南理工大学出版社.

张汉荣, 2016. 川东南地区志留系页岩含气特征及其影响因素[J]. 天然气工业, 36(8): 36-42.

张金川, 聂海宽, 徐波, 等, 2008. 四川盆地页岩气成藏地质条件[J]. 天然气工业, 28(2): 151-156, 179-180.

张金川, 李玉喜, 聂海宽, 等, 2010. 渝页 1 井地质背景及钻探效果[J]. 天然气工业, 30(12): 114-118.

张晋言, 2012. 页岩油测井评价方法及其应用[J]. 地球物理学进展, 27(3): 1154-1162.

张磊, 石军太, 杨先伦, 等, 2014. 页岩裂缝和孔隙中气体运移方式评价及确定[J]. 大庆石油地质与开发, 33(4): 166-170.

张敏, 孙明霞, 2002. CT 技术在油气勘探领域的应用[J]. 大庆石油地质与开发, 21(2): 15-16, 74-75.

张盼盼，刘小平，王雅杰，等，2014. 页岩纳米孔隙研究新进展[J]. 地球科学进展，29(11)：1242-1249.

张廷山，杨巍，陈晓慧，梁兴等，2021. 四川盆地二叠纪沉积环境及古生态[M]. 北京：科学出版社.

张义纲，1982. 多种天然气资源的勘探[J]. 石油实验地质，4(2)：93-96.

张瑜， 2016. 渝中-渝西地区侏罗系、二叠系页岩气潜力地质评价[D]. 北京：中国石油大学.

章晓中，2006. 电子显微分析[M]. 北京：清华大学出版社.

赵建华，金之钧，金振奎，等，2016a. 四川盆地五峰组—龙马溪组页岩岩相类型与沉积环境[J].石油学报，37(5)：572-586.

赵建华，金之钧，金振奎，等，2016b. 岩石学方法区分页岩中有机质类型[J]. 石油实验地质，38(4)：514-520，527..

赵靖舟，曹青，白玉彬，等，2016. 油气藏形成与分布：从连续到不连续：兼论油气藏概念及分类[J]. 石油学报，37(2)：145-159.

赵军，王淼，祁兴中，等，2010. 轮西地区奥陶系地应力方向及裂缝展布规律分析[J]. 岩性油气藏，22(3)：95-99.

赵万金，高海燕，闫国亮，等，2020. 基于最优化估算和贝叶斯统计的 TOC 预测技术[J]. 岩性油气藏，32(1)：86-93.

赵文韬，荆铁亚，吴斌，等，2018. 断裂对页岩气保存条件的影响机制：以渝东南地区五峰组-龙马溪组为例[J]. 天然气地球
    科学，29(9)：1333-1344.

钟太贤，2012. 中国南方海相页岩孔隙结构特征[J]. 天然气工业，32(9)：1-4，21，125

周楚凌，2018. 滇黔北昭通示范区五峰组-龙马溪组页岩气保存条件分析[D]. 成都：西南石油大学.

朱斗星，蒋立伟，牛卫涛，等，2018. 页岩气地震地质工程一体化技术的应用[J]. 石油地球物理勘探，53(S1)：249-255，17.

朱光有，张水昌，梁英波，等，2006. 四川盆地天然气特征及气源[J]. 地学前缘，13(2)：234-248.

朱逸青，王兴志，冯明友，等，2016. 川东地区下古生界五峰组—龙马溪组页岩岩相划分及其与储层关系[J]. 岩性油气藏，
    28(5)：59-66.

邹才能，陶士振，袁选俊，等，2009. "连续型"油气藏及其在全球的重要性：成藏、分布与评价[J]. 石油勘探与开发，36(6)：
    669-682.

邹才能，董大忠，王社教，等，2010. 中国页岩气形成机理、地质特征及资源潜力[J]. 石油勘探与开发，37(6)：641-653.

邹才能，陶士振，杨智，等，2012a. 中国非常规油气勘探与研究新进展[J]. 矿物岩石地球化学通报，31(4)：312-322.

邹才能，杨智，陶士振，等，2012b. 纳米油气与源储共生型油气聚集[J]. 石油勘探与开发，39(1)：13-26.

邹才能，董大忠，王玉满，等，2015a. 页岩气地质评价方法[S]. 北京：中国标准出版社.

邹才能，董大忠，王玉满，等，2015b. 中国页岩气特征、挑战及前景(一)[J]. 石油勘探与开发，42(6)：689-701.

邹才能，杨智，王红岩，等，2019. "进源找油"：论四川盆地非常规陆相大型页岩油气田[J]. 地质学报，93(7)：1551-1562.

邹才能，赵群，丛连铸，等，2021. 中国页岩气开发进展、潜力及前景[J]. 天然气工业，41(1)：1-14.

Chalmers G R L，Ross D J K，Bustin R M，2012. Geological controls on matrix permeability of Devonian Gas Shales in the Horn
    River and Liard Basins，northeastern British Columbia，Canada[J]. International Journal of Coal Geology，103：120-131.

George W S，Jennie L R，2002. Unconventional shall-low biogenic gas systems[J]. AAPG Bulletin，86(11)：1939-1969.

Loucks R G，Reed R M，Ruppel S C，et al.，2009. Morphology，genesis，and distribution of nanometer-scale pores in siliceous
    mudstones of the Mississippian Barnett Shale[J]. Journal of Sedimentary Research，79(12)：848-861.

Molnar P，Tapponnier P，1975. Cenozoic tectonics of Asia：Effects of a continental collision：Features of recent continental tectonics
    in Asia can be interpreted as results of the India-Eurasia collision[J]. Science，189(4201)：419-426.

Nagel N，Zhang F，Sanchez-Nagel M，et al.，2013. Stress shadow evaluations for completion design in unconventional plays[C]//SPE
    Unconventional Resources Conference，Calgary，Alberta，Canada. DOI：10.2118167128-MS.

Fishman N S，Hackley P C，Lowers H A，et al.，2012. The nature of porosity in organic-rich mudstones of the Upper Jurassic
    Kimmeridge Clay Formation，North Sea，offshore United Kingdom[J]. International Journal of Coal Geology，103：32-50.

Palmer I D，1993. Induced stresses due to propped hydraulic fracture in coalbed methane wells[C] //Low permeability Reservoirs Symposium，Denver，Colorado，USA. DOI：10.2118/25861-MS.

Schmoker J W，1981. Determination of organic-matter content of Appalachian Devonian shales from gamma-ray logs[J]. AAPG Bulletin，65：1285-1298

Sondergeld C，Newsham K，2010.Petrophysical con‐siderations in evaluating and producing shale gas resources[C]. SPE Unconventional Gas Conference：1-34.

Wan T，2011. The Ttectonics of China：Data，Maps and Evolution[M]. Beijing：Higher Education Press and Berlin Heidelberg：Springer-Verlag.

Liang X，Zhao C D，He Y，et al.，2017. Optimizing Well Design and Real-Time Drilling Operations Using a Seismic Attribute Guided Methodology[C]//Abu Dhabi International Petroleum Exhibition and Conference. SPE，2017：D041S108R003.

Liang X，Wang G C，Pan F，et al.，2019. Integrating Elemental Concentration Logs and Electrical Images Logs to Map Sedimentary Distribution for Black Shale：A Case Study from WuFeng-LongMaxi Shale in Sichuan Basin，China[C]//Unconventional Resources Technology Conference，Denver，Colorado，22-24 July 2019. Unconventional Resources Technology Conference（URTeC）：Society of Exploration Geophysicists，2019：1546-1556.

Liang X，Mei J，Zhang C，et al.，2020a. Fluid production profile monitoring of marine shale reservoir using fiber sensing within the coiled tubing[C]//First EAGE Workshop on Fibre Optic Sensing. European Association of Geoscientists & Engineers，2020：1-4.

Liang X，Xu Z Y，Zhang Z，et al.，2020b. Breakthrough of shallow shale gas exploration in Taiyang anticline area and its significance for resource development in Zhaotong，Yunnan Province，China[J]. Petroleum Exploration and Development，2020，47（1）：12-29.

Xu Z Y，Jiang S，Yao G S，et al.，2019. Tectonic and depositional setting of the lower Cambrian and lower Silurian marine shales in the Yangtze Platform，South China：Implications for shale gas exploration and production[J]. Journal of Asian Earth Sciences，170：1-19.